国际信息工程先进技术译丛

LTE 网络安全技术
（原书第 2 版）

［芬］丹·福斯伯格（Dan Forsberg）

［德］冈瑟·霍恩（Günther Horn）

［德］沃尔夫－迪特里希·穆勒（Wolf－Dietrich Moeller）　著

［芬］瓦尔特利·尼米（Valtteri Niemi）

白文乐　王月海　刘　红　译

机械工业出版社

本书重点讨论了 LTE 网络的安全问题，共分 16 章，每个章节知识点都很丰富，涵盖了蜂窝系统的背景知识、安全概念、GSM 安全、3G 安全、3G - WLAN 互通、EPS 安全架构、EPS 的认证与密钥协商、信令和数据保护、LTE 内的状态转换和移动性安全、EPS 加密算法、家庭基站部署的安全性、中继节点安全及 MTC（机器类型通信）的安全性问题。

本书的特点是关于工程技术理论与问题的讲解非常多，适合从事移动通信系统及网络安全技术研究的科研工作人员、企业研发人员及工程师阅读，也可作为通信工程与网络安全及相关专业的高年级本科生、研究生和教师的参考用书。

图书在版编目（CIP）数据

LTE 网络安全技术：原书第 2 版/（芬）丹·福斯伯格（Dan Forsberg）等著；白文乐，王月海，刘红译 . —北京：机械工业出版社，2019. 12
（国际信息工程先进技术译丛）
书名原文：LTE Security（Second edition）
ISBN 978-7-111-64275-6

Ⅰ. ①L… Ⅱ. ①丹… ②白… ③王… ④刘… Ⅲ. ①无线电通信 - 移动网 - 安全技术 Ⅳ. ①TN929. 5

中国版本图书馆 CIP 数据核字（2019）第 268445 号

机械工业出版社（北京市百万庄大街 22 号 邮政编码 100037）
策划编辑：江婧婧 责任编辑：江婧婧 朱 林
责任校对：樊钟英 张 征 封面设计：马精明
责任印制：孙 炜
保定市中画美凯印刷有限公司印刷
2020 年 1 月第 1 版第 1 次印刷
169mm×239mm · 18. 5 印张 · 380 千字
0 001—2 500 册
标准书号：ISBN 978-7-111-64275-6
定价：99. 00 元

电话服务 网络服务
客服电话:010-88361066 机 工 官 网：www. cmpbook. com
  010-88379833 机 工 官 博：weibo. com/cmp1952
  010-68326294 金 书 网：www. golden-book. com
封底无防伪标均为盗版 机工教育服务网：www. cmpedu. com

译者序

网络已成为人们生活中不可或缺的重要元素，不仅人们的生活受到网络的影响而发生改变，其对各行业同样有着广泛的影响。移动网络为大众生活提供便利的同时，其安全隐患问题也随之暴露出来，网络安全已成为人们，乃至国家十分重视的问题。

相对 2G、3G 网络，LTE（Long Term Evolution，长期演进）呈现扁平化、全 IP 化两大网络架构的改变，以及高带宽、大数据量的特点，LTE 网络将面临数据窃听、假冒欺骗、数据篡改等安全风险，不仅仅会影响到运营商的经济利益，更重要的是会危害到基础网络设施，甚至威胁用户的信息安全。为此华为公司与运营商一直在着力解决 LTE 网络安全问题，2015 年国内首个 LTE 安全领域行业标准发布并实施，如何不断研究新技术来提供可靠安全的移动大数据网络已经成为一个热点问题，熟悉 LTE 网络安全架构及工作机理已成为移动网络安全技术工作者所必须掌握的一个技术条件。

本书从基本的网络结构、安全概念及加密概念开始，依次介绍了 GSM 安全、3G 安全、3G－WLAN 互通、EPS 安全架构、EPS 的认证与密钥协商、信令和数据保护、移动性安全、加密算法、互通安全、语音安全、家庭基站部署安全、节点安全等，内容非常全面，技术上以循序渐进的方式描述网络结构发展伴随着安全性能需求的变化而带来新概念、新机制的变化，但又不局限于枯燥的文字描述，而且使用条理清晰的结构图、流程图及表格引导读者理解和领悟 LTE 安全内涵，就像是在讲一部移动网络安全技术发展史。

对于初学者，本书是一本难得的入门教材，激发您学习移动网络安全基本知识的兴趣，为以后的深入开发奠定扎实的基础。对于网络安全方面的技术工作者，本书是一本深入掌握 LTE 网络工作安全、互通安全并排除安全故障的启发式指导书，它能够为他们提供技术腾飞的翅膀。相信任何有机会阅读本书的人都会从中受益，并由此跨上一个新的台阶。对于移动网络安全的探索和发现永无止境，面向网络安全的应用开发更是琳琅满目。我们希望通过本书这扇窗，能够引导您进入一个更美好、更安全的信息世界。本书同时也可以作为教材，供网络安全专业教师和学生使用。

本书出版得到北京市自然基金—海淀联合基金重点研究专题项目（L182039）、2019 北京高校电子信息类专业群建设项目的资助，张键红教授对本书提出了宝贵的校对意见，在此，一并表示衷心的感谢。鉴于译者水平有限，书中难免存在错漏之处，还望读者谅解并不吝指正。如果读者有什么反馈意见，请发送到邮箱 bwlsx1@163.com，我们将不胜感激。

译者
2019 年 11 月于北京

原书第 2 版前言

这是《LTE 网络安全技术》第 2 版，其第 1 版于 2010 年秋出版。

自 2010 年以来，LTE 凭借其全球范围内广泛的商业部署与业务量的快速增长，已经成为了第四代移动通信技术的主流标准。因此，与第 1 版相比，第 2 版中所讨论的问题也更为相关。

总体来讲，LTE 的规范，特别是 LTE 安全，在 2008 年 3GPP Release8 中首次发布后便基本没有进行过改动。然而，如在标准化过程中很常见的，对 LTE 安全规范的若干修正已经达成一致，以纠正正在开发和部署过程中出现的明显的缺点。

更重要的是，LTE 中已经增加了新的特性来支持新的部署场景和应用。从安全的角度来讲，新的特性中最重要的便是增加了对中继节点和机器类型通信的支持。因此，本书中会增加新的章节来介绍它们。

自 2010 年以来，许多新的特性已经加入到 LTE 安全中，一个例子是 LTE 增加了第三类加密算法。这些新特性已加入本书第 1 版已存在的章节中。

本书的重点在于 LTE 安全，但同时也全面介绍了其之前的系统，如 GSM 和 3G。第 2 版中更新了在这些领域的最新发展。虽然 3G 安全领域的局面相当平静，但 GSM 中使用某些加密算法的可信度进一步受到一些公共事件的黑客的侵蚀。

这些发展表明，现在是时候将那些更强大的 GSM 算法加以利用了，这些算法已标准化并可用于产品中。

第 1 版最后章节中的某些在当时较成熟的内容，如今包含在本书的其他章节中。于是相应章节也进行了更新。

总之，相对于第 1 版而言，第 2 版进行了如下更新：

● 增加了全新的两章内容，即中继节点安全与机器类型通信的安全性。

● 已包括为 3GPP Release10 和 11 指定的 LTE 安全性的所有增强。

● 2012 年 6 月 3GPP 发布的 Release11 中的修正细则也增加进了本版中。

● 2010 年后 GSM 与 3G 安全细则的主要发展历程也在本版中做了相应的解释说明。

● 本书的最后部分展望了未来的发展趋势。

原书第1版序

从20世纪80年代前期到中期拉开了移动通信系统在欧洲的商用序幕。这些蜂窝系统全部都使用模拟电子电路技术，北欧国家也没有将系统标准化，因此在不同国家采用的技术也不尽相同。不幸的是，这些通信系统全部都缺少足够的安全防范措施，这使得它们很容易被个别人滥用。用户的通话很容易遭到简易窃听装备的窃听，现实中有一些著名的新闻侵犯隐私权的案例。基于上述种种事件，移动运营商和用户十分关心通信安全。

运营商同时需要考虑可能造成重大经济损失的另一个问题。当手机想要连接到网络时，基站只会对其手机号与手机标识是否一致进行认证。这些号码很可能在通信过程中遭到拦截并被复制。罪犯用复制手机号的手机能够打大量电话，而这些电话与原合法手机用户一点关系也没有。手机号复制已经成为全球性的问题，罪犯在机场边放置复制设备来截获人们通话时的电话号码。这造成了严重的经济损失，因为最终都是运营商来弥补手机号码复制所造成的损失。在欧洲，模拟移动电话通信系统缺少安全机制的问题加速了GSM的研制与应用。

GSM是数字移动通信标准，以前在欧洲设计，之后应用到全球。其作为国际标准带来了巨大的经济效益与竞争，它使得用户能够在不同国家网络之间漫游通信。GSM作为数字通信系统带来了通信的高效性与灵活性，其中也应用了高级加密算法。之前在模拟通信系统中存在的安全问题在GSM中通过空中接口中的用户流量加密算法得到了很好的解决，尤其是语音通话，而且无论用户连接到何地网络，当地网络都能基于用户基本信息认证用户。从技术和管理角度来看，GSM中应用的加密算法是革命性的。起初，制造商与运营商都担心这会增加系统的复杂性，而安全机构却担心加密算法会被罪犯和恐怖组织滥用。这种忧虑是情有可原的，尤其是对加密算法的担心，因为其在设计之初就违背了"最低限度提供足够安全"的原则。尽管如此，在有组织的黑客的不断"努力"下，使用原始密码保护的GSM电话的安全性需要在实际应用中加以证明，而且随着更强大的密码的使用，黑客们任何未来可能的成功都将毫无意义。但这并不意味着GSM无懈可击——通过使用伪基站攻击它仍是可行的。

GSM是演进移动通信系统家族中的第一代系统。其第二代成员便是3G（或UMTS），第三代成员便是LTE EPS。随着科技的进步，安全机制也随之更新来解决之前系统所存在的问题，同时逐渐适应系统架构或服务的改变。GSM安全架构具有很强的鲁棒性，大部分架构在演进技术家族中保持不变。GSM安全架构也应用于其他通信系统中，包括WLAN、IMS和HTTP，其特点是认证数据和加密密钥生成仅限于用户归属认证中心和SIM卡，所有用户特定的静态安全数据保存在这两个元素中。只有动态和用户会话安全数据在这些域外。

3G 系统增加了接入网的用户认证——以完成网络端用户认证、通信完整性保护和防止认证重播。加解密的起始和终止从基站端移向了网络端。当然，这抑制了伪基站攻击。基于公共监督和分析的加密算法引入到了 3G 系统中，政府对于具有加密功能设备监管制度的改变，使得它们能够在全世界大多数国家被使用。

LTE 预示着通信系统中新技术的来临，即其全部为分组域，所以其对语音安全的解决方式与 GSM 和 3G 系统完全不同。LTE 具有更加扁平的架构，拥有更少的网络元素，且完全是基于 IP 的。其功能，包括安全加密，都转移到了网络边缘，其中加密功能转移到了无线网络边缘，在 GSM 到 3G 的演进过程中均由基站转移到了无线网络控制器中。在保持与 GSM、3G 系统安全架构兼容的同时，LTE 系统中采用了增强的安全功能来适应 LTE 所带来的改变以及 3G 系统应用时安全性能的改变。随着家庭基站的引入，这其中的许多改变应用到了 3G 系统本身，家庭基站是部署在外界的低功耗节点，不需要受到其连接的运营商的控制。

本书将带领读者领略移动通信系统演进过程中安全性能的变化，聚焦 LTE 安全的清晰与严谨性。本书由在 3GPP 中负责定义 LTE 安全标准的工作组共同编写。他们的学识、专业知识和对工作的热情深深地影响着我。

麦克·沃克教授
ETSI 协会主席

致　谢

本书介绍了许多人在很长一段时间内的研究和规范工作的成果。我们感谢那些通过辛勤工作使得 LTE 成为现实的人们。特别地，我们感谢 3GPP 的工作人员，发布 LTE 规范的标准化组织，特别是 3GPP 安全工作组 SA3 的代表们，在过去的几年中，我们与他们一起完成了 LTE 安全规范的制定。

我们同时要感谢在 Nokia 和 Nokia Siemens 网络工作的同事们，在过去几年中，我们与他们一起努力制定了 LTE 安全规范。我们要特别感谢 N. Asokan、Wolfgang Bücker、Devaki Chandramouli、Jan – Erik Ekberg、Christian Günther、Silke Holtmanns、Jan Kåll、Raimund Kausl、Rainer Liebhart、Christian Markwart、Kaisa Nyberg、Martin Öttl、Jukka Ranta、Manfred Schäfer、Peter Schneider、Hanns – Jürgen Schwarzbauer、José Manuel Tapia Pérez、Janne Tervonen、Robert Zaus 和 Dajiang Zhang，他们在本书的创作中提供了大量宝贵意见。

最后，我们要感谢 Wiley 公司的编辑团队，他们的努力使得本书成为了现实。

本书作者欢迎大家的批评指正。

版权致谢

作者考虑到本书中包括以下版权持有人的要求，并给予额外的感谢和充分的版权确认。

- ©2009，3GPP™。TS 和 TR 为 ARIB、ATIS CCSA、ETSI、TTA 和 TTC 联合拥有的版权。它们受到进一步修改，因此这里仅供参考，严禁进一步使用。
- ©2010，3GPP™。TS 和 TR 为 ARIB、ATIS CCSA、ETSI、TTA 和 TTC 联合拥有的版权。它们受到进一步修改，因此这里仅供参考，严禁进一步使用。
- ©2010，Nokia 公司。允许在图 2.1、图 3.1、图 3.2、图 3.3、图 6.1、图 6.2、图 6.3、图 7.1 和图 14.1 中使用 Nokia 公司的 UE 图标。
- ©2011，欧洲电信标准协会。进一步使用、更改、抄袭或分发是被严令禁止的。ETSI 标准可从 http：//pda. etsi. org/pda/中获得。
- ©2012，3GPP™。TS 和 TR 为 ARIB、ATIS CCSA、ETSI、TTA 和 TTC 联合拥有的版权。它们受到进一步修改，因此这里仅供参考，严禁进一步使用。
- ©2012，GSM 协会GSM™及其证书。保留所有版权。

在本书中，请看从 3GPP 规范中提取的单个图和表格的标题和脚注来获得版权声明。

目　　录

第1章 概 述

在科技飞速发展的时代，移动通信系统正处于逐步发展、进化的阶段。每十年就有一个新的无线技术被研发出来。20世纪80年代的模拟无线通信技术占有绝对的优势地位，其为蜂窝系统的成功奠定了坚实的基础。20世纪90年代早期第二代通信系统（GSM）占据主导地位，进而出现了最为成功的第三代移动通信系统（3G），也被称为通用移动通信系统（Universal Mobile Telecommunications System，UMTS），其在千禧年的初期进入欧洲并得到广泛应用。

在本书创作之时，第四代移动通信系统已被商业应用。新的无线技术的缩写为LTE（即长期演进），完整的系统命名为SAE/LTE，SAE（System Architecture Evolution，系统架构演进），它代表整个系统，它将全新的、宽带的LTE接入技术与传统的GSM、3G和高速分组数据（High Rate Packet Data，HRPD）接入技术相结合。SAE/LTE系统的专业名称是演进分组系统（Evolved Packet System，EPS），我们将在书中使用这个名称。如今我们习惯称这个通信系统为LTE，这就是为什么这本书的标题是LTE安全。

在日常生活，我们无时无刻都要进行通信，通信安全也逐渐成为人们关注的重点。通信安全是要确保系统运转正常，以防止误用。通信安全包括加密和认证等措施，都是以保护用户隐私以及保证移动网络运营商的收入为前提。

本书旨在研究EPS安全架构问题。EPS安全架构具有GSM和3G安全架构的特点，但由于显著增加的系统复杂性、新的网络架构以及商用需求，EPS的安全架构需要大规模的重新设计。这本书将介绍如今的市场需求和设计原因，然后详细解释使用何种安全机制以满足这些需求。

为实现全球互联互通，全球通信系统需要一种由标准化协议来确保的全球互通性。标准化系统的一部分用来保证系统中的实体能够相互通信，即使它们由不同的移动运营商运营或是由不同设备制造商制造。互通性同时在系统的很多地方没有发挥作用，如网络实体的内部结构。在系统中没有必要严格规范化，因为这样新技术能够更迅速地融入运营商与设备商的生产与制造中，这样也能鼓励市场的良性竞争。

信息安全领域中，移动终端与无线网络之间是通过加密信息来进行通信的。我们需要规范使用的加密方法及加密密钥，否则接收端将不能反向操作并恢复出原始消息；另一方面，通信双方需要将加密密钥存储在外人无法访问的地方。从信息安全角度来看，有效的通信加密算法很重要，但目前我们不需要为此而制定标准，这样做能够为今后更好的信息安全保护机制的引进留下空间，同时也能省去我们一开始便将它们标准化会带来的麻烦。本书的重点在于标准化EPS信息安全，其他相关领域我们也有所涉及。

作者认为工业和学术界对SAE/LTE信息安全技术细节的热情将持续相当长一

段时间。已生成的标准化规范只描述了如何实现系统（这仅限于互操作性上），但几乎从未告知读者为何要这样做。此外，规范往往只有一小部分专家懂，缺乏总体概述。本书通过提供在相关标准化组织、3GPP 中参与制定 SAE/LTE 信息安全专业人士的第一手资料来填补这一空缺，同时这也能解释设计的合理性。

本书基于 2012 年 3 月修正的 3GPP 版本，2012 年 6 月的修正版本我们也包含在本书内。一些新的技术与功能将在今后的 3GPP 版本中被更新，这将进一步对如今的安全性能进行修正，出于时间原因，这些新加项在本书中不做讨论。

本书面向熟悉移动通信系统及对通信系统的安全方面感兴趣的通信工程师、开发和销售人员、管理者以及工科学生。本书对在实际系统中寻找信息安全机制例子的信息安全专家会很有帮助，同时在工业和学术界进行技术研究的读者都能从本书获益。有一定通信基础的读者能从本书中学到很多。本书对专业人员可能最有益，每个子章节都提供了足够的细节，可以作为专业人士的工具书，也可以作为高校教材，特别是每章导言部分，会对主题做一个很好的整体介绍。

本书的结构如下：第 2 章介绍了蜂窝系统的背景知识、相关的安全概念、标准化问题等。如前所述，LTE 系统安全严重依赖于前几代通信系统安全，为使本书内容更加完整，第 3～5 章致力于讲解之前通信系统的信息安全，包括 GSM、3G 及蜂窝网 – WLAN（Wireless Local Area Network，无线局域网）互通安全方面。

第 6 章介绍了 EPS 的安全体系的总体情况。接下来的 4 章提供了在安全架构中的一些核心功能的详细信息。第 7 章致力于介绍整个安全体系的基石——认证与密钥协议。第 8 章讲述如何保护用户数据和信令数据，包括保护数据的机密性和完整性。蜂窝网通信的一个特征是基站间切换成功的概率。第 9 章介绍切换安全性及其他移动性问题，安全架构中的另一个重要基础是保护机制中所使用的一系列加密算法。第 10 章介绍的是 EPS 安全中使用的算法。

在设计 EPS 之初，如何与非 3GPP 定义的接入技术相融合早已被纳入考虑。同时，与传统的 3GPP 相兼容也在 EPS 设计考虑范围之内。这两方面将在第 11 章中详细讨论。

EPS 完全基于数据包分组，系统中不存在电路交换元素。这意味着，特别是语音服务，也要由 IP 数据包来传送。其安全性将在第 12 章介绍。

部分独立于 EPS 的引进，3GPP 规定基站可以覆盖很小的地区，如家庭住宅。这种类型的基站仅限于一群客户（例如住在一栋房子里的人），热点及边远地区开放使用也在设想中。这些家庭基站计划接入 3G，不仅仅 LTE。这样一个新的基站类型可以被放置在一个可能运营商无法控制的环境，因此需要相比传统的基站更多的新的安全措施。这些在第 13 章中详细介绍。

第 14 章介绍了中继节点的安全性，介绍了 3GPP 规范版本 10 的新功能。中继节点使网络覆盖范围得到扩展。

第 15 章讨论机器类型通信（Machine Type Communication，MTC），也被称为机器对机器通信。本章提供了 MTC 在网络层、应用层和证书管理层的介绍。3GPP 版本 10 首次对 MTC 进行增强，版本 11 又对其进行了进一步提升，即将发布的版本 12 将有更大的提升。这些都是在本章会讨论的内容。

最后，第16章讨论了目前移动通信安全性所面对的挑战以及未来将要面对的挑战。

本书章节与章节之间的关联性很强，图1.1给出了各章的关联性。如果读者有GSM和3G系统及其安全特性的先前背景知识，前4章可以跳过。读者可以阅读《UMTS安全》［Niemi&Nyberg 2003］一书，来了解相关知识。本书章节之间的主要关系如图1.1所示。

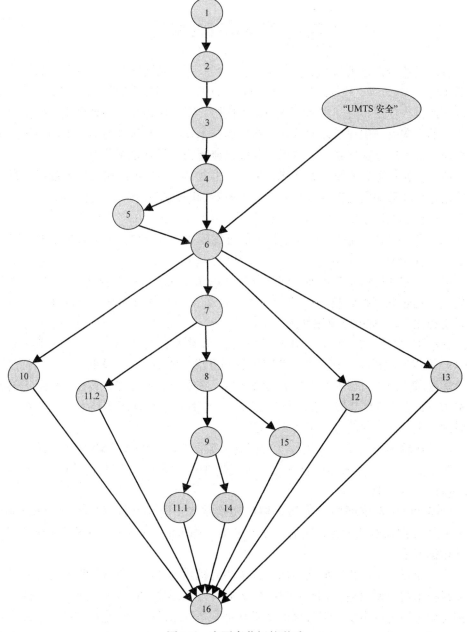

图 1.1　主要章节间的联系

第 2 章 背　　景

2.1　蜂窝系统的演变

移动通信最初是因为军事应用而被引进的。而蜂窝网络则是在美国以高级移动电话系统（Advanced Mobile Phone System，AMPS）和北欧移动电话系统的形态在商业方面投入使用，时间在 20 世纪 80 年代初。第一代移动通信系统是根据模拟技术建立的。同时，用户可以通过频分多址的技术在同一小区内通话。不同小区之间的切换早已可以在这些系统中应用，其中最典型的例子就是车载电话。

第二代移动通信系统（2G）在 10 年后的 20 世纪 90 年代初被投入使用。最领先的便是全球移动通信系统（Global System for Mobile，GSM）。截止本书的写作时间，全球移动通信系统的使用者已有 35 亿。第二代系统在移动电话和基站（Base Station，BS）间的无线接口引入了数字信息传输功能。这种多址接入技术就是时分多址（Time Division Multiple Access，TDMA）。

第二代移动通信系统增加了网络容量（由于无线资源的有效使用），提高了通话质量（通过数字编码技术）并创造了通信数据的自然可能性。不仅如此，与模拟系统相比，2G 有可能应用新的安全协议。

又过了 10 年，21 世纪的开端，第三代移动通信技术（3G）被应用。此时 GSM 已取得巨大成功，在亚洲与北美也有同样成功的 2G。3G 最重要的目标就是实现全球漫游：用户可以在任何地方实现通信。在欧洲、亚洲和北美标准化组织的共同努力下，在 3GPP 上第一次成功开发出第一个真正的全球蜂窝技术。截止本书写作时间，全世界已有将近 5 亿的 3G 用户。

第三代移动通信技术（3G）大幅提高了数据速率，Release 99 中系统的峰值速率达到了 2Mbit/s。这种多址接入技术就是宽带码分多址（Wideband Code Division Multiple Access，WCDMA）。

GSM 和 3G 系统网络分为两个域的交换技术。电路交换（Circuit - Switched，CS）域主要用来携带声音和短信，分组交换（Packet - Switched，PS）域则是用来携带数据流量。

十几年过去了，再次向前迈出一大步的时机也已成熟。在 3GPP 中的开发工作以无线技术的长期演进（LTE）和系统架构演进（SAE）的名义完成。上述两个概念都强调了演进的本质，但最终的结果则是全新的系统，无论是从空中接口来看还是系统架构来看。新系统叫作演进分组系统（EPS），其最重要的部分为演进全球陆地无线接入网（Evolved – Universal Terrestrial Radio Access Network，E – UT-RAN）。

EPS 仅包含 PS 域，它大幅提高了数据速率，峰值速率高于 100Mbit/s。这种多址接入技术又基于 FDMA，也就是下行信道采用正交频分多址（Orthogonal Frequency Division Multiple Access，OFDMA）以及上行信道采用单载波频分多址（Single Carrier – Frequency Division Multiple Access，SC – FDMA）。

2.1.1　第三代网络架构

在本部分内容中，会对 3GPP 网络架构进行简单概述。关于 3G 网络架构更详细的介绍请参考其他书籍［Kaaranen 等 . 2005］。

图 2.1 呈现了 3GPP 的 R99 版本的系统简要网络架构。

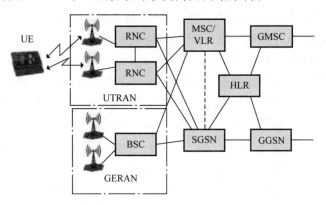

图 2.1　3G 通信系统

网络模型包括了 3 个主要部分，在图 2.1 中有呈现。最靠近用户的部分是终端，叫作用户设备（User Equipment，UE）。用户设备与无线接入网络（Radio Access Network，RAN）有着无线连接，无线接入网络自身也与核心网络（Core Network，CN）有着联系。核心网络协调着整个系统。

核心网络包含了电路域和分组域。分组域是 GSM 系统通用分组无线业务（General Packet Radio Service，GPRS）的演进，其最重要的网络元素是 GPRS 服务支持节点（Serving GPRS Support Node，SGSN）和网关通用分组无线业务支持节点（Gateway GPRS Support Node，GGSN）。电路域则是最早的 CS、GSM 网络和移动交换中心（Mobile Switching Centre，MSC）的演进。

除了这些不同的网络元素，系统结构也定义了这些部分的接口，更准确地来讲是这些元素间的参考点。而且，协议定义了不同的元素是如何在层间通信的。UE 的协议主要分为两层：接入层包含了运行在 UE 和接入网间的协议，非接入层包含了 UE 和 CN 间的协议。除了这两个，还有很多协议在不同的网络元素中运行。

CN 被进一步分为了本地网络和服务网络。本地网络包含了所有用户的静态信息，其中包括静态安全信息。服务网络处理与 UE 的通信（通过接口网络）。如果用户正在漫游，那么本地和服务网络则由不同的移动网络运营商控制。

2.1.2　3G 架构的重要元素

UE 包含了两部分：移动设备（Mobile Equipment，ME）和通用用户识别模块（Universal Subscriber Identity Module，USIM）。ME 是一个包含无线功能和网络通信所需要全部协议的典型移动设备。它同时也包含了用户接口，包括显示器和小键盘。USIM 是一个在智能卡中运行的应用，此卡叫作通用集成电路卡（Universal Integrated Circuit Card，UICC）。USIM 包含了所有用户的运营商所需的数据，包括永久安全信息。

3G 系统中的无线接入网有两种类型。URTAN 是基于 WCDMA 技术，GSM/EDGE无线接入网（GERAN）则是 GSM 技术的升级版。

无线接入网包含了两种元素。BS 是网络端无线接口的端点，在 UTRAN 中称为 Node B，在 GERAN 中称为基站收发台（Base Transceiver Station，BTS）。BS 与无线接入网的控制单元相连，也就是 URTAN 中的无线网络控制器（Radio Network Controller，RNC）或者 GERAN 的基站控制器（Base Station Controller，BSC）。

在核心网络中，电路交换（CS）域中最重要的元素是交换单元 MSC，交换单元 MSC 通常集成了拜访位置寄存器（Visitor Location Register，VLR），VLR 包含由 MSC 覆盖区域当前所有用户的数据库。网关移动交换中心（Gateway Mobile Switching Center，GMSC）负责与外部网络的连接，其中一个例子就是公共交换电话网络（Public Switched Telephone Network，PSTN）。在分组交换（PS）域，MSC/VLR 的角色被 SGSN 取代，GGSN 负责在运营网络中与 IP 服务器连接并接入外网，比如互联网。

静态用户信息保留在归属位置寄存器（Home Location Register，HLR）中。它通常与存有用户相关的永久安全信息的认证中心（Authentication Center，AuC）相集成。AuC 也创建了能在服务网络中为安全特性所使用的临时认证和安全数据，比如用户的认证和用户流量编码。

除了之前提到的和图 2.1 中所呈现的部分外，3G 架构中还有很多其他的部分，其中一个例子就是用来存储和发送短消息的短消息服务中心（Short Message Service Center，SMSC）。

2.1.3　3GPP 系统的功能和协议

3GPP 系统的主要功能有：

- 通信管理（Communication Management，CM）用于用户连接，比如来电处理和会话管理。
- 移动管理（Mobile Management，MM）包含与用户移动性相关的程序及重要的安全特性。

- 无线资源管理（Radio Resource Management，RRM）包含系统功控、切换和系统负载控制。

CM 的功能被设置在 NAS 中，RRM 的功能则被设置在 AS 中。MM 的功能是由 CN 和 RAN 负责。

用户平面和控制平面的划分被定义为协议中的重要隔断。用户平面处理用户数据和其他直接相关的用户信息的传输，比如语音。控制平面协议则是以传输系统不同部分间所需的控制信息来确保系统正常工作。

在通信系统中，除了用户平面和控制平面外，还有管理平面的存在，举例来说就是确保系统所有部分运行正常。通常来说，管理平面的标准化并不如用户平面和控制平面重要。

互联网最重要的协议是 IP、用户数据报协议（User Datagram Protocol，UDP）和传输控制协议（Transmission Control Protocol，TCP）。在无线环境中，UDP 比 TCP 更重要的原因是无线信道的衰落与损失使得可靠地传输数据变得更加困难。在 UDP/IP 上运行的也有 3GPP 的特定协议，如 GPRS 隧道协议（GPRS Tunnelling Protocol，GTP）。它在分组交换（PS）域中的数据传送中被充分利用。

可以说明不同类型协议中交互工作的一个典型应用情况：用户接到电话。首先是网络寻呼用户。寻呼是一个 MM 过程，网络必须知道用户在哪个地理区域中可以被找到。在用户成功接收到寻呼信息后，通过 RRM 过程建立无线连接。当无线连接建立后（CM 过程），紧接着进行的是认证过程，这也是一个 MM 过程。实际呼叫的建立是在当用户知道来电者是谁的情况下。在呼叫期间，也许有更多的信令过程，比如切换过程。在呼叫的最后，呼叫首先被 CM 过程所释放，其次是 RRM 释放无线连接。

2.1.4　EPS

EPS 的目标是：
- 更高的数据速率；
- 更低的延时；
- 更高层次的安全度；
- 增强的服务质量；
- 支持移动和服务连续性的不同接入系统；
- 支持接入系统的选择；
- 兼容以前的通信系统。

达成这些目标的主要方法有：
- 新的无线接口和新的 RAN（E–UTRAN）
- 基于 IP 的扁平化网络，在用户层其实只含有两个元素［演进的 NodeB

（eNB）和服务网关（S-GW）]

图 2.2 说明了 UE 在不同网络非漫游状态下的 EPS 网络架构。传统的 RAN 中的 UTRAN 和 GERAN 被包含在传统 CN 中的 SGSN 里。

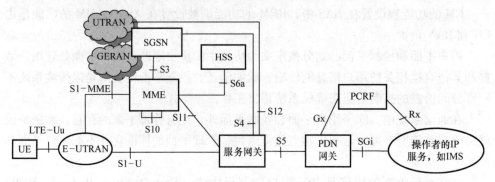

图 2.2　EPS 架构（非漫游情况）（经由© 2009，3GPP™ 允许引用）

新 CN 元素被称作移动管理实体（Mobile Management Entity，MME）。原始 GSM 和 3G 架构的 HLR 扩展到归属用户服务器（Home Subscriber Server，HSS）。CN 中被应用在用户处理界面的元素被叫作服务网关。PDN 网关处理 PDN 方向的流量。S-GW 和 PDN GW 在同一位置部署是可能的。EPS 的核心网络（CN）被称作演进分组核心（EPC）。

E-UTRAN 的架构在图 2.3 中呈现（也可见 [TS36.300]）。基站 eNB 是 E-UTRAN 中唯一的网络元素；另一方面，两个 eNB 间的接口方便了不同 BS 间的切换。

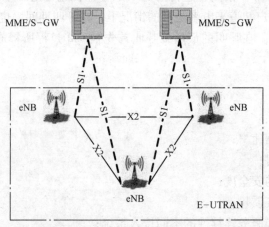

图 2.3　E-UTRAN 架构

2.2　基本安全概念

即使人们很了解"安全"的意义，我们还是很难去给出一个确切的定义。对恶意行为的防护是安全的核心。在安全和容错性以及鲁棒性之间也存在了明显的不同。

安全的很多方面都是与通信系统相关的。安全分为物理安全和信息安全。前者包括了例如锁上的房屋、保险箱和守卫，这些在大规模网络运营中都是十分必要的。另一个属于物理安全领域的是防篡改属性。智能卡在我们书中所叙述的系统中发挥了主要作用，防篡改是智能卡的关键属性。有时保护篡改证据就是对抗物理侵入的最充分的方法，如果篡改可以被快速地检测出来，毁坏的元素就会在大规模破坏之前被移除。

生物保护机制就是物理安全和信息安全之间方法的实例。举例来说，检查指纹的步骤假设了精密的测量仪器和精密的信息系统都是用来将这些仪器作为接入控制设备使用的。

在本书中，我们主要集中研究广义上的信息安全，尤其集中在通信安全上。但是物理安全对 EPS 安全性也是十分重要的，我们也会在某种程度上谈到这个问题。

2.2.1 信息安全

在信息安全中，对下列领域可以相互独立地进行研究：

- 系统安全。其中一个例子就是确保系统不包含任何薄弱部分。攻击者一般都会选择薄弱点去攻击。
- 应用安全。互联网银行通常会应用特定的安全机制去满足特定的应用需求。
- 协议安全。通信双方都可以通过在明确顺序下执行明确的步骤来达到安全目标。
- 平台安全。网络元素和移动终端主要依赖控制它们的运营系统的正确功能。物理安全同样也在平台安全中拥有着重要的角色。
- 安全基元。这些基本构件建立在与保护机制相同的平台上。典型的例子就是密码算法，以及类似可以被视作安全基元的保护存储器（这也带来了物理安全保障）。

本书中，我们将重点放在系统安全、协议安全和安全基元上。平台安全只会简要的提及，应用安全则会或多或少与本书有关。

在实际的安全系统的设计中总是会受到严格的限制。实现保护机制的花费必须和这些机制所减少的风险数量相平衡。系统的可用性必须不能被安全因素所影响。这种权衡当然也建立在系统使用的基础上：在军事系统中，安全、成本和可用性的权衡是建立在与民用通信系统不同的基础上的。

2.2.2 设计原则

安全系统的设计通常包括以下阶段：

- 威胁分析。目的是列出所有系统所面临的威胁，不考虑实现攻击的成本和难度。

- 风险分析。威胁的大小都会被量化，或是至少与其他威胁相比较。我们需要预估不同攻击的可能性以及攻击者所获得的潜在利益和攻击所造成的损失。
- 需求捕获。基于之前的步骤，本步骤用来决定系统将要采取哪种保护措施。
- 设计阶段。真正的保护机制用来满足设计需求。现存构件（比如安全协议或基元）一旦被认定，新机制和安全架构也会建立。限制条件需要被列入考虑范围，也存在着不能满足所有需求的可能性。这也就会使我们重新审视之前的步骤，尤其是风险分析。
- 安全性分析。评估结果在前几阶段中已经单独呈现。通常情况下，自动验证工具只能被应用在安全性分析中。在系统中也会存在着只有运用创造性的方法才会被揭示的漏洞。
- 反应阶段。虽然对系统管理和运营的设计可以认为是机制设计阶段，但对所有意外安全漏洞的反应无法事先计划。在反应阶段中，原始设计的灵活性及其升级空间都是十分重要的，当新的攻击手段比预期的快时，原始设计所预留的升级空间将会很有用。

我们在这里只列出了可以被认为是设计步骤中一部分的阶段。不仅如此，实现和测试在构建安全系统中也是十分重要的。

影响各个阶段设计的一个因素为安全系统通常是一个同时被设计的更大系统中的一部分。这便是 EPS 工作时的情况。一个迭代的方法是必要的，因为一般的系统架构和需求的变化是平行于安全设计的。尽管这样的迭代过程看上去会使整个流程减慢，但系统的安全部分随着系统本身一同设计还是十分重要的。在已经完整存在的系统中添加各种安全机制是不切实际和低效率的解决方法。

2.2.3　通信安全特性

尽管作为抽象概念的"安全"很难被定义，但它的组成部分和特性通常会较容易被理解。在下面的部分，我们会列出通信安全中最重要的特性：

- 鉴权性。A、B 两人在信道中进行通信，首先便要认证对方身份。鉴权便是认证对方身份的过程。
- 机密性。A、B 两人通信，他们希望通信仅限于他们两人之间，这便认证了通信的机密性。
- 完整性。如果 A 送出的所有消息与 B 接收的完全一致，反之亦然，通信的完整性就得到了很好的保护。有时，由 A 发出的消息被称作信息来源的证明，"完整性"意味着传输的信息不会在传输过程中被修改。
- 非否认性。B 通常会存储 A 发送的消息。非否认性是 A 在发送消息后不能否认曾发送过消息。
- 可用性。通常假设 A、B 双方相互通信，通信信道对双方可用。

下面是典型的攻击和针对这些特性的攻击者：

- 鉴权性。攻击者试图伪装成通信方。
- 机密性。窃听者试图去窃取通信中的至少一部分信息。
- 完整性。第三方试图去修改、添加或删除通信信道内的信息。
- 非否认性。有时发送者如果可以在之后否认发送内容的话，这也许对他们是有好处的。举例来说，金融交易、买卖合同等。
- 可用性。拒绝服务（Denial of Service，DoS）攻击会使通信方无法接入到信道中，或是使其中的一些通信方无法通信。

本书重点为前 3 个特性：鉴权性、机密性和完整性。引入 LTE 和 EPS 的初衷是为了快速接入移动信道。非否认性相对 EPS 网络的重要性较低，它与应用层的相关性更大。

2.3   密码学的基本概念

密码学有时会被定义为密写的艺术和科学。为了保护通信的机密性而申请加密的可能性是十分明显的。不仅如此，人们已经发现，类似的技术可以成功应用于提供许多其他安全特性，比如鉴权性。

密码学由两个部分组成：

密码学——基于密写技术的设计系统。

密码分析——分析加密系统以及试图去找出系统中的漏洞。

密码学的双重性反映了一个更一般的安全特性。正如本章所说，很难找到一个可以可靠地测定设计的系统是否安全的测试方法，原因在于对一个系统的真正考验开始的时候，是当它应用在现实生活中。当攻击者找到攻破系统的方法时，他们就会出现。让情况变得更复杂的是这些现实生活中的攻击者会尽可能地隐藏他们的足迹和方法。密码分析（更常用的是安全分析）尝试去预测攻击者可能做的事以及攻击者不断创新的攻击系统的方法。如此，密码分析间接地提升了系统的安全等级。

密码分析在攻击者的模型化中的角色是十分复杂的。找到系统设计中和实际应用中仍存在的弱点很重要。这是因为在这样做之后采取补救措施要更简单，成本也相对较低。但是，当系统已经处于大规模使用状态时，密码学的角色就变得十分具有争议性了。一个研究者发现的巧妙的攻击模式也许可以被一个无法发明这种攻击的攻击者所复制。在这种情况下，研究者所发现的攻击似乎带来了安全等级的下降而不是提升。

处理这种进退两难的境地的一个明显的解决方法就是让密码分析的结果一直被保密到采取了正确的举措来消除现实生活中的缺陷后。当缺陷被移除后，发布密码分析结果有助于在未来避免相同的问题。同样的解决方法也出现在处理运营系统和浏览器缺陷中。我们似乎没有通用的方法来解决系统安全中的缺陷。

这个问题的另一个解决方法是在系统设计中保密。如果现实中的攻击者不知道加密算法，他们就很难应用任何加密结果进行任何形式的攻击。事实上，这种方法在 20 世纪 70 年代十分常用。在此之前，很少有密码学研究方面的结果发布，密码学与现实系统中的关系也鲜为人知。这种方法的缺陷在于学术研究中的相关实践经验会完全缺失，这也就减缓了学术研究发展的速度。

只要密码学在一个封闭的并且被严格控制的环境中应用（比如军事通信或金融机构的安全数据库中），就没有必要去对密码分析进行系统的开放。但当密码学应用到商业领域中时便发生了改变。首先，系统的用户中就可能存在潜在的攻击者，于是，系统设计的信息会通过逆编码的方式泄露给公众。其次，如果没有关于系统如何保证安全性的信息的话，公众很难去信任这个系统。这一将密码学在更开放的环境中使用的趋势就是 20 世纪 70 年代时密码学研究繁荣的一大原因。

另一个，也许更重要一点的原因是新颖的、数学上有趣的密码概念的引入，最著名的是公钥密码［Diffie 和 Hellman，1976］。

2.3.1 密码函数

接下来让我们展示一些密码核心概念的定义。

- 明文空间 P 是所有位字符串集合的子集（记作 $\{0，1\}^*$），简单起见，在这里我们假设一切都是二进制编码。
- 密码电文（密文）空间 C 也是 $\{0，1\}^*$ 的一个子集。
- 密钥空间 K 也是 $\{0，1\}^*$ 的一个子集。当 K 是一个固定安全参数时，$K = \{0,1\}^k$。
- 加密函数 E：$P \times K \rightarrow C$。
- 解密函数 D：$C \times K \rightarrow P$。
- 密码系统包括了上述所有：$(P；C；K；E；D)$。
- 对称加密被定义为 $D(E(p，k)，k) = p$。
- 非对称加密被定义为 $D(E(p，k_1)，k_2) = p$，其中 k_1 和 k_2 不完全相同，而且 k_2 不能由 k_1 算出。

从计算复杂度来看，现代密码学基于很特别的数学函数。这意味着要么函数计算复杂，要么函数只有在某个密码可用时才能计算。随机性是现代密码学中的另一个基础概念。伪随机数发生器是一种算法，这种算法以一个真正的随机位串作为输入（称为种子），把它扩展成一个更长的且无法与真正随机序列区分的数列。

一种重要的函数类型是单向函数。大概地说，如果一个函数具有单向属性时，

- 如果给出 x 时，很容易计算出 $f(x)$。
- 当给出 y 时，无法求出任何符合 $f(x) = y$ 的 x。

我们可以使用复杂理论来给出一个更准确的定义［Menezes 等，1996］，但是

本书并不需要如此。

另一种重要的函数类型是陷阱门函数。它基本与单向函数相同，但一个重要区别是：如果信息的特定部分（密钥）是已知的，那么就很容易在给出 y 的情况下得出符合 $f(x) = y$ 的 x。陷阱门函数应用在公钥密码学中，比如电子签名。

其中一个最简单的将函数作为单向函数应用的例子就是自然数的乘法。已知两个整数 n 和 m，那么就很容易得出乘积 nm，但我们却没有能够在已知乘积的情况下计算出 n 与 m 的值的算法，尤其是当其中一个因子变得足够大时，例如两个素数的乘积。

基本的密码学函数类型如表 2.1 所示，表中只是进行了简单的介绍，其精确定义可以在其他地方找到。

我们在表 2.1 中运用了以下记法：

- 简单（带公钥）：很容易去计算（但是可能会要求掌握公钥的相关知识）；
- 不可实现：不可以进行计算；
- 带密钥简单：仅能在知道密钥的情况下进行计算；
- 函数：已知 x，得出 $f(x)$；
- 逆向：给出 y，找到符合 $f(x) = y$ 的 x。

在表 2.2 中，我们集中在表 2.1 中的右下角部分，也就是无密钥或对称密钥算法。我们也增加了一个在实践中经常使用的维度：x［分别对于 $f(x)$］的长度（以比特为单位）是固定或可变的。此外，表格本身也没有给出这些密码学术语的精确定义，精确的定义在其他地方有给出［Menezes 等，1996］。

表中的一些部分被标记为难以理解的：它们并不像其他的一样被广泛使用。单项序列即是一个单向函数，也是一对一映射。

表 2.1 基本加密函数类型 – I

	函数	
	简单（带公钥）	带密钥简单
逆向简单（带公钥）带密钥简单不可实现	非加密函数非对称加密单向函数	数字签名 对称加密 消息认证码

表 2.2 基本加密函数类型 – II

	函数/逆向		
输入和输出的长度	简单/不可实现	带密钥简单/不可实现	带密钥简单/带密钥简单
输入可变和输出固定 输入固定和输出可变 输入和输出均为固定为（相同的长度）	单向哈希函数 伪随机发生器 单向排列	消息认证码 密钥流发生器用于流密码 密钥的单向排列	（机密情况） （机密情况） 块密码

2.3.2 具有加密方法的安全系统

仅使用好的加密功能不能确保通信系统的安全性。除了政策和配置问题，系统的结构也需要精心设计。

保护一个系统所使用的加密功能的一个基本原理是系统必须保持安全性，即使功能和结构是公用的，这意味着"模糊安全"是不被接受的。只有随机生成密钥才被认为是可以确保秘密性的。

使用密码学的一个问题就是安全密钥的管理。大部分加密保护方法依靠密钥的定义，这些密钥本身必须处于被保护的状态，有渠道去接触密钥的人同时也可以移除保护措施。这样也就导致"鸡和蛋"的情况：为了可以安全地进行通信，我们首先要对有安全信息的某些片段进行通信，也就是密钥。幸运的是，密钥的分发和交换相对于随机的不可预测的通信来说是相对简单的。尽管如此，这需要访问密钥的实体的数量与整个系统中的实体数量保持一致。

接下来，我们简要介绍通信安全的特征：

- 认证：挑战 - 响应协议；
- 机密性：加密（也被叫作密码）；
- 完整性：消息认证代码；
- 非否认性：电子签名；
- 可用性：客户难题——这个方法并没有被广泛应用，所以我们也没有在本书中对此进行更深层次的研究。

2.3.3 对称加密方法

对称加密方法被分为两个主要的层次：分组密码和流密码。在分组密码中，一个固定长度的明文块使用密钥（也是固定长度）转化为长度相同的密码文本块。因此，对于任何固定的密钥分组密码都是双映射的：

$$c = E(p, k); p = D(c, k) = D(E(p, k), k)$$

过去，主要的分组密码是数据加密标准（Data Encryption Standard，DES）；它的长度是 64bit，密钥的长度是 56bit。一种更新的通用密码——高级加密标准（Advanced Encryption Standard，AES）拥有 128bit 的长度以及（最小）128bit 的密钥长度。

通常分组密钥会在多次迭代的情况下变得更加安全。在分组密码的设计中，迭代同样被应用在分组密码内部。这些迭代被称为循环。迭代次数越多，其安全性越高，但处理时间越长，在实际应用中我们需要做出平衡。

还有一些其他的经典设计原则。举例来说，每个明文比特和每个密钥比特都要对密文比特有影响；明文比特和密文比特中间的关系应该尽可能的复杂一些。

由于分组密码固定长度的关系，我们遇到一个现实问题：如何对超过一组长度的信息进行加密？一个简单的解决办法为电子代码本（Electronic Code Book，ECB）模式：信息被分解成许多块，每个块都单独加密。这个模式有一个主要的弱点：相同的明文块会产生相同的加密块。

有几种其他的加密方法通过引入额外的变化量来避免这一缺点，比如使用预先设计的密文和计数器。分组密码也可用于其他目的，比如说作为一个单向函数或伪随机发生器。

下面我们来讨论流密码。流密码思想基于一个简单但完全安全的一次性密钥。假设密钥 k 与明文 p 的长度相同。这样我们定义 $c = p$ xor k。

一次性密钥不能被破坏。的确，任何密文都可以被解密为任何明文（在可用密钥存在的情况下）。另一方面，一次性密钥拥有一个主要弱点：密钥的安全传输和存储与明文自身的安全传输和存储一样重要。但是，在需要使用密钥之前，可以在方便的时间内完成密钥的传输或存储，这仍然是有好处的。

在流密码中，一次性长随机密钥被伪随机数列替代。换句话说，我们从一个固定大小密钥以及产生一个掩码比特流 m 开始。于是 $c = p$ xor m。

通常会有一个额外的输入（如一个计数器值），这种输入作为种子与密钥共同使用。之后，相同的密钥可以多次被应用到加密一些彼此独立的消息中。当每个消息重要度不同时，这个额外的输入也会随着不同的情况发生改变。流密码的主要优势是掩码流可以提前生成，甚至在知道明文之前，这便避免了通信延迟。

另一个优势是噪声信道引入的加密信息错误位的数量与恢复明文所引入的相同。然而，对于分组密码来说，加密块的一位错误会影响恢复文本的整个加密块。这也是为什么流密码会应用到相对具有较高误码率的信道中，比如无线信道中。

2.3.4　哈希函数

现在我们更近距离地观察一个不需要任何密钥的加密函数，也就是哈希函数。一个单向哈希函数 h 拥有以下属性：

- 压缩：$h(x)$ 拥有一个固定的长度（比如说 160bit），而 x 可以有不同的长度；
- $h(x)$ 很容易去计算。

出于一些目的，哈希函数满足一些条件显得十分重要：

- 一一对应性。已知 x，我们找不到不同于 x 的 x_0 来满足 $h(x) = h(x_0)$；
- 抗冲突性。我们找不到满足 $h(x) = h(x_0)$ 两个不同的 x 和 x_0。

建立一个特殊的模块将分组密码转换为哈希函数是有可能的，但是通常情况下，一个定制的哈希函数所需要的计算相比于分组密码要少，而且哈希函数执行起来效率更高。这种类型的两个哈希函数是消息摘要算法 5（Message Digest5，MD5）（128bit 哈希函数）和安全哈希算法（Secure Hash Algorithm – 1，SHA – 1）（160bit 哈希函数），但是很多冲突都被发现发生在前者上，也有证据证明后者也可能发生冲突。截止本书编写时间，最普及的哈希函数是 SHA – 256（256bit 哈希函数），但同时也有竞争，如 SHA – 3 ［NIST］，由国家标准与技术研究院（National Institute of Standard Technology，NIST）运营，目的是寻找新的标准哈希函数。

哈希函数被应用于各种应用程序中。一个重要的应用实例是其作为消息摘要所运行的：一个可变长度的消息可以拥有独特的固定长度的表示。当然，这种表示不能是真正的唯一，但是抗冲突性意味着我们找不到两个有着相同消息的摘要消息。

设计一个围绕密钥的哈希函数算法也是可能的。接着，我们说到消息认证码（MAC）。这些加密的哈希函数相比于没有加密的哈希函数拥有更短的输出。这样做的原因是由于没有加密的哈希函数更易受到攻击。任何人都可以计算出大量的输入以及与之相对应的哈希函数的输出。如果输出的长度是 n，那么其便符合生日悖论［Menezes 等，1996］，即大约 $2^{\frac{n}{2}}$ 的哈希函数的输出需要在冲突被发现前计算。

加密哈希函数不适用的情况便是其密钥仅由授权方掌握，并且对于可能的密钥来说哈希的取值是不同的。

这里共有 3 种不同的策略来设计 MAC：直接设计，使用分组密码或将没有加密的哈希函数作为构建模块使用。哈希消息认证码（HMAC）架构是第三种策略的范例。如果 k 是密钥，x 是输入，那么 MAC 的值可由双重哈希得出：

$$HMAC(x,k) = h((k\ xor\ opad)\,|\,h((k\ xor\ ipad)\,|\,x))$$

竖线表示连接，$opad$ 和 $ipad$ 只是填充目的的恒变量。结果往往是得到一个较短的 MAC 值（例如，从总的 160 位中提取 96 位）。

MAC 在信息安全中的基本作用是确保消息的完整性：在未加密信道上传输时，我们添加一个 MAC 到每个消息中。如果接收方知道密钥，那么它便可以计算 MAC 从而去检查信息的发送和接收是否一致。抗冲突性的要求对于将加密哈希函数作为 MAC 使用并不重要。

2.3.5 公共密钥加密和 PKI

我们现在来看公共密钥加密的基本概念，更深层次的理解可以在其他地方找到［Menezes 等，1996］。公共密钥加密的概念很简单：我们运用不同的密钥来加密和解密，而且从加密密钥中得出解密密钥是不可实现的。

如果上述的加密和解密是可行的，那么加密密钥可作为公共密钥，所以双方可以通过相同的密钥相互通信（即使双方不需相互信任）。更重要的是公众不仅可以得到密钥还能得到它的授权。

数字签名的设置是可逆转的。我们不能从验证密钥（用于计算签名函数的逆运算）中得出签名密钥（用于计算签名函数）。验证密钥可以是公开的，人们可以单独地验证不同的签名。通常是消息摘要得到数字签名。只要哈希函数的使用是具有抗冲突性的，签署消息摘要相当于签署消息本身。

公共密钥加密的主要优点如下：

- 对大型系统的简单的密钥管理，尤其是那些具有多对多关系的。
- 使用数字签名，作为非否认的可能性结果。
- 在没有与任何中央受信第三方的在线交流的情况下，任何实体认证其他实体的可能性（但典型情况是线下连接第三方实体需要认证其他实体的公共密钥）。

确保公共密钥真实性的主要技术是使用公共密钥基础设施（Public Key Infrastructure，PKI）。PKI 的核心概念是认证：用户身份和公共密钥会被认证机构（Certification Authority，CA）所签署。它是假定可以通过其他方式证明 CA 本身的公钥是真实的，举例来说，它可以在制造时安装在计算设备中，或者它可以在物理安全信任环境中下载。

注册机构（Registration Authority，RA）认证用户身份（通常是物理性的），同时也为正确的用户提供证书。有时用户的私有密钥会被泄露，那么就必须吊销证书。这通常是通过将吊销放置在 CA 签署的证书作废表中而完成的。

原则上，任何具有证书的人都可以通过签署他人的身份和证书来创建更多的证书。通常 CA 是层级式的排列，每一层级都有上一层级的 CA 签署的证书，除了在顶层的根 CA，它只拥有自行签署的证书或者根本就没有证书。验证一个叶片实体证书包括验证所有叶节点与根节点之间的节点的证书。接下来我们会说到"证书链"。

2.3.6 密码分析

现在我们会向大家呈现密码分析的基本概念。攻击者的分类如下：

- 一个被动的攻击者只会监控通信过程并且试图破坏机密性。
- 一个主动的攻击者同时也会增加、删除和修改信息。他或她也会尝试去破坏除了机密性以外的其他安全特性。

攻击模式（针对加密）如下所示：

- 唯密文攻击。攻击者只看到了密文并且尝试去寻找密钥或至少是寻找相对应的明文。
- 已知明文。攻击者也知道明文并且尝试去寻找解码密钥。
- 选择明文。攻击者可以选择明文并且可以得到相对应的密文（而且又尝试找到解码密钥）。
- 自适应选择明文。明文的选择依靠在以前观察到的密文。
- 选择密文。攻击者选择密文并且得到明文。
- 自适应选择密文。密文的选择依靠在以前所观察到的明文。

只有前两种模式是被动攻击者可以使用的。不同情景下有不同的攻击方式。一个例子就是用户对防篡改加密模块有着完全的访问权并且试图去发现模块中的密钥。

同样的分类方法适用于对认证和完整保护的攻击。最简单的适用于明文模式的攻击方式便是穷举所有密钥。如果我们有一个数量不是很多的密文空间，那么就只有一个密钥可以将密文解密为有意义的明文。

选择明文情景下，我们以差分密码分析方法为现代方法的例子。它通过选择已知差异性的大量明文而实施，分析、研究密文中相对应的差异。另一个方法只要求已知明文应用情景，其成功应用在众多分组密码和流密码中，叫作线性密码分析方法。它是基于明文和密文之间关系的分析。

最近，有另一种攻击模型开始流行起来。

- 相关密钥攻击。攻击者可以要求变换密钥，并且预设和选择新旧密钥之间的关系。

从攻击者的角度来看，攻击情景十分乐观，因为只有在一个特殊情景下攻击者才有可能以某种方式更改密钥。相关密钥情景可用于分析密钥和其架构的理论工具。

接下来的攻击模型使用更加广泛，并且与实际联系紧密。

- 旁信道攻击。攻击者可以利用密码系统物理实现的信息。

举例来说，攻击者可以测量与密码算法的执行相关的所消耗的时间和功率，并且推导出与密钥相关的信息，最有可能的方法是使用统计方法。攻击者也可能诱导产生算法中的控制错误，如使用热处理或电击的方法。

2.4　LTE 标准化介绍

20 世纪末，被认为是原始第二代系统的个人数字手机（Personal Digital Cellular，PDC）已经不能再为巨大的市场提供足够优秀的服务了。因此，日本的两个标准化组织，也就是无线工业及商贸联合会（Association Radio Industries and Businesses，ARIB）和电信技术委员会（Telecommunication Technology Committee，TTC）已经做好充分的准备为 3G 技术创建详细的规范，尤其是无线网络的部分。与日本的行动同步进行的便是欧洲电信标准协会（European Telecommunication Standard Institute，ETSI），其也在对 3G 移动技术进行研发，被称作通用移动通信系统（UMTS）。

1998 年，5 个标准发展组织（SDO）决定联合以加速工作并保证全球互连互通。欧洲的 ETSI，日本的 ARBI 和 TTC，北美的电信工业解决方案联盟（Alliance for Telecommunication Industry Solution，ATIS）以及韩国的电信技术协会共同组成了 3GPP。一段时间之后，第六个合作者也就是中国通信标准化协会（China Communication Stemdard Association，CCSA）也加入了这个项目。这 6 个标准发展组织就是 3GPP 的组织合作伙伴。每个组织合作伙伴还拥有自己的成员，包括终端和基础设施制造商、移动网络运营商和电信监管机构。

但是，将所有的 3G 开发工作囊括在这个项目中的梦想并没有实现。在美国，许多工作都围绕着北美的第二代蜂窝系统演变而来的 CDMA2000 系统所进行。另一个叫作 3GPP2 的项目在电信工业协会的驱动下开始进行。与此同时，联合国的子组织，也就是国际电信联盟改变了它最初的目标，这个目标就是创建一个单一的国际移动通信系统 – 2000（IMT – 2000）的标准来代替一系列 3G 标准。

3GPP 合作者间的合作进行得十分顺利，大量的说明工作都在 1999 年末趋于稳定。第一个版本发布于 2000 年 3 月，3GPP 说明设定的 1999 版本被称作"冻结"版本。不仅如此，在这次发布之后，大部分的说明都需要进行更正，这个工作在这种大规模的项目中是不可避免的。在版本 99 之后，3GPP 继续发布了更多版本：2001 是版本 4，2002 是版本 5，2005 是版本 6，2007 是版本 7。

第一个涵盖 LTE 和 EPS 的版本是版本 8，版本 8 在 2008 年末被"冻结"，版本 9 在 2009 年末被"冻结"，版本 10 在 2011 年的上半年被"冻结"，本书囊括的最新版本是在 2012 年秋季被"冻结"的版本 11。另外，我们在第 16 章介绍版本 12。

第一个 3GPP 发布之初，大家就开始意识到以一年一次的速度更新版本有些缓慢，所以 3GPP 停止了以年份来为版本命名的举措。

2.4.1 3GPP 的工作流程

3GPP 形式上就是区域 SDO 之间的合作项目。因此，3GPP 制定规范，并且在区域合作伙伴同意之后产生新的标准。其想法是每一个合作伙伴都会"不假思索地批准"3GPP 规范并且将其转换为一个官方标准格式。另一方面，有时候区域标准会补充 3GPP 标准。这样的情况会发生是出于一些原因。举例来说，当 3GPP 可能会明确决定将某些方面从其议程中剔除，并可能依赖执行者找到最佳解决方案的能力，虽然区域 SDO 认为，在这些方面，标准可能是有益的。另一个原因可能是地方法规之间的偏差，比如说合法拦截和公共安全。

3GPP 的规范工作遵循一个 3 阶段模型。

- 新服务的要求在阶段 1 规范中被定义。
- 阶段 2 的规范包含了符合要求的功能结构，包括功能实体的描述以及它们之间的信息流动。
- 在阶段 3 的规范中，功能实体被映射到物理实体以及已定义实体之间的协议的描述。

除了这些规范，还有一些测试规范。通常是在以后某个时段完成。

3GPP 的规范工作在工作小组内进行。在工作组上层还有另一层叫作技术规范组（Techinical Specification Group，TSG），在这里工作小组所建立的规范被批准。一共有 4 个技术规范组：服务和系统方面（Service and System Aspect，SA），核心网络和终端（Core Network and Terminal，CT），无线接入网（RAN）以及 GSM 边缘无线接入网（GERAN）。

通常，不同的工作小组会实现相同特性的不同阶段。举例来说，一个工作小组

（叫作 SA 工作组 1）专注于需求（也就是阶段 1）；另一个（叫作 SA 工作组 2）则建立系统架构规范（也就是阶段 2）；第三个（叫作 CT WG1）为 CN 和终端等的协议建立阶段 3 的规范。

指定不同阶段需要一些不同类型的专业知识和技能。这也是不同小组分工不同的原因之一。另一个原因是这种分配的方法可以提高工作效率：阶段 1 小组可以在下一个版本发布的同时开始工作，此时其他工作小组仍旧为之前的版本发布而忙碌。

图 2.4 说明了不同阶段的工作是如何被安排的。图 2.4 中的时间单位是一个季度。在此之前，新规范和旧规范的修正请求在 TSG 全体会议（一年四次）中被批准。在图 2.4 中两个连续版本间的象征性间隔是 15 个月。这大概是最近发布的 3GPP 之间的时间间隔；冻结一个版本的确切时间点因实际情况而定，因为最优时间点取决于多种因素，其中一些来源于商业环境。

如图 2.4 所示，一个工作小组经常要制定两个不同的版本。的确，当下一个版本已经开始时，上一个版本仍有一些地方需要修改。

图 2.4 中也说明了相同版本不同阶段的工作是部分平行的。的确，阶段 2 并没有等到阶段 1 的工作完成，阶段 2 和阶段 3 之前也是如此。这种重叠是很实用的，因为通常不同的工作小组需要互相商议去保证不同阶段和规范间的一致性。

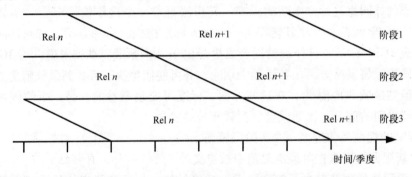

图 2.4　相同版本与不同阶段工作时间分布

但是，从同一张图中我们也可以看到没有一个时间点是所有小组都全力为一个版本工作的。

3GPP 的工作是由需求驱动的，各成员派代表出席工作组会议去推进规范工作。从另一个角度来看，如果成员对于特定规范的制定工作不感兴趣，那么这种规范将无法制定。更高层次的主体——TSG，需要在工作组中批准开始新的工作项目。之后 TSG 批准来源于工作项目和其变更请求的规范。

变更请求过程是一个处理已批准规范更正工作的正式工具。变更请求过程是通过分别批准每个个体变更请求而完成的。每一个更改也会有明确的文档描述，这种描述除了自身的更改外，还包括更改的原因和简要总结。

除了技术规范（TS）以外，工作组也会建立技术报告（TR）。这些都不是规范的信息文件。实施者可以完全忽略这些描述并且仍然以 3GPP 的规范和产生标准来建造完全兼容的设备。通常，TR 会为了以下两个目的所使用：

- 为了进行关于未来可以编入规范性文件的特性和机制的可行性研究。
- 为了分析特性以及添加有益于实现计划的指导方针和背景资料，以及开发和运营的目的。

第一种类型的 TR 通常在相对应的 TS 建立前就完成了。第二种类型的报告则是在相应规范之后完成，或者至少是在草稿版本可以使用之前。

为了安全起见，两种类型的报告都是有用的。通常几种不同类型的方法可以用来确保特定特性的安全。一个可行性研究在明确这些方法和描述类似层级中是可行的。这帮助我们比较不同的方法，并且帮助我们评估它们是否真正达到声称的安全目标。当然，同样可以解释为什么可行性研究同时也可以用在非安全特性中。

这里有特定的原因来解释为什么第二种类型的报告对于安全目的是可行的。

关于安全特性是如何满足需求的，以及选择的对策是如何解决威胁的分析是不会过时的，因为它可以进行现场试验及引导。就安全特性来讲，是否可以在现实中高效运行只是采用它的一个必要条件。它并不是一个充分条件，因为更重要的条件是那些不能规避的特性。

指导、命令和澄清在安全特性中有着重要的作用，因为规范常常在实现、开发和运营期间留下一些待定的细节。这很重要，因为这些待定的细节是根据对目的的理解和安全机制的特性所建立的。错误地选择使用时机和方法很可能完全破坏安全特性。

用于 3GPP 内部使用的 TR 有着很多形态，如"xx. 8xx"，同时也有更广泛分布的"xx. 9xx"。

TS 包含了标准文本，其使用了含有保留字（见 2.5.2 节）的特殊措辞。标准文本可能依旧包含不同的可选元素：可选择性支持的功能，有时也会存在强制支持但是仍选择使用的特性。

如本章所说，不同组相同主题的工作要求大量的各工作组间的合作和交流。联络函是为完成上述目的出现的一个典型工具，它经由一个组发送给另一个组。3GPP 和其他组织之间也存在着其他相似的联络方式，比如开放移动联盟（Open Mobile Alliance，OMA）和全球移动通信系统协会（GSMA）。

在表 2.3 中，我们将 3GPP 的规范分为不同的系列来说明。以本书视角，两个安全系列 33 和 35，系列 23，系列 24 以及系列 36 是最重要的。所有的 3GPP 的 TS 和 TR 都是公共范围下可以使用的［3GPR］。系列 35 中的加密算法的一些规范首先要通过受控的出口，这也导致了出版的延迟。值得注意的是依然存在着只与 GSM 相关的 3GPP 规范。这是系列 41～52，在表 2.3 中以相同顺序呈现，也就是，系列 41 显示需求，系列 42 显示服务方面。另外，系列 55 包含着 GSM 安全算法的规范。我们也应当注意这里并没有系列 53，也就是安全方面被分散到了其他系列中。

表 2.3　3GPP 系列规范编号

系列编号	系列主题
21	需求
22	服务方面（阶段 1）
23	技术实现（即架构方面）（阶段 2）
24	信令协议（阶段 3）（UE – 网络）
25	无线方面
26	编解码器
27	数据
28	信令协议（无线网络 – 核心网）
29	信令协议（内部固网）
30	计划管理
31	USIM 和 IC 卡
32	O&M 和计费
33	安全方面
34	UE 和 USIM 测试规范
35	安全算法
36	LTE 和 LTE—A 无线技术
37	多种无线接入技术方面

2.5　术语和规范语言的注释说明

2.5.1　术语

读者可能注意到了本书中出现的关键术语可能在规范、技术期刊、营销公告或媒体中具有不同的含义。相反，不同的术语可能具有相同的概念。本部分旨在介绍本书中提到的主要术语，并区分这些术语是如何在其他出版物中以其他形式使用的。所有的 3GPP 缩写都在参考文献 [TS21.905] 中呈现。首字母缩写词前的箭头（比如→E – URTAN）表示在接下来的内容中会有对该词的解释。

- LTE。本书的标题是 LTE 网络安全。我们选择的 LTE，其早已成为 3GPP 定义的 3G 移动系统的继任技术。LTE 为长期演进技术，最初是指 3GPP 中发展 3G 无线技术的继承技术的工作项目。渐渐地，它开始表示自身的第一个新的无线技术，同时也包含 RAN（→E – UTRAN），现在被用作指示继承 3G 移动系统（→SAE，→EPS）的整个系统，这个系统包含了已演进的 CN，在 3GPP 主页快速搜索 LTE 术语 [3GPP] 就会显示。除了主页面，只有少量的 3GPP 规范中会使用 LTE 这个术语，如果使用了，这个术语也是指代无线部分而不是整个系统。安全规范完全不会使用 LTE 这个术语。因此在本书的概述部分使用 LTE 这个术语，而不是在技术细节的部分，这是为了让读者可以在没有术语混乱的情况下使用整个术语。为了 3GPP 合作伙伴的利益，ETSI 已经将"LTE"注册为商标。

● E – URTAN。E – URTAN 是使用 LTE 无线技术的已进化的通用陆地无线接入网。E – URTAN 由 LTE 基站网络构成。术语 E – URTAN 被广泛应用于本书中的规范和技术细节部分。

● SAE。相比于术语 LTE，SAE 并不是很成功，但与 LTE 有着相同的演进历史。与 LTE 相同，SAE 最初是指 3GPP 中无线接入部分（→RAT）。它的目标是开发一个"第三代移动系统的演进和转移的架构从而获得更高的数据速率、更低的延迟和分组优化系统来支持多重 RAT"[3GPP 2006]。与 LTE 相结合，SAE 则变成了 SAE/LTE，目前经常指代整个系统，包括终端、RAN 和 CN。它并不在→EPS 较为流行的 3GPP 规范中经常使用。它也并没有成为一个注册商标。因此在本书中我们便不再更深入地引用它了。

● EPS。EPS 已经与 SAE/LTE 具有了相同的含义。在本书中术语 EPS 在 3GPP 规范中被大量使用。

● EPC。EPC 是 EPS 的核心网络部分。在本书中术语 EPC 在 3GPP 规范中被大量使用。

● RAT。当终端从一个使用 RAT 的网络移动到另一个使用不同 RAT 的网络时，我们通常称其为内部 RAT 移动。

● RAN。RAN 包含基站（BS）（即 eNB 在 E – UTRAN，NB 在→UTRAN 中和 BTS 在→GERAN 中）和基站控制器。在 E – URTAN 中不存在基站控制器。

● UTRAN。3G RAN 包含 UMTS 无线技术。

● GERAN。2G RAN 包含了 GSM 无线技术和其增强版本，如增强的 GSM 演进数据速率（EDGE）。

● UE。在 UE 和→ME 之间存在着细微的差别，这种差别对安全十分重要。UE 是 ME 和→UICC 的组合体。

● ME。ME 是没有 UICC 的终端系统。

● UICC。UICC 是智能卡（SD 卡）平台，关于此应用如→USIM 的驻留。

● USIM。UICC 的应用程序拥有着在 3G 和 EPS 中认证和密钥协议的安全参数和功能。

● 用户识别模块 SIM。在最新的实施过程中，它代表着 UICC 中的一个 SIM 应用。在较旧的标准中，它代表着与智能卡平台相结合的 SIM 卡功能。

2.5.2 规范语言

规范中对动词形式的使用有着明确的规定，这样读者可以与其他标准予以区分。3GPP 因此定义了一些关键词的使用。最重要的关键词是："必将"（意思是"将要做"或者"必须要做"），"应当"（意思是"建议去"或"应该去"）以及"可能"（意思是"被批准"或"被允许"），在参考文献［TR21.801］中可以找到更多细节。我们会在书中的一些细节部分使用这些规范语言。

第3章 GSM 安全

3.1 GSM 安全原则

全球移动通信系统（GSM）安全的设计目标是，其与有线系统一样好。另外就是要求安全机制不应该对系统的可用性造成负面影响。

这些目标显然是达到了，可以说，GSM 甚至比有线系统具备更好的安全性。另一方面，GSM 安全仍有改进的空间。当然，这普遍适用于已经商用很长一段时间的任何系统。攻击方法和设备随着时间推移而演进，其相应的保护也应该有所改善。近年来，GSM 安全已经进行了增强，但其基本结构没有改变。

人们总是很难把根本性改变引入到商用的系统，而且最为关键的一点便是拥有安全设计的新系统应该能够防范如今的攻击手段，并且其也有安全冗余。

GSM 系统中的最重要的安全特性是：

- 用户认证；
- 无线接口保密通信的机密性；
- 身份保密的临时身份的使用。

第三代（3G）安全架构也有这些特性，后来这种安全架构演进到 EPS 安全架构中。

随着 GSM 变得越来越成功，它也成为骗子的首选目标。人们也越来越注意到 GSM 的安全缺陷。最受批评的 GSM 安全特点在这里列出：

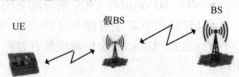

- 从原理上来说主动攻击（见图3.1）是可能的。这指已获得设备的某人伪装成一个合法网元联系终端。
- 控制敏感数据，如在不同网络之间的无线接口加密密钥是无保护发送。

图3.1 主动攻击

- 安全架构的一些重要部分需要被保密（如加密算法），但从长远来看这并不能建立对它们的信任。
- 无线接口密钥位数短，最终其会因为受到彻底的搜索攻击而变得脆弱，即攻击者尝试所有可能的密钥，直到找到一个匹配密钥。

这些都是在 GSM 设计之初就已知的安全缺陷。然而，设计者认为解决这些缺陷所花费的费用远大于其所带来的影响，于是设计者未对其进行改变。大约十年后，在设计 3G 安全体系结构时，一个类似成本和安全的比较得出的结论是，在 3G 移动网络中这些缺陷应当得到改善。

在下面几节中我们简要看一下 GSM 中最重要的安全特性。

3.2　SIM 的角色

GSM 技术仍是占主导地位的全球手机标准。GSM 还包含世界上最大的安全系统，在撰写本书时，有超过 50 亿的用户使用的安全元素在这一系统中。GSM 安全的基石是包含国际移动用户识别（IMSI）的用户识别模块（SIM）和一个相关联的128 位永久密钥。接下来我们会对此进行解释，GSM 用户身份验证是通过一个基于永久密钥的密码变更 – 响应协议，还有一个集成身份验证协议的密钥生成机制。这两种加密算法都集成在包含 SIM 的智能卡上。

在最初的 GSM 规范中及第三代合作伙伴计划（3GPP）的版本 4 之前，都称智能卡本身为 SIM。在最近发布的版本中，智能卡本身称为通用 IC 卡（UICC），SIM为在 UICC 运行的应用程序。这就允许 UICC 中有其他应用程序运行。

迄今为止，SIM 为最成功的智能卡。2009 年，SIM 卡发行量超过 30 亿，占据大约 75% 的智能卡市场。总之，直到 2010 年，SIM 卡出货的总重量约等于 400 头蓝鲸的重量 [Vedder 2010]。

所有智能卡均共享两个基本属性，这是这些小设备获得巨大成功的原因。从安全的角度来看，最重要的属性是抗干扰性。攻击者需要非常精密的设备来篡改智能卡，并发现里面是什么。当然，设备可以拆卸，但却很难在过程中收集有用的信息。因为智能卡通常运用多种保护机制来抵抗侵入性的攻击，如屏蔽电子显微镜。

智能卡的另一个主要属性是可移植性。此属性使得 GSM 用户可将 SIM 卡暂时或永久地从一个终端设备移动到另一个终端。它还可以做所谓的塑料漫游，即人们前往另一个国家时只需携带一张 SIM 卡，在当地租或借一部手机来使用 SIM 卡。这个选项的普及现在减少了，因为终端设备的小型化及其经常支持多频段。用户也可以使用当地的预留 SIM 卡来替代自己的 SIM 卡从而减少漫游成本。

尽管 SIM 卡防篡改，但如果有足够复杂的算法机制，仍有可能入侵 SIM 卡。然而，GSM 安全架构是建立在这样一种方式上，即系统很容易锁定篡改卡。作为一般规则，系统小型、廉价、安全是非常重要的元素，如智能卡不涉及全球的秘密。如果这些设备只包含用户个人信息，那么入侵 SIM 卡所获得的收益便会减少。

破解 SIM 卡的主要动机之一是 SIM 卡克隆的欺诈行为。如果用户泄露了永久密钥 Ki，攻击者便可创建"克隆"的 SIM 卡。这些克隆卡在使用同一手机号时，可以拨打许多电话。幸运的是，这种攻击很容易从网络端被探测到（同一用户突然同时出现在不同位置），网络可以停止对损坏的 SIM 卡及其克隆卡的服务。

像 SIM 克隆这样的攻击，攻击者通常是 SIM 卡的所有者。原则上，也有可能是由一个局外人来执行，比如，一个所谓的午餐时间攻击是对一个无辜的受害者进行攻击：如果攻击者获得了受害者的 SIM 卡很长一段时间，他或她可以创建一个

SIM 卡的副本。如果原始 SIM 卡在篡改过程中被摧毁，这并不影响攻击者，因为他能简单地复制原来的 SIM 卡。如果攻击者的唯一目标是偷听受害者的电话，那么攻击便很难被检测到；另一方面，如果攻击者以受害者身份来打电话，网络便能发现其中的蹊跷。注意，这里假设攻击者有能力做一个午餐时间攻击，当然还有许多其他的、更容易的方法来进行窃听，如使用传统的"缺陷"。

3.3　GSM 安全机制

现在我们将简要讨论 GSM 和通用分组无线业务（GPRS）中最重要的安全特性。

3.3.1　GSM 中的用户认证

存在一个永久性的、为每个用户共享的密钥 Ki。这永久密钥存储在两个关键位置（见图 3.2）。

- 用户的 SIM 中；
- 认证中心（AuC）中。

图 3.2　GSM 系统

Ki 只存在于通信网络的这两个位置中。用户的认证是通过检查用户是否能够访问 Ki。这可以通过用户发送一个随机的 128 位字符串（RAND）到终端。终端通过输入的随机数和 Ki 来计算单向响应函数，并将 32 位的输出签名响应（SRES）送回网络。在终端中，这个单向功能计算由 A3 表示，发生在 SIM 卡中。

在认证过程中，会由 A8 密钥算法计算生成一个临时会话密钥 Kc。A8 与 A3 的输入参数一样：Ki 和 RAND。会话密钥 Kc 随后被用来加密原始语音信号。

服务网络无法直接访问永久密钥 Ki，因此其不能单独执行认证。相反，所有相关参数（RAND、SRES 和 Kc）被发送到服务网络元素移动交换中心/拜访位置寄存器（MSC/VLR）[或服务 GPRS 支持节点（SGSN）在 GPRS]的 AuC 中。识别、认证和密钥生成的过程如图 3.3 所示。

3.3.2　GSM 加密

如上所述，秘密会话密钥 Kc 是认证过程所产生的副产品，其用于加密终端和基站收发台（BTS）之间的所有通信过程，下面将基站收发台简称为基站，基站负责用户通话及寻呼。当下一轮身份认证发生时，Kc 也会同时改变。

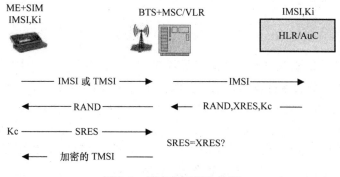

图 3.3　用户的识别和认证

GSM 加密算法被称为 A5，图 3.4 描述了其高层架构。关于 A5 我们将在 3.4 节详述。

图 3.4 给出了参数位数的原始长度。普通消息的长度（密钥流长度和加密信息同理）在增强的 GSM 演进数据速率（EDGE）中被加长了。在 A5 算法的最近版本 A5/4，密钥 Kc 也长了，这在版本 9 中有介绍。其密钥为 Kc_{128}，它具有 128bit，源于 3G 加密密钥（CK）和完整性密钥（IK），由密钥推导函数推导。

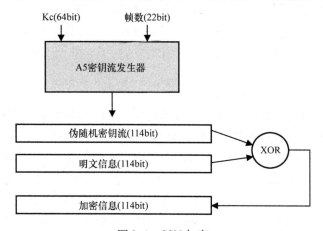

图 3.4　GSM 加密

3.3.3　GPRS 加密

当 GSM 的分组交换域——也就是 GPRS 被设计出来后，我们有机会将终端加密深入到网络中，从基站到 SGSN。这也意味着加密功能会发生在 GPRS 更高的通信层。在（电路交换）GSM 中加密是在物理层完成的，而在 GPRS 中加密是在逻辑链路控制（Logical Link Control LLC）层中完成。加密算法的结构非常类似于

A5，但也有两个不同：不是帧数，而是 32bit LLC 计算器参数作为参数输入，输出的也是伪随机变长密钥流。加密算法被称为 GEA（GPRS 加密算法），我们将在3.4 节进一步讨论。

3.3.4　用户身份保密

IMSI 为用户的永久身份，可被窃听者在无线接入层中窃听。IMSI 结构的描述见第 7 章。为了防止这种攻击，发送 IMSI 仅限于必要的情况，而不是总是使用 IMSI识别用户身份，我们使用临时移动用户识别码（Temporary Mobile Subscriber Identity，TMSI）。

在 GPRS 中，还有一个单独的临时身份，叫分组临时移动用户识别码（P – TMSI）。其与 TMSI 相互独立，由分组核心网元素 SGSN 分配，但其分配遵循与分配 TMSI 相同的原则。同样的机制也适用于 3G 和 EPS。在 4.2 节和 7.1 节会进行更详细的描述。

3.4　GSM 加密算法

如本章所述，SIM 运行一个基于永久密钥 Ki 的认证协议，其还能得到一个 64位临时密钥 Kc。后者主要用于在移动终端和基站之间的无线接入层加密。相关的加密算法被称为 A3（用户认证）、A8（密钥生成）和 A5（通信加密）。

GSM 系统是模块化的，即算法之间可以替换，只要算法有相同的输入和输出，在替换时便不会影响系统的其余部分。因此，A3、A8 和 A5 指的是一系列算法组，而不是某一单一算法。

同一算法组的内部结构可能完全不同。

对于无线接入层加密有 3 种不同的密码流 A5/1、A5/2 和 A5/3，A5/3 到目前为止已经标准化到 64 位密钥。此外，A5/0 用于没有加密的情况。3GPP 的 Release9 中，还有一个变体 A5/4 [TS55.226]，使用 128 位的密钥。A5/4 的引入相对于64 位的密钥，会造成整个系统混乱。此外，存储这些密钥也会产生影响。在漫游的情况下，密钥首先从本地网络的 AuC 进入访客网络的 AuC，接下来从访客网络的核心网进入无线接入网，最终进入基站。于是，在这一过程中一系列参数都会受到密钥长度的影响。

对于 A5/2 算法，存在一个非常有效的攻击 [Barkan 等，2003]。这种攻击也会威胁其他算法，因为 GSM 密钥生成与算法相互独立。这意味着一个主动攻击者可以尝试愚弄用户开始使用被其他 A5 算法认证的密钥进行 A5/2 加密。作为对策，3GPP 和 GSM 协会（GSMA）启动了一个进程，从移动终端完全删除 A5/2。

对于 A3 和 A8 算法来说情况略有不同。这是因为 A3、A8 算法不需要标准化。执行算法 A3 和 A8 在两个地方，用户端的 SIM 卡中和网络端的 AuC 中。因为相同的运营商控制 SIM 和 AuC，于是移动网络运营商可以使用自己的专有算法；另一方面，3GPP 制定了如 A3 和 A8 公共算法规范［TS55.205］。

A5 算法背后的历史反映了一般大众使用密码学的发展过程。GSM 创建时，严格控制出口任何包含加密算法的产品。这类情况适用于大多数国家，包括在欧洲电信标准协会（ETSI）参与 GSM 规范制定的欧洲国家。密码学就像枪支是军民两用的物品。类似于许多其他技术，加密协议也可被坏人利用。

设计 A5/1 算法时，一个明显的要求是它必须符合目标市场国家的出口限制。当时的目标市场主要被视为欧洲，至少在技术早期阶段是这样。GSM 很快变得十分成功，为了 GSM 终端和网络设备在全球普及，我们需要另一个较简单的算法。该算法为 A5/2。在 20 世纪 90 年代末，许多国家之间协调了出口限制，并以"Wassenaar 协议"的名义，建立了多边出口管理制度。在 2011 年底，41 个国家签署了该协议，包括澳大利亚、俄罗斯、韩国、日本、美国和许多欧洲国家。在许多方面，创建 Wassenaar 协议也意味着更少的出口限制。例如，大量市场产品（如手机）基本上是免费获得出口许可证的。

通用移动通信系统（UMTS）加密算法是在出口限制自由化后被设计的。因此，它引入了 128 位的基于 UEA1 分组码的密钥加密算法 KASUMI［TS35.202］。该算法的创建基于 UEA1［TS55.216］的 64 位密钥。请注意，3GPP 发布的版本 11 基本上只包含一个 ETSI 网站索引，网站上包含不同版本的详细信息。这种加密算法的协议在蜂窝领域很常见，不仅局限于 GSM。一些算法可在 GSMA 网站上获得，3GPP 提供的只是一个索引。这些间接的协议是必要的，因为出口控制限制也适用于规范，它可能需要花时间获得出口许可证。

A5/1 和 A5/2 规范需要进行保密，并且只供需要知道它们如何实施或部署的人使用。然而，这两种算法都需要在所有 GSM 终端应用（尽管不完全都是 A5/2 算法），因此算法逆向工程使其变得自然可行。有许多密码分析结果不利于 A5/1，但经过权衡后 A5/1 还是可行的。目前已经收集了破译 A5/1 所需的大量数据，参考［Nohl 和 Paget，2009］的攻击原则。在使用辅助数据时，可以在个人计算机上实现完全破译 A5/1。这是一个已知明文攻击，在通常情况下，通过寻呼来得到明文。

虽然 3GPP 的长期目标是将 A5/1 演进为 A5/3 与 A5/4，同时还要引入一个临时保护已知明文的措施。这是通过在随机化不会显著复杂处理这些消息的位置，对信令消息进行随机化来实现的。

3G 一开始就可以应用 KASUMI 算法和 UEA1，但其密码分析结果并不理想。在"相关的密钥"和"已选明文"中发现了一个有效攻击独立 KASUMI 算法的方法［Dunkelmann 等，2010］（见 2.3.6 节密码分析攻击场景的讨论）。这种对于 KASUMI 算法的理论攻击为我们带来了宝贵的密码分析结果，但相关密钥场景并不适用于 GSM 使用的 A5/3。

如 3.3.3 节中解释的那样，GPRS 系统安全和原始 GSM 安全最显著的区别如下：驻留在物理层的 A5 加密算法被 GEA 取代，并且其加密过程转移到无线网络的 LLC 层。迄今为止，3 个不同的流密码：GEA1、GEA2、GEA3，它们为标准化的 64 位密钥，最后一个是唯一一个规范公开的密钥［TS55.216］。GEA3 算法使用与 UEA1 相同的基于 KASUMI 的密钥发生器，于是其与 A5/3 类似。类似与 GEA4，从 Release9 开始，GEA4 算法同样使用 128 位的密钥［TS55.226］。

GEA1 和 GEA2 算法已经进行了逆向工程工作。基于这些努力，密码分析已经成为可能，并已经取得了进展。这使得 3GPP 需要考虑完全从系统中删除 GEA1，在某种程度上类似于对于 A5/2 的做法。3GPP 的长期战略是向 GEA3 和 GEA4 演进。

第4章 3G安全（UMTS）

4.1 3G安全原则

3G系统安全设计工作是基于全球移动通信系统（GSM）的实践经验，更具体而言，也是基于其他第二代（2G）蜂窝系统安全设计。在1998年，第三代合作伙伴计划（3GPP）成立之初，有一个欧洲电信标准协会（ETSI）SMG 10工作组（WG）的子群，初步为通用移动通信系统（UMTS）的安全进行了设计工作，但实际设计工作完成在3GPP安全工作组（SA3）。3G系统安全设计原则与其工作设计目标在［TS33.120］中被记录在案。

3G安全的主要原则有：

- 它建立在那些已被证明是强大和必要的2G安全元素的基础上。
- 它解决并纠正了2G安全中真实和明显的弱点。
- 它增加了新的安全特性来解决所有新3G的安全需求。

前两个原则为前期的主要设计目标，而第三个原则成为在3GPP以后的版本中最重要的原则，其中越来越多的功能被添加到3GPP系统。

4.1.1 带到3G中的GSM安全元素

在这里我们列出保留在3G系统中的安全特性和设计原则。在大多数地区，进一步发展了3G安全。在3G中，得到增强的2G系统元素如下：

- 用户认证。扩展成为用户和系统之间的相互认证。协议和算法也得到了增强。请注意，3G安全使用了术语用户认证。
- 无线接口加密。加密扩展覆盖到不仅仅是终端和基站之间的无线接口。一个更长的密钥和一个公共验证算法设计增强了加密能力。
- 用户识别模块（SIM）：便携和安全防伪。SIM卡（逐渐）被通用IC卡（UICC）所取代，但其作为安全架构的基础得到了保留。和SIM卡相比，UICC功能得到了极大地提升，其中通用用户识别模块（USIM）为其中的应用程序。与此相关，SIM卡应用程序工具包升级为USIM应用程序工具包。

GSM安全元素或多或少地也同样适用于3G系统中。GSM中安全元素如下：

- 无线接口的用户标识保密。基于临时标识的机制只对被动攻击提供保护。在检测到有被动攻击。很多的努力花在设计一个对抗主动攻击的安全机制，但最终结果却显示：一个全面的保护同时也需要更高的投入。请注意3G安全使用术语是用户标识保密而不是子用户标识保密。

- 用户便利性。最重要的安全特性便是能够让用户不需做任何事就能进行操作。全球所有现存的 3G 系统都在强调这一点的重要性。

4.1.2　GSM 中的安全缺陷

根据本章所述的第二条主要原则，明确列出 3G 安全设计工作开始时被认为是真实存在的弱点是很重要的，当然，在 3G 安全设计工作的同时，人们致力于减轻在 GSM 的环境中的系统缺陷。在写作本书时，据设计工作开始已经过去十多年了，比较 3G 安全系统如何解决这些缺陷是很有趣的。基于此部分原因，我们在下面包含了原始列表中的所有项目（见 [TS33.120] 中这些项的全部表述）。

- 由"虚假网络"发起的主动攻击。相互认证机制与强制完整性信令保护解决了这一缺陷。
- 加密密钥和认证证书在网络中以明文传输。为了解决这一弱点，网络域安全（Network Domain Security，NDS）功能被添加到 3G 系统但限于最新发布的 3GPP 规范。
- 对网络来说加密也远远不够。3G 的加密过程运行在用户设备（UE）和无线网络控制器（RNC）的实体之间，其驻留在基站后的网络中，处在一个物理安全位置。
- 在一些网络不使用加密。从技术和规范角度看，很容易修正这个缺点：拒绝所有未加密的通话。然而，这是一个监管问题而不是一个技术问题，在写作本书时，仍有些大型网络没有强制使用加密。
- 未提供数据完整性。从 3GPP 规范的第一个版本起，便增加了保护信令数据完整性的机制。
- 国际移动设备识别码（International Mobile Equipment Identity，IMEI）是一种无担保的标识而且应该这样处理。除了用户认证系统外，再为移动设备（ME）添加一个独立的认证系统未免成本太高了。因此，从网络观点来看，IMEI 一直作为无担保身份。然而，ME 端已改进了防篡改 IMEI 的措施。
- 在 GSM 安全设计阶段，欺诈和合法拦截并没有被考虑在内。3GPP 改变了这一现状，合法拦截规范与其他规范进行了并行开发。同样的，在早期 3GPP 的版本中已经提供了欺诈信息收集系统和即时终止服务机制。
- 本地网络不知道（或控制）服务网络（SN）是否以及如何对漫游用户进行认证。因为在没有获得密钥时，完整性保护无法启动，故在获得密钥时需要认证，于是强制完整性保护解决了"是否"的问题。还有些努力花在试图解决"如何"部分上，但最终"最小信任"原则并不值得为此类本地控制引进一个新的机制。
- 升级安全功能不够便捷。3G 系统已经包含了支持灵活性和认证的某些元素。例如，3G 系统中含有加密算法安全协商机制，其能够有效地引入新算法并删除已经过时的算法；另一方面，认证与密钥协商（AKA）协议或多或少通过硬件实现并连接到系统，只有里面的加密算法可供升级。总体看来，在 3G 系统中很好地解决了 2G 系统的弱点，但仍有改进的空间。这些经验教训也有助于长期演进（LTE）的设计和演进分组系统（EPS）的安全功能设计。

4.1.3　更高目标

除了源于 2G 系统的具体设计原则与经验，也有一系列设计原则来满足 3G 系统的第三条主要原则：确保所有 3G 服务安全。例如，3G 系统的设计是为了确保以下项：

- 所有与用户相关的信息都得到充分的保护。
- 网络中的资源和服务得到充分的保护。
- 标准化的安全功能全球适用，特别是至少存在一个加密算法，可以广泛用于世界各地。
- 标准化的安全功能能够实现全球互联和漫游。
- 3G 用户的保护机制要优于固定或移动系统（GSM）。
- 随着新的威胁与服务的需求的出现，3GPP 安全机制可扩展。

4.2　3G 安全机制

4.2.1　AKA 协议

3G AKA 协议，UMTS AKA，最初是设计用于 3G 系统中电路交换（CS）域和分组交换（PS）域的。其变式也应用于一系列其他设置中。在本节，我们简要介绍 UMTS AKA，并推荐读者阅读相关文献来了解它的其他用途。这些文献包括：

- 互联网工程任务组（IETF）将超文本传输协议（HTTP）AKA 摘要分为两部分［RFC3310，RFC4169］。HTTP AKA 摘要通过使用 UMTS AKA 函数来动态生成 HTTP 摘要密码［RFC2617］。

- 3GPP 指定 IP 多媒体子系统（IMS）AKA，它使用嵌入在会话初始化协议（Session Initiation Protocol，SIP）消息的 HTTP AKA 摘要，来设置 IMS 用户端与 SIP 代理之间的 IPSec 关联，及代理呼叫会话控制功能（P–CSCF）［TS33.203］（详见第 12 章）。

- 3GPP 还在终端与密钥分发服务器、引导服务器功能（Bootstrapping Server Function，BSF）［TS33.220］之间的通用引导架构（Generic Bootstrapping Architecture，GBA）中使用 HTTP AKA 摘要来进行身份认证。

- 3GPP 将 UMTS AKA 增强为 EPS AKA，用于跨 LTE 标识认证（详见第 7 章）。主要改进在于提供了一个协议密钥与 SN 名称的绑定。

- IETF 指定可扩展认证协议（Extensible Authentication Protocol, EAP）方法又称为 EAP - AKA［RFC4187］，其在 EAP 框架中嵌入 UMTS AKA 功能［RFC3748］，通过这种方式可以让 UMTS AKA 功能适用于一系列链接层技术，包括无线局域网（WLAN）。通过提供协议密钥与接入网名称的绑定密钥 EAP - AKA［RFC5448］扩展为 EAP - AKA 。

3GPP 使用 EAP - AKA 为通过 WLAN 和类似接入网络连接到互联网和 3GPP 核心网的用户提供认证（详见 11.2 节）。

3GPP 使用 EAP - AKA 为从信任的非 3GPP 接入网络连接 EPS 的演进分组核心网络用户提供认证（详见第 11 章）。

我们将在 7.2 节中给出 EPS AKA 协议的详细描述，EPS AKA 中采用的为全新的 UMTS AKA 元素，这里，对 UMTS AKA 不进行详述。我们宁愿给出一个概述并讨论 UMTS AKA 提供给 GSM AKA 协议的巨大增强。

3GPP 安全工作组 WG SA3，其设计了 UMTS AKA 协议，它的设计是基于在第 3 章中对 GSM 威胁和风险的分析。GSM AKA 协议的一些弱点已经在第 3 章中进行了讨论。威胁和风险的分析显示，尽管今天 GSM 的安全机制能够防止大规模技术欺诈，但攻击者仍能通过伪基站来攻击 GSM 系统。在 GSM 设计之初，伪基站攻击并没有在考虑范围之内。我们引用 Michael Walker 教授所写的一个章节，他参与了 GSM 系统安全的设计：

当 GSM 系统安全设计之初，一个重要的假设便是系统不会受到"活跃"的攻击，在这种攻击中，攻击者可以干扰系统或是模仿系统中的一个或多个实体。这种假设的提出是因为它认为：这类攻击需要攻击者拥有自己的基站，相对于攻击 GSM 系统的其他方式而言，这样做的成本未免太高了（如窃听的固定链接或者只是窃听用户）。

这种观点在 3G 安全设计时，显然是站不住脚的，所以，防伪基站攻击必须包含在 3G 安全体系结构中。

3G 安全包括两个保护措施：信令完整性保护及防止认证消息重播。这两个措施的组合可以有效地降低伪基站攻击。

4.2.3 节中描述了完整性保护。在 UMTS AKA 中通过发送到移动站的挑战中包含由 USIM 控制的序列号来避免认证消息的重播，并与序列号一起使用消息认证码来保护挑战。这是相对于 GSM AKA、UMTS AKA 的重要提升。

UMTS AKA 概论

为了使得本书内容更加连贯，我们将更深层地描述 UMTS AKA，这类似于其他地方给出的描述［Kaaranen, 2005］。协议的具体描述详见［TS33.102］6.3 项。

这里包含 UMTS 认证机制的 3 个实体：

- 本地网络，有时也称为本地环境；
- 服务网络；

- 终端，更具体而言为应用程序 USIM（其在 UICC 智能卡中）。

核心思想便是 SN 通过挑战 – 响应机制来检查用户身份（同样也适用于 GSM），同时终端也在检查 SN 是否已获得本地网络授权。相较于 GSM，接下来的部分是 UMTS 中的新特性：允许终端检查其是否连接到了合法的网络。相互认证协议并没有阻止攻击者通过建立伪基站来进行攻击，但它却确保了（与其他认证机制相结合）攻击者并不能从中获利。攻击者唯一可得到的好处便是其能够扰乱链路连接，但目前没有一种协议方法能够规避这一类型攻击。例如，攻击者可以通过无线电干扰的方式来实现这种恶意行为。

认证机制的基础便是 USIM 和本地网络数据库中共享的永久密钥，其有 128 位。密钥 K 仅存储在 USIM 和本地网络数据库中，密钥 K 从来不会从这个位置转移出来。例如，用户不知道自己的永久密钥。通过相互认证，生成了用于加密和完整性的密钥。这些是与永久密钥 K 长度相同的、为 128 位的临时密钥。在每次认证过程中，新的密钥由 K 产生。这是确保永久密钥最小使用的一个基本原则，而不是从它得到临时密钥来保护大量数据传输。

我们现在从一般水平描述 AKA 机制。认证过程在用户标识被 SN 确认后开始。识别发生在当用户的标识（即永久标识 IMSI 或 TMSI）被传输到 VLR 或服务 GPRS 支持节点（SGSN）时。然后 VLR 或 SGSN 发送认证数据请求到本地网络的认证中心（AuC）中。

AuC 包含用户的永久密钥，基于我们对 IMSI 的了解，AuC 能够为用户生成认证向量。生成过程包含几种加密算法的执行，我们将在这一章中详细介绍。在认证数据响应中，生成的向量发送回 VLR/SGSN。这些消息通过移动应用部分（Mobile Application Part，MAP）协议来进行传递。在 SN 中，每次认证过程都需要一个认证向量。这意味着（可能的远程认证过程）不需要 SN 和 AuC 之间进行信令交流，但在初始认证结束后，其原则上可以在用户初始操作后独立完成注册。事实上，在之前已存储的向量数用完前，VLR /SGSN 可从 AuC 获取新的认证向量。

SN（VLR 或 SGSN）向终端发送一个用户认证请求，其包含认证向量中的两个参数向量，称为随机的 128 位字符串（RAND）和认证令牌（AUTN）。这些参数都传输到防篡改环境 UICC 的 USIM 中。USIM 包含永久密钥 K，其使用 RAND 和 AUTN 作为输入，USIM 进行类似于在 AuC 生成认证向量的计算。这个过程还包括几个算法执行，与 AuC 计算中的情况相似。

作为计算结果，USIM 能够验证参数 AUTN 是否确实是在 AuC 中生成的，在积极情况下，计算出的参数 RES 在用户认证响应中会被发送回 VLR/SGSN 中。现在 VLR/SGSN 能够比较预期响应（XRES）（其为认证向量的一部分）与用户响应（RES）。当它们匹配时，认证已成功。

无线接入网络的密钥加密和完整性保护，加密密钥（CK）和完整性密钥（IK）都为认证过程中的副产品。这些临时密钥包含在身份认证向量中，因此，其由 AuC

转移到 VLR/SGSN 中。这些密钥又进一步转移到无线接入网络的 RNC 中，无线接入网络的加密和完整性保护都是从这里开始的；另一方面，在获得 RAND 之后，USIM 便能够计算 CK 和 IK（通过 AUTN 进行认证）。这些临时密钥随后从 USIM 转移到 ME 中，加密和完整性保护算法都是在其中实现的。

关于 UMTS AKA 的讨论：

我们在这里简要讨论 UMTS AKA 的一些性质和先决条件。类似讨论也可以在其他书籍中查到 [Horn 和 Howard，2000]。UMTS AKA 取决于以下的先决条件：

- 信任先决条件。用户必须在各个方面信赖他们的本地网络。SN 信任本地网络并发送正确验证向量，并且不会向未经授权的实体透露信息。当本地网络委托认证检查到 SN 时，前者也必须对 SN 有相应的信任。

- 接口安全的先决条件。假设在 SN 和本地网络之间、相邻 SN 之间，核心网络接口携带认证数据足够安全。不过，UE 和 SN 实体之间即使没有额外的加密保护，UMTS 也可以安全地运行。

- 加密功能的先决条件。UMTS AKA 利用基于对称密钥的加密函数 f1 ~ f5，f1* 和 f5*。这 7 个功能$^{\ominus}$分别应用在 USIM 和 AuC 中。此外，在 AuC 需要一个随机数发生器。这些加密功能都不需要标准化，它们都是运营商、AuC 和 UICC 供应商之间所达成的协议。这些功能的实现都是基于由 MILENAGE [TS35.205] 规范所提供的一系列算法集。

UMTS 要达到以下协议目标：

- 实体认证。至于 GSM AKA，SN 获得用户参与了当前的协议运行的身份认证。另外，在某种程度上来讲，用户获得的认证反而变少了，因为认证挑战 RAND、AUTN 和由 RAND 产生的密钥 CK 和 IK 在用户 HE 中产生，这种方式并没有在 UMTS 中使用。SN 认证不是通过 UMTS AKA 获得。用户只得到这样一个保证：其连接到由用户 HE 授权的服务网络，来为其提供服务，这包括保证这个授权是最新的（cf. [TS33.102]）$^{\ominus}$。当 3G 安全设计是基于所有 UMTS 运营商之间相互信任的假设，SN 认证被认为是没有必要的。然而，这种假设并不适用于 EPS 网络，参见 6.3 节对 EPS 设计决策的讨论。因此，对于 EPS，UMTS AKA 被增强也提供 SN 认证——参见 7.2 节。3G 中引入 SN 认证的提议可以在一些出版物中找到 [Zhang 和 Fang，2005]。

- 会话密钥协议。作为 UMTS AKA 的结论，在 UE 和 VLR 或 SGSN 之间，CK 和 IK 是一致的。基于核心网络中实体和接口之间是安全的，同时认证算法也安全的假设，这些密钥是相互隐式认证的，因为这些密钥只能由合法实体持有。

- 会话密钥新鲜度。这个属性通过会话密钥由 RAND 序列产生，RAND 序列

$\ominus$ 与 EPS AKA 以相同的方式使用相同的 7 种功能，其与 EPS AKA 的使用在第 7 章有详细说明。

$\ominus$ 一些文本经© 2010，3GPP™ 允许引用。

又由保护 RAND 的消息认证码所产生并实时更新。UE 和 VLR 或 SGSN 必须在协议每次执行时，信任 HE 所生成的 RAND 全新序列。由于密钥的实时更新，在先前 UMTS AKA 中所使用的会话密钥组合不会影响全新 UMTS AKA 会话密钥。

* 用户身份保密。与 GSM 网络相同，在用户和服务器之间的接口上，与用户身份信息相关的保密性都是通过临时身份 TMSI 来进行保护的。这意味着在接口处的偷听者不能通过阅读 UMTS AKA 消息获取用户的身份信息。但是，通过使用所谓的 IMSI 捕手的主动攻击仍然是有可能的。关于如何防范主动攻击，在 3GPP 中进行了详细的描述，其中它得出这样的结论：对称密钥技术，承担在网络崩溃期间将合法用户拒之门外的风险，而为此引入公钥机制的成本太高。

* 攻击预先缓解。攻击者可能在某一时间点上在网络端获得 RAND、AUTN 对，并在其他时间点上从网络端攻击用户。然而，这样的攻击者无法知道约定的钥匙。强制使用 IK 排除了这种攻击带来的威胁。

* 折中认证向量缓解。如果存储或发送到 VLR 或 SGSN 的身份验证向量被攻击者获取，他们便可以通过被破坏的网络模仿用户，或者通过用户模仿任何的 3G 网络，通过使用在本地认证中的 IK。此外，攻击者可以窃听会话。但只要一个新的 UMTS AKA 一直成功运行，攻击者便无法从折中认证向量得到任何好处。

* 重同步过程。UMTS AKA 提供了在 USIM 和 AuC 之间重同步 SQN 的机制。同时，在大多数情况下，拒绝由 USIM 提起的认证请求主要是因为 SQN 溢出了，其溢出是因为 VLR 或 SGSN 使用仍在存储中的过时的认证向量，UMTS 中重同步过程可以允许重置 AuC 中的 SQN，并能使其与 USIM 中的 AuC 重新建立联系。

* 序列号管理。AuC 和 USIM 中 SQN 的生成和验证过程不需要进行具体的标准化。然而，SQN 管理方案需要被仔细考虑。因此，参考文献 [TS33.102] 提供了一个指导信息的附录。针对通过意外或恶意修改认证向量的拒绝服务或是通过网络实体的无序使用认证向量，本附录中所描述的方案是有弹性的。方案的选择是非常重要的，当 AKA 用于不同用途时，以确保再同步事件最小化，例如 IMS 或 GBA。

* AuC 中验证向量预计算。UMTS AKA 运行不被任何请求实体属性（VLR 或 SGSN）所限制是可能的。

4.2.2 加密机制

一旦用户和网络已经相互认证，它们就可以开始安全通信。如本章所述，在成功认证后，核心网络和终端之间便共享同一个 CK。加密之前，通信双方也要在加密算法上达成一致。加密算法将在 4.3 节进行讨论。

加密和解密发生在终端和网络侧的 RNC。这意味着，CK 必须从核心网络转移到无线接入网。这是在一个称为安全模式命令中具体的无线接入网络应用协议中完成的。在 RNC 获得了 CK，它可以向终端发送一个无线资源控制（Radio Resource

Control，RRC）加密安全模式命令来启动加密过程。

3G 加密机制是基于如图 4.1 所示的流密码。参见 2.3 节对流密码概念的详细内容。

加密或是发生在媒体访问控制（MAC）层，或是发生在无线链路控制（RLC）层。在这两种情况下，都有一个每次都要访问协议数据单元（PDU）的计数器。

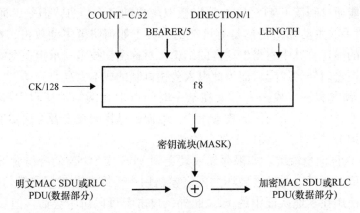

图 4.1　3G 加密（转载自 Niemi 和 Nyberg，UMTS 安全技术，John Wiley&Sons，Ltd. © 2003）

在 MAC 中，这是一个连接帧号（Connection Frame Number，CFN），和在 RLC 中一个特定的 RLC 序列号（RLC – SN）。如果这些计数器被使用，如用于掩码生成的输入，由于计数器转得很快，消息的重播仍然可能发生。这就是为什么我们引入一个较长的称为一个超帧号（Hyper Frame Number，HFN）的计数器。每当短计数器（CFN 在 MAC 中或是 RLC – SN 在 RLC 中）运转时，它便会递增。HFN 和较短计数器的组合被称为 COUNT – C，其作为内部加密机制中掩码生成的一个不断变化的输入。

原则上，较长的计数器 HFN 也会最终运转。幸运的是，在 AKA 过程中，每当一个新的密钥在 AKA 过程中生成时，它都会被重置为零。这个认证活动实际的发生频率足以排除 HFN 运转的可能。

由于不同的无线承载的计数器保持相互独立，无线承载身份 BEARER 也需要作为加密算法的一个输入。如果不使用输入 BEARER，那么这可能会导致相同的输入参数集将多次被送入该算法，同样的掩码生成不止一次。因此，消息的重播可能会发生，并且由相同掩码加密的消息（这段时间在不同载频上传播）可能会暴露给攻击者。

参数 DIRECTION 则表明了是否对上行或下行链路进行了加密。参数 LENGTH 表示要加密的数据的长度。请注意，长度值只影响掩码位流中的位数，它不对生成流中的比特产生影响。

4.2.3　完整性保护机制

完整性保护的目的是对个人控制消息进行认证。这样做是十分重要的，因为实体认证程序 UMTS AKA 仅在身份验证时提供通信方的认证。这便为攻击者开启了后门：一个"中间人"作为一个简单的中继，并以其正确的形式传送所有消息，直到认证过程执行完成。在那之后，中间人便可以任意操纵信息；另外，如果消息被单独保护，消息的蓄意操纵可以被观察到，虚假消息可以被丢弃。完整性保护是在 RRC 层实现的。因此，它是用在终端和 RNC 之间，正如加密。IK 在 AKA 过程中生成，与 CK 生成方式类似。另外，在安全模式命令中，CK 与 IK 一同转移到 RNC 中。

完整性保护机制是基于消息认证代码的概念：单向功能由密钥 IK 控制。功能由 f9 表示，其输出为 MAC – I：32 位随机查找位字符串。在发送端，MAC – I 被计算并附加到每个 RRC 消息中。在接收端，MAC – I 也被计算并检查计算的结果是否等于已被附加到所接收的消息的位字符串。输入参数的任何变化都会以不可预知的方式影响 MAC – I。

f9 功能如图4.2 所示。它的输入是 IK，RRC 消息本身，一个 COUNT – I 参数，方向位（上行/下行）和一个随机数 FRESH。参数 COUNT – I 如同加密所对应的计数器。其最重要的部分为一个包含 28 位的 HFN，在这种情况下，这 4 个最低有效位包含 RRC 序列号。COUNT – I 防止了早期控制消息的重播：它保证在每次执行完整性保护功能 f9 后，每个输入参数的值的集合是不同的。

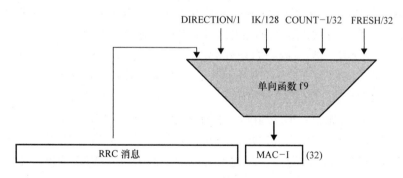

图 4.2　3G 完整性保护（转载自 Niemi 和 Nyberg，UMTS 安全技术，John Wiley&Sons，Ltd. © 2003）

3G 的完整性保护算法将在 4.3 节中讨论。

参数 FRESH 由 RNC 选择并发送到 UE 中。这对于保护网络免受恶意启动值 COUNT – I 攻击是十分必要的。实际上在连接中，HFN 最重要的部分被存储在 USIM 卡中。攻击者可以伪装成 USIM 卡并向网络发送虚假信息，强制启动较小的 HFN 值。如果认证程序没有运行，旧的 IK 便会使用。如果 FRESH 参数没有进行运算，这将为攻击者创造一个从早期记录连接消息 MAC – I 中重播 RRC 信令的机会。基于早期的连接记录，通过随机选择 FRESH 值，RNC 能够防止这类重播攻击。正如前文所述，在同一连接期间是不断增加的计数器 COUNT – I 保护着基于记录的重播攻击，如同在单连接上 FRESH 保持恒定。从终端角度来看，即使在不同的连接之间，COUNT – I 值永远不会自我重复，这一点仍然是十分必要的，因为一个虚假的网络可以发送一个旧的 FRESH 值给 UE，尽力在下行方向尝试重播攻击。

请注意，虽然它是一个输入参数的加密算法，但我们不使用无线承载标识作为完整性算法的输入参数。因为控制平面中拥有几条平行的无线承载，这似乎是预留了空间，为了可能发生的被记录在同一个 RRC 但在不同无线承载的控制信息的重播。这种情况有一个历史的原因：在完整性保护算法的设计工作需求冻结之时，通用陆地无线接入网络（UTRAN）规范的标准只包含一个信令无线承载。

设计者没有重新改变算法结构，而是将下面的方法引入其中以消除完整性保护机制的安全漏洞。计算消息认证码时，无线承载标识总是被附加到消息中，尽管它不是通过该消息发送的。因此，无线承载的标识信息会对 MAC – I 值产生影响，我们也有基于不同无线承载的重播攻击的保护。

显然，有几个 RRC 控制消息的完整性不受该机制保护。事实上，在 IK 准备就绪前就发送的消息是无法被保护的。一个典型的例子便是从 UE 发送的 RRC 连接请求消息。在参考文献［TS33.102］中有关于不受完整性保护的消息列表。

4.2.4　标识保密机制

UMTS 用户的永久标识是 IMSI（GSM 中也同样是 IMSI）。然而，UTRAN 的用户识别是在几乎所有情况下，通过临时标识来完成的：电路交换（CS）域中的 TMSI 或是分组交换（PS）域中的分组 TMSI。这意味着用户标识的保密性保护是针对被动窃听的。初始注册是一个特殊情况，其中临时标识不能被使用，因为网络不知道用户的永久标识。之后，在原则上，网络便可以使用临时标识了。

系统工作机制如下：假设用户的标识已经被 SN 的 IMSI 所确定。然后，SN（VLR 和 SGSN）为用户分配一个临时身份（TMSI 或 P – TMSI）来保持用户永久标识和临时标识的联系。后者只在当地十分重要，因为每个 VLR/SGSN 仅确保它不分配相同的 TMSI/P – TMSI 给相同的用户。一旦加密开始，分配的临时标识便会传递给用户。然后，这个身份会在上行链路和下行链路信令中使用，直到网络重新分配一个新的 TMSI（或 P – TMSI）。寻呼、位置更新、附着和去附着都是使用（P – ）TMSI 的过程。

一个新的临时标识的分配是由终端确认的，并且，在这之后，旧的临时标识会从 VLR（或 SGSN）中删除。如果 VLR/SGSN 没有收到认证信息，它会同时保留旧的和新的 TMS，并接收其中的任何一个上行链路信令。在下行链路信令中，必须使用 IMSI，因为网络不知道目前哪个临时标识被存储在终端中。在这种情况下，

VLR/SGSN 会告诉终端删除已存储的任何 TMSI/P－TMSI，并进行重新配置。

还有一个问题是：SN 如何在第一时间获取 IMSI？因为临时标识只有在本地才有意义，本地的标识必须附加到临时标识中，才可以为用户获得一个明确的身份。这意味着，位置区域标识（Location Area Identity，LAI）需要被附加到 TMSI 中，路由区域标识（Routing Area Identity，RAI）也需要被附加到 P－TMSI 中。

如果 UE 到达一个新的区域，且新区域知道原始区域的地址，IMSI 和（P－）TMSI 的关系便能从旧的位置区或路由区中获得（基于 LAI 或 RAI）。与此同时，未使用的认证向量也可以从旧 VLR/SGSN 转入新 VLR/SGSN 中。如果旧区的地址不知道，或无法建立到旧区的连接，IMSI 必须从 UE 发出请求。

有一些特定的场所，如机场，人们在下飞机后都会打开手机，很多 IMSI 会通过无线接入层进行传输。这也意味着，当窃听者知道他们的 IMSI 时，可对他们进行窃听；另一方面，在这种地方对他们进行跟踪也更加容易。

总之，UMTS 中用户标识保密机制不会给予用户 100% 的保护，但它提供了一个相对良好的保护水平。注意：此种保护对于主动攻击的防范并不是很好，因为攻击者可能会假装是一个新的 SN，这样用户将会暴露他们的永久身份。相互认证机制在这里也不会起任何保护作用，因为用户必须在确定之前进行认证。

对临时身份处理的详情请参见参考文献 ［TS43.020］ 和 ［TS23.060］。

4.3　3G 加密算法

3G 安全被设计的时间与商用密码一个重要的分水岭时间是一致的。如在第 3 章所述，出口管制的限制在几年前刚刚解禁。这让我们有机会选择具有最先进密钥长度的强大加密算法。

3GPP 文件 ［TR33.901］ 列出了 3G 加密算法的设计准则。必须在一开始就确定两个重要的原则。首先，它必须选择是以公开可用的算法还是以秘密算法（如在 GSM）为目标。其次，它必须选择每个算法的实现方式：

- 选择一个现成的算法（当然要适应 3G 安全体系结构）；
- 采用来自密码学专家和/或大型密码论坛的意见书；
- 指定一个特定的专家组来进行密码设计工作。

第一个问题更容易解决：在许多方面来说，公共算法比秘密算法更有优势。也许最重要的事实是，如果算法能够被密码学专家或密码学论坛分析讨论，该算法便会有更高的可信度。另一个重要的事实是，算法是要在所有 3G 终端实现的，算法最终会被一些人进行逆向工程，无论如何都会泄露给公众。

第二个问题更难解决，美国国家标准与技术研究院（NIST）正在寻找一个新的标准通用加密算法来取代美国政府使用的数据加密标准（DES）算法。其困难在于，虽然 NIST 努力寻找一个新的在很多方面具有良好的工业用途的高级加密标准

（AES）算法，但它却在 3G 加密算法标准形成之后完成了。这里需要注意的是，在达成了建立 3GPP 和一个真正的全球系统协议后，在 3G 标准的第一个协议发布后，很多雄心勃勃的计划也在同时进行。

时间表的紧张有两个影响。对于"现成"选项而言，最有希望的候选人（即 AES）将会来不及实施；另一方面，很明显，其他机构没有足够的时间与 NIST 同时进行竞争。因此，采用来自密码学专家和/或大型密码论坛的意见书来重新设计密码被视为是不可行的。另外，采用"现成的"算法也认为是不可行的。当然，选择一个 AES 算法或现有的标准算法（例如从 ETSI 或联邦信息处理标准）也被考虑，但是无法找到满意的解决方案。由于这些原因，3GPP 选择第三个选择和指定 ETSI 实体安全算法专家组（Security Algorithm Group of Expert，SAGE）（见参考文献 [ETSI]）来针对第一代 3G 加密算法和评价工作进行设计任务。

如本章所解释，AKA 加密算法被排除在标准化范围外。因此，前两种算法是 UE 与 RNC 之间进行必要的加密和完整性保护。对于这两种算法有严格的性能要求，它要求所选择的算法在硬件和软件中执行良好。

4.3.1 KASUMI

对于 ETSI SAGE 的专家任务来说，时间也是十分紧张的。因此，专家小组并没有从零开始他们的设计工作，而是寻找一个合适的现有的算法来开始他们的设计工作。他们同时也欢迎业内专家的建议。这样，设计过程实际上包含了 3 个基本选项的一些元素。

专案组随后选择了日本设计的 MISTY 算法 [MaTsui，1997] 作为设计工作的出发点。MISTY 的主设计师，MiTsuru MaTsui，随后也加入了工作组。一些变化被加入到 MISTY 算法（或更具体地说是 MISTY1 算法），主要为了硬件实现的简单和快捷。由此产生的算法被命名为 KASUMI，这在日文中是"雾"的意思。

专案组有自己的评估和测试小组，但此外，有 3 个不同的评估学术专家组被邀请对算法进行评价。课题组项目报告可以在参考文献 [TR33.908] 中找到。

KASUMI 是一种使用 64 位分组码长和 128 位密钥的分组密码的算法。详细的算法可以在参考文献 [TR35.202] 中找到。KASUMI 具有 Feistel 结构，它包含非常相似的八轮结构。原子非线性函数被称为 S 盒（S_7 和 S_9），它们可以通过少量的组合逻辑来实现。在 S 盒中 S_7（或 S_9），表示 7 位（或 9 位）的输出，由 7 位（或 9 位）输入位计算得到。

KASUMI 并不是设计用来作为一个独立的块密码，它只能作为 UMTS 加密和完整性算法的一部分。

4.3.2 UEA1 和 UIA1

第一个 3G 加密算法 UEA1 和第一个 3G 完整性保护算法 UIA1 由 ETSI SAGE 设

计并作为 KASUMI 的一种特殊方式。对于 UEA1 而言，需要一种模式来让分组密码可用作流密码来使用。用于该目标的两种流行的模式是"计数器模式"和"输出反馈模式"，ETSI SAGE 最终采用了以两者结合的模式。对于 UIA1，使用分组密码创建消息认证码是十分必要的。UIA1 和 UEA1 的规范的细节可在参考文献［TS35. 201］中找到。测试数据可在参考文献［TS35. 203］和［TS35. 204］中找到。Niemi 和 Nyberg 讨论了基于 KASUMI 算法和工作组的工作［Niemi 和 Nyberg，2003］。

因为 UIA1、UEA1 和它们的核心构件 KASUMI 是公开的，因此一直有采取对它们进行加密的努力。发表了几篇关于该问题的论文，其针对的是 KASUMI 或是 MISTY1，但关于 MISTY1 的结果也适用于 KASUMI。一个典型的方法便是针对具有迭代结构的算法进行密码分析，该方法通过减少轮询次数，并试图攻击所产生的算法弱版本。在写作之时，存在比 KASUMI 6 个轮询版穷举搜索更快的攻击［Kühn，2001；Dunkelmann 和 Keller，2008］，同样也存在比 KASUMI 8 个轮询穷举搜索稍快的攻击方法［Jia 等，2011］。选择明文后，在相关的密钥攻击的情况下，已经发现了非常强的攻击方法［Dunkelmann 等，2010］。关于这些攻击模式的更多信息见 2. 3. 6 节。幸运的是，相关的密钥攻击场景不适用于 3G 安全体系结构，在 UEA1 运行模式中，选择明文攻击很难实现 KASUMI。

4.3.3　SNOW3G、UEA2 和 UIA2

回到 2004 年，除了基于 KASUMI 的 UIA1 和 UEA1 算法外，3GPP 决定开始另一套算法的规范工作了。新攻击已被引入，称为代数攻击，这在当初设计 KASUMI 算法时并没有被考虑在内。不过，没有迹象表明 KASUMI 算法示例将很快被黑客攻破。然而，有人认为，对单一算法的依赖会造成"单点故障"。此外，有时会发生这样的情况，第一次理论分析揭示算法的弱点与实际黑客攻击算法暴露问题的时间间隔往往相对较短。

设计和规范工作需要时间，大规模部署以及其后的实施工作增加了时间上的延迟。特别是当算法要进行硬件实现时，产品的引入是一个缓慢的过程。这个事实强调了引入另一个算法集的主动方法的必要性。

有时密码分析的突破会导致许多算法几乎同时得到突破。为使这两种 3G 算法在相对较短的时间内被打破的可能性降到最低。这就要求在设计原则基础上建立新的算法集，并尽可能不同于那些基于 KASUMI 的算法。

这一点也排除了 AES 作为新算法的基础，因为在 KASUMI 和 AES 中的原子的非线性函数遵循十分相似的设计原则。由于现在没有一个紧迫的时间表，相同的设计选项，即"现成""竞争"和"委任"再次被考虑。有人认为，在排除了 AES 后，现成的方法便无法实施了。安排 3GPP 具体设计竞争未免太过复杂。于是，基于先前的经验，人们便选择了第三个方案来进行设计工作。

　　ETSI SAGE 被指定组建一个特殊工作组来进行设计和评估工作。同时，也需要有外部专家进行独立评估。此外，工作组决定为专家和学术界预留一部分时间来进行分析。3GPP 文献［TR35.919］包含一个工作组的报告。

　　在差异化需求的指导下，专案组寻找一个合适的真正的流密码来作为工作的起点。这样的算法可以在 SNOW 2.0［Ekdahl 和 Johansson，2002］中找到。第一个版本的 SNOW 已提交给新欧洲计划，关于签名、完整性和加密（New European Scheme for Signature，Integrity and Encryption，NESSIE），该项目已经进行了一段时间，其目标是确定用于不同目的的加密算法。基于第一个版本的反馈，设计师创建了一个新版本，人们对它进行了多年的密码分析，它没有显示出任何缺陷。

　　类似于 KASUMI，SNOW 2 中也添加了一些变化来适应 3G 环境的要求并阻止新的代数攻击。SNOW 3G 已经成为了一个经典的流密码结构，能够产生连续的密钥流。它是建立在线性反馈移位寄存器（Linear Feedback Shift Register，LFSR）和一个有限状态机（Finite State Machine，FSM）的基础上，SNOW 3G 结构参见图 4.3。

　　在 LFSR 中的 16 个单元都是 32 位字。FSM 中 3 个寄存器 R1、R2 和 R3 也分别包含 32 位。这个加性运算是逐位异或和模 2^{32} 加。S_1 和 S_2 操作是寄存器上的非线性替换（S 盒）。S 盒中的 S_1 源于 SNOW 2 算法，其是 AES 算法轮询函数的一部分。S 盒中的 S_2 算法能够抵御代数攻击。在 LFSR 的反馈过程中，在彼此及 S_2 内容进行异或计算前，单元 S_1 和 S_0 中的内容都会分别乘以适当的常数。SNOW 3G 算法的细节可以在参考文献［TS35.216］中找到。请注意，本规范基本上只包含一个指向 ETSI 网站的索引。相同的规范也可通过 GSM 协会（GSMA）找到。

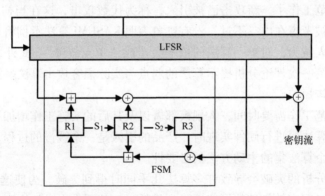

图 4.3　SNOW 3G 的结构[⊖]

　　SNOW 3G 算法是 UEA2 和 UIA2 的核心部分。UEA2 的构成十分简单。加密的输入参数是用来填写 LFSR 的初始值（使用简单的公式），然后 SNOW 3G 被同步，

　　⊖　原书该图中为 3 个 R1，有误，应为 R1、R2、R3。——译者注

首先其作为初始化阶段的一部分，在之后，产生许多密钥流来为所有明文加密。参考文献［TS35.215］有关于 UEA2 的详细描述。上述 SNOW 3G 的使用规范也同样在参考文献［TS35.215］中可以找到：本规范中包含一个指针指向由 ETSI SAGE 制定的实际规范。

SNOW 3G 完整性保护的应用更复杂。图4.4 中给出了 UIA2 的结构。

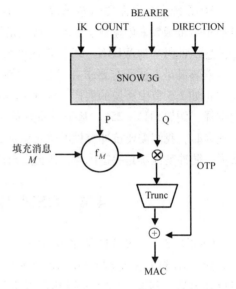

图4.4　UIA2 的结构

类似于 UEA2，16 个单元同样是通过完整性保护机制来保护输入参数的，其使用的公式可在参考文献［TS35.215］中找到。SNOW 3G 用于创建位字符串 P 和 Q，两者是长度分别为64 位和 32 位长的一次性密码（OTP）。这个阶段与 UEA 2 密钥流（160 位密钥）的产生过程非常相似。在一定的填充后，消息被转换到有限域 GF（2^{64}）拥有 2^{64} 元素的多项式上（其中 GF 代表 Galois 域，其为有限域的另一种说法）。

多项式在秘密评估点 P 处进行估算，其结果乘以另一个 64 位的密值 Q，然后截断得到 32 位，这个值最终与第三个密值 OTP 进行异或运算。UIA2 的设计是基于通用散列原理［Carter 和 Wegman 1976，Stinson 2007，Bierbrauer 1993］，其类似于 Galois MAC 结构［McGrew 和 Viega，2004］，但与其最主要的区别在于相对于每个信息序列而言，P 和 Q 是分别产生的。UIA 2 及其设计原则的进一步细节可在参考文献［TS35.215］和［TR35.919］中找到。

在本书写作的时候，已经存在例如针对轮询次数少的 SNOW 3G 算法的攻击场景［Biryukov 等，2010］。也存在特定实现场景的攻击，例如定时攻击［Brumley 等，2010］和故障注入攻击［Debraize 和 Corbella，2009］。然而，如果没有关于实现的假设，对于完整的 SNOW 3G 算法而言，没有比穷举搜索更快的攻击方法了。

4.3.4　MILENAGE

虽然 3G 安全架构不要求 AKA 协议所需加密算法的标准化，但类似于之前小节所述的成立一个专门的工作小组来创建一个信息化的示例算法集，该算法集称为MILENAGE，其规范可在参考文献［TS35.205］、［TS35.206］、［TS35.207］和［TS35.208］中找到。专案组的报告可在参考文献［TR35.909］中找到。

该 MILENAGE 算法使用分组密码的核心函数，其中模块大小和密钥大小都为

128 位。例如，AES 算法（基本形式）可作为核心函数。Niemi 和 Nyberg 讨论了 MILENAGE 算法和其设计过程 [Niemi 和 Nyberg，2003]。

4.3.5 哈希函数

3G 系统安全也需要哈希函数。我们将在 4.5 节中讨论 NDS（网络域）的特点，其使用哈希函数来创建数字签名，特别是在证书中。哈希函数的另一个用途是创建一个消息认证码。为 WLAN－3G，将在第 5 章讨论，哈希函数也用于密钥生成。

能够满足上述所有要求并且是一个流行算法的选择是安全的哈希算法（SHA－1）。正如 2.3 节中所说的那样，SHA－1 不是防冲突性算法，这意味着哈希函数的其他选择，例如 SHA－256，基于防冲突属性，我们应选用不同的哈希函数。当用于数字签名时，我们需要抗冲突性的哈希函数，但在另一方面，对于消息认证和密钥生成来说，防冲突性不是关键因素。因此，SHA－1 仍可用于消息认证和密钥生成。

4.4　GSM 与 3G 安全互通

GSM 与 3G 无线接口是完全不同的，但大多数终端既支持 3G 也支持 GSM。另一方面，3G 核心网是从 GSM 演变而来的。这使得从一个系统漫游到另一个系统变得更加容易，甚至，两系统间都可以进行切换。但由于这两个系统的安全特性不同，定义互操作情况下如何管理安全性是很棘手的。

当 3G 引入时，它被认为是从一个简单的 GSM 网络到混合型网络（具有覆盖广的特点，其中广域由 GSM 覆盖，热点由 3G 进行覆盖）的平滑过渡。为了确保过渡是平滑的，设计者决定无论用户使用的是 SIM 卡还是 USIM 卡都可以访问 UTRAN。于是用户不需要更换自己的手机卡，便能轻松地切换到 3G 网络。

平滑过渡的缺点就是 USIM 卡提供的新的安全机制不能确保每个终端都能顺利接入 3G 网络。当 SIM 卡接入 UTRAN 时，网络不会进行认证，SIM 卡只提供 64 位密钥信息（以 Kc 的形式）进行认证。但 UTRAN 侧的完整性保护和加密，是需要两个 128 位密钥的。为了解决这种不匹配，64 位密钥 Kc 通过使用特定的转换函数拓展成两个 128 位密钥。然而，应该注意到，相对于 GSM 来说，安全性得到了一定的提升，但这只是名义上的，因为其使用的仍是 64 位密钥。

另一种兼容情况是当 3G 用户不在 3G 网络覆盖范围内时。我们需要将较长的 3G 密钥 CK 和 IK 压缩为 64 位密钥来进行 GSM 加密。这个过程中原始 3G 密钥的安全性完全消失，用户仅获得 GSM 网络的安全性。

4.4.1 互通场景

GSM/3G 混合系统环境下的所有可能的互通场景将在参考文献 [TR31.900] 对称性中介绍。在这些场景下，有 5 个基本实体：安全模块、终端、无线网络、核心服务网络和本地网络。这些实体可以分为 2G 或 3G。一些实体本身就包含 2G/3G 的混合环境，但从安全的角度来看，我们可以定义出每一个实体 2G 和 3G 之间的明确界限。

- 安全模块可以是一个 SIM 卡（2G 环境下）或 UICC（3G 环境下）。需要注意的是，UICC 中除了 USIM 外可能还包含一个 SIM 应用；即当 SIM 应用程序正在使用时，我们便从 2G 环境下来看网络安全。

- 如果 ME（移动设备）支持 GSM 无线接入网络，我们称它为 2G 设备。否则，其为 3G 设备，它或仅支持 UTRAN 或是 GSM 网络、UMTS 网络都支持。

- 无线接入网络的划分很明确：GSM 是 2G，而 UTRAN 是 3G。

- 在 SN 中的 VLR/SGSN 被划分为 2G，其仅支持 GSM 认证，它可连接到 GSM 基站子系统（BSS）中。不然，VLR/SGSN 被划分为 3G -，它同时支持 GSM AKA 和 UMTS AKA -，它可连接到 UTRAN 和 GSM BSS。此外，3G SN 支持转换功能。

- 如果归属位置寄存器（HLR）/AuC 只支持 2G 用户认证的重复生成，其为 2G。3G HLR/AuC 支持 3G 用户的认证向量生成，而且它也支持 GSM 认证的转换功能。

总之，我们有 32 种 2G 和 3G 实体的不同组合方式。如果我们还把 UICC 中的 SIM 应用作为安全模块第三种可能情况的话，我们便有 48 种组合。所有的组合都在参考文献［TR31.900］中列出并进行分析。在本节中，我们只强调不同的情况。在图 4.5 中，我们将核心网络实体进行结合：如果核心网络和本地网络是 3G，我们便认为核心网络是 3G 的；否则我们说核心网络是 2G 的。总之，6 种不同情况都在图 4.5 中进行了描述。

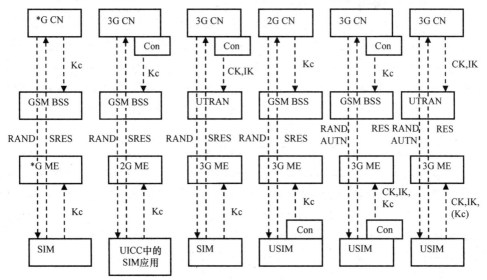

图 4.5　主要 2G - 3G 互通情况（转载自 Niemi 和 Nyberg，
UMTS 安全技术，John Wiley&Sons，Ltd. © 2003）

4.4.2　SIM 情形

SIM 卡作为访问模块时，我们有三种不同的基本情况。

1. SIM 与 GSM BSS

如果 SIM 卡是用于访问一个 GSM 基站，从安全角度来看，我们有一个只存在 GSM 的情况。安全特性为 2G 认证和 2G 加密。

2. SIM 应用与 GSM BSS

当 UICC 用于 2G 终端时，情况便会略有差异。2G 终端的使用意味着无线接入网络必须是一个 GSM BSS。我们便会有与之前情况完全相同的安全特性：2G 认证和 2G 加密；另一方面，SIM 应用程序是在 UICC 上运行，这意味着转换功能必须在核心网络中可用，以便产生认证三元组。

3. SIM 与 UTRAN

在这种情况下，无论是核心网还是 ME 都必须是 3G，因为它们都需支持 UTRAN。核心网和 ME 中，GSM 的加密密钥 Kc 通过转换函数扩展到 CK 和 IK。UICC 中 SIM 应用情况类似，我们使用 2G 的认证，同时加密和完整性保护由 3G 网络提供，但使用的是 2G 密钥，因而产生 2G 级的加密安全性。

4.4.3　USIM 情形

当用户使用 USIM 卡时，存在三种不同的情况。在所有情况下，用户和服务器都必须是 3G 网络。

1. USIM 和 GSM BSS，2G 服务网络

在这种情况下，归属网络必须借助转换功能来提供认证三元组，因为服务网络只支持认证三元组。在终端侧，USIM 本身的应用转换功能用来生成 GSM 的加密密钥 Kc。我们便有了 2G 认证和 2G 加密。为了解决某些漏洞［Meyer 和 Wetzel，2004a；Meyer 和 Wetzel，2004b］，当 USIM 终端连接到 3G 服务网络时 3G 认证应尽快进行。上述两个分析可以在参考文献［3GPP 2005］中找到。

2. USIM 和 GSM BSS，3G 服务网络

在这种情况下，可以使用认证向量。即使无线接入网只是 2G 网络，也有可能运行 UMTS AKA，这个协议对于无线网络来说是透明的；另一方面，CK 和 IK 密钥不能使用。因此，USIM 和核心网络中都需要一个转换功能来生成一个 GSM 加密密钥 Kc 或 Kc_{128}，这完全取决于所选的 GSM 加密算法。注意，CK 和 IK 都会转移到终端以便支持到 UTRAN 的可能切换。我们现在便有了 3G 认证与 2G 加密过程（在 Kc_{128} 加密的情况下，密钥长度与 3G 网络加密过程相同）。

3. 纯 3G 情况

在这种情况下，所有的元素都是 3G，UMTS 安全特性全部适用。额外需要注意的是，经转换完 GSM 的密钥 Kc 可能被导出，用以支持未来切换到 GSM BSS 的潜在可能。

在这种情况下，也可能进行 GSM 网络认证。事实上，USIM 不知道用户连接到的是 UTRAN 还是 GSM BSS。因此，为了保证 3G 网络的安全性，用户使用 USIM 卡并连接到 UTRAN 时必须终止与 GSM 的认证。

只有在这种情况下，我们才有 3G 网络的全部安全特性：3G 认证、3G 加密和 3G 完整性保护（128 位密钥）。

4.4.4　GSM 与 3G 间的切换

切换过程存在着某种程度的不同，取决于切换存在于电路交换域还是分组交换域。从一个新的小区开始发送数据包还是比较容易的；而对于电路交换域中一个比特流小区间的发送必须进行仔细的规划。这种差异对于不同无线接入技术间的切换也是常见的。这两种情况下，所有支持从 GSM 到 UMTS 的切换的移动交换中心（MSC）或 SGSN 也都应支持 3G 认证［3GPP 2005］。

从 UTRAN 到 GSM BSS 的电路交换（CS）切换

当 UTRAN 切换到 GSM BSS 时，加密算法必须进行相应的改变。3G 算法 UEA 被 GSM A5 算法取代。另外，UTRAN 密钥 CK 通过转换后被 Kc 取代。在切换发生之前，GSM 算法信息与密钥便会在系统间转换。当然，当 UTRAN 切换到 GSM BSS 时，完整性保护便不存在了。

从 GSM BSS 到 UTRAN 的电路交换（CS）切换

如果切换是从 GSM BSS 到 UTRAN，那么加密算法便从 A5 转换为 UEA。在实际切换可能发生之前，GSM BSS 会要求 UE 发送关于 UTRAN 的安全信息和安全参数，如关于 CK 和 IK 的信息。在 UTRAN 侧加密和完整性保护之前，此信息在系统内传输到目标 RNC 中。

分组交换（PS）业务的系统间更改

系统间对 CS 业务的切换与 PS 业务的系统间相应的更改，这两者之间存在一些显著差别。首先，通用分组无线业务（GPRS）在核心网络停止加密，所以密钥的转让也会变得简单；第二，在这种情况下核心网络和无线网络都会产生相应的变化。如果 UE 移动到一个新的 MSC/VLR 区域时，则旧的 MSC/VLR 仍保留作为呼叫锚点；另一方面，如果 UE 移动到一个新的 SGSN 的地区时，那么这个新 SGSN 也同样是连接锚点。

4.5　网络域安全

4.5.1　通用安全域框架

利用 3GPP Release 5，确定了对核心网接口控制平面流量的机密性、完整性、认证和抗重放保护的必要性。因此，我们引入了一个用于 3GPP 和固定宽带网络中以互联网安全协议为一般框架的基础协议。这个框架在参考文献［TS33.210］中有详细说明，其缩写为 NDS/IP："基于 IP 的网络域安全"。安全机制除了用于描述网络体系结构，以及保护不同安全域之间或同一安全域下单一网络实体间的 IP 通信外，它还包含一个用于授权预共享密钥的加密密钥管理的基本框架。后来，在发布的 Release 6 的［TS33.310］中增加了一个单独针对公众公共密钥基础设施（PKI）的说明。这个规范通常被称为 NDS/AF："网络域安全/认证框架"。

为了与 NDS/IP 架构兼容，一个网络只需要应用于控制平面流量，而用户平面流量控制一般不在 NDS/IP 的覆盖范围内。但仍然有框架可以应用到用户平面流量控制中，或者是基于运营商决定，或者如果有其他 3GPP 规范要求，甚至是强制性的。一个例子便是在参考文献［TS33.401］中，关于 eNodeB（eNB）回程链路用户平面数据的安全性（详见第 8 章）。

1. NDS 架构

NDS 中的一个基本概念便是其在安全域的定义，即它是一个由单一机构认证的完整网络或是其中的一部分，通常其能够对所有元素和该域中所有连接提供同等级别的安全性和相同类型的安全服务。安全域通常局限于单个运营商，而任何运营商可以免费将网络细分为独立的安全域。不同的安全域通过安全通道连接，这些安全域的边界终止于安全网关（SEG）。这些安全域之间安全通道的参考点称为 Za。

上述要求位于不同的安全域之间，隐含着不允许网络单元（NE）之间有直接联系。但规范没有禁止 NE 和相关的 SEG 同分布。这里唯一的限制就是同分布的 SEG 只能代表一个 NE，而不是作为一个一般的 SEG 安全域边界。

此外，它往往隐含地假设同一安全域中的 NE 之间的连接是安全的，因此在 NDS/IP 框架中不需要任何明确的安全措施。这个假设是永远无法满足的，于是 NDS/IP 还提供关于域内连接使用的参考点 Zb 的安全机制。因为在安全域内不需要 SEG，Zb 参考点既可以用在 NE 和 SEG 之间，也可以用在同一安全域的两种不同 NE 之间。无论如何，NDS/IP 中明确规定在密码安全中的应用域内连接是由运营商决策的，从而在 NE 中的 Zb 接口执行是可选的。

图 4.6 显示了拥有参考点 Za 和 Zb 的 NDS/IP 基本架构。可以看出，在隧道安全/辐射型模型中，该结构的底层安全模型是"逐跳"结构，其中每一对 SEG 和在这过程中的连接都可作为连接其他 NE 的枢纽而构成了该"逐跳"结构。

2. NDS/IP 提供的安全服务

以下的安全服务由 NDS/IP 所提供：

- 数据完整性；
- 数据源认证；
- 防重放保护；
- 保密性；

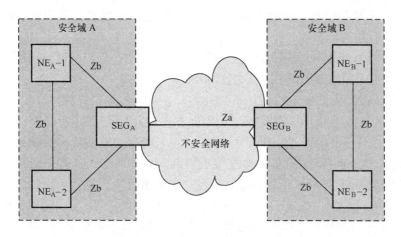

图 4.6　NDS/IP 架构

- 通信流量分析的有限保护（仅当保密性应用时）。

注意保密性保护是可选的。在使用保密性保护时，隧道模式时也存在防止流量分析的有限保护（见 4.5.2 节）。只有 SEG 的 IP 地址是可见的，安全域内的内部通信源和目的信息是隐藏的。

3. 安全网关（SEG）

SEG 有一个双重的任务，当他们解除参考点 Za 的安全连接时，充当与安全域相关的安全策略的政策执行点。安全连接的机制在 NDS/IP 和 NDS/AF 中都进行了进一步阐述，而政策却不在标准化的范围内。无论是运营商内部还是运营商之间，这样的政策很大程度上均取决于 Za 接口类型，在后一种情况下，更多地取决于不同运营商之间的协定。这些政策的执行机制可能是简单的分组过滤或更复杂的防火墙协议，同时也涉及与网络信令及应用层内容相关的复杂内容。

4. IKE 和 IPSec 配置文件

随着互联网密钥交换（IKE）和 IP 安全协议（IPSec）在不同 3GPP 安全规范中的使用，为了避免在每个规范中都对细节进行详细说明，NDS 规范被视为指定 IKE 和 IPSec 配置文件的最佳位置，在 NDS 内外使用。其他 3GPP 规范详见参考文献 [TS33.234]、[TS33.401] 和 [TS33.402] 中的常见配置文件。因此，只有当 IETF 协议更新或算法需要调整以适应新的安全需求时，才需要更改 NDS 规范。

参考文献 [TS33.210] 给出了 IPSec 和 IKE 的基本配置文件。参考文献 [TS33.310] 增加了与证书一起使用的 IKEv2 配置文件。

5. 证书

如果使用 PKA 基础设施进行认证时，其格式和内容必须标准化。在 NDS/AF 领域中，仅使用 X.509 证书 [ITU X.509] 与特定配置文件 [RFC5280]。NDS/AF [TS33.310] 第 6 条进一步配置了这些证书在 3GPP NDS/AF 的使用情况。这种配置文件减少了执行变量，从而有助于保持 3GPP 的一致性且实现简单，同时功能齐全。

除了为所有的 NDS 应用提供证书文件，参考文献［TS33.310］也用于指定其他 3GPP 规范引用的通用证书配置文件。

6. TLS 协议和证书

NDS/IP 只指定了 IKE 和 IPSec 的用法（见 4.5.2 节），关于 NDS/AF 的规范［TS33.310］将证书配置文件和互联/交叉 - 签名基础设施的定义扩展到使用传输层安全性实体。由 TLS 建立的安全连接不是由 NDS/IP［TS33.210］处理，因此也没有为 TLS 使用定义 SEG。因为在 TLS 客户端和服务器位置没有限制，于是客户端和服务器的角色只由发起 TLS 握手的实体定义。因此，TLS 证书使用适用于同一安全域内和不同安全域中的实体的两种连接。即使 TLS 不指定用于基本的 NDS，参考文献［TS33.310］的附录 E 也给出了 TLS 配置文件，这是在 3GPP 中 TLS 的使用蓝图。这份附录包括支持 TLS 版本的强制性规定和加密套件，及其他 3GPP 中关于 TLS 的具体分析。

TLS 不是专门用于 EPS 过程的，但是，例如针对 IMS［TS33.203］的安全规范允许在其他 SIP 代理服务器与 IMS CSCF（呼叫会话控制功能）之间使用 TLS。基于 IMS 的细节将在第 12 章详述。TLS 的其他非标准化的应用常见于安全 O&M 连接。

4.5.2　NDS 的安全机制

NDS/IP 和 NDS /AF 的第一个版本是建立于 IP 安全架构［RFC2401］的 IETF RFC 及 1998 年 11 月之后的版本。NDS/IP 的第一个版本仅支持授权和基于预共享密钥的认证与密钥协议。对于使用 IKEv1 的密钥管理及其特性请见 NDS/IP 规范［TS33.210］。作为在 Release 6 中的新功能，基于 PKI 的证书中新加入 NDS/AF 规范［TS33.310］。这样做主要是为了能够在两个不同的安全域间建立一个灵活的、简单的连接。

2005 年 12 月，IETF 发布了针对 IPSec 的一个全新系列的 RFC［RFC4301］，用于取代旧的 RFC 集。因此，3GPP 现在引用的 RFC 从 Release 8 开始，并建议根据新的 RFC 实现。这也包括引入新的认证和在参考文献［TS33.210］和［TS33.310］中的密钥协议 IKEv2［RFC4306］。同时，IETF 更新了 IKEv2 RFC，其中包含了更多细则。因此，目前的 3GPP 规范，从 Release 11 开始，参考了 IKEv2 的参考文献更新版本［RFC 5996］。

1. IPSec 的使用

特别地，针对参考文献［RFC2406］的内容更新到参考文献［RFC4303］。这个新的 RFC 增强了封装安全有效载荷（Eneapsulating Security Paylead, ESP）的数据包格式，将算法选择为单独的 RFC［RFC4305］，这在之后更新为参考文献

［RFC 4835］。参考文献［RFC4305］考虑到了算法更新的安全需求，如抛弃了单一 DES 算法，不再需要强制支持 MD5 算法，引入并推荐基于 AES 的算法。在参考文献［TS33.210］中的参考文献［RFC4835］引入参考，在 3GPP 中 ESP 变换的使用和 IETF 的规定一致。

此外，NDS/IP 中的附录 E［TS33.210］列出了 EPS 分组域格式由参考文献［RFC2406］转换到参考文献［RFC 4303］所带来的影响。

2. IKE 的使用

NDS/IP 规范需要 SEG 来实现 IKE 协议版本，并由旧版本只支持 IKEv1 变为支持 SEG 和 NE 的交互。但该规范同样鼓励 IKEv2 的使用，因为其相对于 IKEv1 来说具有一定的安全性和性能优势，如果双方都支持该版本的话，则授权在 Za 和 Zb 接口使用 IKEv2。对于所有其他实现 Zb 接口协议的网元，其兼容 IKEv2 是强制性的，但支持 IKEv1 却是可选的，说明书一个一个注释警告说：IKEv1 可能在 3GPP 的未来版本中被淘汰。

此外，NDS/IP 允许 3GPP 的其他版本中针对 IKE 使用更严格的要求。在参考文献［TS33.401］已经这样实施了，IKEv2 实施使用证书授权（见 8.4.2 节）。对于 IKEv2 的详细描述（包括所传递的信息元素）见参考文献［RFC 5996］。

3. Za 参考点机制

两个 SEG 之间的安全连接是通过两个单向 IPSec 安全关联（SA）实现的。规范并不要求每个方向的多个 SA，因为每个方向上足以保护所有 SEG 之间的流量⊖。因为经由 Za 的流量不是起源和结束于 SEG，而是经由 SEG 后向前传送，ESP 隧道模式的使用是强制性的。非空 ESP 认证转换的应用是强制性的，而对于 ESP 加密转换过程 ESP_ NULL 也是允许的。有关强制和可选算法的详细信息，读者可以直接到 NDS/IP 规范［TS33.210］中去寻找，因为本规范是随着加密工作的进步实时更新的，以适应未来算法的安全需要。

SEG 之间安全连接的建立分为两个阶段进行：

- 对方的认证性相互保证。
- 建立一个安全传输信道的基础是在认证阶段建立的会话密钥。

应该指出的是，访问基于上述运营商网络授权的认证只提供了一个非常简单的访问控制方法，这意味着每个认证的元素也被提供服务。一个更优的访问控制方式不在 NDS/IP 规范范围之内。因此，如果要强制执行对网络或单个网络元素的明确授权，那么关于包滤波器或防火墙功能的附加应用程序是需要被考虑的。

⊖ 应该注意的是基于 IP 的控制平面流量指定了 NDS/IP。因此每个方向一个 SA 被认为是足够了。但是如果同样的机制被引用到其他类型的流量中，那么按方向提供多个 SA 可能是合适的，例如允许不同的服务质量等级。这也适用于［TS33.401］，例如，它指的是用于用户和管理平面流量的 NDS/IP——见 8.4.2 节。

根据 Za 参考点的使用范围，也就是，如果 Za 在不同的运营商之间使用，且认证过程基于 PKI——一个 SEG 必须验证由另一个运营商的根认证机构（CA）签署的另一个 SEG 的证书。NDS/AF 规范 [TS33.310] 提供了建立交叉 - 签名基础设施的指导，包括证书发布、更新及撤销。

4. Zb 参考点机制

基本上与部署 Za 参考点机制大体相同，差异来自于参考点的可选特性：

- 在 NE 中，Zb 的实现是可选的，这样不会给所有 NE 的实现带来额外负担。
- 允许在传输模式实施和使用 ESP（除了隧道模式）。
- 证书的交叉 - 签名不是必要的，根据定义，所有的 NE 和 SEG 属于同一安全域。

4.5.3　NDS 的应用

在 3GPP 引入 NDS 规范的第一阶段，NDS /IP [TS33.210] 规范中的附录新添了特定的使用案例和场景。下面的内容将介绍 GSM、UMTS 和 IMS 的安全应用。

对于之后的标准化工作，在 3GPP 规范中添加这样的规范文本是十分必要的，例如，在参考文献 [TS33.401] 中就对 EPS 中的 NDS 使用进行了详细规范（见第 8 章）。上述参考点定义请见参考文献 [TS23.002]。

1. GPRS 和 3G 核心网络的控制平面流量

所有控制平面流量都是通过参考点 Gn 和 Gp [TS29.060]，参考文献 [TS33.210] 的附录 B 给出了 NDS/IP 的应用规则。不同网络间通过 Gp 的所有 GTP - C 消息或同一网络的不同安全域之间通过 Gn 的消息必须被保护，通过使用为 Za 参考点指定的机制。GTP - C 消息可能包含某些敏感数据，在 Za 接口处完整性保护和加密保护都是强制性的。

用户平面流量包含在 GTP - U 消息中，其不受 NDS/IP 的强制保护。同时运营商的安全策略可以决定 NDS/IP 也同样适用于 GTP - U 流量中。作为使用专用用户数据报协议（UDP）端口的 GTP - C 来说，从 3GPP Release 4 起，GTP - C 和 GTP - U 之间就有很明显的差别。总之，将 NDS/IP 应用于仅兼容 3GPP Release 99（而不是以后的版本）是可行的。

2. 核心网络和接入网络之间的控制平面流量

参考文献 [TS33.210] 中的附录 D 要求使用 NDS/IP 的 Za 参考点机制来控制从 RNC 到其他 RNC 或核心网的所有控制平面流量，无论它使用的是 IP 传输还是通过安全域边界传输。其与一般的 NDS/IP 部署不同，因为这个通信的机密性保护在 Za 是强制性的，因此，不允许在 ESP 加密通信时不传输值。原因在于这些接口可能携带用户的特定安全密钥，这对于终端用户的安全是十分重要的。

3. IMS 的控制平面流量

参考文献 [TS33.210] 的附录 C 定义了 IMS，即对于 SIP 信令的保密性和完整性保护必须由"逐跳"的方式提供。在 NDS/IP 中的相同安全域（Zb 接口）之间、不同的安全域和 IMS 运营商域中（Za 接口），该定义适用于 IMS 中核心 NES 之间的所有信令。当敏感信息通过 Za 接口（如 IMS 会话密钥），加密和完整性保护都必须使用。若要了解更多关于 IMS 的信息，请参见第 12 章。

4.6　室外 RNC 架构

这部分相对于前文 3G 安全有着不同的性质：下文所描述的机制首次在 LTE 中引进，并随后写入到 3G 网络的 Release 11 中。

RNC 与 Node B 共站址时，Node B 可以部署到运营商安全域之外，同时 RNC 也同样可以部署到安全域之外。

当 RNC 终止无线链路安全时，此时的情形与 LTE 中基站的分布方式相同，即部署了相同的扁平化网络结构。此功能仅在 LTE 部署开始时广泛运行。这便导致了在本节开头时所提到的情形，即室外 NE 的安全需求在 LTE 结构中第一次被声明，这其中 LTE 网络的扁平结构从一开始就已经存在了。

基于对 LTE 的这一认识，在参考文献［TS33.102］的附录 I 中便对共站址的 RNC 与 Node B 有着新的要求。这些都是仿照参考文献［TS33.401］中对基站的安全要求所制定的，包括平台安全要求、网络接口和 O&M 流量的安全要求和机制。详情请见 6.4 节平台安全及 8.4.2 节中关于接口的部分。

RNC 的所有安全程序执行均不是强制性的，这点与基站的情况不同，但规范建议室外 RNC 要符合这些安全要求。

第 5 章 3G – WLAN 互通

本章与 11.2 节有密切的关系，都是介绍非 3GPP 网络互通的。读者在阅读 13.4 节中本地基站的认证过程时，会发现该部分内容十分有用，但这一部分与本书其他部分关联不是很大。因此，如果读者对这一部分不感兴趣，便可以跳过第 5 章、11.2 节与 13.4 节。

本章介绍的是当用户通过无线局域网（WLAN）的无线接入网络访问 3GPP 核心网络时的安全流程。前两章介绍的第二代和第三代（2G 和 3G）移动系统安全是为了让读者理解当用户通过 LTE 网络的访问节点接入分组核心网（EPS）时的情景，而本章的目的是介绍当用户通过非 3GPP 协议中定义的网络协议接入分组核心网（EPS）时的情景，例如通过在 3GPP2 协议［3GPP2］中的 WLAN［IEEE 802.11］，全球微波互联接入网络［WiMAX］，或 CDMA2000®高速分组数据（HRPD）接入。

5.1 3G – WLAN 互通原理

5.1.1 一般概念

2004 年的 Release 6 中，3GPP 融合了无线局域网和 3GPP 网络（3G – WLAN 互通工作）。LTE 此时还在设计中，但事实证明，用于 3G – WLAN 互通的框架同样也适用于 3GPP 定义的核心网络中的其他类型的 AN，即具有 3G 核心或 EPC 核心的网络。

2004 年左右，无线局域网已经广泛使用，尤其是在笔记本电脑和手机中。无论是笔记本还是手机都可以或是通过 WLAN，或是通过网线（DSL），或是通过 3G 接入网络。于是用户可以使用基于分组服务，如 IP 多媒体子系统（IMS）（见第 12 章）而不使用蜂窝无线电技术接入网络。这对于用户来说很具有吸引力，因为 WLAN 的可用带宽远远高于 2G 和 3G 网络。相对于 WLAN 来说，移动网络具有无缝隙网络覆盖的优势，但实际上用户不是时时都需要无缝隙覆盖的网络。

3G – WLAN 互通定义了两种机制：

- 直接 IP 访问，它提供了访问 WLAN 和本地 IP 网络（如因特网）的连接方式。
- 3GPP IP 访问，它允许用户通过无线局域网建立与外部 IP 网络的访问连接，如 3G 运营商网络、企业内部网或经由 3GPP 系统的互联网。

读者可能想知道 3GPP 角色，其主要负责蜂窝接入和相应的核心网在这一设置中，3GPP 技术的 WLAN 和 IP 网络可以独立使用。在 WLAN 和 IP 网络建立连接时有一个缺失的环节，3GPP 技术正好可以进行填补：运营商在提供服务之前需要了解他们的用户群体，这样他们可以据此适当限制服务级别并收取相应的费用。换句话说，在这个过程中，运营商网络需要对用户进行认证、授权和计费（Authentication，Authorization and Accounting，AAA）。而 AAA 协议是由 IEEE 规范［IEEE 802.1 x］和 IETF 规范（见 5.1.2 节）所制定的，如今相应的产品在市场上，但相应的用户认证和授权规范却是缺失的。但用户识别模块（SIM）在市场中十分普及，同时通用用户识别模块（USIM）也得到了大范围推广。所以，3G – WLAN 互通技术正好能填补 GSM、3G 和 WLAN 之间的技术空隙。

事实上，笔记本电脑的推广使用促进了 3G – WLAN 的发展，这主要分为以下两个方面：

- 通过设计笔记本电脑专用的集成 SIM 或 USIM 的无线网卡。
- 通过定义所谓的分离用户设备。

前一种方式直截了当，我们需要对后者进行下解释。我们的想法是，用户同时拥有一台笔记本电脑和手机。笔记本将停止运行 WLAN 无线接口而运行 IP 应用程序，而手机端持有 SIM 或 USIM。此时将通过蓝牙［Bluetooth］建立笔记本电脑和手机之间的连接，从而允许笔记本电脑上的软件访问手机上的 SIM 或 USIM。此时，笔记本电脑需要使用这样一个通信协议，最初是为了汽车里没有（U）SIM 的电话与有（U）SIM 的手机之间的通信而设计的，例如在驾驶员口袋里。分离用户设备的技术细节（问题）不是本章研究的重点。因此，对此感兴趣的读者请见参考文献［TS33.234］。

3G – WLAN 互通建立在一个称为可扩展认证协议（EAP）的关键技术之上，我们将在接下来的部分对此进行介绍。

5.1.2　EAP 框架

EAP 允许将 3 个不同领域的安全机制进行整合：

- 证书底层结构和特定域认证协议，如由 3GPP 定义的（U）SIM，认证中心及认证与密钥协商（AKA）协议。
- 由 IETF 定义的 AAA 协议。
- 链路层的特定安全协议，如由 IEEE 定义的无线局域网定义［IEEE 802.11i］。

EAP 是一个认证框架，它支持多认证方法，称为 EAP 方法。我们现在只介绍能够符合我们要求的基本 EAP。EAP 在参考文献［RFC3748］中有详细说明，而 EAP 密钥管理框架在参考文献［RFC5247］有详细说明。EAP 定义在不同的 RFC 中。本书中，相关 EAP 方法如下：

- 参考文献［RFC4186］中定义 EAP – SIM——这种方法允许使用 SIM 和 GSM 认证向量和在 EAP 框架内加密的功能。
- 参考文献［RFC4187］中定义 EAP – AKA——这种方法允许使用 SIM 和 GSM 认证向量和在 EAP 框架内加密的功能。

- 参考文献［RFC5448］中定义 EAP – AKA′——这种方法允许使用 SIM 和 GSM 认证向量和在 EAP 框架内加密的功能；此外，EAP – AKA′提供生成密钥与 AN 身份的一个绑定。更多细节请参见 11.2 节。

1. EAP 架构模型

基本实体［RFC3748］：

- 认证机构：启动 EAP 认证的链接的结束；
- 对等：响应认证的链接的结束；
- EAP 服务器：终止 EAP 认证方法与对等的实体。

在本书所有相关场景中，认证器运行所谓的直通模式，因此，不执行任何 EAP 相关操作。

2. EAP 分层和转发模型

图 5.1 基于参考文献［RFC3748］，显示了 EAP 响应数据包分别在对等层、直通认证器和 EAP 服务器的跨层转发。

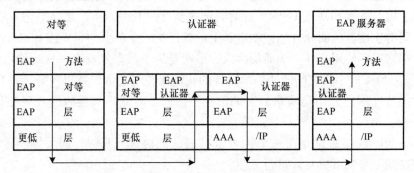

图 5.1 跨协议层的 EAP 响应数据包的转发

从图 5.1 可以看出，对等层与认证层之间的 EAP 消息传输不同于 EAP 服务器与认证层之间的消息传输。对等层与认证层之间的 EAP 消息通常是直接传输到链路层，以一种特定的链路层方式。这种情况下 3G – WLAN 会用直接 IP 访问互通，其中 EAP 消息通过使用 EAPOL 机制（或 EAPoverLAN［IEEE 802.11i］）传输到 WLAN 中。正如 11.2 节所述，也可以选用其他的方式传输到 EPC 中，其中 EAP 消息可以使用特定的机制如 CDMA2000® HRPD 或是 WiMAX。但对等与认证层之间的 EAP 消息可以封装在一个由 IKEv2［RFC5996］定义的受保护的通道中或是 IP-Sec 安全关联的密钥管理协议中。这种情况便是本章所述的 3G – WLAN 与 3GPP IP 访问互通的情形，或如 11.2 节所述的 EPC 非信任接入。

EAP 认证器和 EAP 服务器之间的消息传输使用的是 AAA 协议（如 RADIUS/ EAP）［RFC3579］和 DiameterEAP 应用［RFC4072］。这意味着认证器包括一个 AAA 客户机的功能。

根据参考文献［RFC3748］，EAP 层通过较低的层来接收和传送 EAP 消息，实现重复检测和重传，传递和接收来自 EAP 对等层和认证层的 EAP 消息。EAP 方法实现了认证算法及通过 EAP 对等层和认证层接收和传送 EAP 消息。

3. EAP 的架构实体映射到 3 GPP 设置

在第 5 章和 11.2 节所述的情景中，EAP 架构模型如下所示：

● 认证器：认证器配置有以下两种情况：3G – WLAN 互通用直接 IP 访问，EPC 信任访问，认证器驻留在非 3GPP 的 AN。在 WLAN 中，认证器通常与 WLAN 接入点的终止 WLAN 无线接口一致。对于 3G – WLAN 与 3 GPP IP 互通访问，以及 EPC 网络的不可信任访问，认证器分别驻留在分组数据网关（PDG）和演进分组数据网关（ePDG）上，它们在 IKEv2 分别充当应答器。

● 对等：对等层驻留在 UE 中。它要求以 EAP – SIM 为目的使用 SIM 功能和以 EAP – AKA 与 EAP – AKA′为目的使用 USIM 功能。

● EAP 服务器：在本书中描述的所有情况下，EAP 服务器均驻留在 3GPP AAA 服务器 [TS23.234，TS23.402]。3GPP AAA 服务器与归属用户服务器（HSS）或归属位置寄存器（HLR）相互通信，这一过程作为 EAP 方法执行检索认证向量步骤的一部分。

4. 链路层安全的作用

一般来说，认证对于确保通信安全是不够的。当访问链接易于遭受窃取或篡改时，加密与完整性保护是必需的。加密与完整性密钥的生成需要作为 AKA 协议的一部分。EAP 相关的三个方法都在书中有所介绍，即 EAP – SIM、EAP – AKA 和 EAP AKA′，这三种方法提供相互认证和密钥协议。在 EAP 术语 [RFC5247] 中，约定密钥也被称为主会话密钥（Master Session Key，MSK）和扩展主会话密钥（Extended Master Session Key，EMSK）。对等层和 EAP 服务器都可以导出 MSK 和 EMSK。在网络端，EMSK 位于 EAP 服务器中并被使用，例如，由 [TS33.402] 获得具体移动 IP 密钥（见 11.2 节），MSK 由 EAP 服务器发送到认证器中。对于直接无线局域网访问，来自 MSK 对等和认证层的 WLAN 特定密钥定义在参考文献 [IEEE 802.11i] 中，参考文献 [RFC5247] 解释了这些密钥与 MSK 的关系。

当 EAP 与 IKEv2 一起使用时，MSK 用于计算参数 AUTH，这是 IKEv2 交换的一部分，但 IKEv2 [RFC5996] 建立的 IPSec 隧道中，MSK 在用于保护 IP 数据包的派生密钥生成过程中并不起作用。

5. 有 IKEv2 EAP 的应用

IKE [RFC2409] 和 IKEv2 [RFC5996] 是生成安全关联的密钥交换协议，例如 IPSec ESP（IP 封装安全负荷 [RFC4303]）。IKE 相互认证建立在双方共享密钥和证书的基础上。然而，有一些部署，这两种可能性都不适合：共享密钥使用范围窄，从管理的角度来说，将证书分发给公共服务的大量用户是困难的。因此，IKE 的版本 2 提供了另一种认证可能性，即使用 EAP 方法对客户端认证（在 IKEv2 术语中，称之为"启动器"）。这种方式通过允许重复使用现存的认证设施从而增加了系统灵活性。它进一步允许在网络端的 IKEv2 终止点可从后端认证服务器中分离

［IKEv2 术语中我们称之为应答器，例如虚拟专用网（Virtual Private Network，VPN）网关］。但 IKEv2 仍然需要应答器端认证的证书。

虽然向网络中的应答器分发认证是可行的，因为它们的数量不是很多，但需要一个公共密钥基础结构，这在某些应用情景中仍是一个不小的负担。当 EAP 能够提供相互 AKA 时，人们可能会质疑经认证后应答器的授权是否需要。的确，最新的 RFC 在某种条件下，允许删除应答器认证要求［RFC5998］。

这样做时，需要将"伪认证"问题考虑在内：即使 EAP 提供了相互认证及密钥协议，并且 MSK 也用于在 EAP 对等层与认证层之间建立安全链接，那么通常 EAP 对等层便会在 EAP 成功运行后得知认证器是 EAP 服务器信任的某个实体来接受密钥 MSK。但对等层一般不能通过 EAP 协议运行知道连接的是哪个认证器。于是认证器可能对其身份撒谎。有发生此类情况的场景：例如 3G – WLAN 互通场景的一个用户需要知道其连接的 WLAN 接入点是否能够提供 IP 上网，或是运营商控制的 PDG 是否能够提供 3GPP IP 接入到运营商网络。

当同时使用 EAP 与 IKEv2 时，应答器作为认证者的角色，通过将公钥与认证器绑定的证书进行认证，认证器不能伪装其身份。于是，总的来说，应答器证书认证可由 EAP 相互认证所替代，但这只在以下的情景存在：

- 伪认证问题并不重要；
- EAP 服务器与认证器 – 应答器巧合；
- EAP 也向对等层提供认证器（或一组认证器）认证。

第三个条件由 EAP – AKA′实现，在一定意义上就是它通过对对等层具有相同的 AN 标识符进行认证，但如果没有进一步改进 EAP – AKA 无法满足这一条件。这个改进是可能的，但在［RFC5998］中对应的引用只提到本书写作时已过时的互联网草稿。

5.1.3 EAP – AKA 概述

本书中关于 EAP 一个最重要的例子便是 EAP – AKA［RFC4187］，这是基于 USIM 的应用。因此，我们在这里给出 EAP – AKA 的概述。因本书的重点是 LTE 安全，SIM 不允许接入到 LTE 网络和 EPC，我们在这里只简要介绍 EAP – SIM 的情况。

1. EAP – SIM 全认证

EAP – AKA 允许使用 USIM、UMTS 认证向量与 EAP 框架中 UMTS 的加密功能。USIM 及认证中心所使用的功能与 UMTS AKA 相同（见 4.2 节）。在 UMTS AKA 与 EAP – AKA 之间的消息格式与消息流是完全不同的。图 5.2 展示了 EAP – AKA 认证过程中消息的流动方向。

1）该过程从认证器请求对等层的身份开始。从此，认证器只传递 EAP 消息。

2）对等层发送自己身份信息并进行应答。这个身份信息可能是永久身份信息

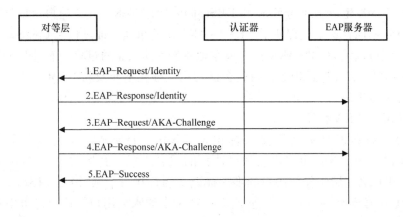

图 5.2　EAP－AKA 全认证过程

或是临时身份信息（伪身份信息）。

3）EAP 服务器取回 UMTS 认证向量，并发送一个 128 位随机字符串与在 EAP－请求/AKA－应答消息中加密的认证令牌（AUTN）给对等层。EAP 服务器首先会从用户标识、3G 加密密钥与 3G 完整性密钥中产生一个主密钥（MK）。通过 MK，EAP 服务器能够生成 MSK、EMSK、过渡 EAP 密钥（TEK）、加密密钥 K_encr、完整性密钥 K_aut，来保护 EAP－AKA 消息。关于 EAP－AKA 的详细信息请见参考文献［RFC4187］。如果 EAP 服务器能够保护用户的标识隐私，它便会包含有加密密钥保护的伪随机数。对等层在接下来的认证过程也会使用该随机数。

4）对等层首先将接收到的 RAND 与 AUTN 送到 USIM 中，USIM 将通过处理它们得到 UMTS AKA。对等层从 USIM 中得到 CK 与 IK，它进行的是与 EAP 服务器一样的操作。对等层解密 EAP－Request/AKA－Challenge 中的加密信息，并检查信息的完整性。此后，对等层在向 EAP 服务器发送 EAP－Request/AKA－Challenge 消息过程中，它会发送其中的 AT_RES 属性信息给 EAP 服务器，这其中便包含 RES。

5）EAP 服务器在其从 HSS 或是 HLR 接收到的 UMTS 认证向量中检测 XRES 消息，并检测其完整性。如果检测通过，EAP 服务器会向对等层发送 EAP 检测成功消息。在 EAP 服务器与认证器之间的 EAP 检测成功消息中的 AAA 消息可能也包含着 MSK 密钥。MSK 在第三步中并不是通过认证器发送到对等层的，因为对等生成 MSK 在步骤 3。

在经历以上的 5 步后，EAP－AKA 认证全过程结束。它之后可能会有一个过程，例如根据参考文献［IEEE 802.11i］的四种方式握手，会有通过使用 MSK 密钥在对等层与认证器之间建立链路层安全的这一过程。

2. EAP－AKA 快速重新认证

快速重新认证过程与完整的认证过程的不同之处在于，它既不消耗一个新的 UMTS 认证向量，也不涉及 USIM。认证和密钥生成是基于之前在完整认证过程中的密钥。在 MK 生成全新的 MSK 和 EMSK 同时使用 TEK。在快速再认证标识与永久用户标识不同在这个过程使用。EAP – AKA 快速重新认证过程在 UMTS 中没有等效过程，但可以认为 EPS AKA 在生成本地主密钥 K_{ASME} 的过程中有某种相似的性质（见第 7 章），在这过程中，新的会话密钥能够在不涉及新 USIM 或消耗认证向量的情况下被生成。

3. EAP – AKA 标识

对等层的标识具有网络接入标识符（NAI）的形式，其定义在参考文献 [RFC4282]。一个 NAI 由用户名和可选择的域名组成，其形式为："username@ realm"。用户名在域中作为用户的唯一标识（当存在一个域时）。[TS23.234] 规定 NAI 代表用于 3G – WLAN 互通 EAP – AKA 中的永久用户标识，将由用户 IMSI 生成，在参考文献 [TS23.003] 中被定义。一个永久用户标识形式如下：

'0 < IMSI > @ wlan. mnc < MNC >. mcc < MCC >. 3gppnetwork. org'

永久用户标识只在 EAP – AKA 全认证中使用。临时标识，也称为伪标识，用于保护用户标识隐私。它们只能在 EAP – AKA 全认证中使用。伪标识由 EAP 服务器独立生成，因为只有 EAP 服务器能够将伪标识与永久用户标识相匹配。3GPP 在参考文献 [TS33.234] 中定义了一种从永久用户标识生成伪标识的方法，这样做的目的在于方便在同一运营商网络中不同服务器、不同时间点的用户的使用（如用于负载平衡）。3GPP 定义的机制如 5.3 节所描述，允许所有服务器理解伪标识。由 EAP 服务器向对等层发送的伪标识是 EAP 加密消息的一部分。如果它们没有加密，用户标识隐私便会泄露。

快速重新认证标识由 EAP 服务器生成，其生成方式类似于伪标识的生成方式。

5.2 节中所阐述的原理用于确保直接 IP 访问和 3GPP IP 访问的 3G – WLAN 互通过程。

5.2   3G – WLAN 互通的安全机制

5.2.1   3G – WLAN 互通参考模型

我们在图 5.3 中展示了一个简化的参考模型，这是来自参考文献 [TS23.234]。图 5.3 中 "WLAN AN" 与 "内联网/互联网" 之间的连线指的是 WLAN 直接 IP 访问功能。阴影区域是指 WLAN 3GPP IP 访问功能。3GPP AAA 服务器功能已经在 5.1 节进行了部分讲解，5.2.2 节将对其进行更加详细的解释，5.2.3 节是经由 PDG 进行 3GPP 分组交换的业务访问。

从安全角度来讲，PDG 在 AKA 中扮演了 IKEv2 应答器的角色，而且它终止 IP-Sec ESP 与 UE 之间的隧道。它也可能利用分组过滤功能过滤掉未授权的或未经请求的流量，并进一步执行各种非安全功能，如路由、IP 地址处理和服务质量相关的功能；更多细节请参见参考文献［TS23.234］中的第 6 条。

直接 IP 访问和 3GPP IP 访问相互独立

直接 IP 访问和 3GPP IP 访问是相互独立的过程。在没有 3GPP IP 访问时，只需连接互联网而不是运营商控制的 IP 网络时可以使用直接 IP 访问。但反过来也成立：在没有直接 IP 访问时也可以使用 3GPP 访问。3GPP IP 访问是以 IP 连接为前提，因为 IKEv2 与 3GPP IP 访问在基于 IP 的协议下一同使用。但任何在特定 AN 下建立 IP 连接的方法都可以使用直接 IP 访问，如在参考文献［TS33，234］中定义，没有必要与 3GPP IP 访问一起使用。

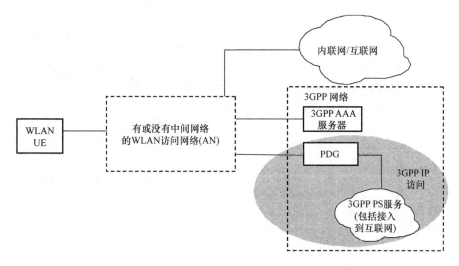

图 5.3　简化的 WLAN 网络模型（转载自© 2009，3GPP™）

5.2.2　WLAN 直接 IP 访问的安全机制

使用 SIM 和 USIM 的用户都可以使用直接 IP 访问。我们只考虑基于 USIM 的成功访问认证的情况，这种情况下使用的是 EAP – AKA，它也有助于读者理解 LTE 安全，即本书的重点。事实上，基于 SIM 的认证在 LTE 访问中是不允许的。对于使用 EAP SIM 的 WLAN 直接 IP 访问，请读者参见参考文献［TS33.234］。我们也会尽力向读者呈现完整的认证过程，因为快速重新认证过程与此非常相似。

基于 USIM 的访问认证

使用 EAP – AKA 完整认证的 AKA 过程如图 5.4 所示。

从一般 EAP 模型来讲，EAP 服务器/后端认证服务器的角色，在这里假定是由 3GPP AAA 服务器与 HLR 和 HSS 一起承担。认证器驻留在 WLAN。正如前面提到的，认证器通常是作为 WLAN 接入点的一部分。对等层实现无线局域网的 UE 端。

图 5.4 的步骤编号与参考文献［TS33.234］中的图 4 一样，以便读者将这里图示的文本解释与 3GPP 规范的详细文本比较。我们这样做，在某种程度上使得图

变复杂了，因为 WLAN AN 仅将 EAP 消息透明传递，并没有对 EAP 消息本身进行进一步处理。本书相对于参考文献［TS33.234］中的描述有所简化，但却足够我们对于 3G – WLAN 互通的理解。

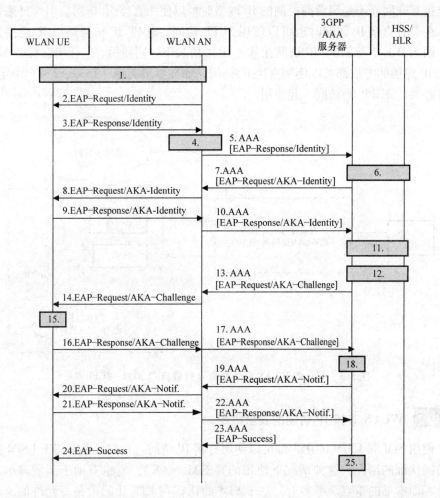

图 5.4　用于直接 IP 访问的基于 USIM 的认证和授权（转载自© 2010，3GPP™）

1）通过使用 WLAN 技术规范过程，建立起 WLAN UE 与 WLAN AN 之间的连接（超出了 3GPP 规范范围）。

2）WLAN 中的认证器向 WLAN UE 发送一个 EAP – Request/Identity 消息。

3）WLAN UE 发送一个包含 NAI 格式的 EAP – Response/Identity 消息，这其中包含永久身份或一个伪身份。

4）消息路由到基于 NAI 领域的部分合适的 3GPP AAA 服务器中。

5）3GPP AAA 服务器接收 EAP – Response/Identity 消息，并封装到 AAA 消息。

6）3GPP AAA 服务器判定从第 5 步中收到的 IMSI 和 EAP 是否被使用。根据参考文献［TS24. 234］，如果 3GPP AAA 服务器不能在接收到的 EAP - Response/Identity 消息中映射用户标识（例如由于使用了一个过时的伪标识），但它认可了 EAP 方法，则 3GPP AAA 服务器请求使用由 WLAN UE 指定的 EAP 新标识。如果这个 EAP 方法是 EAP - AKA，3GPP AAA 服务器将继续到步骤 7。如果 3GPP AAA 服务器能够将接收到的 EAP - Response/Identity 消息中的用户身份映射到一个用户标识（IMSI），它会检查是否存在针对 IMSI 的认证向量。如果未获取到，它便会从 HSS 或 HLR 中再获取一个或多个。

7）通过使用 EAP - Request/AKA - Identity 消息，3GPP AAA 服务器重新请求用户身份。

8）WLAN AN 向 WLAN UE 中发送 EAP - Request/AKA - Identity 消息。

9）WLAN UE 根据在步骤 8 中接收到消息中包含的参数的身份做出响应。

10）WLAN AN 将 EAP - Response/AKA - Identity 发送到 3GPP AAA 服务器中。在认证过程中的其他部分中，消息中的身份信息将由 3GPP AAA 服务器利用。如果在步骤 5 与步骤 10 中发现身份信息不一致时，将会从 HSS 或 HLR 中获取新的认证向量。

11）3GPP AAA 服务器检查用户无线局域网访问配置文件是否可用。如果不可用，配置文件将从 HSS 或 HLR 重新取出。3GPP AAA 服务器验证用户是否由无线局域网服务授权。

12）3GPP AAA 服务器如 5.1 节所述获取密钥。

13）3GPP AAA 服务器发送一个 EAP - Request/AKA - Challenge 消息。3GPP AAA 服务器也可表明它希望在过程结束时保护成功的运行结果消息（如果运行成功），当然这需要根据运营商的策略来决定。

14）WLAN AN 向 WLAN UE 发送 EAP - Request/AKA - Challenge 消息。

15）WLAN UE 处理 EAP - Request/AKA - Challenge 消息，如 5.1 节所述。

16）WLAN UE 将 EAP - Response/AKA - Challenge 消息发送到 WLAN AN。

17）WLAN AN 发送 EAP - Response/AKA - Challenge 消息到 3GPP AAA 服务器。

18）3GPP AAA 服务器处理 EAP - Response/AKA - Challenge 消息，如 5.1 节所述。

19）如果在步骤 18 中所有检查都成功且在步骤 13 中 3GPP AAA 服务器使用受保护的消息，3GPP AAA 服务器将发送 EAP - Request/AKA - Notification 消息。

20）WLAN AN 向 WLAN UE 发送信息。

21）WLAN UE 发送 EAP - Response/AKA - Notification 消息。

22）WLAN AN 向 3GPP 服务器发送 EAP - Response/AKA - Notification 消息。

23）3GPP AAA 服务器选择性地将 EAP - Success 消息发送到 WLAN AN 中，包

括密钥 MSK（见 5.1 节）。

24）WLAN AN 将 EAP – Success 消息发送到 WLAN UE 中。现在 EAP – AKA 消息交换已成功完成，如果 MSK 在步骤 23 中发送，WLAN UE 和 WLAN AN 共享密钥材料来保护 WLAN AN。

25）如果之前没有注册上，3GPP AAA 服务器便会在 HSS 或 HLR 中注册 WLAN UE。如果需要，3GPP AAA 服务器还会执行会话更新，详细信息请参阅参考文献［TS33.234］。

如果由于错误，EAP – AKA 运行终止，3GPP AAA 服务器便会向 HSS 或 HLR 通知该事件。

5.2.3 WLAN 3GPP IP 访问的安全机制

SIM 用户和 USIM 用户都可使用 WLAN 3GPP IP 访问。对于如直接 IP 访问所提到的一些原因，我们只考虑基于 USIM 的 3GPP IP 访问认证情况，其使用 EAP – AKA。我们也会限制向读者呈现完整的认证过程，因为快速重新验证过程与此非常相似。

基于 USIM 认证的 WLAN 3GPP IP 访问

对于 WLAN 3GPP IP 访问，IPSec 在 UE 和 PDG 之间建立了隧道，该隧道横跨于 WLAN AN 之间。连接建立后，隧道会防止 AN 中出现漏洞，这样做会造成 WLAN 安全的优点与缺点与 WLAN 3 GPP IP 访问无关。为了保护 UE 端与 PDG 端的 IP 数据包，PDG IPSec ESP［RFC4303］会在隧道中使用。为了建立相应的安全关联，IKEv 2 与 EAP – AKA 结合使用。IKEv2 与 EAP AKA 结合过程使用 EAPAKA 对 3GPP IP 进行访问全认证，见图 5.5。

EAP 服务器/后端认证服务器的角色由 3GPP AAA 服务器、HLR 和 HSS 定义。认证器在 PDG 驻留。对等层又在 WLAN UE 端实现。

图 5.5 中的步骤编号与参考文献［TS33.234］中的图 7A 一样，这样读者可以与参考文献［TS33.234］中的细节描述做对比。

1）PDG 与 WLAN UE 交换第一对消息，为 IKE_SA_INIT，其中 PDG 和 WLAN UE 协商加密算法，交换随机数和执行 Diffie – Hellman 交换。

2）在 IKE_AUTH 首次交换消息中，WLAN UE 会按照 EAP – AKA 所需的形式发送用户身份信息。依照参考文献［RFC5996］，WLAN UE 省略了 AUTH 参数，以便告知 PDG 其想要在 IKEv2 上使用 EAP。

3）PDG 向 3GPP AAA 服务器发送包含用户标识的 AAA 消息。PDG 中包括一个参数指示对于隧道建立的认证正在进行。这将帮助 3GPP AAA 服务器区分直接 IP 访问认证和 3 GPP IP 访问认证。当使用 Diameter 时，PDG 和 3GPP AAA 服务器之间的消息在参考文献［TS29.234］中有规定，反过来，基于 Diameter EAP 的应用在参考文献［RFC4072］中有规定。

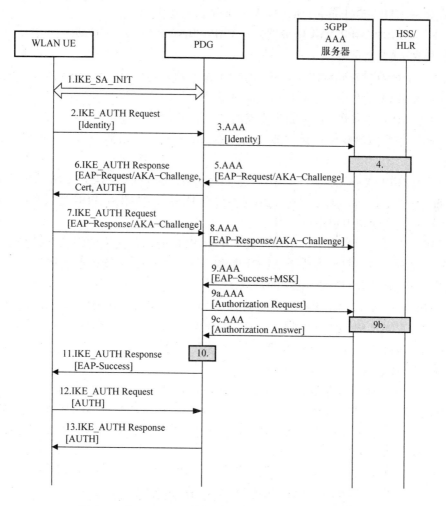

图 5.5　基于 USIM 的 3GPP 访问隧道建立、认证和授权

　　4）3GPP AAA 服务器从 HSS 或 HLR 中获取用户配置文件和认证向量（如果这些参数无法从 3GPP AAA 服务器中获得），并确定 EAP 的使用方法（EAP – SIM 或 EAP – AKA）。

　　5）3GPP AAA 服务器通过向 PDG 发送一个 EAP – Request/AKA – Challenge 消息来发起认证请求，该认证请求封装在一个 AAA 消息中。此时用户身份不能被再次请求，因为在步骤 3 中所接收的用户身份不可能被修改或由中间节点所取代。

　　6）PDG 向 WLAN UE 发送其身份、证书和 AUTH 参数。PDG 通过基于发送到 WLAN UE 的第一个消息中的参数来计算数字签名而生成此 AUTH 参数（步骤 1）。PDG 还包括在步骤 5 中接收的 EAP – Request/AKA – Challenge 消息。

　　7）WLAN UE 通过步骤 6 接收到证书中的公共密钥用于验证 AUTH，同时向

PDG 发送 EAP – Response PDG/AKA – Challenge 消息。

8）PDG 向 3GPP AAA 服务器发送 EAP – Response/AKA – Challenge 消息，该消息封装在 AAA 消息中。

9）当所有检查确认成功，3GPP AAA 服务器发送 EAP – Success 消息，该消息被封装在 AAA 消息中，这其中也包含密钥 MSK。

9a）PDG 向 3GPP AAA 服务器发送授权请求。

9b）如果用户被授权建立隧道，3GPP AAA 服务器根据用户的订阅情况进行检查。

9c）3GPP AAA 服务器向 PDG 发送的授权应答。如果 3GPP AAA 服务器在步骤 9a 中仅收到一个伪标识，它其中便会包含 IMSI。这提供了 PDG 通过在所有运行过程中代入变化伪识别用户标识。

10）PDG 通过在步骤 1 中使用共享密钥 MSK 的两条交换的消息来计算消息认证代码参数，并生成另外两个 AUTH 参数。注意，PDG 可能推迟生成这两个身份验证参数，直到收到步骤 12 中的消息。

11）在步骤 12 中，PDG 通过 IKEv2 向 WLAN UE 发送 EAP – Success 消息。

12）WLAN UE 通过使用本地 MSK 生成两个认证 AVTH 参数，这与步骤 10 中生成 PDG 的方法一样，然后发送 AUTH 参数以保护从 UE 到 PDG 的第一条消息（在步骤 1 中发送）。

13）PDG 通过将在步骤 10 中计算的对应值与步骤 12 中所得到的 AUTH 参数做对比来验证 AUTH。PDG 随后发送在步骤 10 中计算的其他 AUTH 参数到 WLAN UE 中。WLAN UE 通过比较 AUTH 参数与步骤 12 计算出的相应值来验证接收到的 AUTH 参数。

5.3　3G – WLAN 互通加密算法

正如本章所述，3G – WLAN 互通的几个安全机制是基于加密算法。

用户认证是基于 USIM 或者 SIM，并在每种情况下都有相应的算法，这在 4.3 节与 3.4 节都有所描述，这也适用于 3G – WLAN 互通。此外，USIM 和 SIM 中都提供了基于 EAP – AKA 和 EAP – SIM 的机制扩展，其中的一些扩展包含加密组件。有关详细信息请参阅参考文献［RFC4187］和［RFC4186］。

在 UE 和 WLAN 接入点之间保护用户数据和信令还涉及加密算法。这些保护机制超出了 3GPP 规范的范围，但为了了解整个系统，该内容还是写入参考文献［TS33.234］的附录 A。

对于 3GPP IP 访问，UE 和 PDG 之间的安全机制也基于密码学。PDG 和 UE 之间的安全隧道基于 IPSec ESP 和 IKEv2，在相关 IETF RFC 文献中，定义了用于这些安全协议的加密算法，参见 5.2 节。此外，3GPP 通过选择特定的配置文件缩小选

项的数量，这些配置文件必须支持 3GPP – WLAN 互通，参见参考文献
［TS33.234］中的第6.5和6.6条。

在 GSM 和 3G 系统中（EPS 类似），临时移动用户识别码（TMSI）的生成，或
分组 TMSI（P – TMSI），排除在 3GPP 规范外。原因是在 TMSI 生成过程中，没有互
通性问题。在单一网络实体中，它由内部生成，一旦生成，不需要任何实体知道生
成的发生。唯一的基本要求是临时标识应该是不可知的，因此选择在本质上应是随
机的或在这过程中使用伪随机发生器。

在 3G – WLAN 互通中，临时身份也在使用，但其生成过程要稍微复杂一点。
在这种情况下，临时的标识（例如伪标识）由网络实体在不知道临时标识与永久
标识关系的情况下被处理。由此原因，临时标识生成是标准化的，这个过程同时也
可以是反向过程，也就是说，在只提供给授权网络实体的前提下，可以通过临时标
识和一些辅助信息找到永久标识 IMSI。

为此目的，一个简单的加密机制在参考文献［TS33.234］第6.4条中规定。
为了创建临时标识，IMSI 首先由一个位字符串编码，然后通过拓展获得一个 128
位的值。然后高级加密标准（AES）算法［FIPS 197］单次运行应用此值，同时使
用同一运营商网络中的 WLAN AAA 服务器之间的一个特定共享密钥。加密的 128
位字符串用作临时标识。

第6章　EPS安全架构

6.1　概述与相关规范

演进分组系统（EPS）为3G系统带来了两个新的主要成分：演进的陆地无线接入网（E－UTRAN）与基于IP的演进分组核心（EPC）网。安全功能和机制，是全球移动通信系统（GSM）和3G安全架构的一部分，它们的设计原则是基于通用性和环境适应性。但GSM和3G安全架构已与这些系统中其他功能和机制紧密耦合；安全功能以最佳和最有效的方式被嵌入在一个整体架构中。

从系统的角度，即安全功能和其他功能之间的协同作用来看，EPS的安全架构的设计遵循同样的原则，即协同各部分功能以达到系统最优。这意味着：

● GSM和3G的安全机制为EPS安全架构提供了一个很好的基础；

● GSM和3G的机制，如果需要重复使用，需要从原始环境中改编并嵌入到EPS架构中。

EPS也必须能够兼容之前的系统，所以这些兼容是向后兼容的方式。除了兼容之前系统中已经存在的安全功能，EPS安全架构中还引入了许多新的扩展和增强功能。

接下来，我们将展示如何将重要的安全功能（在6.2节中将进一步讨论）融入EPS架构，如图6.1所示。

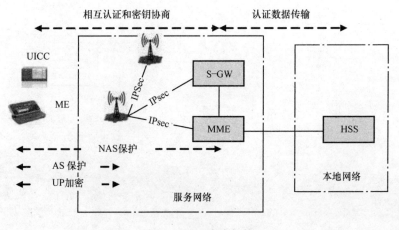

图6.1　EPS安全架构

　　用户设备（UE）标识已被确定后，移动性管理实体（MME，第 2 章所述）在服务网络中会从本地网络获取认证数据。接下来，MME 与 UE 一同触发认证和密钥协商（AKA）协议。在这个协议已顺利完成后，MME 和 UE 共享一个密钥，K_{ASME}，这个缩写指访问安全管理实体。在 EPS 中，MME 担任 ASME 的角色。

　　现在，MME 和 UE 能够从 K_{ASME} 获得接下来所需的密钥。这两个密钥是用于 MME 和 UE 之间信令数据的加密和完整性保护的。在图 6.1 中以"非接入层（NAS）保护"的箭头表示。

　　另一个派生密钥传送到基站中（演进 NodeB，即 eNB）。在基站和 UE 中，3 个密钥随后在基站和 UE 中生成。其中两个密钥是用于 eNB 和 UE 之间的信令完整性保护与加密的——见"AS 保护（接入层）"的箭头。第三个密钥主要用于在 eNB 和 UE 之间的用户平面（UP）的数据加密——见"UP 加密"箭头。更多细节参见 7.3 节。

　　此外，除了起源或终止于 UE 的 UP 数据和信令的保护，在基站和核心网（EPC）之间的接口上传输的信令和数据还有完整性信令和通信加密。信令数据在 UE 和 MME 之间通过 S1 – MME 接口传输，而用户数据在 UE 和服务网关（S – GW）通过 S1 – U 接口传输。如果密码保护应用于 S1 接口，这时使用的便是 IPSec 保护机制（更多应用 IPSec 的细节可参见 8.4 节）。所需要的密钥是不特定于 UE 的。

　　在应用加密保护时，两个基站间 X2 接口也是通过密钥 IPSec 与 UE 不特定的密钥一起保护。

　　接下来让我们看看如何将保密性和完整性机制嵌入到 EPS 的协议栈中。在图 6.2 中，描述了相关的信令平面协议。

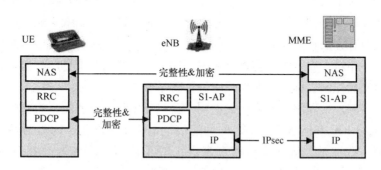

图 6.2　EPS 信令平面保护

　　NAS 信令中的完整性保护和加密将在 8.2 节进一步解释。对于 AS 信令的加密与完整性保护保护了无线资源控制（RRC）协议中的信息。关于 S1 接口的 IPSec 保护（与 X2 接口类似）在 3GPP 规范网络域安全/ IP 层（NDS/IP）中进行了描述（见 8.4 节）。

图 6.3 说明了 UP 保护的使用细节。

为了保护信令和用户数据，UE 和基站之间的加密嵌入到分组数据汇聚协议（Packet Data Convergence Protocol，PDCP）中。完整性保护不适用于 UE 和基站之间的用户数据。对于 X2 和 S1 接口，用户数据与控制平面接口都是使用 IPSec 协议进行用户数据加密。

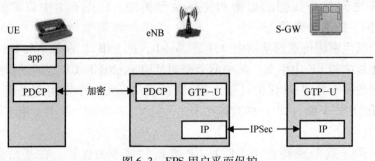

图 6.3　EPS 用户平面保护

6.1.1　安全标准化需要

本书的主要目的是解释 EPS 的安全标准部分是如何工作的。在某种程度上，我们还讨论了那些不需要标准化的组成部分。事实上，从安全角度上来讲，无需进行标准化的组成部分并不是说它们不重要。例如，在网元或终端中的内部保护机制是系统功能完整性的重要保证，因此它们也能确保系统所有部分运行正常。但是，从系统互通的角度来看，其使用相同或不同的内部保护机制并不重要。重要的是，每个元素都以最优的方式被保护着。

对于涉及多个元素的机制，例如终端和基站，它们之间的互操作性是一个关键问题。除非通信双方都能弄清楚对方在做什么，否则这种机制就不能工作。为了这个目的，规范各方的行为是必不可少的。就是说，还有一些关于通信标准化必要性的附加条款，相对于安全协议与机制来说，这些条款适用范围更广。如果通信双方都由同一管理域控制，标准化在该域内进行就足够了。

例如，当客户端和服务器程序只由同一公司开发时，两者便不需要标准化。另一个例子是，UICC 和运营商后端之间的通信也不需要标准化，因为两者都所属于同一运营商。特别是，从安全角度上来讲，AKA 协议进行的操作在链两端进行（即在 UICC 或本地服务器的后端），故不需要标准化。这适用于加密算法的选择以及序列号管理。

有时在互操作性没有严格符合标准化行为时，提供标准也是很好的。AKA 的例子便符合该情景：3GPP 对于加密算法提供了一个标准化的选择，该算法以 MILENAGE 算法（见第 4 章）的形式出现，在参考文献［TS33.102］中的附录对序列号的适当机制提供了解释。但在这些例子中，标准的解决方案仅作为指导或建议。这类标准的目的是帮助公司在成本有限的情况下开发和部署安全方案。

为引入更好的解决方案留出空间是一个有用的一般性原则，而不是首先标准化这些好的方案而因此造成延迟。对于安全性，在安全机制中有一定异构性有两方面作用。在积极的一面，当系统只有某一部分受特定的机制保护时，攻击者打破或绕过该机制的价值就会变小。在消极的一面，对攻击者来说还有更多的目标，而且不可避免地，安全机制中总会存在薄弱点，特别是因为一些组织可能没有能力或资源来开发和评估合适的安全机制。

还有一点值得一提的是，如何规范一种通信协议。有时对通信的一方进行标准化是足够的，特别是在某些通信双方位置不对称时，通信的一方需要预测对方的行为来调整自己的行为。另外的例子是，通信终端和网络，由于网络受整个系统操控，于是网络只需知道：

- 终端对来自网络的请求、询问和其他消息的反应。
- 哪些条件会引起终端开始通信。

事实上，在 3G PP 中无线层协议的一些规范遵循这些原则。只有对 UE 行为有详细规范，对于在何时调用程序和如何对从 UE 端接收的消息做出反应，网络端保留了更多的自由。

从安全的角度来看，这种情况是有问题的。一个安全协议只有当以正确的方式使用才是有效的。协议是健全的但运行时能保证安全却是不够的，如果协议根本没有运行，这将没有多大帮助。留给通信一方的自由太大，并不能保证另一方的通信安全。更具体而言，在网络端不必采取某些行动，例如启动某些程序。除非某些安全程序（例如开始进行信令完整性保护）已成功运行。因此，有时安全性要求通信双方行为在更大程度上被标准化，而不是实现通信本身所需要的。

6.1.2　相关非安全性规范

当考虑到像 EPS 这样的大型复杂系统的安全性，从安全的角度来讲，很难确定哪些标准是不相关的。事实上，系统中的任何功能都可能会被滥用，所以任何功能都是出于安全考虑的潜在问题。然而，3GPP 规范三阶段模型（见 2.4 节）解决了这一问题。在阶段 1 与阶段 2 中以包容方式加入安全规范相较于在阶段 3 加入更加可行。因为阶段 3 建立在阶段 2 之上，在后一级详尽地解决安全问题以确保在第 3 阶段规范中也充分包含安全性。

对 EPS 的服务要求在参考文献 ［TS22.278］ 中有详述。第 9 条包含了对于安全和隐私的高要求。服务原则应用到整个 3GPP 环境中，详见参考文献 ［TS22.101］。

EPS 系统的架构在参考文献 ［TS23.401］ 中定义。阶段 2 的文件描述了 EPS 概况：在 EPS 中有什么样的实体，它们的功能是什么，不同实体之间存在什么样的接口类型，什么类型的程序在接口处运行等。因为安全功能和安全程序是最为重要的，更多安全性参考请参见参考文献［TS23.401］。

EPS 架构最重要的组成部分是长期演进（LTE）无线网络，E - UTRAN。在参考文献［TS36.300］中描述了 E - UTRAN 的阶段 2。该规范也描述了家庭基站如何融入到整体架构中。参考文献［TS36.300］的第 14 条致力于研究系统安全性。

在阶段 3 中有关于 EPS 的大量描述，尤其是关于 E - UTRAN 的描述。尤其最相关的是在参考文献［TS24.301］中，其中定义了 NAS 程序，参考文献［TS36.323］、［TS36.331］中定义了相关 AS 协议。PDCP 定义在参考文献［TS36.323］中而 RRC 协议定义在参考文献［TS36.331］中，有关这些程序和 EPS 安全架构中协议的作用请参见图 6.1 与图 6.2。

为了让读者对规范的复杂性有直观感受，有趣的是，在本书写作之时，这些规范的最新版本的页数如下：

- 阶段 1EPS 要求［TS22.278］：33 页；
- 阶段 2 EPS 架构［TS23.401］：285 页；
- 阶段 2E - UTRAN 架构［TS36.300］：201 页；
- 阶段 3 NAS 过程［TS24.301］：335 页；
- 阶段 3PDCP 过程［TS36.323］：26 页；
- 阶段 3 RRC 过程［TS36.331］：302 页。

除了 E - UTRAN 外，还有许多其他的接入技术可以在 EPS 中使用。一些接入技术规范保持在 3GPP，如 GSM 和 3G 无线技术。但也有非 3GPP 接入技术应用到 EPS 中。非 3GPP 互通方面的阶段 2 的架构描述在参考文献［TS23.402］中给出。

6.1.3 EPS 安全规范

EPS 安全主要规范在参考文献［TS33.401］中。它包含 EPS 阶段 2 的安全架构描述，同时包括所有 EPS 安全功能。它也是这本书的重要参考。规范在制定之初，已经采取谨慎的措施以确保参考文献［TS33.401］与参考文献［TS23.401］的架构完全一致，参考文献［TS33.401］包含了许多安全要求。同样，在制定之初也确保这些要求与参考文献［TS22.278］中的内容一致。在写作的时候，在参考文献［TS33.401］中包含了 121 页最新的内容。

参考文献［TS33.401］描述了通过 E - UTRAN 接入 EPC 的安全功能，规范中还包含着其他 3GPP 接入技术［GSM/EDGE 无线接入网络（GERAN）和通用地面无线接入网络（UTRAN）技术］，这些技术都添加到了 EPC 中。EPC 中的非 3GPP 接入技术安全性方面（如 CDMA）在另一个阶段 2 里的安全规范中介绍，即参考文献［TS33.402］。并且，在制定规范时，已采取措施确保参考文献［TS33.402］与参考文献［TS23.402］中对应的系统等级的描述一致。

家庭基站的安全架构规范在参考文献［TS33.320］中介绍，该规范阐明了两种情况，访问通过 UTRAN（NodeB）和 E - UTRAN（eNodeB，HeNB）。参考文献

［TS33.320］的安全架构与家庭基站架构总体一致。后者是在参考文献［TS25.467］以 UTRAN 为例子做了说明，在参考文献［TS36.300］中以 E - UT-RAN 为例子做了说明。

从早期的 3GPP 安全规范开始，EPS 的安全架构中就有许多重要的成分。3G AKA 拟定的 UMTS AKA 协议（通用移动通信系统），该协议是 EPS AKA 的中央构建块，在 3G 安全架构［TS33.102］中描述。同样，EPS 的用户或用户的身份保密机制与 3G［TS33.102］中的一致。通用用户识别模块（USIM）既在 3G 中应用也在 EPS 网络中应用［TS31.102］，最初是为 3G 设计的密码算法规范也适用于 EPS，详见第 10 章。两个 EPS 网络元素之间的接口相应的安全性功能也与 3G 中的十分类似。因此，NDS 规范（［TS33.210］和［TS33.310］）也适用于 EPS。EPS 中的密钥生成功能是基于最初为通用引导架构定义的功能（［TS33.220］）。早期规范的简要例表至少在某种程度上对 EPS 的重复使用是不够详尽的，其他参考文献将在本书剩余部分的具体章节中处理。

在 EPS 的安全设计的过程中，对于 LTE 的安全架构和非 3GPP 互通方面的可行性研究报告便开始了。首先参考文献［TR33.821］为参考文献［TS33.401］奠定了基础，而参考文献［TR33.822］为参考文献［TS33.402］奠定了基础。一段时间后，Release 9 采取了类似的方法保证家庭基站的安全性：参考文献［TR33.820］为参考文献［TS33.320］奠定了基础。

在最佳情况下，为分析为目的编制一套单独的报告。然而，制定规范本身具有明显的优先权，于是决定此技术报告［TR33.821］也将用于对 EPS 和 E - UTRAN 的分析和指导，记录为什么选择该机制处理问题，为什么一些机制被排除在外。提醒一句：因为发布 Release 8 与 Release 9 的时间紧迫，故无法将技术报告完全写入相应的技术规范中去。该类警告在参考文献［TR33.821］和参考文献［TR33.822］中也有说明。

6.2　EPS 的安全功能要求

正如 6.1 节中所解释的，有两个 EPS 的安全要求的来源：参考文献［TS22.278］和参考文献［TS33.401］。前者提供高水平的相关服务要求，包括安全要求，后者则提供了分析威胁所带来的执行和安全要求。

参考文献［TS22.278］的高级安全要求可以概括如下：

- （H - 1）EPS 应具有较高的安全性。
- （H - 2）某一访问技术中的安全漏洞不能影响其他访问。
- （H - 3）EPS 应能防范黑客的攻击和威胁。
- （H - 4）EPS 应支持终端与网络之间信息的认证。
- （H - 5）提供适当的流量保护措施。
- （H - 6）EPS 应确保未经授权的用户无法建立通信。

参考文献［TS22.278］中更多服务相关的安全要求可以总结如下：

- （S-1）EPS 将允许网络向终端隐藏其内部结构。
- （S-2）安全政策应由本地运营商操作控制。
- （S-3）安全解决方案不应明显妨碍端用户的服务交付或切换。
- （S-4）EPS 应支持合法监听。
- （S-5）Rel-99（或更新）USIM 要求对 EPS 的用户认证。
- （S-6）USIM 不得在 EPS 和 3GPP 系统之间的切换过程中要求再认证（或其他变化），除非是运营商要求的。
- （S-7）EPS 应当支持 IP 多媒体子系统（IMS）紧急呼叫（Emergency Call, EC）。

相关隐私要求总结如下：

- （P-1）EPS 应能够提供给用户对于其通信、位置及标识的适当的隐私权。
- （P-2）通信内容、起始地和目的地应能防止未经授权方窃听。
- （P-3）EPS 能对未经授权方隐藏用户身份。
- （P-4）EPS 能对未经授权方隐藏用户位置，包括与用户通信的另一方。

在 6.2 节的其余部分，为满足这些要求，我们对 EPS 安全架构中包含的所有标准安全特性进行了研究。对于每一个特性，也有与它相关联的更详细的要求。

6.2.1　对 EPS 的威胁

如今，存在许多与通信相关的安全威胁。其中大多数也是 EPS 所关心的。此外，来自 EPS 的架构的特殊性、信任模型和无线接口特性存在对 EPS 特有的威胁。在本书中对 EPS 的安全威胁的介绍包含在参考文献［TR33.821］中。相反，我们只是在这里列出有关 EPS 的更广泛类别的威胁，并给出每个类别中的例子。

- 对用户身份的威胁：这些已被要求 P-1 和 P-3 明确处理。
- 其他对隐私的威胁：这些由本章讨论的隐私要求明确处理。
- UE 跟踪的威胁：基于用户 IP 地址的跟踪用户，最终 IP 地址能够与 IMSI 或其他身份相关联，或是基于切换信号追踪用户。
- 切换相关威胁：一个例子是强迫切换到强信号伪基站。
- 基站与最后一英里传输链路相关的威胁：在最后一英里传输链路阶段加入数据包，或基站在易受攻击的地方受到物理破坏威胁。
- 多播与广播信令相关的威胁：广播错误系统信息会阻碍网络的正常工作。
- 拒绝服务（DoS）有关的威胁：例如，无线电干扰或从许多 UE 向网络的某些部分或其他 UE 的 DoS 攻击发起分布式攻击。
- 误用网络服务的威胁：从网络端内部或是外部互联网冲击网络。
- 无线协议的威胁：一个例子是伪造或修改来自 UE 方的第一个无线连接建立消息。

- 移动管理的威胁：一个例子是关于用户位置敏感数据泄露的威胁。

- 伪造控制平面数据的威胁：在 H－4、H－5 和 H－6 要求中对这些有处理说明。

- 未授权接入网络的威胁：这些威胁在 H－6 要求中有处理说明。

从上列看出，其中的一些威胁已由更高水平的要求和隐私要求处理。大多数威胁都通过更加具体的规范解决。然而，有一种威胁很难有效解决。这就是 DoS 类型的网络威胁。事实上，针对无线干扰，很难找到有效的对策。当然，如果不把自己暴露在被抓的危险之下，就很难发动一次无线攻击；无线流量干扰的源头经常通过物理手段被定位。这些物理手段类型不在 EPS 安全架构范围之内，但是无线干扰攻击的思想对于如何判定何种 DoS 攻击类型值得保护是很有帮助的。

思想路线大致如下，对于相比无线干扰攻击影响较小的逻辑 DoS 攻击，不需要对这样的攻击增加应对措施使这种应对措施的代价相对小也是如此。这类攻击的一个例子是通过伪造请求来建立网络虚假连接以冲击网络。一旦攻击者停止干扰或攻击，网络马上恢复正常。

在 EPS 环境（和更广泛的在其他 3GPP 环境）中预防 DoS 攻击的指导原则将重心放在 DoS 攻击的持续性上：在黑客进行了恶意行动离开后，DoS 攻击对于网络功能所造成的不良影响仍将持续。

6.2.2 EPS 安全性能

本节列出 EPS 安全架构提供的安全性能。系统中的一些关键安全性能是随着 LTE 系统架构设计一同制定的，详细请见 6.3 节。对于性能更详细的描述请参见本书其他章节。

1. 用户与设备身份的保密性

该性能解决了 P－1 和 P－3 中的隐私要求。该功能的目的是为了防止窃听者获取通信双方的信息。有两种不同的标识。用户标识 IMSI 存储在 UICC 中。设备标识有两个变体：国际移动设备识别码（IMEI）、IMEI 和软件版本号（IMEISV），存储在移动设备（ME）中，详见第 7 章。这些标识与用户的实际标识无法建立直接的连接；另一方面，由于手机和电话卡都已经使用了一段时间，用户的标识在通信链路建立之时，就有可能由其中的某一标识而确定。

该性能复制于 3G 和 GSM 安全，该机制的细节在参考文献［TS33.102］定义。本书的 3.3 节和 4.2 节也有所讨论。为设备的保密性，给 EPS 创建了一些增强方法：在流量保护措施没有激活前，设备识别码不会被发送到网络上。

2. UE 和网络之间的认证

这个性能解决了 H－2、H－4 和 H－6 中的高层次要求。目的是验证通信双方的身份。这是整个系统正确运行的基础，因为，没有认证，将不可能在通信双方之间建立安全的连接。该性能还能够让 UE 验证其连接网络的身份。

　　该性能源于 3G 安全架构——详见参考文献［TS33. 102］与 4. 2 节。GSM 中已存在用户认证——详见参考文献［TS43. 020］和 3. 3 节。有一个增强性功能是 EPS 网络中能够让 UE 直接验证服务网络标识。3G 认证方法只能保证服务网络是由服务用户的本地网络授权。该项增强性功能解决了对于 H - 2 的大部分要求。

　　还有在认证过程中集成的一个重要的安全性能：用户双方除了能够对对方进行认证，终端与网络也可以共享用于保护数据完整性与保密性的密钥。第 7 章中将讲述 EPS AKA 特性。

3. 用户信令数据的保密性

　　这个性能解决了 H - 5 的高层次要求和 P - 2 与 P - 1 的隐私要求。该性能的目的是加密数字通信，从而使窃听者无法进行窃听，尤其是在无线接口。类似的性能存在于 3G 安全架构。然而，与 3G 不同的是，EPS 的架构为此性能引入了差异。最值得注意的是，该加密在网络侧的端点（用户数据和无线网络信令数据）在 EPS 的基站中，而在 3G 网络中，加密是在无线网络控制器（RNC）中。这种变化的原因将在 6. 3 节解释。另一大变化是，在 UE 和核心网之间的信令中引入了额外的加密机制。类似于 GSM 和 3G 情况，对网络运营商而言提供数据加密是可选项。这个特征在第 8 章和第 10 章详细描述。

4. 信令数据的完整性

　　这个性能解决了 H - 4、H - 5、H - 6 中的高层次要求。此性能的目的是分开验证每个信令消息的真实性，即保证信令消息在传输过程中不会被篡改。如在 3G，因为同样的原因，没有提供用户数据的完整性保护（但对于含有中继的通信网络架构来说，情况就要另当别论了，参见第 7 章和 14 章）。在 3G 和 EPS 网络中，篡改及利用经加密的空中用户数据的可能性相对较低，但完整性保护添加的包头很有意义，尤其是对于短数据包服务（如语音）。此外，完整性保护中"来源证明"部分提供的安全增益作用相对较小，除非在用户数据通信端点之间提供真正的端到端的完整性保护。若支持该性能，需要对密钥管理进行拓展。

　　类似于保密性能，与 3G 中对应的性能相比，一定的变化是必要的。此性能也包括在第 8 章和第 10 章中。

5. 安全可配置性和可见性

　　此性能目前已经存在于 3G 和 GSM 中，目的是提供给用户一些选项使用户从安全性能信息中受益。为可见性目的：在终端处有加密指示器能够显示网络是否采用了数据加密。为可配置目的，用户可以选择使用个人身份号码（PIN）——基于对 UICC 的访问控制。

6. eNodeB 的平台安全性

　　在 EPS 中强调基站平台的安全性，主要有以下两个原因：

- eNodeB 是主 EPS 安全机制的一个终点。
- 当部署 EPS 时，eNodeB 相对于 3G 中的基站部署更加灵活。

类似的趋势也在 3G 技术最新发展现状中有所呈现。高速分组接入（High Speed Packet Access，HSPA）架构中包含一个选项 RNC 和 Node B 在网络的同一节点处。在 Release11 中添加了针对此项的说明。

同时，家庭基站的概念也适用于 UTRAN 和 E－UTRAN 基站。很显然，家庭基站相比由运营商控制的宏蜂窝基站更脆弱。为了解决这些问题，对 eNodeB 的安全要求包括在参考文献［TS33.401］中，更详细的描述在 6.4 节。在参考文献［TS33.320］中包含有家庭基站的完整的安全规范。家庭基站安全性能的详细描述在第 13 章。

7. 合法监听

此性能解决了 S－4 的服务要求。该性能的目的是提供对通信内容和相关信息授权访问，例如通信双方的身份和通信时间。合法监听（LI）在安全性能中有一个特殊的作用，因为它限制了系统中的其他安全机制的选择。S－4 服务要求中关于提供合法监听和隐私要求之间存在矛盾。在这个意义上，合法监听违反其他安全性能而应被看作是一个受控的选项。

合法监听可以通过执法部门激活，但这是在 3GPP 规范的范围之外。监听需要在本国法律的允许范围之内。在经过法院授权后，才能进行合法监听。

合法监听是 EPS 的安全性能之一，3G 和 GSM 中也存在合法监听。3GPP 规范对于合法监听有了新的规定，对于每个新性能该规范将现有的合法监听范围进行了对应扩展。从参照角度来讲，这是一种方便的实践。阶段 1 中的参考文献［TS33.106］规范包含所有 3GPP 合法监听的要求，阶段 2 中的参考文献［TS33.107］包含的合法监听架构和阶段 3 中的参考文献［TS33.108］规范包含接口的比特级描述，所需的信息能够传送到执法部门。

从合法监听角度来看，LTE 无线技术本身不会带来很多新的问题，进入 L1 范围的信息与 GSM 和 3G 中的信息大体一致。

8. 紧急呼叫

这是另一种性能，在一定意义上，妨碍了其他安全性能。在一些国家的法律中有要求，即使在正常通话的安全措施不存在的情况下，用户仍能实现紧急呼叫（EC）。一个例子是当手机中不含有 UICC 情况。这个性能解决了 S－7 中的服务要求。为紧急呼叫和紧急会议所做的特殊约定见 8.6 节和 13.6 节。

9. 互通安全

这个性能是其他安全性能的推动者，但这并不代表它相比其他性能不重要。其目的是确保当系统发生改变时，安全漏洞不会出现，例如从 EPS 向 3G 系统转换或反之亦然。同样重要的是，EPS 网络实体之间的协调也是必要的，可能是在不同的管理域下，如两个不同运营商网络之间的切换。数据保密性和数据完整性是基于现存的共享密钥。在互通情况下，一个重要的部分便是密钥管理，即确保正确的密钥是在正确的时间与正确的地点。EPS 中的切换与移动性管理将在第 9 章描述。与其他系统互通安全的问题，包括其他 3GPP 系统和非 3GPP 系统，将在第 11 章中描述。

10. 网络域安全（NDS）

这个性能从 3G 中继承，其目的是保护网络中元素之间的流量。通信双方之间的相互认证，数据的加密与完整性保护包含于该性能之中。对于该性能的描述在参考文献 [TS33.210] 和 [TS33.310] 中，参见本书的 4.5 节、8.4 节和 8.5 节。

11. LTE 语音的 IMS 安全

EPS 是基于 IP 的分组系统。这意味着，相对于 GSM 和 3G 中的语音业务由电路域转换解决，4G 中的语音业务要通过另一种方式解决，对于该问题，3GPP 中的 Release 5 已经提出了某种现成方案，即基于会话初始化协议（SIP）[RFC3261] 的 IMS。IMS 是一种顶层系统，适用于任何接入技术，包括 LTE。

事实上，IMS 独立于接入技术有相应的安全含义：即保证 IMS 正确运行的安全性能，无论接入技术中提供的是哪个安全性能。3GPP 安全中关于 IMS 具体的安全规范在参考文献 [TS33.203] 中详述。第 12 章将会介绍基于 IMS 的 LTE 语音安全性能。

6.2.3　性能如何满足要求

任何系统设计的一个重要部分是比较指导设计的各个性能。这一点特别适用于安全架构的设计，因为留下任何未解决的问题都可能削弱整个系统。当然在这过程中也可能存在未解决的问题，但这源于仔细权衡而不是由于疏忽。在安全要求的情况下，从系统的观点看，可能是出于远程威胁而增加了这个要求。如果能找到反制措施，就会增加系统的复杂性和成本，那么此时最优的方法便是不解决该问题。

表 6.1 总结了本章中的安全性能是如何解决参考文献 [TS22.278] 中的要求的。在此处所列出的性能按照本章的顺序排列，"LI" 指的是合法监听，"EC" 代表紧急呼叫，"I/W" 代表互通安全等。

表 6.1　要求与性能

	身份保密性	认证	数据保密性	数据的完整性	能见性	eNB	LI	EC	I/W	NDS	IMS
H-1	×	×		×	×	×			×	×	×
H-2		×							×	×	×
H-3	×	×	×	×	×	×			×	×	×
H-4		×									×
H-5			×							×	×
H-6		×		×							×
S-1											×
S-2		×								×	×
S-3	×	×	×	×						×	×
S-4								×			×
S-5		×									
S-6											
S-7								×			×
P-1	×		×							×	
P-2			×							×	
P-3	×									×	
P-4	×		×							×	

表6.1 中满足相关要求的选项会打叉，但在这个标准中要求被完全满足还是部分满足并不会做区分。各个部分的关联也都是间接的。例如，它标志着 NDS 解决了服务要求 S-1，即从终端处隐藏网络内部结构。此连接是很间接的。一方面，NDS 放置一个安全网关（SEG）在一个网络边界处，因此，可以从其他网络中隐藏背后的网络结构；另一方面，NDS 也保护网络内部接口，因此窃听者在该处获取的信息相对较少。

在表6.1 中，一些要求似乎没有得到很好的解决，S-1 便是其中之一。系统的自身结构提供了网络内部结构被窃取的主要保护。通过适当的方法选择网络元素身份和地址能够有效减小对网络结构的攻击。EPS 扁平化的网络结构使这种隐藏更困难。

另一个间接解决的要求是隐私要求 P-4。网络知道连接在其上的终端的位置具有良好的准确性。因此，以某种方式将这一信息泄露给系统的其他用户或局外人是危险的。在这种情况下，主要的保护来自于协议和程序的设计，即其能够确保如今用户的使用不会影响其他用户相关过程的内容或文本，即使是双方在进行相互通信。此外，从基站信息返回网络的过程中，都需要对与位置相关的信息进行具体保护。

需要注意的是许多服务是基于位置的，即向一个用户提供另一个用户的位置。例如，实时定位、儿童监视和物流管理。但是这些服务都基于应用层，可能需要用户许可。

6.3　EPS 安全设计决策

6.2 节中提出了在 EPS 中的需求及理由。该部分强调了当决定如何满足系统要求时，3GPP 所采取的一些主要设计策略。这使得 EPS 的安全架构和 3G 安全架构完全不同。

将安全功能分配给功能实体和协议层设计是设计安全架构时需要执行的一个基本任务。我们将简要概括 3G 安全架构的主要元素，如第4 章描述过的，并在接下来的内容中解释为什么 EPS 的安全架构相对于 3G 安全架构必须进行扩展。如前所述，从之前设计成功的 3G 安全架构来看，在设计 4G 安全架构时，3GPP 尽力将其与之前的 3G 安全架构与安全需求区分开来（例如，商业需求不同或是应用场景不同）。

1. 永久安全关联

3G 安全架构位于 UE 中 USIM 和 HLR 中 AuC 之间的永久安全关联中。相应的永久性密钥在安全模块和 AuC 中是不可见的。该永久密钥用于 AKA 协议，这个永久安全关联的原则在 EPS 中保留。

2. UE 和 HSS/HLR 接口

一侧的 ME 端与另一侧的 UICC 和 USIM 之间的接口被完全标准化，以允许手机生产商生产的与智能卡供应商生产的 UICC 和 USIM 有互操作性。接口标准化也保证了手机和智能卡的寿命完全分离，这是一个重要的商业考虑。该情景与 HLR 端的情况便有所不同：AuC 和 HLR 之间的接口标准化可能并不需要，相反 AuC 被认为是 HLR 中的一部分。这些原则也在 EPS 中被保留，明显的改变是 EPS 中用归属用户服务器（HSS）代替了 HLR。

3. 3G USIM 复用

正如本章所述，EPS 中的 AKA 协议称为 EPS AKA，其是由 3G 中的 UMTS AKA 协议演进而来。虽然它们之间的差别不大，但在 3GPP 中讨论了它们的存在并提出了有效性的问题，对于 EPS AKA 来说，为 eUSIM 提供额外支持是否必要。3GPP 策略认为 EPS AKA 的设计必须能够复用 3G 终端中的 USIM，和 3G 手机中的使用一样（例如，按照 3GPP Release 9 规范的 USIM）。这里有一个经典的例子：用户手中已经持有了大量的 3G USIM，如果让用户只有通过换卡才能享受 EPS 服务的话，对于运营商来说代价太大。此外，当 3G USIM 连接到 EPS 网络时，用户所需做的便是购买新的 4G 手机并插入旧的 3G USIM，便可享受 4G 服务了（假定其中的订购条件兼容）。

然而，在讨论 3GPP 时，引用了将某些安全功能和密钥分配给能在 EPS 使用的 USIM 而不是 ME 的安全性优势。主要优点是当用户没有注册到网络时，加密密钥不在 ME 中，而是在更安全的 UICC 中。然而，当用户注册到网络时，ME 中的密钥必须是可用的，所以它们存储在 USIM 的优势便不复存在了。

因此，3GPP 必须用明确的商业优势来充抵安全方面的适度增益，4G 网络中必须能够复用 3G USIM，3GPP 策略是当可复用 3G USIM 时，对于 EPS 中使用 USIM 也要有所规定。以这种方式，根据运营商的特定需求，运营商可以在商业需求与安全性之间进行权衡。我们这里也提到了与安全无关的 EPS USIM 的增强部分。

这个方法与 3G 安全介绍中引入的方法类似。虽然 GSM 认证和 UMTS AKA 之间的差异比 UMTS AKA 和 EPS AKA 之间的差异要大，但在 3G 标准中，仍允许 2G 安全模块 SIM 接入到 3G 网络中。

4. EPS 中禁用 2G SIM

我们已经看到了 3G 和 EPS 都允许之前一代网络的 SIM 接入到网络中。然而，3GPP 不允许 2G SIM 接入到 LTE 网络中。

显然，只在使用 SIM 时，GSM AKA 协议才会生效，但 GSM AKA 相对于 EPS AKA 具有很大的缺点，即在 LTE 网络下使用 SIM 所带来的安全隐患相较于在 3G 网络下使用 SIM 的要大。

5. 授权认证

在 GSM 和 3G 中，不是 HLR，而是访客位置寄存器（VLR）（电路域）和 GPRS 服务支持节点（SGSN）（分组域）运行对 UE 的实际认证程序。VLR 和 SGSN 从 HLR 获取认证向量，随后 VLR 或 SGSN 将向 UE 发送认证请求并检查响应的正确性，VLR 或 SGSN 还负责终端会话密钥的保护。HLR 负责授权认证并将会话密钥发送到 VLR 或 SGSN 中。这意味着，在漫游的情况下，归属网络需要将这些任务分配到访问网络中。

3GPP 决定将这一传统延续到 EPS 中。这意味着，MME 需要从 HSS 请求认证向量，检查认证响应，并分配会话密钥给加密保护的终端。这样做的优点便是 HSS 交互模型与 3G 一样能够保留，HSS 也不需要在用户认证过程中保持激活状态。这也意味着可扩展认证协议（EAP）认证框架（见5.1 节）不被采用。

从归属网络到访问网络中，重要安全任务的委派均意味着访问网络对归属网络有一定的信任。EPS 网络中通过在 AKA 协议中增加某种特性，即加密网络分离特性（6.3.1.7 节中讨论）来使信任被破坏的任何风险得到缓解。

6. UMTS AKA 的基本元素复用

3GPP 决定在 UMTS AKA 基础上发展，这为 3G 安全提供了良好的基础，并在 10 年时间内经得起分析，并只在需要的情况下增加功能，称为加密网络分离。

7. 加密网络分离和服务网络认证

这一特点限制了任何安全漏洞在网络中的影响，并防止对其他网络破坏的影响溢出。因此，该特点解决了 6.2 节中的 H－2 要求，这是通过将 EPS 相关密钥与进行传输密钥的服务网络的身份捆绑的方法来实现的，这样做把 HSS 留给服务网络身份，这些密钥又在这里传递。这也使得 UE 能够认证服务网络。在 3G 中，UE 无法认证服务网络，但只需要确定它是否与 UE 归属网络授权的服务网络通信（详见第 4 章）。

值得一提的是，加密网络分离的原则只在认证过程中需要被严格遵守。3GPP 认为在通信过程中，在服务网络中所得到的密钥应发送到另一服务网络（切换或空闲状态移动时）并在下一次认证来临前继续使用，随后所获得的密钥将在新的服务网络中使用。该决策也是基于系统效率与安全性的权衡，在这种情况下，系统效率源于在 AuC 处减小影响，并在手机移动过程中减小时延。关于该特性更详细的描述见 7.2 节。

8. 加密与完整性保护从 UE 端拓展到端点

每个无线通信系统中的空中接口都是系统中最脆弱的部分，根据数据类型的不同，需要进行不同类型的加密与数据完整性保护。所以，当 UE 是空中接口中的一个端点时，很显然该保护的范围便会从 UE 端延伸出来，但网络终端保护的应是什么并没有明确。对于不同 3GPP 定义的移动通信系统来说，该问题的答案也不同，事实证明，3GPP 必须做出最关键的安全决策之一。

GSM 中电路交换域中，加密终止于空中接口的网络端，在基站中。3G 的设计人员认为这是 GSM 安全的薄弱点，因为 BTS 通常放置在户外，其与 BSC 的连接通常是未经保护的无线链路。因此，3GPP 决定在 1999 年将加密保护（完整性保护，这在 GSM 中并不提供）延伸至网络中，并终止于 RNC，RNC 放置在相对安全的位置并通过安全的链路连接到核心网。

在通用分组无线业务（GPRS）中，2G 分组交换服务，加密进一步延伸到 SG-SN 中。然而，这样做并不是出于安全原因，而是因为 GPRS［Hillebrand 2001］的特点。

EPS 安全设计师们现在面临着这样一个困难，这个困难源于以下事实：EPS 的设计目标便是实现扁平化的网络结构并去掉如同 RNC 的中间节点。这意味着，3G 系统中 RNC 中的 RRC 协议如今会用在 EPS 的 eNB 中，于是 RRC 协议如今又位于空中接口的边缘且处于暴露的位置，于是 RRC 消息保护也将位于 eNB 中。这对于 3G 安全设计者来说，这样的设计存在着安全漏洞，且与之前的设计理念相矛盾。在 EPS 中，似乎矛盾是通过接受具有扁平架构网络的优先级来解决的，但同时要承认 eNB 特有的弱点，在 eNB 处应使用更加严格的安全要求。在 6.4 节中，有关于此方面更详细的描述。一旦建立连接，eNB 将会被保护。该策略使得协议设计更简单。

另一方面，NAS 信令在 UE 和 MME 之间进行了扩展，控制器位于核心网络中。NAS 信令的保护可通过"逐跳"的方式进行，第一跳位于 UE 和 eNB 之间，第二跳位于 eNB 和 MME 之间，在 UE 和 MME 之间能够提供端到端的 NAS 信令保护。无论何时用户注册到网络或重新注册到网络时都需要 NAS 信令，这个决策也有助于减轻任何终止于 RRC 和 eNB 中 UP 保护的潜在安全风险。此外，当 UE 处于空闲状态，NAS 安全文本存储在 UE 和 MME 中。这给予在 UE 和基站间从空闲态转换到连接态过渡后，甚至在 AS 安全扩展建立前 NAS 信令的安全。然而，这样做也是有代价的，与 GSM 和 3G 不同的是，在 EPS 中，我们现在有从 UE 端延伸至网络中不同的用于保护的端点，即，eNB 和 MME。这是 EPS 相较于 3G 拥有更为复杂的密钥层的一个原因。

9. EPS 新密钥层

在 GSM 和 3G，密钥的分层相当简单：在 SIM 和 AuC 之间有一个永久性的共享密钥，GSM 中含有加密密钥 Kc（或 Kc128），3G 中含有加密密钥（CK）和完整性密钥（IK），这些密钥分别有其对应的加密和完整性算法。正如我们将会在 7.3 节详细叙述的，EPS 中的密钥分层更细致，简单一看 7.3 节密钥层次图就会明白。我们在这里只提新密钥层的主要原因。

核心网络层中含有本地主密钥 K_{ASME}，从 HSS 传送到 MME 中及 MME 之间，也在 ME 中产生。4G 中复用 3G USIM 时引入该密钥便变得十分必要，从 USIM 卡获得 CK、IK 以及加密网络分离需求，这意味着服务网络身份与密钥的相结合，CK、IK 无法单独满足这一需求。本地主密钥 K_{ASME} 的引入还有另一个非常理想的效果，即它减少了从 HSS 获取认证向量的频率。K_{ASME} 不直接用于加密和完整性算法中，所以其不会像 3G 中的 CK 和 IK 需要经常更新。K_{ASME} 暴露得较少，因为它无需在无线接入网络中传输，它保留在核心网络中。

在无线接入网络中还有另一个中间密钥，称为K_{eNB}，其由 MME 发送到服务 eNB 中，它的引入主要是源于 eNB 中用于 RRC 控制平面和 UP 保护的密钥绑定到单个 eNB 的某些参数和在切换过程完成前与 eNB 之间的切换不一定涉及 MME。（此切换为第 9 章讲述的 X2 切换）。因此，中间密钥需要一个新的密钥层，且仅在 eNB 层使用，但却没有绑定到某一 eNB 参数，因此可以用于在没有 MME 参与情况下的 eNB 切换。该过程是如何进行的有些复杂，导致复杂的原因主要源于限制 eNB 漏洞的安全要求，称为切换中的密钥分离，这将在下节讨论。

密钥协议底层是直接与加密和完整性算法一起使用的密钥，以保护 NAS、RRC 或 UP 协议。

10. 切换中的密钥分离

出于效率原因，准备切换时不涉及核心网络。对于 X2 切换，在切换结束后源 eNB 向目标 eNB 提供 K_{eNB} 密钥。如果 K_{eNB} 在传输过程中保持不变，那么目标 eNB 会知道哪个 K_{eNB} 由源 eNB 使用。为了防止这种情况发生，源 eNB 的 K_{eNB} 不会发送到下一个 eNB 中，而是经单向函数计算后的 K_{eNB} 转发到下一个 eNB 中。这便确保了切换过程中后向密钥分离。

但后向密钥分离只解决了问题的一部分：对于快速移动的用户，可能会存在一连串的切换，并且如果经单向函数计算后的 K_{eNB} 传输到之后的 eNB 中，那么在这一切换过程中，只要有一个基站被黑，那么其他基站就可能有风险（虽然，由于后向密钥分离性质，被黑基站的上游基站不会受影响）。为了防止该情况发生，切换中引入后向密钥分离（在参考文献［TS33.401］也称为前向安全）确保 MME 在切换后立刻为接下来的过程提供全新的密钥，详见第 9 章。

需要指出的是，本书和 3GPP 中所使用的前向密钥分离、后向密钥分离以及前向安全等术语与其他安全规范所使用的相同术语不同。特别地，参考文献［Menezes，1966］中所定义的完美前向加密与本书中的后向密钥分离定义相似。

11. 异构接入网络中的相同安全概念

EPS 提供了用于连接异构接入网络和核心网的框架。这不仅包括由 3GPP 定义的接入网络（即 GERAN、UTRAN 和 LTE），也包括由其他标准化机构定义的接入网络，如由参考文献［3GPP2］定义的CDMA2000® HRPD 和 参考文献［WiMAX］定义的 WiMAX，当然也包括未来会定义的标准。当然了，接入 EPC 不仅是无线接入网络。

对于不同的接入网络设计不同的技术过程，从技术角度上来讲是困难的也是低效的，于是必须找到能够兼容不同的接入技术的框架。对于认证过程来说，该框架由 EAP［RFC3748］提供。EAP 允许在各种传输中携带认证信息，因此，认证独立于接入网络的特别性质。对于 EPC 认为不可信的接入网络，EAP 将结合使用 IKEv2［RFC5996］和 IPSec ESP［RFC4303］保障接入网络安全，详见第 11 章。

6.4 基站平台安全

6.4.1 一般安全注意事项

参考文献［TS33.401］中不考虑所有网元平台共同的安全原则，只处理 eNB 中的特性。但这里应该提到对于所有网元，安全设计的通用"良好工程实践"是必要的，这包括硬件的升级（如禁用某些未使用的服务和网络端口）和保护软件（SW）设计以尽可能避免由设计和实现缺陷产生的漏洞。如果使用第三方软件，如开源软件或编译器，这样的软件必须符合软件设计标准。

6.4.2 平台安全细则

如前面所描述的，EPS 中的设计原则要求 RRC 控制和 UP 位于基站处。此外，EPS 架构允许在移动网络运营商的安全域外定位 eNB。这两个事实共同创造这样的情况，与前面的解决方案相反，敏感的通信和控制配置数据可以在传统安全领域以外的位置进行。因此在 3GPP 标准化之初，平台安全性就被写入相关规范中。然而，纵使添加了这些新的要求，也不会消除或减少对本章中提到的良好工程实践重要性的需要。

在 EPS 中只有基站暴露在外面，本节的其余部分将介绍仅适用于基站处理平台的安全问题。EPS 中其他的网络元素位于运营商安全域中，因此，其不受标准化平台的安全要求约束。

6.4.3 暴露位置及其威胁

本地和远程都有可能对基站进行攻击。进行本地攻击时，例如，黑客能够访问基站，干扰其内部元件或通过与基站天线和网络接口的直接连接来拦截或植入数据。远程攻击时，黑客可以操纵基站与运营商 SEG 之间不安全的回程链路或不同基站间的直接连接。通过运营商网络的回程链路进行攻击不算是平台安全威胁，EPS 仍假设认为，从标准化的角度来看，该问题是运营商安全域中的问题，留给运营商自己决策解决。

物理层实现也存在攻击，如通过直接窃听用于窃听数据或注入恶意的 SW 或配置参数的内部线路。这样的物理攻击需要存在物理入侵者，至少是在攻击之初。

一种完全不同的攻击方式依赖于纯 SW 方法来改变平台本身的功能，要么导致基站出现 DoS 故障，或通过攻击目标获得部分或全部基站控制权。这些攻击可以在本地或远程发起。大多数攻击大多针对平台 SW（如运营商系统内）、通信协议栈和应用层软件中的漏洞。它们可能包括 SW 的添加或修改，或修改运行参数。

第三类攻击集中在攻击者的意图上。在某些情况下攻击者可能想在不引起运营商注意的情况下获取信息。这样的"被动攻击"很难察觉，因为平台的功能在这过程中没有改变。这种攻击可能针对长周期密钥的窃听（如用于验证基站的密钥），或针对中期用户密钥［如中间的密钥K_{eNB}和下跳的（Next Hop，NH）参数］或针对用于保护通信回程和空中接口的短期密钥。此外，UP 流量在基站内的明文可用，因此机密性可能受到威胁；另一方面，如果攻击者想要改变平台的行为（例如提高其发射功率），或拒绝服务某些用户，那么这样的攻击可以根据基站的功能行为被检测到。

6.4.4　安全要求

在 6.4.3 节提到的针对基站平台的安全要求细则在参考文献［TS33.401］中的第 5.3 条中有介绍。本条款阐明了基站平台和通信安全需求。通信相关安全要求在 8.4 节中介绍，这里我们仅介绍与平台相关的安全要求。它们被分为以下几种。

1. 基站设置和控制配置

这些要求是处理基站内的应用软件和控制配置数据。无论是在工厂或现场，或通过远程操作和管理（O&M）系统，必须授权基站使用，才能使所有的软件（SW）加载到基站。规范中没有明确范围，故厂家的基站和移动网络运营商都应考虑在内。只有制造商可以按照软件确保基站正常运行；另一方面，只有运营商能够配置参数（如传输频率和功率水平）。授权软件安装的前提是软件没有被损坏，否则任何授权都是没有意义的。同时也需要对 SW 进行加密，从而不允许未经授权的第三方访问网络基站和运营商网络之间的回程链路。为了确保只有经过授权的软件才可以在基站中运行，基站内部环境必须确保安全，这将在本节后面介绍。

2. 基站内的密钥管理

基站内所有用于加密和完整性保护的密钥的安全性都必须得到确保。大多数密钥只在基站内使用，它们永远不会离开基站平台的安全环境。这适用于长期密钥，如用于运营商网络认证基站的密钥。同时，用于保护用户指定会议会话的会话密钥也必须位于安全环境中。这适用于用于 RRC 信令安全和 UP 数据加密和解密的密钥。只有 EPS 需要进行转换密钥操作时，如 X_2 切换中传递的 K_{eNB}^*，此时密钥允许离开安全的环境。为确保密钥安全地转入或转出安全环境，请看下面的内容。

3. 用户平面和控制平面的数据处理

所有的加密、解密、完整性、处理用户的重放保护和控制平面数据都应在安全的基站环境下进行，这其中也存储着相关密钥。NAS 信令不受该要求的影响，当基站转发受保护的 NAS 消息时，不需要对它们进行任何解释。基站间 Uu 和 S1/X2 的未加密 UP 数据传输在规范中没有明确提到，但很明显该传输过程是在安全环境中发生的或受到其他方式保护（例如密码），否则 UP 流量保护将不完整。

4. 安全环境

在参考文献［TS33.401］中的第 5.3 条提到了安全环境一词，并描述了其特点。然而它并没有详细描述安全环境而且不强制与之相关的一些机制，如安全启动。相反，条款中只描述了其最新的发展概况，实施者可以在之后填补其技术细节。只有一些性质是明确提到的——基站启动过程的环境、敏感数据的存储和密码安全功能的要求。

基于这些特性，安全的环境必须包含一个信任的根基，这也许是不可改变的，或者只能通过应用机制改变使其具有很高的安全水平。然后，此信任根基用于在软件下载和/或启动过程中的软件完整性检查。规范中并不要求所有的基站软件必须在安全环境中运行。以在参考文献［TCG Mobile Phone Work Group 2008］中描述的规范为例，在启动过程中安全环境都可用于测量所有装载软件，只有经过授权的软件才可以被执行。

以一般方式定义安全环境的一个额外困难便是黑客总会找到实现过程中最薄弱的点。由于规范并不希望要求基站平台进行一定的实现，任何厂家都可以根据自己的要求对功能分区，可以使用符合安全要求的任何软件。因此，对基站平台进行一般风险分析是不可能的，所以每个厂商都会提供自己基站的安全设计分析。

规范中没有明确如何确保基站物理安全。但要求既能防范基于基站的软件攻击，也能防范任何物理攻击。这意味着必须防止对基站平台进行物理篡改，无论是对窃听平台内部电路的探测，还是对 SW 和数据的未经授权的修改；另一方面，将基站的物理安全提高到一定水平上在商业上是不可行的，因为这需要一定程度的资本支出，制造以及维修业务支出将超过可接受的范围。这使得基站制造商的任务是去设计适合平台的安全架构，以确保他们的客户、运营商实现的安全水平能够符合安全规范。在标准化过程中讨论了根据现有的标准评价这样的架构（如加密模块安全需求［ISO/IEC 19790］，如 FIPS 的全球标准［FIPS 140 - 2］）对这种体系架构进行评估的问题却被驳回。这样的标准适用于专门的安全系统，包括加密协议处理器或模块，但不适用于像基站这样包含安全环境完整功能的子系统。此外，对每一个新的硬件或软件都需要进行新的评价，这也会带来超过能够接受的范围的费用和时间延误。然而，在未来，有某种形式的标准化安全评估保证的利与弊可能会有所不同。

5. 用于基站的特殊类型扩展

参考文献［TS33.401］的第 5.3 条中的安全要求适用于所有类型的基站。某些特殊基站不会弱化这些要求，反而应该有更严格的要求。目前，有两种类型的基站。

第一种为家庭型基站 HeNB，在参考文献［TS33.320］中描述过 HeNB 的安全特性。在本书的第 13 章将讲述 HeNB。

在 Release 10，又增加了另一种类型的基站：中继节点，它也是连接到 EPC 的 eNB，只不过 IP 连接不是通过固定有线，而是通过类似于 UE 使用的 Uu 空中接口。参考文献［TS33.401］中的附录 D 定义了中继节点安全。本书的第 14 章将介绍中继节点。

第7章 EPS 的认证与密钥协商

本章介绍了在 EPS 中如何对用户进行识别和认证。7.1 节介绍了识别用户和终端的方法及保护相关身份信息的机制。7.2 节详细地介绍了 EPS 认证与密钥协商（AKA）协议，该协议采用 EPS 进行用户认证及协商本地主密钥。接下来由本地主密钥生成进一步密钥来保护终端（UE）和网络之间各种接口的信令和用户流量。完整的 EPS 密钥层次由 7.3 节中描述的推导过程产生。除了密钥之外，其他与安全相关的参数需要在两个实体之间通过运行一个安全协议来共享。这些参数，连同密钥，形成一个安全的环境以及在 EPS 中使用的各种安全环境，详见 7.4 节。

7.1 识别

我们首先描述用来识别 EPS 用户和终端的方法，解释各功能的作用。接下来，我们来描述身份保密性能，这有助于保护用户的隐私。这些标识是在参考文献［TS23.003］中规定的。

● 用户识别：全球移动通信系统（GSM）、3G 和 EPS 全部使用同一类型的永久用户身份，即为国际移动用户身份（IMSI），是其唯一能标识的用户身份。IMSI 由三部分组成：

– 移动国家代码（Mobile Country Code, MCC）标识该用户所在国家。

– 移动网络代码（Mobile Network Code, MNC）确定移动用户在该国家的网络。

– 移动用户识别号码（Mobile Subscriber Identification Number, MSIN）标识归属网络的移动用户。

IMSI 对 EPS 的安全至关重要，与 GSM 和 3G 的安全一样，永久认证密钥 K 用于 EPS AKA，由 IMSI 识别的 AKA 协议用于 EPS。永久认证密钥 K 存储在认证中心（AuC）和通用用户识别模块（USIM）中，没有别的地方。

有一些与 EPS 的 IMSI 相关的临时标识，特别是全球唯一的临时 UE 标识（GUTI）和小区无线网络临时标识（C – RNTI）。GUTI 以用户标识保密为目的进行分配。C – RNTI［TS36.331］是用来识别小区内与无线资源控制（RRC）连接的用户标识。在安全过程中，C – RNTI 只用于切换准备（见 9.4.4 节）。

● 终端识别：GSM、3G 和 EPS 都使用同类型的终端标识，国际移动设备识别码（IMEI）。在所有的系统中，IMEI 与软件版本号（SV）一同也称为 IMEISV。因为软件可能在终端升级，SV 可能改变，但不变的是 IMEI。

7.1.1 用户标识保密

EPS 可以保护用户标识不受被动攻击，其保护方式与 GSM 和 3G 方式几乎相同。在每一个系统中，网络分配给用户一个在受保护消息中发送的临时标识以防止窃听。这个临时标识的目的是提供 UE 一个明确但不会暴露 IMSI 的识别码。该临时标识用于网络和用户之间的信令，并可以转换为它们的永久用户标识。

EPS 的临时用户标识被称为全球唯一临时 UE 标识（GUTI）。它在结构上和在 3G、GSM 电路交换（CS）域中作为临时用户标识的 TMSI 与分组交换（PS）中的 P – TMSI 不同。

GUTI 由两个主要的组成部分：

● 全球唯一的 MMEI（GUMMEI），其在全球范围内唯一标识分配 GUTI 的移动管理实体（MME）。

● MME – TMSI（M – TMSI），分配 GUTI 的 MME 中唯一标识终端。

GUMMEI 由 MCC、MNC 和 MMEI 组成。

对于某些过程，例如寻呼和服务请求中，使用的是 GUTI 的简版，即 S – TMSI。S – TMSI由 M – TMSI 和 MMEI 中的某部分组成。S – TMSI 使无线信令过程更有效率。

MME 在附着或在追踪区域更新接受信息时，将 GUTI 分配给用户。MME 也可以在一个单独的 GUTI 再分配过程［TS23.401］中分配一个 GUTI。在每一种情况下，只有当非接入层（NAS）的保护信令允许时，MME 才会发送 GUTI（见第 8 章）。如果网络支持信令保密，那么在监听 MME 和 UE 之间的链接时就不能获取 GUTI，所以攻击者不能将 GUTI 与 IMSI 用户发送消息中早期的 GUTI 相关联。这种机制保护用户标识的保密性，以抵抗被动攻击（窃听）。它也通过连续观察分配到同一用户的临时标识防止用户被跟踪。如果网络不支持信令的保密性，那么用户标识机密性保护同样是脆弱的，因为窃听者可以观察空口上发送的 IMSI 与网络分配的 GUTI 或两个连续的 GUTI 之间的联系。

对于 GSM 和 3G 中，没有对抗主动攻击的用户标识加密保护。在主动攻击中，攻击者使用一种叫作 IMSI 捕捉器的装置，其中包括一个伪基站，用于向 UE 发送标识请求消息。然后 UE 会将 IMSI 发送回伪基站。当网络失去了临时用户标识和用户之间的关联时，这个身份请求会再次被发送，例如在 MNE 崩溃时。没有这样的恢复机制，用户可能会永久被系统锁定。第三代合作伙伴计划（3GPP）讨论了如何解决这一问题，同时也能防范主动攻击，但解决方法似乎就是 UE 使用的公共密钥证书。在漫游情况下，当 MME 驻留在另一运营商网络中，这将假设存在一个公共密钥基础设施，能跨越所有运营商与相互漫游协议。但这也仅仅是在理论上可行的，而 3GPP 觉得这样做代价过大。

终端标识保密

虽然 EPS 中用户标识保密机制与 GSM 和 3G 中的基本相同，但 EPS 相对于 GSM 和 3G 在终端标识保密方面进行了改进。在 GSM 和 3G 中，网络终端随时都会请求用户标识，甚至在建立信令保护之前，UE 会在不受阻碍的情况下对发送终端标识做出回应。用户在很长一段时间内都会使用同一终端，终端标识也会对用户标识提供强有力的暗示。但这种情况在 EPS 中将是不可能的，因为在 EPS 中，在 NAS 网络请求安全被激活之前，UE 不会发送 IMEI 或 IMEISV 到网络上（这不适用于非认证的紧急电话）。

特别是，MME 可能在 NAS 安全模式命令（Security Mode Command，SMC）消息中请求终端标识，然后 UE 在 NAS 安全模式完成消息中包含终端标识 IMEISV，其已经加密了（如果网络支持保密）——见第 8 章。

7.2　EPS 的 AKA 过程

EPS 的 AKA 过程由以下步骤组成：

- MME 发送请求，归属用户服务器（HSS）中产生 EPS 认证向量（AV），并把它们分发给 MME⊖的过程。
- 在服务网络（SN）和 UE 之间相互验证并建立一个新的共享密钥的过程。
- 在 SN 内部共享认证数据的过程。

对这些过程的解释如下，同时也有关于 EPS 认证向量和认证数据的解释。EPS AKA 过程概述如图 7.1 所示。

在 EPS 安全参考文献［TS33.401］中不包含对 EPS AKA 过程的自描述，只是在参考文献［TS33.401］中介绍了 EPS AKA 与 UMTS AKA（通用移动电信系统）的差异。我们在这里全面描述了 EPS AKA 过程，并从参考文献［TS33.401］及［TS33.102］中引用和解释了相关内容。

只要 UE 和网络需要通信而且不共享一个安全文件时，EPS AKA 过程便需要运行（紧急呼叫除外——见8.6节）。安全文件将在7.4节中描述，EPS AKA 需要根据网络运营商的政策来运行，并更新安全协议。

为了更好地理解 EPS AKA 和 UMTS AKA 之间的差异，比较两者所涉及实体的作用是十分有效的。该 MME 在 EPS AKA 中的作用相当于 UMTS AKA 电路域中的 VLR 以及分组域中的服务 GPRS 支持节点（SGSN）。然而，MME 在 EPS AKA 中还有其他功能，并不等同于在 UMTS AKA 中。移动设备（ME）和 HSS 在这两种协议中作用类似，但并不相同。UMTS AKA 中 USIM 的重用方式与 EPS AKA 中相同，

⊖　在 MME 能从 HSS 请求 AV 前，它需要认证 UE，见7.1节。

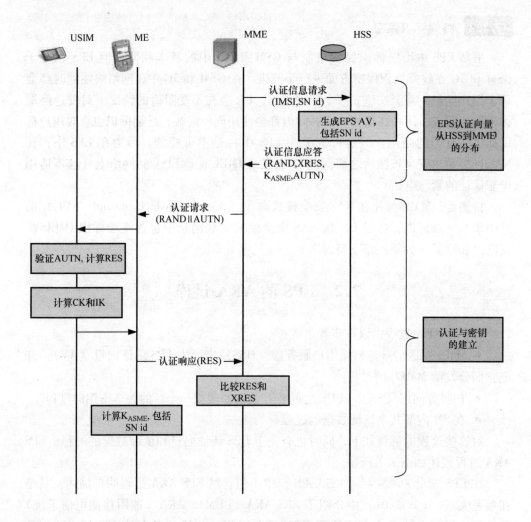

图 7.1 EPS 认证与密钥协商（AKA）

但 EPS AKA 中也定义了 USIM 的某些特殊增强。

EPS AKA 的目标和先决条件

  EPS AKA 的设计准则在本书的第 6.3 节有介绍。EPS AKA 的先决条件和 EPS AKA 实现的协议目标，和那些在 4.2 节中列出的 UMTS AKA 对应部分非常类似。EPS AKA 相对于 UMTS AKA 提高了一小部分，即 EPS AKA 可以提供隐式 SN 认证，而 UMTS AKA 不能。隐式 SN 认证是通过将适当密钥 K_{ASME} 和服务网络标识（SN id）捆绑实现的，并成功使用认证交换后的消息与密钥。这似乎很简单，不需要 USIM 进行改变。然而在 ME 和 HSS 上，需要一些改变。正如我们将在这一章中看到的，其中一个变化是在同一运营商的网络必须能够同时使用 UMTS AKA 和 EPS

AKA，甚至在单个 HSS/HLR 中使用，并且必须具有相同的 AUC。这种 UMTS AKA 和 EPS AKA 的同时操作是通过标注 AV 为"EPS 使用"或是"UMTS 使用"来实现的。该标注是通过设置认证与密钥管理域（AMF）中的具体比特位实现的，AMF 将在接下来的部分详细介绍。

与 UMTS AKA 相比，EPS AKA 与前段所述增强有关的还有一个额外的信任前提，即 UE 和 SN 信任归属网络验证 S 请求认证向量 AV 的 SN 标识，并确保 AV 中的 K_{ASME} 绑定到 SN 标识，与已验证的 SN 标识相匹配，并将 AV 发送给它。如果这个条件不满足，一个 SN 标识便能够获得与其他 SN 标识绑定的有密钥的 AV，这将使通过 EPS AKA 完成 SN 认证成为不可能。

另一方面，HSS 不需要信任 SN 提供正确的标识，因为 HSS 能验证标识，如果验证失败，AV 的请求将被拒绝。

还有一个额外的加密前提：EPS AKA 需要一个密钥派生函数（Key Derivation Function，KDF）驻留在 ME 和 HSS 里，但却位于 USIM 与 AuC 外，来生成本地主密钥 K_{ASME}。密钥生成后驻留在 ME 中，需要加以规范，详见 7.3 节。

EPS AKA 和 UMTS AKA 都是基于用户 HSS 中 USIM 和 AUC 共享的永久密钥 K。密钥 K 从不离开 USIM 卡和 AuC。此外，在 EPS AKA 与 UMTS AKA 两个协议中，USIM 与 HSS 分别保持跟踪序列号 SQN_{MS} 和 SQN_{HE}，来支持网络认证（下标 MS 代表移动站，而下标 HE 代表归属地环境）$^{\ominus}$。序列号 SQN_{HE} 是每个用户的独立计数器，在 AuC 中用于认证向量 AV 的产生；SQN_{MS} 序列号表示 USIM 能够接受的最高的序列号。

7.2.2　从 HSS 向 MME 的 EPS 认证向量分配

MME 从 HSS 中请求 EPS AV 启动过程。认证信息请求应包括 IMSI、请求 MME 的 SN id，和 EPS 需要认证信息的指示。SN id 用于 HSS 中 K_{ASME} 的计算。

在接收到 MME 要求的认证信息后，HSS 可能拥有可用的预计算 AV 并从 HSS 数据库中检索，或可以根据需求进行计算。HSS 发送认证信息应答给 MME，认证信息中包含一个有序的数组 n EPS AV（1，…，n）。当 n > 1 时，EPS AV 是根据序列号进行排列的。

参考文献［TS33.401］中建议 n = 1，所以每次只有一个 AV 被发送，通过本地主密钥的可用性，EPS 中频繁接触 HSS 要求新 AV 的必要性大大降低，此密钥与 3G 加密密钥 CK 和完整性密钥 IK 所暴露的方式不同，不需要经常更新。基于本地主密钥和从它派生的密钥，一个 MME 可以提供安全的服务，即使未与 HE 建立链接。此外，由于本地主密钥 K_{ASME} 与 SN id 相绑定，于是当用户移动到不同 SN 时，

$\ominus$　应注意：移动站术语不再用于 EPS，我们这里保留此术语是为了让读者更容易比较本书的表达与参考文献［TS33.102］中对序列号处理的描述，它也应用于 EPS AKA。

预计算 AV 便不可用。然而，当 AV 的下一个请求可能由位于同一服务网络的 MME 签发时，预计算的 AV 还可能有用，例如，当用户位于其归属网络中时。

每个 EPS AV 对于 MME 与 USIM 之间的 AKA 过程的运行都是良好的。

1. HSS 中认证向量的生成

一个 UMTS AV 由一个 128 位字符串随机数（RAND），一个预期响应（XRES），一个 CK，一个 IK 和一个认证令牌（AUTN）（见 4.2 节）组成，而 EPS AV 由一个随机数 RAND，一个 XRES，本地主密钥 K_{ASME} 和 AUTN 组成。图 7.2 显示了通过 AuC 生成 UMTS AV，以及通过 HSS 由此 UMTS AV 生成 EPS AV 的过程。

UMTS AV 和 EPS AV 都在 EPS AKA 里扮演着一定的角色。AuC 为 EPS AKA 生成 UMTS AV，具有与为 UMTS AKA 生成 UMTS AV 完全相同的格式。AuC 外部的 HSS 通过 CK 和 IK 生成 K_{ASME}。

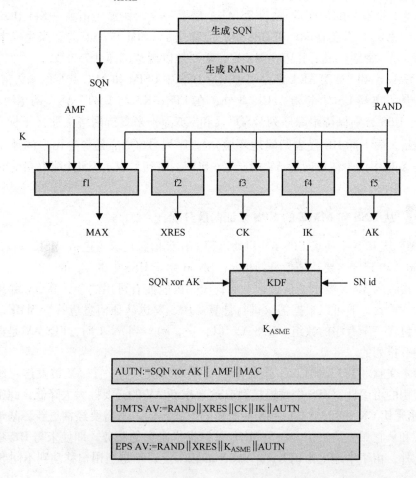

图 7.2　UMTS 和 EPS 认证向量的生成

AuC 从产生一个新的序列号 SQN 和不可预知挑战 RAND 开始。对于每个用户，HSS 都会对计数器SQN$_{HE}$保持跟踪。

HSS 在生成序列号时具有一定的灵活性，但有些要求需要由使用的机制实现。根据参考文献［TS33. 102］，这些要求如下：

- 第 6. 3. 5 条中规定：生成机制应允许在 HE 中重新同步过程（即在 HSS）。
- 当序列号 SQN 暴露了用户标识和位置时，AK 可作为一个匿名密钥来隐藏它。这需要一些解释：当一个特殊用户的 SQN 可被预测，且与在该地区和来自其他用户的 SQN 完全不同时，则在监听认证消息时，它可以用来识别用户标识。SQN 泄露用户标识的风险取决于 SQN 的生成方案，这需要由运营商决定。因为使用 AK 总是可能的（下面有一个详细的描述），所以第二个要求其实不是针对 SQN 产生过程本身的要求，而是在 AV 使用上对 SQN 的附加说明。
- 生成机制允许保护防止 USIM 中的计数器死循环。

这些要求取决于序列号的生成方式，以及如何准确使用 SQN$_{HE}$。产生新序列号的方法详见参考文献［TS33. 102］中的附录 C. 1。一种方法是基于使用SQN$_{HE}$作为计数器逐步增加，而另一种方法是基于时间的。这两种方法的组合也是可能的。此外，该序列号的生成方法可以选择。使独立的序列号空间用于不同的领域，其中，AKA AV 用于 EPS、3G CS、3G PS 或 IP 多媒体子系统（IMS）中。对后者性能的使用是将同步失败的影响降到最低的一种方法，此类故障的处理在这一章会进行解释。序列号生成需要大量空间，而完整的描述超出了本书范围。对此感兴趣的读者，可参考相应规范。

AMF 包含于每个 AV 的 AUTN 中。AMF 的作用在本章接下来会进一步讨论。

根据 HSS 请求，AuC 计算下面的值，详见参考文献［TS33. 102］：

- 消息认证码（Message Authentication Code，MAC）= f1$_K$（SQN ‖LAND‖AMF），其中 f1 是一个消息认证函数。
- 期望响应 XRES = f2$_K$（RAND），其中 f2 是一个（可能截断的）消息认证函数。
- 密钥 CK = f3$_K$（RAND），f3 是密钥生成函数。
- 完整性密钥 IK = f4$_K$（RAND），其中 f4 是一个密钥生成函数。
- 匿名密钥 AK = f5$_K$（RAND），f5 是一个密钥生成函数或 f5＝0。

最后的认证令牌 AUTN =（SQN xor AK）‖ AMF ‖ MAC。

如果运营商决定，序列号不需要隐藏，那么他们将设置 f5≡0（AK＝0）。

相比于 3G，EPS 的以下步骤是新的。当 HSS 从 AuC 接收 UMTS AV，出于技术加密原因，HSS 将在 KDF 中应用 CK、IK、SN id。（SQN xor AK）。应用 KDF 的效果是密钥K$_{ASME}$。CK 和 IK 之后可以在 HSS 中被删除。CK 和 IK 用于计算 EPS AV 时必须位于 HSS 中。

2. AMF 应用于 EPS AKA 认证向量识别

在早期版本的 UMTS AKA 规范中，AMF 的使用是完全专有的。参考文献 [TS33.102] 中的附录 F 列出了 AMF 的使用示例。它们是：

- 当多个算法和永久密钥被使用时，指示算法和密钥用于生成一个特定的 AV。
- 在 USIM 中验证 SQN 相关参数的变化。
- 设定密钥寿命门限值。

然而，在实际应用中，AMF 没有被过多地使用；另一方面，事实证明 AMF 很适合用于区分 EPS 的 AV 和之前使用的 AV。3GPP 决定为这一区别使用 AMF 的最高有效位并称之为 "AMF 分离位"，并为未来的标准化使用而保留 AMF 的七个次有效位，而其余的八位为专有使用。参考文献 [TS33.102] 中的附录 H 定义了 AMF 中位的使用方法。附录 H 在 Release 8 中介绍，在该版本中 EPS 也被首次规定。

AuC 在认证向量中设置 AMF 分离位为 "1"，即 EPS 应用，否则为 "0"，即其他通信系统使用。

读者可能会问为什么不使用 SQN，而是使用 AMF 来区分 AV 用于 EPS 或是用于之前通信系统。毕竟，正如在这一章所解释的，SQN 的生成能够使得分离的 SQN 空间应用于不同 AV 使用域中。我们要从两个方面来回答该问题：

- 首先也是最重要的是，正如我们将在 7.2.3 节看到的，ME 需要检查它所连接的无线接入网类型（EUTR AN = E – UTRAN）是否与从网络接收的 AV 类型（用于 EPS）相对应。但如果 SQN 由 AK 所掩盖，ME 将无法读出 SQN。由于对网络连接一无所知，USIM 无法执行此检查。此外，USIM 可能根据 Release 99 的规范，无法得知 EPS 网络的相应功能。
- 其次，该序列号管理方案是专有的，且 3GPP 更喜欢保持它的这种方式。

只有 AuC 可以在 AMF 设置位。因此，为了 AuC 能够正确地设置 AMF 的分离位，HSS 必须告诉 AV 请求是 EPS 使用的。这里列出的 AMF 应用示例仍可以通过使用 AMF 的特定位来实现。

3. 认证参数的长度

在参考文献 [TS33.102] 第 6.3.7 条中规定：UMTS AKA 与 EPS AKA 的认证参数长度是相同的。特别是永久的密钥 K、RAND、CK 和 IK 都是 128 位长。K_{ASME} 是 256 位长，但它也有一个派生于 K 的密钥熵只有 128 位长。然而，应当指出的是 EPS 指定了这样一种方式，即如果未来系统需要的话，所有密钥都可以扩展到 256 位的长度。

7.2.3 服务网络与 UE 之间共享密钥的建立与相互认证

这个过程的目的是 MME 和 UE 之间的用户认证以及本地主密钥 K_{ASME} 的建立，

此外还包括通过 USIM 验证 AV 的新鲜度和对其来源（用户归属网络）的认证。K_{ASME}进一步用于生成保护用户平面、RRC 信令和 NAS 信令（见 7.3 节）。

1. 认证请求

MME 从 MME 数据库 EPS AV 的有序数组中选择一个未使用的 EPS AV（如果有一个以上）启动该过程。若 MME 不含有 EPS AV，它便会从 HSS 中请求一个。MME 然后将随机挑战 RAND 和网络认证 AUTN 的认证令牌从选择的 EPS AV 发送到 ME，随后再转发到 USIM。MME 还会在 EPS（eKSI）中生成一个密钥集标识符，并将其包含到认证请求中（见 7.4 节）。

2. USIM 中验证

在收到 RAND、AUTN 后，USIM 将按图 7.3 所示进行，其从参考文献〔TS33.102〕的图 9 提取。

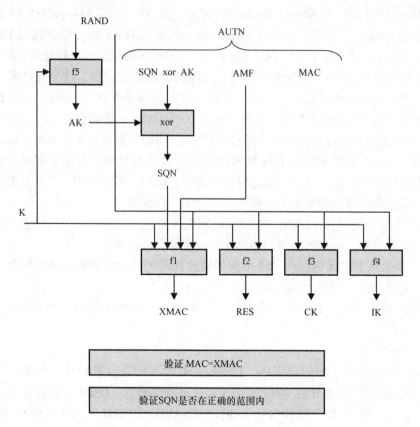

图 7.3　USIM 中的用户认证功能（经© 2009，3GPP™ 的许可使用）

根据参考文献〔TS33.102〕，USIM 首先计算 AK = f5$_K$（RAND）并检索序列号 SQN =（SQN xor AK）xor AK，其中 K 为在 USIM 和 AuC 之间的永久共享密钥。记住，如果不需要隐藏，则 f5$_K \equiv 0$（AK = 0）。

接下来 USIM 计算 $XMAC = f1_K$（$SQN \| RAND \| AMF$）并验证其与 AUTN 中的 MAC 相等。

然后，USIM 验证接收序列号 SQN 在正确的范围内。USIM 中的 SQN 验证机制还没有标准化，出于相同原因，HSS 中 SQN 的生成也没有标准化：USIM 卡和 HSS 都是处于相同的利益相关者，运营商的控制之下。但对于那些不想指定自己机制的，参考文献 [TS33.102] 中的附录 2 提供了一个示例机制。

SQN 验证机制必须满足一定的要求。

● 基本要求是：不应使用两次 SQN。一旦 USIM 成功地验证了一个 AUTN，它不应再接受另一个具有相同 SQN 的 AUTN。

● 根据参考文献 [TS33.102] 的要求，SQN 的验证机制在一定程度上允许不按顺序使用序列号。乱序使用序列号是可能发生的，例如，当两个不同的实体，如一个 MSC/VLR 和一个 SGSN，都从 HSS 请求一批 AV（如：第一批 SQN 1~5 和第二批 SQN 6~10），然后使用来自 AKA 中的一批处理的 AV 以交错方式与 UE 一起运行。当发送至 USIM 卡的序列号为乱序时，USIM 将会仅记录在验证成功的 AUTN 中接收到的最高的 SQN 而拒绝后来所有接收到的较低的 SQN，这会导致所谓的同步失败（一种特殊形式的认证失败，在这一章的后面会解释）。因此，这里提出的附加要求是为了保证由于同步失败导致的认证失败率足够低。为了这个目的，USIM 必须能够存储过去认证成功的序列号信息。3GPP 甚至指定了序列号的乱序使用阈值：如果收到的 SQN 是在生成的最后 32 个序列号之中，如果它不是用在以往成功的认证中，它将被认可。这是可以实现的，例如，通过使用一个合适的窗口机制，但更复杂的方法请见参考文献 [TS33.102] 附录 C.2。

● 然而，USIM 可以拒绝一个基于时间的序列号，如果这个序列号生成在很久以前。这个检查，如果被应用的话，优先考虑前一段的请求。

● 如果从上次成功接收 SQN 时间间隔过长，SQN 验证机制还可以检查一个不被接受的 SQN。

这些 SQN 验证机制的不同情况解释了 USIM 检查 SQN 是否"在正确范围的"的表达式。

3. 认证响应

如果序列号在正确的范围内，USIM 计算 $RES = f2_K$（$RAND$）并将其发送给 ME，其中包括发送到 MME 的包含 RES 的认证响应消息。USIM 也会计算加密密钥 $CK = f3_K$（$RAND$）和完整性密钥 $= IK f4_K$（$RAND$）。USIM 发送 CK 和 IK 给 ME。USIM 可能还支持（CK，IK）密钥转换函数，该函数将 CK、IK 转换为 GSM 加密密钥 Kc。如果 USIM 不支持这个功能，它还发送这样派生的 Kc 到 ME 中。如果 ME 支持 128 位 GSM 加密，ME 还会计算由 CK 和 IK 派生的 GSM 密钥 Kc_{128}。对于 Kc 和 Kc_{128} 密钥的使用，见 4.4 节。

基于收到的认证响应消息，MME 检查接收到的 RES 是否与选定的 AV 中的

XRES 相匹配。如果匹配，那么该用户认证成功。

一直到现在为止，UMTS AKA 和 EPS AKA 在认证请求的处理方面，以及 USIM 验证和认证响应等方面没什么不同。

EPS AKA 另外要求接入 E - UTRAN 的 ME 在认证过程中应检查 AMF 分离位是否被设置为 "1"。ME 通过执行此检查，来确保用于当前认证运行使用的 AV 由 AuC 标记为 "用于 EPS"。这个检查又是开启隐式 SN 认证的前提。当 ME 从 USIM 收到（CK，IK）时，ME 使用与 HSS 相同的 KDF 和相同的输入参数来计算K_{ASME}。在此之后，CK 和 IK 在 ME 中可以被删除。

4. USIM 的密钥存储

与 UMTS AKA 相比，ME 不要求 USIM 存储 EPS AKA 运行过程中生成的 CK 和 IK。这样做的原因是，从以前的 3GPP 版本中，EPS AKA 要和 USIM 协同工作，该 USIM 在之前运行 EPS AKA 期间便已经存储了一对 CK 和 IK。如果这对 CK 与 IK 在最近 EPS AKA 运行过程中被覆盖，这将会在 EPS 安全文本和 UMTS 安全文本同时运行时产生问题（为了 E - UTRAN 和 3G 系统互通的目的——见第 11 章）。这种情况只针对 EPS 增强版 USIM，ME 才要求 USIM 在某些事件中存储相应的 EPS 安全文本的适当子集（详见 7.4 节）。

5. 认证失败

参考文献［TS24.301］第 5 条中给出认证失败时，UE 和 MME 行为的详细说明，及引起失败的原因值，在这里给出了一个概述。

● MAC 码失败。如果 USIM 发现 MAC 与 XMAC 不同，并向 ME 指出这一点，向 MME 发送一个认证失败信息，并说明原因。

● 同步失败。当 USIM 发现序列号未位于正确范围内时，会产生同步失败。这种情况下，UMTS AKA 和 EPS AKA 下的 USIM 和 AuC 的行为相同，这会在参考文献［TS33.102］第 6.3 条中有所描述。USIM 计算参数 AUTS 如图 7.4 所示，其是从参考文献［TS33.102］中的图 10 提取而来。AUTS 被包含在从 UE 到 MME 的认证失败信息中。MME 随后将 AUTS 发送到 HSS，并请求新的 AV。AMF 用来计算初始设置为全零的 MAC - S，它不需要传回给 HSS。HSS 采用 AUTS 来同步存储在 HSS 中的SQN_{HE}和包含在 HSS 中的SQN_{MS}。HSS 如何处理 AUTS 的细节可以在参考文献［TS33.102］第 6.3.5 条中发现。唯一需要注意的是，HSS 又需要告诉 AuC，请求涉及 EPS。AuC 不能从 AMF 中得知该结果，因为 AMF 在 AUTS 中设置为全零。在一个可能的SQN_{HE}同步后，HSS 会生成新的 AV 并把它们发送到 MME。

● AV 错误类型。如果 ME 中 AMF 的分离位检查失败，那就由 ME 向 MME 发送认证失败信息，并有原因提示。

● 无效认证响应。若 MME 确定 XRE 与 RES 不同，那么，根据使用标识类型，MME 可以决定向 UE 发起一种新的识别和认证过程，或者它可以向 UE 发送认证拒绝消息到 UE，并放弃认证过程。

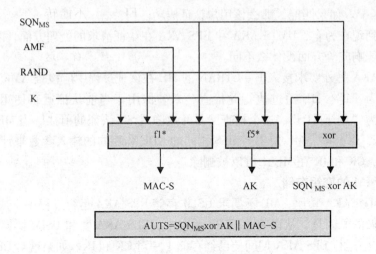

图 7.4　参数 AUTS 结构（经 © 2009，3GPP™ 的许可使用）

● 认证失败报告。对于 UMTS AKA，VLR/SGSN 应向 HLR 报告认证失败（见参考文献 [TS33.102] 第 6.3.6 条）。这在 EPS AKA 中不再是必需的，因为该报告的作用十分有限。

● 复用和重发（RAND，AUTN）。通过 USIM 发起的对 SQN 进行验证，将导致 USIM 拒绝由 MME 发起的重新使用 AV 的请求，该请求用于多次尝试建立特殊密钥K_{ASME}。一般来说，MME 只允许一个 AV 使用一次。有一个例外——见参考文献 [TS24.301] 中的第 5.4.2.3 条。若 MME 利用一个特定的 AV 发出认证请求，但却从 UE 中没有收到响应消息（认证响应或认证失败），它可能会使用相同的 AV 重新发送认证请求。然而，一旦接收到响应消息，就不再允许重传。

7.2.4　服务网络内外的认证数据分布

当用户四处移动时，MME 为 UE 提供的服务可能会改变。当 UE 发送一个附加的请求，或跟踪小区更新请求 [TS23.401] 时，一般来说，UE 将使用它的临时标识 GUTI，以便保证其永久标识数据的机密性，IMSI（见 7.1 节）。但是新的 MME 无法识别 GUTI，所以它只有两个选择：向 UE 申请永久标识，这样会破坏标识加密，或是要求发布 GUTI 的旧 MME 将 GUTI 转换为用户的 IMSI。之前的 MME 也会向新的 MME 传回认证数据。确切地说允许哪种认证数据在新的 MME 和旧的 MME 之间交换，取决于两个 MME 是否处在相同或不同的服务网络（SN）中。

当两个 MME 驻留在相同的 SN，之前 MME 的任何 EPS 安全文本（最多两个，见 7.4 节）和任何不用的 EPS AV 都可以转移。新的 MME 可以使用这些转移的 EPS AV，因为它们都绑定到正确的 SN 标识，所以，SN 认证在一个新的 EPS AKA 运行时使用这些 EPS AV 将工作良好。

当两个 MME 驻留在不同 SN 时，未使用的 EPS AV 不能转移，因为由新的 MME 发起的 EPS AKA 认证不成功。但根据 SN 安全策略，UE 和新 MME 之间的 EPS 安全文本及其使用的转移是允许的。从过程的角度来看，这将不会造成任何 SN 认证协议失败。然而读者可能想知道为什么 SN 认证失败是允许的，因为 EPS 的安全文本是由绑定特定 SN 标识的 EPS AV 生成，如今却在 SN 中拥有另一个标识信息。3GPP 这样做的原因是基于复杂性和风险的权衡，这也在 EPS 安全设计中的许多其他情况下被执行。复杂性的降低源于不需要联系 HSS，也不需要新一轮的 EPS AKA。该点尤为重要，特别是在由于网络拓扑，用户移动可能导致 MME 之间频繁变化的情况下。这个风险可以通过以下的方式减轻：

- 一个 EPS 安全文本只能转发给旧 MME 信任的新 MME。
- 一旦 EPS AKA 再次运行，SN 将被认证。
- EPS 的安全不会受非 EPS 网络的任何安全漏洞的影响，因为 EPS 安全文本不会转移到非 EPS 节点，如 SGSN。

认为剩余风险仍然太高的 SN 运营商可能会采取不转发 EPS 安全文本的策略。

7.3　密钥层次

如在 7.2 节中已经说明，EPS AKA 是对 UMTS AKA 的增强。这意味着密钥协商对 EPS 和 UMTS 来说都是相似的。但这是片面的说法：在 6.3 节中，我们讨论了为什么 EPS AKA 密钥协议中的一部分只产生一个单一中间密钥 K_{ASME}，而不是生成随后在安全机制中采用的一套密钥。后者是 UMTS 的情况：CK 和 IK 是在 UMTS AKA 执行过程中产生的。

对比永久主密钥 K（对用户），各种安全机制所需要的所有密钥都派生于中间密钥 K_{ASME}，该密钥可以被看作是用户的一个本地主密钥。在网络端，这个中间本地主密钥 K_{ASME} 被存储在 MME，而永久主密钥 K 存储在 AuC 中。使用中间密钥的优点有两方面：

- 它使密钥分离，这意味着每个密钥只可在具体情况（或环境）中可用。进一步说，知道一个安全文本的密钥并不能帮助试图找出或猜想另一个安全文本将要使用的密钥。

- 通过不断更新密钥，系统也随之改善。也就是说，它有可能更频繁地更新在安全机制使用的密钥，例如在加密过程中。正如在 6.3 节中已经解释过的，要更新用于保护无线接口的密钥不必每次都要运行 EPS AKA，所以我们在这个过程中便不需涉及归属网络来更新密钥。

利用中间密钥的明显的缺点是增加了复杂性：系统中的密钥类型很多，这个过程涉及计算、存储、保护、保持同步等诸多步骤。这又是复杂性与安全性权衡的情况。对于 EPS，使用一个中间密钥所带来的安全效益大于增加的复杂性，而在 3G

安全设计阶段，使用中间密钥没有足够合理的理由。

在使用中间密钥 K_{ASME} 的想法被引入 EPS 的设计安全之后，很自然地会采取进一步的措施：系统中引入了另一个中间密钥 K_{eNB}，该密钥存储在 eNB 中。此外，K_{eNB} 在不涉及 MME 的情况下可用于更新保护无线接入的密钥。此外，一个适当的改良的 K_{eNB} 可在不涉及 MME 的情况下应用在基站 X2 切换中（见 9.4 节）。之前所介绍的用于保护 RRC 信令和无线电接口上的用户数据的密钥不适合于该目的，因为它们被绑定了特定的加密算法，这不是使用 K_{eNB} 的情况。而且基站还可以使用不同的加密算法。

图 7.5 显示了 EPS 的整个密钥层次。UMTS 密钥层只是 EPS 密钥层的最上两层。

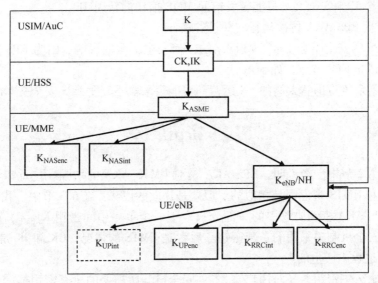

图 7.5　EPS 密钥层次（经© 2010，3GPP™ 许可使用）

7.3.1　密钥派生

在图 7.5 中，两个密钥之间的箭头意味着所指密钥由另一个密钥派生。在所有的情况下，在派生过程中也需要额外的输入参数。这些额外的参数不会被假定为秘密信息。实际中，一个潜在的攻击者可能不知道这些额外的参数的正确值，但是，为了安全起见，必须假定攻击者处于有利的位置并对这些值进行了有根据的推测。

在图中有一个特别的箭头，即循环箭头：从代表密钥 K_{eNB}/E-UTRAN 中的下一个跃点参数（NH）的方框指向其本身，接下来的部分对这些密钥进行解释。对于所有其他情况下，每个密钥总能通过密钥层的高层密钥派生。特殊情况是指基站中的密钥 K_{eNB} 必须派生于另一个基站的 K_{eNB}/NH 密钥，却与更高层密钥无关。这种限制是发生在不涉及 MME 的 eNodeB 之间的切换。在这种情况下，对密钥处理的细节，请参见 9.4 节。

该密钥派生的最重要的属性在于它需要符合在 2.3 节中描述的单向要求：若先计算底层密钥，那么便无法计算高层次的密钥。

从 K 派生到 CK 和 IK 的顶层密钥与其他密钥在意义上的不同是它的细节还没有被标准化。它也是 3G 系统中存在的唯一派生密钥。第一个密钥派生步骤在用户端发生在 USIM 中，在网络侧，则位于 AuC 中。USIM 和 AuC 由相同运营商控制，这就是为什么此步骤不需要被标准化的原因。然而，3GPP 规定的一套算法，称为 MILENAGE，运营商可能使用该算法（见 4.3 节）。对于密钥派生的剩余部分情况是不同的：在户端，密钥派生位于 ME 中，而在网络端，密钥派生在 MME 或 eNB 中，因此有必要标准化这些功能。

从实现的角度来看，这是很有意义的，UE 端执行密钥派生可以共享相同的核心加密函数。事实上，在参考文献 [TS33.220] 中，3GPP 规定使用通用 KDF。在这个通用的 KDF 中，核心便是 HMAC – SHA – 256 算法（带密钥的哈希消息认证码 – 安全哈希算法），见 2.3 和 4.3 节。

图 7.6 显示了密钥是如何在网络节点中派生的。相应的派生过程也要同时在 ME 中进行。

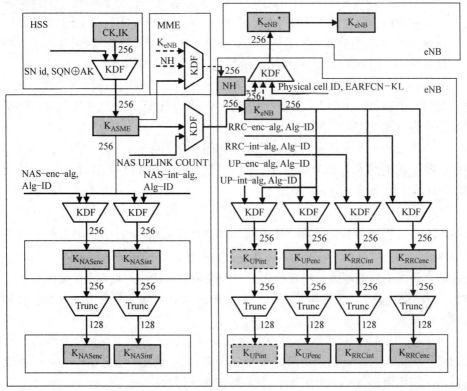

图 7.6　网络端 EPS 密钥的派生过程（经 © 2010，3GPP™ 许可使用）

图 7.6 中，"KDF" 代表基于 HMAC – SHA – 256 的通用 KDF 算法，"Trunc" 代表一个简单的截短函数，它只使用 256 位中 128 位最低有效位，抛弃了最高有效位那一半。但我们需要注意的是 EPS 密钥层次中可能隐含了 256 位用于不同的安全功能，然而，在 EPS Release8 中，提供 128 位密钥已经足够而且截短函数也在使用。

7.3.2 层次中密钥的用途

密钥结构中包含一个根密钥（K）、多个中间密钥（CK、IK、K_{ASME}、K_{eNB} 和 NH）和若干分支密钥（K_{NASenc}、K_{NASint}、K_{RRCenc}、K_{RRCint}、K_{UPenc}、K_{UPint}）。在这里我们将解释所有这些密钥的用途，同时简要说明在每个密钥派生时所需的输入参数。

* K 是用户特定的主密钥，保存在 USIM 和 AuC 中。K 不是由任何其他密钥派生，而是一个随机的 128 位字符串。

* CK 和 IK 为由 K 及额外的输入参数派生的 128 位密钥，如前一节所述。

* K_{ASME} 是由 CK、IK 通过两个额外的输入参数派生而来。首先，包含 MCC 和 MNC 的 SN 标识用于将密钥捆绑到网络并在其中存储和使用。其次，按位累加的两个附加参数，即 EPS AKA 过程中的 SQN 与 AK，是用来充分利用现有信息的多样性。需要注意的是，尽管在 EPS AKA 过程中 AK 是密钥的另一个派生参数，但其值（SQN xor AK）仍是 AUTN 的一部分，并在 EPS AKA 过程中以明文发送，所以它被认为是一个潜在的攻击点。K_{ASME} 的目的是在 MME 中作为本地主密钥。

* K_{eNB} 由 K_{ASME} 派生而来，附加输入 NAS 上行 COUNT 是计数器参数。这个附加参数是要确保每一个由 K_{ASME} 派生的新的 K_{eNB} 不同于前者。这个密钥的目的是在 eNB 中作为本地主密钥。

* NH 是另一个在切换情况下所需的中间密钥（见 9.4 节）。NH 是由 K_{ASME} 派生的，将新派生的 K_{eNB} 作为初始 NH 派生的额外输入或在已有 NH 情况下，使用以前的 NH 作为额外输入。

* 在从一个 K_{eNB} 生成另一个 K_{eNB} 的过程中，仍需要一个中间密钥。这就是所谓的 K_{eNB}^*，它可由 K_{eNB} 或新 NH 生成。物理小区 ID 和下行频率的附加参数也用于捆绑密钥到区域环境。在切换中，K_{eNB}^* 在目标基站中成为新的 K_{eNB}。引入一个分离的密钥 K_{eNB}^* 的原因是使规范中的密钥架构更加清晰。K_{eNB}^* 在某些书中也被称为 "未来 K_{eNB}"、"潜在新 K_{eNB}"、"目标基站 K_{eNB}" 等，但所有这些都会容易导致读者困惑。

* K_{NASenc} 是一个用于 NAS 信令流量加密的密钥，其由 K_{ASME} 及另外两个附加参数派生而来。第一个参数为算法类型区分器，在 K_{NASenc} 情况下，它有一个值用来指示此密钥用于 NAS 加密。第二个是加密算法标识符。

* 同样如上，K_{NASint} 也是密钥，用来保护 NAS 信令流量的完整性，其由 K_{ASME} 和另外两个附加参数派生而来：第一个参数（算法类型区分器）表明密钥是

用于 NAS 的完整性保护；第二个是完整性算法标识符。

- K_{RRCenc} 是一个用于 RRC 信令流量加密的密钥，由 K_{eNB} 和另外两个附加参数派生而来：第一个（算法类型区分器）说明这主要是用于 RRC 加密；第二个是加密算法标识符。

- 同样，K_{RRCint} 是用来保护 RRC 信令流量的完整性，由 K_{eNB} 和另外两个附加参数派生而来：第一个参数表明这个密钥是用于 RRC 完整性保护；第二个是完整性算法标识符。

- K_{UPenc} 被用于加密 UP 流量，其由 K_{eNB} 和两个附加参数派生而来：第一个表明该密钥用于 UP 加密；第二个参数是加密算法标识符。

- K_{UPint} 是用来保护一种特殊 UP 流量完整性的。它只用于中继节点和 DeNB 之间的 Un 接口（参见第 14 章），而不是 UE 与基站之间的空中接口。这就是为什么在图 7.6 中用虚线框表示。该密钥由 K_{eNB} 和两个附加参数派生而来：第一个表明该密钥用于 UP 完整性保护；第二个是完整性算法标识符。

在 EPS 与其他系统（如 3G 系统）交互中甚至还会用到更多密钥。例如，由 K_{eNB} 派生的 CK' 密钥，其用于 EPS 向 3G 切换时的信息加密。这些映射密钥我们将在第 11 章中详细进行讨论。

7.3.3　密钥分离

复杂的密钥结构的作用是提供密钥的分离。这意味着用户使用的所有密钥仅在独特环境中针对用户流量或信令流量进行保护。此外，因为用于保护的所有密钥都位于结构中的各个分支，于是在一个保护环境下并且在已知一个密钥的情况下是无法得到在另一个环境下的另一个密钥的。

其意图在于攻击者无法从来自任何其他情况下使用的密钥中找到任何一种用于一种情况下的密钥。但如果发生某些保护密钥以任何方式泄露给任何未经授权的各方，则密钥分离可以防止泄密扩大。当然，也存在密钥分离无法提供帮助的情况，此时发生了更高层次的密钥泄密，这是由于有人已经能够访问存储在 MME 的密钥。但是，从另一个角度看，假设一些未经授权的第三方已能接触到存储在 MME 中的很核心的信息，那么例如，NAS 信令保护和这种攻击的关联较小：所有 NAS 信令在 MME 终止并明文可见。

密钥分离为什么在任何情况下都有效，这其中也有纯密码学的原因，见 2.3 节的相关密钥攻击。

将密钥绑定到特定的环境中，需要这种特定环境能够在某种程度上影响密钥的派生。因此，用于密钥派生的各个附加参数都可以从这个角度进行解释，例如，密钥 K_{NASint} 和 K_{RRCint} 的派生。这两种密钥的生成过程类似，因为它们的应用也类似。这两个密钥有两个附加参数，其中之一是在这两种情况下相同的完整性算法。另一个输入参数是有区分的，K_{NASint} 用于 NAS 的完整性保护，而 K_{RRCint} 用于 RRC 完整性保护，因此，第二个输入参数存在差异。对于这两个密钥，当然还有另一个区别：K_{NASint} 来自 K_{ASME}，而 K_{RRCint} 来自 K_{eNB}。这种差异已经可以保证这两个密钥在正常运算时的不同，但很难声称，在有可能从同一密钥得到 UE 和网元派生出 K_{NASint} 和 K_{RRCint} 的情况下，就不会存在主动攻击情形。另一方面，没有特别必要将输入参数的数目最小化到那些绝对必要的数目。因此在密钥派生中利用密钥的目的是将其作为显式参数以防止同一密钥用于两个不同目的的方便对策，无论是出于偶然还是设计缺陷，还是作为主动攻击的结果。

7.3.4　密钥更新

正如前面所提到的，复杂的密钥层次的另一个好处在于密钥可以在不影响其他密钥的情况下被更新。当一个密钥变化时，只有由其派生的密钥必须改变，其他密钥仍然是不变的。例如，K_{eNB} 可以在不改变 K_{ASME} 的情况下重新派生。作为改变 K_{eNB} 的结果，所有由 K_{eNB} 派生的密钥（例如 K_{RRCenc} 和 K_{RRCint}）都将改变。

有几个原因证明为什么密钥更新是有用的，虽然乍一看，它似乎增加了不必要的复杂性：替换的密钥与之前密钥的作用是一样的。其中一个原因是从加密层次来讲的：当一个密钥改变时，攻击者需要重新找回密钥。另一个原因是基于一个通用的安全原则：应尽量减少将同一密钥分配给许多的元素。我们以 K_{eNB} 的情况为例，其在 eNB 更新时随之更新，从而防止两个基站使用相同的密钥。

然而，并不是在密钥层中的所有分支密钥更新时都不需要更新整个密钥层。事实上，安全体系架构是建立在如果密钥派生算法改变时，K_{NASint} 和 K_{NASenc} 在不更新 K_{ASME} 的情况下便能更新（这应该是一个非常罕见的事件）。这有两个原因：

- 密钥 K_{NASint}、K_{NASenc} 和 K_{ASME} 位于相同的实体中，即网络端的 MME 和用户端的 ME。
- NAS 信令数量不是很大，从纯粹密码的观点看，也不需要密钥更新（不用运行 AKA）。

7.4　安全文本

当双方从事安全相关的通信，例如当运行认证协议或交换加密的数据时，它们需要一个一致的安全参数集，如加密密钥和算法标识符，以便通信能够成功。这样一套安全参数被称为一个安全文本。根据不同的通信类型和通信双方的状态，便会有不同类型的安全文本。

值得注意的是，即使在通信未建立的情况下，通信中的实体也可能存储有安全文本数据。出于运行安全协议的目的，区分本地存储的安全文本数据和通信双方之间共享的安全文本在原则上是有用的，但这偏于学术，并没有依托实践。因为产生混淆的可能性很低，我们按照实践惯例，只讲安全文本。

几种不同类型的安全文本被定义为 EPS 速记符号，用于在特定情形的各种安全参数集的使用。它们的定义有点棘手，3GPP 花了一段时间来将它们规范正确，但它们却是十分有用的，读者将在本书遇见它们，所以，我们将在这里详细讨论它们，以为安全文本和参考解释提供一个中心位置。但是本节中提到的很多参数是在后面才被解释的，特别是在第 8、9、11 章。

正如 7.3 节所述的 EPS 密钥层次，EPS 的安全源于一个永久密钥 K。USIM 和 AuC 共享密钥 K 和一个 AKA 算法集，如 4.3 节中所示的 MILENAGE。密钥 K 和 AKA 算法用于 UMTS AKA 在 GSM / EDGE 无线接入网络（GERAN）或通用陆地无线接入网络（UTRAN）中的使用，而 EPS AKA 用于 LTE 中。EPS 安全文本的概念，如 3GPP 定义，不包括密钥 K 或 AKA 算法标识符，但只有密钥和 EPS 相关参数来自于 EPS 密钥层的 K_{ASME}。

下面的定义很多源于参考文献［TS33.401］中的第 3 条。

7.4.1　EPS 的安全文本

此安全文本由 EPS NAS 安全文本和当它存在时的 EPS AS（接入层）安全文本组成。EPS NAS 安全文本用于保护 EPS 的 UE 和 MME 之间的 NAS，当 UE 为非注册态时，EPS NAS 安全文本可能存在（见第 9 章）。

EPS AS 安全文本用于保护 EPS 的 UE 和 eNB 之间的 AS，它只存在于加密保护的无线承载建立时，否则无效。若 EPS AS 安全文本存在，用户需要处于连接状态。

7.4.2　EPS NAS 安全文本

这个文本包括 K_{ASME} 及相关密钥集标识符 eKSI、UE 安全性能（这和 eKSI 在本章中将进一步讨论）和 NAS 上下行 COUNT 值。这些计数器也与安全相关，因为它们被用作某些状态与移动性转换中密钥派生的安全输入参数（见第 9、11 章），并与完整性保护一起用于防止消息重放。NAS 的计数值分离用于每个 EPS NAS 的安全文本中。当 EPS NAS 安全文本中包含密钥 K_{NASint}、K_{NASenc} 及选定的 NAS 和完整性加密算法标识符时，便称 EPS NAS 安全文本为全部，否则称为部分。含有一个全部或部分 EPS NAS 安全文本的一个 EPS 安全文本也分别被称为全部或部分文本。注意，当 NAS 完整性和加密算法已知时，K_{NASint}、K_{NASenc} 可以由 K_{ASME} 派生。因此，它们不需要存储在内存中。

7.4.3　UE 安全性能

它们是加密和完整性算法对应标识符在终端的实现。这包括当 UE 支持接入 E – UTRAN、UTRAN 和 GERAN 网络类型时的性能。一个网络节点通过 UE 或从邻近的节点中得知 UE 的性能（更多相关内容将在稍后章节中介绍）。UE EPS 安全性是与 EPS 中使用的算法相关的支持 UE 安全性能的子集。

7.4.4　EPS AS 安全文本

EPS AS 安全文本包括 AS 层（即 UE 和 eNB 之间）密钥与它们的标识符、NH、用于 NH 访问密钥生成的 NCC（Next Hop Chaining Counter，下一跳链计数器）（见 9.4 节）、用于 RRC 完整性保护的 AS 层加密算法标识符、RRC 和 UP 加密算法及用于重放保护的计数器。

7.4.5　本地与映射文本

EPS 安全文本有不同类型，即"本地"和"映射"。这样命名的原因为：本地 EPS 安全文本中 K_{ASME} 是在一个运行 EPS AKA 中创建的，而映射 EPS 的安全文本是当 UE 从 UTRAN 或 GERAN 移动到 LTE 时从 UMTS 安全文本转换而来（见 11 章）。一个映射 EPS 的安全文本总是"全部的"，而本地 EPS 的安全文本可为全部的或部分的。一个部分的本地 EPS 安全文本通过 EPS AKA 运行产生，在这过程中没有相应的成功的 NAS SMC 过程运行，换句话说，部分的本地 EPS 安全文本总是处于"非当前状态"，正如在 7.4.6 节解释的那样。当 NAS SMC 过程运行投入使用时，部分的本地 EPS 安全文本随着 UE 和 MME 之间的 NAS 安全算法和密钥统一变为"全部的"。

7.4.6　当前与非当前文本

EPS 安全文本还存在其他状态："当前"和"非当前"。当前安全文本是一个最近已经激活了的文本。而非当前安全文本随时准备取代当前文本。正如 7.4.5 节提到的，部分本地 EPS 安全文本是非当前的，而完整的本地 EPS 安全文本可以为非当前的，即被映射的 EPS 安全文本在从 UTRAN 或 GERAN 到 EPS 切换中撤开时。一个映射的 EPS 安全文本不会成为非当前文本。在此方面，对本地和映射文本的不同处理可以通过这样一个事实来解释：本地文本因为是来自 EPS 内部，而被考虑具有较高的价值。它可能会因此在以后使用（再次），而一个映射的文本可能被丢弃时不再作为当前文本使用。一个文本的类型不在其生命周期中改变。一个文本状态是可以改变的，但仅限于在一个状态改变一次。

7.4.7　密钥识别

在 E – UTRAN 中，NAS 密钥集标识符 eKSI 标识密钥 K_{ASME}。它的目的是 eKSI 发信号那一个 K_{ASME} 用于 NAS 密钥派生，如当 UE 从空闲状态转为连接状态时，便会发送 NAS 消息。eKSI 的使用确保在 UE 和 MME 之间的密钥同步。NAS 密钥集标识符信息元素包含三位数值位和一位类型位。类型位指示 EPS 的安全文本是本地 EPS 安全文本还是映射的 EPS 安全文本（"0"表示本地，"1"表示映射）。EPS 中 eKSI 等价于 3G 中的 KSI。KSI 也有 3 位数值位，但不含有类型位。KSI 指向两个密钥集，CK 和 IK。在 E – UTRAN 与 UTRAN 之间的移动中，eKSI 值映射到 KSI，反之亦然（见 11.1 节）。eKSI 由 MME 分配，而 eKSI 因此与标识 GUTI 一起（见 7.1 节）。GUTI 告诉接收的 MME，即 UE 的安全文本当前所驻留的那个 MME。UE 还可以通过设置 eKSI 值为"111"来通知没有密钥可用。

7.4.8　EPS 安全文本的存储

当 USIM 演进到 EPS 时，EPS 的本地安全文本的一部分在某种情况下存储在 USIM 中。当 USIM 没有被增强以用于 EPS 时，ME 存储中不发挥部分起着相同的作用并存储 EPS 本地安全文本那一部分。意思是说，在这两种情况下，即使当 UE 关闭或未注册到网络时，EPS 本地安全文本都应被保。当 UE 再次注册或进入连接状态时，EPS 的本地安全文本可以从存储中取回用于保护原始 NAS 的消息。通过重新使用存储的文本，EPS AKA 的重新运行可以被避免。映射文本从来不存储在 USIM 中，一个映射的 EPS 安全文本在过渡到空闲状态时被保留，并且，如果可以的话，其用于当 UE 重新连接时保护初始消息。当 UE 脱离注册状态时，映射的 EPS 安全文本将被删除（见 7.4.6 节）。

7.4.9　EPS 安全文本的转移

部分 EPS 的安全文本可能从 MME 下移到基站或在 EPS 节点之间转移（如从一个 MME 到另一个 MME ，或从一个基站到另一个基站）。（当然，基站可以看到 EPS AS 安全文本数据）。在网络运营商允许的情况下，即使这些节点在不同的网络也是可能的，见 7.2.4 节。然而，EPS 安全文本不应该被转移到外面的 EPS 实体中。特别是，K_{ASME} 从来不应转移到 EPC 之外的实体中。以这种方式，除了 E – UTRAN，K_{ASME} 没有将处理技术透露给网络实体。

第8章 EPS 对信令与用户数据的保护

确保通信网内部与外部的信息安全十分重要，这样才能够保障数据安全以及防止系统受到攻击。演进分组系统（EPS）具有两层加密措施：第一层是用户设备（UE）和基站之间，第二层是 UE 和核心网之间（见第6章）。用户平面数据包在 UE 和基站之间进行保护，并通过逐跳方式在网络中进一步进行保护。在这一章中，我们将详细描述如何保护通信网内部与外部的信息安全。

长期演进（LTE）有独立的信令和用户平面。信令平面进一步分为 UE 和基站之间的信令（即接入层）；UE 和核心网之间的信令（即非接入层，NAS）。信令保护包括加密和完整性保护及重放保护；对于空口用户平面（数据）仅提供加密保护，如在 8.1 ~ 8.3 节所述，中继节点与 DeNB 之间的 Un 空口除外，如 7.3.2 节和第14章所述。我们将在 8.4 节介绍用于 EPS 核心网接口的保护机制，8.5 节介绍基站如何认证注册，8.6 节介绍基站如何处理应急呼叫。

8.1 安全算法协商

在通信系统被保护之前，UE 和网络需要协商使用何种安全算法。EPS 支持多种算法，包括参考文献［TS33.401］中两个强制安全算法集：基于 SNOW 3G［TS35.216］的 128 - EEA1 和 128 - EIA1 算法和基于高级加密标准（AES）［FIPS 197］的 128 - EIA2 和 128 - EEA2 算法，所有 UE、eNB 和 MME 的实现均需要支持。此外，Release11 中还引入了第三个算法集（即基于 ZUC［TS35.221］的 128 - EEA3 和 128 - EIA3）其实是可选的。在未来，EPS 可以拓展以支持更多的算法。参见第10章关于 AES、SNOW -3G 与 ZUC，以及在 EPS 中使用的更多信息。

UE 和基站（AS 层）之间与 UE 和核心网（即 MME，NAS 层）之间的算法是需要分开协商的。网络根据 UE 安全性能和为网络实体（如基站和 MME）配置允许的安全算法列表选择算法。UE 在附着过程中以及系统间切换到演进通用陆地无线接入网（E - UTRAN）后，向网络发送跟踪区域更新（Tracking Area Update，TAU）请求消息时，提供了安全性能（见 11.1.4 节）。对于 AS 层信令，NAS 层信令和用户平面数据安全性能要求是一样的，除非用户平面中的 UE 不需要完整性保护。然而，同一时间内，AS 和启动的 NAS 可能有不同的算法。安全算法在网络配置列表中允许被使用，例如当一个算法被淘汰时。这个列表还为运营商提供了一种表达对某些算法偏好的方式。

在算法未通过协商、信令保护没建立之前，消息是不能被保护的。UE 所提供给网络的安全性能是以从网络端在完整性保护中的响应消息的形式重复进行，从而免受攻击，攻击者在这个过程中可以修改包含 UE 安全性能的信息。如果 UE 检测到其发送给网络的安全性能信息与接收到的不符，UE 将取消附着过程。若收发信息的过程都能防范攻击是最好的。一旦完整性的保护被建立，UE 将会再次向网络重发 UE 安全性能信息，因此网络会检测到攻击以防止 UE 检测失败。然而，EPS 依赖并需要 UE 去做检测，主要因为由在网络侧进行检查而增加的安全性也不能证明增加复杂性是合理的。

　　两种安全模式命令的过程是用来指示所选算法，并用重放保护启动加密和完整性保护。一种安全模式命令过程存在于 AS 层，而另一种存在于 NAS 层。MME 负责选择 NAS 层算法，基站负责选择 AS 层算法，包括用户平面算法。使用 AS 安全模式命令的过程无法改变 AS 层算法。NAS 层算法可以用 NAS 安全模式命令过程改变，例如当 MME 改变且目标 MME 支持来自源 MME 中的不同算法。

8.1.1　移动性管理实体

　　运营商按照优先级顺序使用允许的 NAS 信令算法列表来配置 MME，一个列表用于完整算法；另一个列表用于加密算法。在安全设置中，MME 选择了基于配置列表的一个 NAS 加密算法和 NAS 完整算法，并在 NAS SMC（NAS 安全模式命令）中将决定发送给 UE。

　　当 MME 改变（即 MME 之间移动场景），以及目标 MME 想去改变 NAS 算法时，它将使用 NAS 安全模式命令过程作为 NAS 层安全初始设置。目标 MME 也包括防范攻击的 UE 安全性能与初始设置类似。

8.1.2　基站

　　类似于 MME 的配置，每个基站还配置了一个算法优先级顺序的列表、一个完整性保护算法的列表和另一个加密算法列表。因此，由基站决定与 UE 协同使用何种算法用于信令保护和用户平面数据保护。MME 向基站发送 UE 安全性能，与其他用户安全文本信息一起，如 K_{eNB} 密钥，实际保护密钥从此派生而来。基站采用 AS SMC 过程指示 UE 选择相应算法，并启动保护。

　　当基站在 X2 和 S1 切换中发生变化（见 9.4 节），且本地配置算法优先列表显示目标基站使用的算法与源基站不同时，那么目标基站便可以改变算法。算法只能在切换的基础上改变。此外，基站内切换时（例如，当只有小区改变而不是基站本身），基站不需要支持安全算法的变化。

　　在 X2 切换中，源基站向目标基站提供 UE 的安全性能和目前小区使用的安全算法。然后目标基站检查算法是否需要改变，若需改变，意味着包括它们在内的切换命令消息都要通过源基站发送到 UE［TS36.331］。换句话说，目标基站产生切换命令的消息，发送到源基站后再向 UE 发送。在这种方式中，在实际切换前，UE

便能知道使用的新算法，并可以配置与目标基站的安全通信。由此，AS 层信令和用户平面数据的消息可以一直被保护发送，甚至当算法改变时。

这里仍存在安全威胁，即伪源基站可能向目标基站谎报 UE 的安全性能。例如，源基站可以从用户的安全性能中删除一些算法，从而迫使目标基站选择可能较弱的安全算法。为了减轻这些威胁，目标基站在路径切换消息中向 MME 发送从源基站接收到的 UE 安全性能信息。路径切换消息能够告知核心网络该基站已为该UE 进行了相应变化。MME 随后可以将其内存中的安全性能信息与从基站接收到的UE 安全性能信息比较。如果有任何的不同，MME 均需要对此做出反应，例如，提出报警和记录该事件。该标准不要求网络取消切换，因为当终端安全性能不匹配时，算法改变到另一个可能较弱的算法是一个较明显的行为。然而，即使用户的安全性能不同，当目前算法在 UE 安全性能列表中，也在优先级列表支持的算法中时，目标基站也不需要改变当前使用的算法。因此，这是留给运营商去决定当源基站报告 MME 存储内 UE 安全性能与如今 UE 安全性能不同保证时该怎样处理。

在 S1 切换时，源基站和目标基站之间的信令通过 MME 核心网络元素。在这一点上，MME 可以改变，在这种情况下，源 MME 向目标 MME 发送 UE 安全性能，以及与 UE 文本信息。随后，目标 MME 发送 UE 安全性能到目标基站中。因此，源基站不提供安全算法，但目标 MME 会提供。因此，目标基站不需要向 MME 再次发送 UE 安全性能，与在 X2 切换时一样。

8.2　NAS 信令保护

8.2.1　NAS 安全模式命令过程

在 NAS 安全模式命令过程中 MME 将 NAS 安全模式命令消息发送到 UE，UE 响应 NAS 安全模式成功（或 NAS 安全模式拒绝）消息。NAS 安全模式命令消息包含该 UE 的安全性能（返回给 UE）和选定的 NAS 信令保护算法。该消息还包含一组演进密钥集标识符（eKSI），来确定正确的密钥层次（即，根密钥 K_{ASME}）用于 UE 中的密钥派生。因此，它也标识用于完整性保护的密钥消息。NAS 安全模式命令消息进行了完整性保护，因此 UE 可以验证其完整性，但未加密，因为 UE 不知道什么样的算法与密钥会用于解密。由于网络已经知道其中被选定的算法和密钥，它可以接收加密的消息，从而 UE 发送的 NAS 安全模式消息既是加密的同时又是进行了完整性保护的。在验证安全模式完成消息后，MME 开始下行链路 NAS 信令加密。当 MME 完成发送 NAS 安全模式命令消息后，其开始上行链路 NAS 信令解密。

在 NAS 安全模式命令消息发送后，错误情况下的网络需要准备好接收非加密的消息。如果移动设备（ME）无法验证 NAS 安全模式命令消息的完整性，它将用NAS 安全模式拒绝消息响应，该消息也由 NAS 安全模式命令所使用的密钥加密。

然而，在最初附着过程中，没有以前的 NAS 安全模式命令，因此拒绝消息不能被保护，因而也没有主动安全加密。

在 NAS 层与 AS 层安全模式命令过程的上行链路激活阶段存在不同（见 8.2.1 节）。在 AS 层，上行链路加密后，基站才能开始接收安全模式完成消息，而在 UE 端是当 UE 完成发送安全模式完成消息时。但在 MME 层，NAS 安全模式完成消息被加密。这样，只要网络在 NAS 安全模式命令消息中要求 NAS 安全模式完成消息时，以此方式 UE 可以发送设备标识符、IMEISV、保护加密性给网络。这样提高了用户的隐私，因为永久 UE 标识符在空中接口不是以明文形式发送的，因此无法被追踪。然而，MME 随后需要区分加密的 NAS 安全模式完成消息和非加密错误消息。

NAS 安全模式命令的过程参见图 8.1。该图中也显示了用于系统间移动场景变化的随机数（NONCE$_{UE}$ 和 NONCE$_{MME}$）。随机数的使用将在 11.1 节中解释。

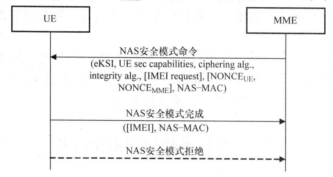

图 8.1　NAS 安全模式命令过程

8.2.2　NAS 信令保护规则

NAS 消息的完整性和重放保护是 NAS 层协议本身的一部分。一个 128 位的完整性算法使用以下输入参数：一个 128 位的密钥 K$_{NASint}$，32 位 COUNT 和一个 DIRECTION 位，用于表明信令是向上或向下，和一个恒定的值 BEARER。COUNT 值由非接入层序列号（SQN）构成：

COUNT：= 0×00 ‖ NAS OVERFLOW ‖ NAS SQN

最左边的 8 位都是零，NAS OVERFLOW 是一个 16 位的值，在 8 位 NAS 层序列号溢出时递增一次。因此，有效的 COUNT 值为 24 位。值得注意的是，与 AS 层情况不同，在这里我们不需要 NAS 层承载身份（见 8.3.2 节），因为在 UE 和 MME 之间，只有一个 NAS 层的连接，换句话说，NAS 层信令只使用与常数承载相关的值。BEARER 值只被包含是为了使其与 AS 层算法的相似性最大化。由此产生的 NAS 消息认证码（NAS‑MAC）是 32 位长。完整性保护应用时，这个全 NAS‑MAC 应用到所有非接入层消息，除 NAS 层服务请求消息外，其只使用一个 16 位的

NAS - MAC，由于特定消息的空间限制。当用户终端设备应答 MME 寻呼信息或当上行用户数据用于建立无线承载时，用户终端设备发送 NAS 服务请求消息。消息必须短，以便于其能够有效地通过无线链路发送，并提供快速的无时延的用户体验。

作为一般规则，一旦 NAS 层的完整性和重放保护随着 NAS 层安全模式命令的过程被激活，未进行完整性保护的消息将被丢弃在 UE 和 MME 中。同样当验证的完整性保护失败时，接收器将丢弃消息。此外，只有特定的消息可以在完整性保护被激活前接受。然而，也有一些规则外的情况，一些例外的消息即使它们未进行完整性保护或者完整性保护失败也不会被丢弃。所有这些例外情况规定在参考文献 [TS24.301]。重放保护确保接收机使用相同的 NAS 安全文本只接收一次，具有特定传入 NAS COUNT 值一次。

只要用户终端设备和移动性管理实体中的 EPS 安全文本可用，NAS 层的完整性和重放保护便会激活。例如，如果 EPS 安全文本可用，附着请求和服务请求消息总是被完整性保护。

NAS 层消息加密也是 NAS 层协议的一部分。NAS 层加密算法使用相同的输入参数完整性保护，除了用于加密的 K_{NASenc} 密钥与附加参数 LENGTH。LENGTH 表明需要生成的密钥长度，这个参数不影响生成的密钥比特流。

8.3　AS 信令和用户数据保护

8.3.1　AS 安全模式命令过程

基站指示所选算法和 AS 安全模式命令过程的启动。基站向用户终端设备发送完整性保护 AS 安全命令信息，从而验证 MAC。如果代码是正确的，用户终端设备启动控制平面信令完整性和重放保护，并准备接收加密的下行控制和用户面消息。UE 在发送 AS 层安全模式完成信息给基站前，不启动上行链路的加密。这与 NAS 层安全模式完成消息不同，它被加密以允许用户终端设备向加密保护的网络端发送设备标识符和 IMEISV。在 AS 层安全模式命令消息中，不需要向网络提供加密数据。同时，在接收安全模式完成消息后，如果基站可以激活上行链路的加密，那么错误处理会变得十分容易，因为那时的 AS 层安全模式命令过程是成功的。过程中，如果在用户终端侧有任何错误，其将发送一个失败消息（见参考文献 [TS36.331]）。AS 安全模式的建立过程如图 8.2 所述。

8.3.2　RRC 信令和用户平面保护

AS 层信令保护称为无线资源控制（RRC）协议 [TS36.331]。无论是用户平面数据还是无线资源信令中都包含了分组数据汇聚协议（PDCP）[TS36.323]。

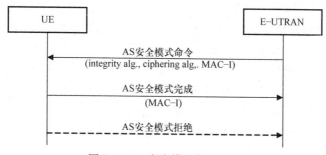

图 8.2　AS 安全模式命令过程

同时，安全性是在 PDCP 层中实现，而不在 RRC 层本身上，也不是在 PDCP 上的用户平面上。这样信令保护和用户平面数据还都能使用相同的 PDCP 层结构。这不同于 NAS 信令保护，是 NAS 协议本身的一部分。然而，这里需要注意的是，NAS 层中不需要用户平面数据的保护。

对于 AS 层完整性和重放保护中，使用了一个 128bit 的完整性算法，其中包含如下的输入参数：128bit 密钥 K_{RRCint}，32bit COUNT 值，5bit BEARER 值和 1bit 用于标注上下行的 DIRECTION 值。对于保护中继节点和宿 DeNB 之间的 Un 接口中用户平面数据完整性保护，密钥 K_{UPint} 代替 K_{RRCint} 使用，而其他输入参数保持相同，参见 7.3.2 节，以及第 14 章。在 AS 层，可以有多个无线承载，可能的值见参考文献［TS36.323］。不同的承载值可能有不同的特性。32bit COUNT 输入参数值对应 32bit 分组数据汇聚协议中的 SQN PDCP COUNT。无线资源控制协议完整性保护校验（MAC－I）是 32bit 长［TS36.323］。

一个 5bit BEARER 标识是从 RRC 承载标识或者 Un 接口中的数据无线承载（Data Radio Bearer，DRB）标识映射而来。RRC 有三个信令无线承载（Signalling Radio Bearer，SRB），两个为 RRC 控制消息（SRB 0 和 SRB 1），另一个负载 NAS 层信息（SRB 2）。在 SRB 2 建立之前，NAS 层消息在 SRB1 上发送。SRB2 总是被保护。安全激活前会通过 SRB 1 发送未加密信息。SRB 0 没有被保护。RRC 可以配置多个 DRB，它们都被加密但却没有完整性保护，Un 接口除外。在用户终端设备和基站之间的 NAS 层信令也在 PDCP 协议被传送，所以无论 AS 层和 NAS 层保护都在 AS 层和 NAS 层保护激活之后被应用到 NAS 消息。激活安全之后，AS 层上没有有效完整性校验的 NAS 消息不被转发到 MME。

每个无线承载都包含用于下行和上行链路的独立 COUNT 变量。在 SRB 和 DRB 有相同的 COUNT 变量用于输入加密、重放保护和完整性保护。基站必须确保同一 COUNT 值不能与一个给定安全密钥和无线承载标识一起使用两次，以防止密钥流重复。为了避免在传输大量数据的情况下会产生复用，基站可以触发小区内切换，来获得新的密钥，也因此得到崭新的密钥流。

为了减少信令消息的大小，32bit COUNT 变量基于 PDCP SQN 和一个叫作超帧号（HFN）［TS36.323］的溢出计数器生成。只有 SQN 在消息中发送，HFN 随着 SQN 的每次溢出而递增。SQN 的长度可配置，HFN 的长度为 32bit 减去 SQN 的长度（即 SRB 为 5bit、短分 PDCP SQN 为 7bit 或用于 DRB 的长 PDCP SQN 为 12bit）。

　　AS 层完整性和重描保护通过用户终端设备和基站进行验证。如果验证失败，消息被丢弃。然而，在用户终端设备侧触发一个具体的恢复过程（本章中讨论，见参考文献［TS36.331］）来处理用户终端设备和基站之间不匹配而造成的完整性保护失败。用于恢复的过程称为 RRC 连接重新建立。黑客可能在这个过程中发起拒绝服务（DoS）攻击，RRC 可能将包含虚假的完整性校验和消息发送给用户终端设备以触发（不必要的）恢复过程。然而，这种攻击是突发的（参考 6.2.1 节讨论）。因此 3GPP 给予死锁失配情况更高的处理优先级。

　　类似于 NAS 信令，一定的 RRC 消息需要在 AS 安全激活前接受。但是，例如，建立携带用户平面数据的承载从来不会发生在安全激活前。此外，UE 只有在安全激活后才接受切换信息。重放保护确保在接收器使用相同 AS 安全文本仅接受包含特定的 PDCP COUNT 值消息一次。

　　AS 加密算法使用相同的输入参数与 AS 层的完整性算法一样，除了加密密钥 K_{RRCenc} 和 K_{UPenc} 代替完整性保护密钥，在这过程中也需要密钥流 LENGTH 输入参数。LENGTH 说明了这过程中需要生成多少密钥流块。

8.3.3　RRC 连接重建

　　当发生多个物理层问题、切换失败或完整性校验和错误时，将由用户终端设备发起无线资源控制 CRRe 连接重建（见图 8.3 和图 8.4）。本过程的目的是恢复 SRB 1 操作并在不改变安全算法的基础上重新激活。

图 8.3　RRC 连接重建成功（经©2010，3GPP™ 许可使用）

图 8.4　RRC 连接重建拒绝（经©2010，3GPP™ 许可使用）

　　RRC（无线资源控制）连接重建请求消息由用户终端设备向基站发起，这其中包括称为 shortMAC - I 的安全令牌参数。该参数是通过计算 16bit 完整性校验和与触发重建过程的小区或源小区切换过程中的 RRC 完整性保护密钥得到的。COUNT、BEARER 和 DIRECTION 输入位都设置为二进制 1。通过目标小区标识、物理小区标识和 UE 链路层标识即小区无线网络临时标识（Cell Radio Network Temporary Identity，C - RNTI）［TS36.331，TS33.401］来计算完整性校验和。完整性算法的使用与源小区一样。

　　基站向用户终端设备发送一个 RRC 连接重建消息，该消息包括下一跳链计数（NCC）参数。用户终端设备使用 NCC 同步 K_{eNB} 并进一步生成基于先前分配的安全算法的信令和用户平面（数据）保护密钥。此时，UE 开始完整性和重放保护及加密发送和接收的消息。

　　这个过程要求源基站在目标基站中准备目标小区（见图 9.5）。无论是 RRC 连接重建的请求还是 RRC 连接重建的消息都通过 SRB 0 发送，但是 RRC 重新连接建立完成消息通过 SRB 1 发送。

　　若 RRC 连接重建过程失败，UE 回归空闲状态，其也有可能再次回到连接状态。这个过程中还包括分配一个新的 C - RNTI 链路层标识。从空闲状态又转回连接状态，涉及与 MME 有关的 NAS 层信令和从 MME 到基站的新密钥。

8.4　网络接口的安全性

8.4.1　NDS 在 EPS 中的应用

　　随着在 Release8 中网络域安全（NDS）框架更新，正如第 4 章所述，该框架预备用在 EPS 中。因此，参考文献［TS33.401］中的第 11 条使 NDS/IP［TS33、210］强制应用所有的基于 IP 控制平面信令。相比 3G 而言，这个要求涉及面更广（见 4.5.3 节），在 3G 系统中只明确提到 Gn、Gp、Iu /Iuh/Iur/Iurh 空中接口参考点。

　　关于 NDS/IP 参考意味着［TS33.210］规定只可选适用于安全域中的接口。例如某些接口已物理上被保护，那么便不需要基于互联网密钥交换（IKE）的加密安全和 IP 安全协议的密钥。

8.4.2　基站网络接口安全

　　除了网络元素之间的所有接口 NDS/IP 一般参考，标准中也包含适用可能处于暴露位置基站的规范，关于基站平台安全这个特殊环境描述在 6.4 节。在许多情况下，基站的位置是这样的：基站位于（通常是物理安全）运营商安全域外；另一方面，为每个基站都配置一个单独的安全网关（SEG）也不是一个好的解决方案，因为 SEG 的定义用于安全域之间的集中通信，而不是用于基站网状互联之间大量 S1 和 X2 共存接口通信。因此，连接端的这些需求类似于 Za 参考点，而不需要在终端处 SEG 的全功能。

基站使用 S1 参考点相连到 EPS，通过 X2 参考点相连相邻基站。参考文献 [TS33.401] 中的第 5.3 条规定了这些链路的通用安全要求。特别是完整性、保密性以及防范未经授权方的重放保护必须提供。如果这些链路不考虑通过其他方式充分考虑安全（如物理方式），那么便需要对这些接口通信进行保护。参考文献 [TS33.401] 中的第 11 条是关于控制平面数据、第 12 条是关于用户平面数据。第 13 条增加了管理系统连接的类似要求。

对于不同平面的安全性，常见的是参考在隧道模式 F 使用 IPSec 强制执行 NDS/IP [TS33.210] 以及参考更新的 IP 封装安全有效负荷（ESP）请求注释（RFC）[RFC 4303]。参考文献 [TS33.310] 中规定和描述的基于 IKEv - 2 的证书认证的实现对于所有平面来说也是强制的。

由于网络接口中可能携带着多种流量类型（用户、控制和管理），接入和核心网中处理服务质量（QoS）十分重要。就像任何用于 QoS 的 IP 包标记，例如，利用差分服务代码点（Differentiated Service Code Point，DSCP），见参考文献 [RFC3260]，都将通过隧道模式中的 IPSec 隐藏，规范提示在回程流量的 IP 包头封装中也使用 DSCP。这些 DSCP 可以从内部 IP 报头复制，或是根据 IPSec 终端点的一些策略设置。如果 DSCP 设置在封装头，不同的 CHILD_SA（安全关联）对于不同 QoS 十分必要，对这些可以避免丢弃无序到达的数据包，详见参考文献 [RFC4301]。

关于基站平台安全的 6.4 节讨论了这些安全连接的终端点的一些要求，讨论主要关于基站内的哪些部分用于 S1 和 X2 接口的完整性保护和加密处理。

与一般 NDS/IP 中 Za 参考点要求不同的是，对于该基站的所有网络接口，核心网中的安全隧道端点有可能都位于 SEG 中，但为此任务也允许其他网络元素。

对于 S1 和 X2 接口控制和用户平面连接传输模式中，IPSec 的使用是可选的，而在隧道模式中有例外，IPSec 的使用是强制的。

8.5　基站的证书注册

8.4 节介绍了基站的回程链路由网络域安全机制进行保护。这些回程链路的建立是基于参考文献 [TS33.401] 中第 11 ~ 13 条中的公共密钥基础设施（PKI），根据参考文献 [TS33.310] PKI 也需要基于 IKEv2 的证书认证。

由于 LTE 基站是预计将大量部署的网络元素，也由于它们的认证是基于运营商签署的证书，因此 [TS33.310] 第 9 条规定了将基站自动大规模注册到运营商 PKI 的机制。

8.5.1　注册情景

基站向运营商 PKI 的注册是必要的，因为 NDS 安全机制需要基于运营商 PKI 的网络元素认证（和不是基于供应商的 PKI）。下面的场景是作为基站交付的一个例子。

1）运营商向制造商预定基站和收到包括基站标识的确认。

2）制造商的人员将基站安装到预定站点，并将基站连接到预期的网络，例如运营商的虚拟局域网（LAN）。

3）基站通过动态主机配置协议［RFC2131］找到其 IP 地址，并收到有注册联系地址额外信息的响应。

4）基站向运营商的认证中心（CA）提供供应商认证标识，并要求运营商签署证书。认证中心生成证书并发送给基站，在这过程中可能还会发送一个运营商定义的身份标识。

5）基站安装此证书后，使用该运营商签的证书认证其运营商的 SEG 标识以便与核心网的操作连接。

注意，上述情况在 HeNB 部署中并不常见。因此，对于 HeNB 来说，运营商 PKI 注册仅规定在某些特殊情形；而供应商提供的设备证书是用于认证的，详见第 13 章。

上述认证中心通常包括两个逻辑部分：注册中心（RA）和认证中心（CA）主体。这些为逻辑元素，两者的功能分离并不确切也没有进行标准化，也许是根据具体的布置场景。这种分离还允许在高度安全环境中仅操作一个 CA，而在 CA 面前可能有多个 RA，这取决于位置、组织单位、具体任务等。这些要素的基本功能如下：

- 注册中心（RA）：注册中心位于前端，并与基站进行通信。其进行基站验证，并形式上检查证书请求。此外，可能如果基站允许注册到运营商 PKI，RA 会执行授权检查，并将运营商定义的标识分配给基站。在 RA 中也可以进行私钥持有证明检查，而有些部署可能会将此任务分配给 CA 执行。在所有检查均获得成功后，RA 会将证书请求发送至 CA，并最终将 CA 产生的证书发送给基站。

- 认证中心（CA）：认证中心将基于从基站发送并经过 RA 检查过，加工或修改的认证响应生成真正的证书。这个过程是通过使用 CA 私钥实现的，因此 CA 需要一个能保证该私钥长期安全的环境。因此 CA 通常作为单一中心实体运行，并为不同目的服务许多可能的 RA。

8.5.2　注册原则

1. 注册过程要求

基站注册过程的主要指导原则是允许基站的即插即用部署：

- 使用现有标准化协议来完成证书注册；
- 人工参与的最小化；
- 不需要在工厂预先配置运营商特定数据；
- 不需要在安装现场配置相关安全信息；
- 运营商 RA 对基站的认证基于供应商签署的基站证书；
- 由运营商 PKI 签署的基站证书的安全供应。
- 运营商根证书安全供应。

针对不同解决方案的威胁和风险都进行了分析。作为这一分析的一部分，针对以下主题进行了讨论和解决。为允许在具体部署场景的风险和复杂性之间有不同的权衡，对运营商根证书（见本节后）供应的两个解决方案变体被接受。

2. 注册协议的选择

参考文献 ［TS33. 310］ 的第 7. 2 条要求：支持证书管理协议版本 2（CMPv2）［RFC4210］ 对网元证书的生命周期管理。因此，对于基站注册来说，CMPv2 的选择也很自然。

3. 基站和 RA 的通信信道

基站和运营商注册中心之间的注册是端到端的。这意味着 CMPv2 提供了信息的完整性保护与起源证明的手段，因此不需要用于通信的额外安全通道。因为只有公共数据在 CMP 交换中传输，因此通信过程中不需要加密保护。

4. 由运营商网络发起的基站认证

基站对运营商 PKI 注册是基于供应商提供的基站标识。在注册过程中，基站使用在注册前安装在基站的供应商提供的公开密钥对，以及由供应商 CA 签署的基站标识和公钥证书，向运营商网络进行认证。在 CMPv2 规范术语中，这种注册是一个使用外部标识的带内初始化过程，参照 ［RFC4210］ 中的附录 E. 7。运营商网络中的认证实体（如 RA）必须具有供应商 PKI 的根证书，并能够认证供应商提供的基站标识。供应商的根证书必须以信任方式在注册过程开始前准备好。

5. 私钥拥有证明

基站必须能向 RA/CA 提供属于公钥部分的私钥证明才能被认证。通过使用 CMPv2 消息中的信息元素。这个私钥 – 公钥对可能与将基站认证到运营商网络使用的密钥不同。

6. 基站注册授权

各个基站的注册授权不在参考文献 ［TS33. 310］ 规范的范围内。然而注册中心必须通过供应商的管理来提供希望注册的基站标识。这管理数据可能包括运营商基站的标识将被应用到运营商基础设施中（这可能与工厂中的基站标识不同），使它可以作为 CMP 运行的部分提供给基站。这个标识也可以在基站安装后提供，但要在证书注册之前，例如，当基站首次附着到网络时在发送的 DHCP 响应中。

7. 运营商的根证书提供

在注册过程中，由基站对运营商网络认证需要在基站中获得预提供的运营商根证书。这又要求工厂中需要运营商的根证书提供（与以上强调列表的第三个要求略有不同），安装时现场安装运营商根证书（这其中会有一些不必要的安全隐患），或者在供应商和运营商之间建立某种复杂的交叉签名关系（基站在工厂被提供供应商根证书，运营商根证书将由该供应商根证书交叉签名）。交叉签名的解决方案被排除了，因为它们不允许单一运营商的认证（因为任何交叉签名的运营商根证书都会被基站接受），而且，它们的额外好处不会超过处理供应商和许多客户之间的许多信任关系所引发的复杂性。因此，只指定在 CMPv2 运行前与运行期间提供运营商根证书。如果根本没有运营商的根证书提供，基站便认为该注册过程失败。

8. CMP 运行时运营商根证书的提供

这是一个即插即用的解决方案，不需要进行任何运营商预配置和安装点的安全交互。基站从 RA /CA CMP 响应消息中提取运营商根证书。因为在 CMP 响应中可能存在多个证书，运营商根证书的选择是基于以下两个准则：①证书是自签名证书（仅根证书是自签名）；②新生成的基站证书由这个根证书有效，也可能通过 CMP 响应中包含的一系列中间证书。此时，不执行运营商网络认证的风险是可以容忍的，因为只允许许可基站注册到运营商网络中还是强制执行的。因为基站需要与核心网络协同建立与用户的连接，只有拥有目标运营商证书的基站才可以连接到网络，拥有错误证书的基站从来不能伪装目标基站联系 UE 的。此外，IP 层以下的结构提供可以减少这种风险，如虚拟局域网布置。

9. CMP 运行前运营商根证书提供

这意味着运营商的根证书可以在工厂中或由现场的安装人员提供给基站。但这两种方式都违反了这里给出的一条要求，即，从工厂基站运营商独立配送，或在安装现场执行相关安全措施；另一方面，如果运营商愿意接受配送过程更高复杂性或附加信任进入人工安装过程，就允许在注册过程中可以进行运营商网络认证。如果在注册过程启动前基站就被提供运营商根证书，则必须在注册过程中使用根证书认证 RA/CA。

10. 基站密钥对或运营商根证书更新

在基站的生命周期内，运营商可以选择更新基站的私钥－公钥对，或者发布小于预期基站寿命的证书。在这两种情况下，使用了 CMPv2 协议套件中指定的密钥更新消息交换。基站的初始登记的主要区别是，在这种情况下，基站基于（原）运营商证书对 RA/CA 认证，而不是认证供应商证书。这意味着更新过程中所执行的认证是基于运营商的根证书。

11. 供应商基站证书

基站在初始注册成功后，根据参考文献 ［TS33.310］ 规范：不再需要供应商的基站证书。这使得供应商可以决定是否在初始运营商配置后删除供应商证书和私钥，或决定将它们恢复至基站的初始状态。从初始状态，基站可以注册到另一个运营商的网络。如果需要的话，也可进行同一运营商网络的全新注册。

8.5.3 注册架构

注册的架构如图 8.5 所示。左边显示了使用 CMPv2 协议基站和 RA/CA 之间的通信。右边显示了用于在运营商网络建立安全回程链路的运营商基站证书的后续使用。这不是注册自体的一部分，但一方面显示的运营商网络路径使用不同注册，另一方面说明注册基站证书的后续使用。

基站的成功注册有一个前提，即，RA/CA 有供应商的根证书，因为它是用于供应商提供基站标识认证中。基站通过使用基站供应商签名的基站证书和供应商生成的私钥向 RA 认证。注册后的基站只使用运营商提供的用于连接到运营商网络的证书，并由 SEG 保护。因此，SEG 不被提供供应厂商的根证书，但它又确保只有一个供应商证书的基站永远无法接入位于 SEG 后的运营商核心网。这也适用于通过 X2 连接的其他 eNB。

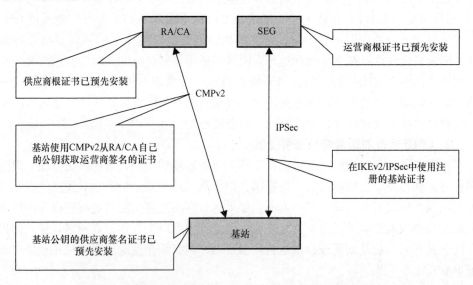

图 8.5　基站注册安全架构（经由© 2010，3GPP™ 许可使用）

图 8.5 中在 RA、CA 中没有显示必要的安全防范措施，防止外界对 RA/CA 的攻击。这是留给运营商决定，因为它不影响基站与 RA/CA 之间端到端的 CMPv2 接口，同样的，CA/RA 之间确切的功能分离也没有写进 CMPv2 规范和参考文献 [TS33.310] 中。在这里，没有必要再去规范这种功能分离，这对于 CMPv2 接口是没有影响的。相反，运营商可以根据 PKI 和其相应规范来选择这种分离和它们的特殊安全策略。一个架构示例如下：RA 位于非军事区，与在核心网内的 CA 通信。RA 中进一步的功能分离也是可能的，其中非军事区仅包含 RA 前端，RA 认证任务

仅在运营商核心网内执行。

8.5.4　CMPv2 和证书配置文件

CMPv2［RFC4210］用于基站注册和密钥更新的完整配置文件在参考文献［TS33. 310］第 9. 5 条中规定。其包含这中间的所有要求和先决条件，准确定义每个消息必须使用哪些消息字段，哪些实体必须签署特定消息，以及如何处理占有的字段证明。这个配置文件也指关于证书请求消息格式（Certificate Request Message Format，CRMF）的 RFC［RFC4211］，其定义了在 CMP 使用的证书请求消息内容，而且指关于 X. 509 证书［RFC5280］用于互联网的 RFC。下面给出所需的信息类型的概述，以及操作时需要考虑的问题。

1. 支持 CMPv2 消息

基于 8. 5. 2 节给出的注册原则，该 CMPv2 配置文件仅包括证书初始化请求和密钥更新功能，撤销处理、额外的证书请求、PKCS# 10 请求和证书撤销列表（Certificate Revocation List，CRL）都没有包含在 CMPv2 配置文件中。因此，只有以下 CMPv2 PKI 消息体是必需的。

● 初始化请求（ir）。这一请求允许基于外部（如供应商）PKI 证书的运营商 PKI 证书对基站进行初始化。

● 初始化响应（ip）。基站中的响应包含生成的基站证书、运营商根证书（若在 CMP 运行时提供）、RA/CA 证书和中间证书。

● 密钥更新请求（kur）。该请求是类似于 ir，主要的差异在于请求由私钥签署，与之相关的公钥与新证书是由相同的 PKI 认证的——运营商 PKI。

● 密钥更新响应（kup）。该响应类似于 ip。这是对 kur 消息的响应消息。

● 证书确认（certconf）。基站将该条消息发送到 RA/CA 中，RA/CA 接收新产生的证书。

● 确认（pkiconf）。这个响应是在 CMP 消息交换中的最后一个（空的）响应。

2. RA/CA 中的证书和密匙使用

使用数字签名的 RA / CA 用于两个不同的目的：

● 基站证书的签署；

● CMPv2 PKI 消息的签署。

相同的私钥可用于签署证书和消息，但是这需要将密钥拓展使用以便在两种情况下都能使用同一证书。这将导致误用的可能性，因为负责签署消息的 RA \ CA 部分可能被骗去签证书。这样的签名将不会经历证书生成的完整过程。因此，根据 PKI 的实践经验，建议分离的私钥和证书可用于证书和 CMPv2 消息的签名。

3. 证书配置文件

参考文献［TS33. 310］中第 9. 4 条规定了 CMP 消息中使用的不同证书和签名验证的配置文件。它们的规定是基于参考文献［TS33. 310］第 6 条中现存的证书配置文件。

在同一 RA/ CA 中，为了更好地处理来自不同制造商的 eNB 配置，制造商基站身份信息必须明确。此外，证书吊销信息分布点 [证书吊销列表（Certificate Revocation List，CRL）分步点] 纳入信息在供应商提供的证书中不是强制性的，因为不在规范范围内。然而，基站厂商有义务向运营商提供证书吊销信息，即使没有规定特定格式，例如 CRL。

8.5.5　CMPv2 传输

基站和 RA/CA 之间的 CMPv2 消息传输使用的是超文本传输协议（HTTP）与 [draft – ietf – pkix – cmp] 传输协议一致。在 Release 9 中 TLS 的超文本传输协议（HTTPS）是强制执行的，但这一要求在 Release 10 中被删除，因为 CMP 的消息自身进行了完整性和重放保护。考虑到需要预先提供在传输层安全（TLS）验证服务器根有效证书，加密所提供的保护效果有限，因此 HTTPS 不是必需的。

8.5.4 节中的 CMPv2 配置文件只包含与基站之间的消息交换，RA/CA 发起的 HTTP 请求支持没有涉及。

8.5.6　注册过程实例

图 8.6 显示了基站向运营商 PKI 注册初始注册成功的消息流。

以下是对图 8.6 的简要说明，更详细的说明见参考文献 [TS33. 310] 附录 G。

- Step 1。基站发现 RA/CA 地址。
- Steps 2 ~4。如果后者不能预先提供，基站将产生新的私钥 – 公钥对。ir 生成中包含有新的公钥和建议的基站标识，如果知道的话，还包含使用新密钥数字签名产生的字段占有证明。ir 消息使用供应商提供的新私有密钥签署。ir 自己的供应商签署的证书和中间证书包含在携带 ir 的 PKI 信息中的 extraCerT 字段内。签署的 PKI 消息被发送到 RA/CA 中。
- Steps 5 ~8。RA 和 CA 验证 ir 消息的数字签名和私钥持有证明。RA/CA 根据运营商策略，为有标识的基站生成证书，并使用 RA/CA 私钥签名，进行证书签名。该证书纳入一个 IP。IP 消息用 RA/CA 私钥签名，用于签名 CMP 消息。RA 与 CA 证书（S）、运营商的根证书和在信任链中任何必要的证书都包含在 PKI 消息中。签署的 ir 信息被发送到基站中。
- Step 9。如果运营商根证书不预先提供给基站，基站将从 PKI 消息中提取运营商根证书。基站通过使用 RA/CA 证书认证 PKI 消息并在成功时安装基站证书。
- Steps 10 ~ 12。基站创建并签署证书确认（certconf）消息，并将其发送到 RA/CA。RA/CA 认证 certconf 消息。
- Steps 13 ~ 15。RA/CA 产生和签署确认消息（pkiconf）并把它发送到基站。基站认证 pkiconf 消息。

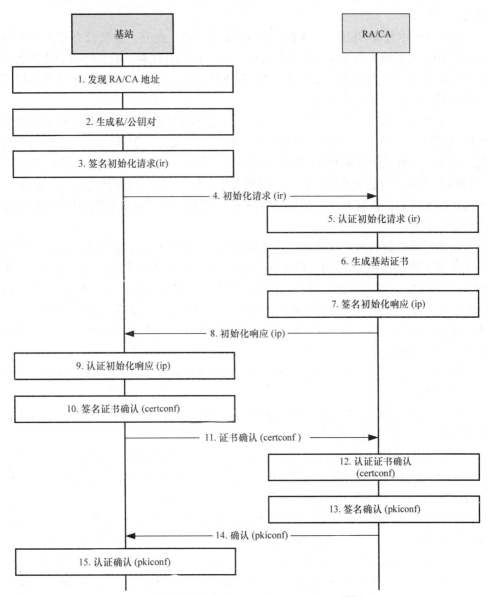

图 8.6　基站初始注册消息流（经由ⓒ 2010，3GPP™许可使用）

8.6　紧急呼叫处理

虽然保护过程通常是与受保护的内容独立，所以数据都以同样的方式进行保护，但有一个例外：紧急呼叫，更一般地来说，IP 多媒体子系统（IMS）紧急会议。不同国家之间对紧急呼叫的规定是不同的，如未经认证的紧急呼叫是否允许。一些国家规定，用户随时都可以拨打紧急电话，即使无有效的 SIM 或 USIM 卡插入。

如果 UE 中没有 USIM 卡，LTE 就无法认证用户。此外，也就没有相关密钥协商，因此，加密和完整性保护都是缺失的。这一切都意味着，紧急呼叫成为黑客的首要攻击目标。最为重要的一点是，当 UE 未认证时，系统能够保证紧急呼叫仅用于紧急呼叫，而不是其他用途。

一个特定的状态，称为有限服务状态，这是用来描述 UE 无法获得正常的服务［TS23.122］的状态。无有效 USIM 的空闲 UE 进入有限服务状态。还有一个情况，包含一个有效 USIM 的 UE 将进入有限服务状态，如在所选公共陆地移动网（PLMN）内没有合适的小区。在后一种情况中，UE 通过自动重新选择一个 PLMN，但这可能无法提供正常服务，例如在漫游的情况下。在有限服务状态中，UE 只能使用紧急服务。

紧急呼叫处理的特定功能已被添加到版本 9 中的 EPS 内，而在版本 8 中只包含一些常规步骤用于紧急目的。EPS 的语音解决方案由 IMS 提供（见 12 章）。在 IMS，IMS 紧急会议用于紧急呼叫［TS23.167］。在承载层，有具体的承载支持 IMS 紧急会议。当本地网络支持的未认证紧急呼叫时处于有限服务状态时的 UE 之外，这些承载通常能够用于附着的 UE。总之，网络中有 4 种不同的方式支持紧急承载［TS23.401］。

- 支持仅适用于正常连接的 UE，UE 有有效的网络认证和订阅。不支持有限服务状态的 UE。
- 仅支持认证的 UE，该 UE 具有国际移动用户（IMSI）和订阅，由于所在服务小区限制，UE 可用于有限服务状态。
- 支持仅适用于包含有效 IMSI 的 UE，但认证过程可能失败或被跳过。
- 支持适用于所有 UE，即使 UE 中没有 USIM 或 IMSI。如果没有 IMSI、IMEI（国际移动设备识别码）可用于识别用于紧急呼叫的 UE。

对于所有紧急承载服务，MME 使用特定的紧急接入点名称（Access Point Name，APN）获得正确的分组数据网网关（PDN GW）用于紧急目的。注意到，在 UE 漫游状态中，这个 GW 总是位于访问网络内。这样安排的目的很明确：本地公共安全应答点（Public Safety Answering Point，PSAP）相比远端 PSAP 通常是在一个更好的位置来处理紧急情况。

与紧急 APN 关联的 PDN 连接仅用于 IMS 紧急会议不允许其他服务。特别是，PDN GW 屏蔽了与 APN 相关的所有流量，这些流量不来自或来自提供紧急服务的 IMS 网络实体。

在 IMS 中，有一个特定的呼叫会话控制功能（CSCF）专用于紧急会议，称为紧急呼叫会话控制功能（E‐CSCF）［TS23.167］。它的一个职责是处理向 PSAP 的通信。代理呼叫会话控制功能（P‐CSCF）在处理紧急事件中也很重要。在所有职责中，P‐CSCF 确保只接受从紧急 PDN 连接上进行的注册。此外，P‐CSCF

屏蔽所有与紧急注册相关非紧急通话的要求。

这里讨论的所有约定确保:当一起考虑时,不可滥用紧急支持来进行正常但未认证的呼叫。

- 处于有限服务状态的 UE 只能使用紧急承载。
- 紧急承载仅限于用于应急 APN 和特定紧急警报 PDN GW。
- 这个特定的 PDN GW 只允许来往 IMS 实体的流量处理紧急服务。
- IMS 侧的 P – CSCF 检查来往 PDN GW 的所有 IMS 流量是否真正用于紧急呼叫,并选择合适的 E – CSCF 进一步处理请求,包括寻找合适的 PSAP 用于工作会议。

紧急呼叫同样支持 E – UTRAN 与其他 3GPP 系统之间的 IMS 呼叫切换。然而,呼叫在单无线语音呼叫连续性(Single Radio Voice Call Continuity, SRVCC)切换中不支持(参见第 12 章)。未认证呼叫情况需要特殊的处理。

对于非 3GPP 接入到 EPC 的情况下,从 Release 9 中开始的规范,支持由 E – UTRAN 到高速分组数据(HRPD)的紧急会议的切换(见 11.2 节)。但相反方向的切换是不支持的,因为 HRPD 的网络覆盖优于 E – UTRAN,且在未来的一段时间仍会使用。E – UTRAN 中还提供了一个提示给 HRPD 侧关于 UE 是否已在 E – UT-RAN[TS23.402]中认证。无论是在 E – UTRAN,还是在 HRPD 中,当地政策都影响着非认证紧急会议的处理。

8.6.1 使用 NAS 和 AS 安全文本的紧急呼叫

在这里,我们考虑 UE 和 MME 共享可用于保护紧急承载的 NAS 安全文本。

在紧急呼叫建立过程中,用户拨打紧急电话可以成功在 EPS 认证,并且 NAS 安全模式命令过程可以运行,或先前建立的 NAS 安全文本在紧急呼叫建立时便已经存在。在这两种情况下,密钥可在 AS 层与 NAS 层可用于加密和完整性保护。如果之后的完整性检查失败,那么这种情况的处理与非紧急情况下的方式相同,包含错误 MAC 的信令消息将被丢弃,同时呼叫终止。

但是,即使 NAS 层安全文本已经存在,在任何时间,MME 可以根据其认证策略,发起一个 EPS 认证与密匙协商(AKA)运行。如上面的解释,这取决于其政策,当认证失败时,网络仍可允许紧急呼叫,这种情况处理在 8.6.3 节中。

8.6.2 无 NAS 和 AS 安全文本的紧急呼叫

接下来我们讨论 UE 在紧急呼叫建立中无法在 EPS 中认证,当然在这过程中没有之前建立的 NAS 安全文本。类似的情况在未认证紧急呼叫切换到 E – UTRAN 时发生。

在这两种情况下,没有建立有效密钥,所以 NAS 层或 AS 层中都没有加密和完整性保护。然而,对于正常服务,AS 和 NAS 层的信令完整性保护是强制性的,所以，在紧急服务中定义"伪"完整性保护要比定义不发送 NAS 安全模式指令的额外情况要简单。这种"伪"功能称为 NULL 完整性算法，用 EIAO 表示。它只是在每个消息中增加了一个包含 32 位零的 MAC 常数。这个空的完整性保护功能只允许在 UE 中有限服务状态和 EPS 没有认证成功时使用。NULL 加密算法 EEA0 被定义用于在有限服务状态中的紧急呼叫。

8.6.3　认证失败时紧急呼叫的持续

正如前面所提到的，存在 AKA 运行但以失败告终的情况下，紧急呼叫仍允许进行的情况，这种情况在紧急呼叫建立和进行的过程中都会发生。这里有两种不同的情况：

- UE 和 MME 已经在之前 AKA 运行中共享了一个安全文本。
- 不存在共享的安全文本。

在第一种情况下，即使在 AKA 协议失败以后，UE 和 MME 仍可以继续使用现有的 EPS 安全文本。在这种情况下，值得注意的是对比失败的完整性检查。AKA 和完整性检查都要进行认证：AKA 用于实体认证，完整性检查用于消息认证（见 2.3 节）。然而，紧急呼叫在即使认证（通过 EPS AKA）失败的情况下，仍将继续，而如果完整性检查失败则通话终止。

当没有共享安全文本时，MME 发送包含加密算法 EEA 0 和所选的完整性算法 EIAO 的 NAS SMC 消息。

请注意，所有非紧急承载在认证失败后均将被释放。

第9章 LTE 内的状态转换和移动性安全

本章描述了 LTE 内的状态转换和移动性安全。这些包括网络注册、转移至 ECM – CONNECTED 状态、LTE 网络内切换、空闲状态转换、空闲状态的移动性和从网络注销。

LTE 中的两个安全层和密钥管理反映在状态转换和移动性安全场景中。用户设备和基站之间的第一安全层称为接入安全层，其仅在用户平面数据需要被交换的前提下建立，UE 和核心网之间的第二安全层被称作非接入安全层（NAS），其仅当 UE 注册到网络时建立。本地类型的 EPS NAS 安全文本存储在 UE 中和移动性管理实体（MME）中（见7.4节），此时 UE 未注册到网络中，当 UE 重新注册到网络时，EPS NAS 文本便会被使用。

当 UE 需要发送或接收数据时，第二层（NAS）是用来引导第一层（AS）安全。第一层安全通过 UE 和核心网之间的第二层帮助更新。运行的 EPS 认证与密钥协商（AKA）和安全模式命令过程一同更新第二层安全文本，该文本也是 EPS NAS 的安全文本。

在基站和 UE 之间的安全建立之前，不能有任何的切换或 UP 数据交换。当 UE 位于 ECM 空闲状态时，其需要发送一个 NAS 消息到网络时，UE 和基站之间建立无线资源控制（RRC）连接，两者同时进入 RRC 连接状态。基站需要将收到的 NAS 消息发送给 MME，从而与其建立 S1 连接。因此，当 MME 接收 NAS 消息时，UE 和 MME 都处于 ECM – CONNECTED 状态。为了更快进入 ECM – CONNECTED 状态，RRC 协议栈的连接启动信令将装运 UE 初始 NAS 信令消息［即服务请求，跟踪区域更新（TAV）请求，附着请求或解附着请求］。

9.1 注册状态来回转换

9.1.1 注册

当 UE 最初注册到网络时，EPS AKA 协议将运行，如第 7 章所述。所以，UE 和 MME 共享一个 K_{ASME} 中间密钥。这是演进通用陆地无线接入网络（E – UTRAN）密钥层次结构的根。MME 运行 NAS 层安全模式命令过程来激活 NAS 密钥和安全算法。属于 NAS 层安全文本的 NAS 协议的上行链路和下行链路信息计数器称为 NAS 上行 COUNT 和 NAS 下行 COUNT，都设置为 0，当 UE 处于注册状态时，NAS 层安全文本一直存在。

当 AS 安全文本建立时，NAS 上行链路 COUNT 值可作为一个基本参数来传送给基站的 K_{eNB} 密钥。这样做能够保证 K_{eNB} 随着 NAS 层信令的传输随时更新，因此 NAS 上行 COUNT 值也随之递增$^{\ominus}$。

当 UE 注册到网络时，且已有一个本地 EPS 安全文本存在于移动设备（ME）中的非易失性存储器或 USIM（在本章讨论）中，它将使用此文本对 NAS 层连接请求消息进行完整性保护。MME 接收到的附着请求中可能包含已在存储器中 UE 的这个 EPS 安全文本。如果未接收成功，它需要从之前的 MME 或重新运行 EPS AKA 来得到连接请求，如果原来的 MME 和现在的 MME 支持不同的安全算法，那么 NAS 层密钥需要重新派生，因此，新的 MME 发送一个使用新的安全算法标识符的 NAS 安全模式命令（Security Mode Command，SMC），并保护带有重生成 NAS 密钥的消息。

如果在 AS SMC 过程之前没有 NAS SMC 过程，K_{eNB} 的派生基于附着请求中的 NAS 上行链路 COUNT。否则，MME 和 UE 将使用最新 NAS 安全模式完成消息中的 NAS 上行链路 COUNT 初始值，并由此派生 K_{eNB}，因为这是 UE 的最新 NAS 上行消息。这意味着 MME 在知道哪个 NAS 上行 COUNT 用于派生 K_{eNB} 之前，不能向 eNB 发送安全文本，详见 7.3 节。关于密钥层和密钥派生更多的信息和 9.7 节关于更多的同时发生的安全过程。

9.1.2　注销

UE 在不同种情况下都会进入注销状态。UE 本身可以从网络中注销，例如，关机。网络也可发起注销，可能因为某些过程失败关于更多网络启动注销的原因的详细信息见参考文献［TS24.301］。

EPS 安全文本处理的变化取决于 UE 关机与否和 EPS 安全文本是否完整、原始（详见 7.4 节）。当 UE 处于注销状态时，映射的或部分的 EPS 安全文本通常不是存储在 UE 或网络中。也有例外，比如当网络拒绝 UE 的连接请求时，在这种情况下，所有安全内容数据都将从 UE 和 MME 中删除。

如果 USIM 支持 EPS 安全文本存储，UE 中的 USIM 将存储全部原始 EPS 文本（K_{NASenc} 与 K_{NASint} 除外），否则 UE 将其存储到 ME 中的非易失性内存中。后者的情况下允许使用 3G 网络中存在 USIM 卡，但并不禁止将 USIM 更新到支持 EPS 安全文本参数存储的新版本。

2011 年 6 月，3GPP 批准对 LTE 安全规范中的以下修正，这个安全规范应用于 3GPP 中第一个 LTE 规范：Release8。规范中声明了唯一一种情况，在这种情况下，ME 将 EPS NAS 安全文本参数存储在 USIM 中或非易失性内存中，转换到 EMM – DEREGISTERED 状态或离开 EMM – DEREGISTERED 状态转换尝试失败。见参考文

$\ominus$　然而，当 K_{eNB} 在 UTRAN 到 E – DTRAN 切换时，有一个 NAS 上行链路 COUNT 不规则的使用。

献［TS33.401］第 6.4 条。前句子的重点是强调唯一与早期 EPS 安全规范版本一样，这是本书中的第一版描述，当过渡到 ECM 空闲状态时，要求在 USIM 或非易失性内存中存储 EPS NAS 安全文本参数。之后的规则具有存储 EPS 认证运行的优势，当处于空闲状态的模式 UE 崩溃时，其能够从 USIM 或非易失性内存中恢复 EPS 运行中的数据。然而，这个优点也被舍弃了，因为运营商发现，在某些情况下，恢复到空闲状态模式时，向 USIM 或非易失性内存中写入安全文本参数的频率过高，以至于可能接近写入次数的最大值。智能卡的最大写入频次为 100000 量级。

3G 网络中也有类似风险。因此，3GPP 也在 3G 安全文本重写入 USIM 的规范中做了相应修改。因为现网中没有发生相应风险，于是这项更改适用于 3GPP Release11 以及之后的版本用于未来证明。我们没有在第 4 章就 3G 安全问题包含相应的文本，因为第 4 章没有达到第 9 章这样的详细程度。

9.2　空闲与连接状态转换

在本节中，我们描述由 ECM – CONNECTED 和 RRC – CONNECTED 状态转换过程中的安全文本管理。当 UE 从网络中或要向网络发送或接收消息时，UE 将切换到 ECM – CONNECTED 和 RRC – CONNECTED 状态。当不需要发送任何数据时，UE 切换到空闲状态。在空闲状态时，UE 不需要和基站共享任何安全文本，仅需要与 MME 共享。

9.2.1　连接初始化

带有活动标志集⊖的服务请求和要求发起 UE 和基站之间的一个 AS 安全文本的建立，都是基于 MME 和 UE 共享的安全文本。NAS 安全用于引导 AS 安全。K_{eNB} 密钥是用来在基站和 UE 中进一步得到在基站和 UE 的 RRC 和 UP 保护密钥。K_{eNB} 本身基于 K_{ASME} 和 NAS 上行 COUNT 值生成，此值引起 MME 向基站发送安全文本。因此，MME 生成 K_{eNB}，并将其同 UE 安全能力一同发送给服务基站。基站选择 AS 安全算法（见 8.1 节），并将 AS 层安全模式命令发送到 UE。UE 随后用 AS 安全模式完成消息应答（见 8.3 节）。

MME 也将获得初始下一跳（NH）密钥参数，但在最初的安全文本建立中不将其发送到基站，因为 K_{eNB} 已位于该信息中，且相关的下一跳链接计数器（NCC）值也将每次发送。NH 与 K_{eNB} 类似，具有关联的 NCC 值。NH 密钥以迭代方式由 K_{ASME} 和之前的 NH 值生成，NCC 指示实际迭代次数。K_{eNB} 用作初始 NH 值，NH 从来不会在没有 NCC 的情况下发送给基站，因此它们被表示为一个 {NH, NCC}

⊖　如果 MME 有未定的下行链路用户数据或未定的下行链路信令，则 AS 安全文本建立能够被发起，即便没有主动标志集。

对。这信息对用于在密钥管理切换中，在基站中生成新的密钥（见 9.4 节）。

注意，从安全的角度来看，在初始安全文本建立中，发送一个新生成的 {NH，NCC} 对不是很有用，因为只需一个密钥，并且没有以前的基站可以在水平 X2 切换中获得 K_{eNB} 知识（详见 9.4 节）。

9.2.2 重回空闲状态

当 UE 与 MME 之间的连接被释放或断开时，UE 就会进入空闲状态。连接释放还是断开都是基站明确指示给 UE 或 UE 本身检测。此时，基站释放与 UE 相关的所有 AS 层安全文本参数。UE 进入空闲状态时，MME 同样也释放 AS 层的 {NH，NCC} 对。UE 释放 AS 层安全文本与 {NH，NCC} 对。

EPS NAS 安全文本参数，在 USIM 或非易失性内存中的不会被更新，而在早前 EPS 安全规范版本中这些参数是需要更新的（见 9.1 节末的文本）。

9.3 空闲状态移动性

在本节中，我们描述 LTE 中的空闲状态移动性。对于系统内的空闲状态移动性［如通用移动通信系统（UMTS）和 LTE］，请参阅第 11 章。空闲状态转换发生在当 UE 移动，且网络广播跟踪区域标识符（Tracking Area Identifier，TAI）变化时［TS24.301］。此时，如果在前一个附着过程或 TAU 过程中 TAI 不包括在 UE 中的 TAI 列表中，则 UE 需要通过向网络发送 NAS 层 TAU 请求消息来启动 TAU 过程。

空闲状态时，UE 不与任何基站连接，但它定期收听网络广播系统信息消息。这些信息中也包括 TAI。如果网络需要接通处于空闲状态的 UE（例如，由于 UP 数据传入），它将在 UE 注册的区域广播特定 UE 消息给跟踪区域（也称为寻呼）。UE 接收并确认消息，因为它包含其身份标识，并通过使用服务请求消息［TS24.301］启动从空闲状态到连接状态的转移来回应网络。通过这种方式，网络能够找到 UE，即使在空闲状态时它与 UE 通过基站也没有一个实际的连接。因此，空闲状态时，UE 的定位准确度位于跟踪列表中。当然，UE 也可以发送服务请求消息当其需要恢复到连接状态时（例如，当其需要向网络发送 UP 数据时）。

如果 UE 移动和广播值 TAI 改变到一个在之前附着过程或 TAU 过程中分配给 UE 的 TAI 列表中不包含的值时，UE 需要发送一个 NAS 层 TAU 请求消息来告知网络其位于不同的跟踪区域。网络用 TAU 接收消息响应（见图 9.1）。TAU 过程总是由 UE 发起的，而且 UE 发送 TAU 请求消息的原因有多种。两个主要原因是空闲状态移动性和周期 TAU 过程。周期 TAU 过程需要确保网络中的 UE 仍然处于注册状态，仍处于网络覆盖范围内。如果 UE 不再处于注册状态，MME 可以释放资源和 UE 承载。

因为 TAU 信息受到保护，空闲状态时，TAU 过程也是一个周期性的认证过程。

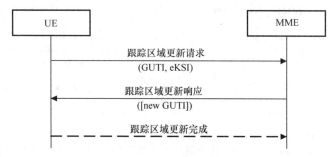

图 9.1　跟踪区域更新过程

然而，周期性 TAU 过程不取代 EPS AKA 的周期性运行，虽然 EPS AKA 运行次数较少。EPS AKA 导致了密钥结构的更新并确保 USIM 的继续存在，而 TAU 过程不需要。

注意，为了发送 TAU 请求消息，UE 需要在无线层进入连接状态，即 RRC_CONNECTED 状态。此外，TAU 请求将 ME 和 MME 代入连接状态，从 NAS 层来看是，ECM–CONNECTED 状态。UE 和基站运行连接初始化过程来创建信令无线承载 1（SRB1），并进入 RRC_CONNECTED 状态。UE 使用 SRB1 将 TAU 请求消息发送给基站。

多个运营商可能共享相同的基站。因此，一个基站可以连接到多个不同的运营商旗下的 MME，出于负载平衡和冗余等原因也可以连接同一运营商的不同 MME。由于这个理由，UE 将发送网络分配全球唯一的临时标识（GUTI），GUTI 中包含公共陆地移动网络（PLMN）标识和 MME 标识［TS23.122］给基站［TS36.331］。PLMN 标识基本上是运营商的网络标识符。然后，基站基于从 UE 接收到的 GUTI 消息，将 NAS 层消息路由到正确的 MME 中。

UE 将对 TAU 请求消息进行完整性保护，但不会对其加密。原因是 MME 接收 TAU 请求消息需要从 GUTI 中知道旧 MME 中的标识信息，且没有驻留在旧 MME 中 UE 文本消息的情况下 UE 无法破译消息内容⊖。因为 UE 在 TAU 请求消息中发送临时标识 GUTI，所以黑客可能试图基于这个标识跟踪 UE。然而，网络可以分配一个新的临时标识，并将其放在 TAU 接受消息中发送给 UE，该信息既是加密的又是完整性保护的。在这种情况下，UE 响应一个 TAU 完成消息来确认新的 GUTI。

在 TAU 请求消息中，除了临时标识 GUTI 外，UE 也在 TAU 请求消息中插入了当前 EPS 安全文本相关的密钥集标识（eKSI）。基于这两个参数，GUTI 和 eKSI，网络能够找到合适的旧 MME（MMEo，见图 9.2）和可以用来验证 TAU 请求消息完整性校验和的正确安全文本。旧的 MME 向新的 MME（MMEn，见图 9.2）发送 UE 身份认证数据，这其中包括当前的 EPS 安全文本。更多关于 MME 之间身份认证数据，参见 7.2.4 节。如果新的 MME 从旧的 MME 中接收的响应无法通过身份

⊖　消息部分加密被认为不适用。

认证，它将启动一个 EPS AKA。

图 9.2　同一服务域中的认证数据分布（经由© 2010，3GPP™许可使用）

旧的 MME 和新 MME 可能支持不同的安全算法。如果新 MME 想要改变 NAS 层安全算法，它需要在新安全算法保护的 TAU 接受消息响应之前，启动一个 NAS 层安全模式命令过程。

如果 UE 已经将未定的数据发送给网络，它还需要同时发送 TAU 请求（例如，由于跟踪区域变化或定期 TAU 过程需要），它可以在 TAU 请求中设置一个激活标志位。通过这种方式，UE 除了 TAU 请求消息外，不需要发送一个独立的服务请求消息。因此，MME 将 AS 安全文本数据发送到基站，基站将和 UE 建立 AS 安全并设置 UP。[⊖]

9.4　切换

在本节中，我们首先讨论一下切换密钥管理需求和机制背景。然后我们确定用于 LTE 密钥管理的机制。读者如果只想了解 LTE 切换密钥管理机制可直接跳过前两节，直接阅读 9.4.3 节。

9.4.1　切换密钥管理需求背景

密钥管理有许多定义。互联网 RFC 4949 征求意见中的定义如下："密码学系统中在其生命周期中处理密钥材料的过程，以及对这一过程的监督和控制 [RFC4949]"。国家标准与技术研究院（NIST）将它定义为："在密钥的整个生命周期中，涉及密码密钥的处理和其他相关安全参数 [如，IV（即初始化向量）、计数器] 的活动，包括它们的生成、存储、分发、进入和使用、删除或破坏，以及存档 [FIPS 140 – 2]"。开放系统互连/参考模型（OSI/RM）的定义如下："生成、存储、分发、删除、存档，按照相应安全策略的密钥应用"。[ISO 7498 – 2]。在这里，我们使用术语密钥管理一词，指认证过程产生的用于创建、分发、派生和使用密码密钥的机制和规则，我们仅在移动网络的范围内讨论密钥管理机制。

⊖　如果 MME 有未定的用户平面或信令数据用于 UE，则它能发送 AS 安全文本给基站，即使 UE 没有设置激活标志。

通常有多个文档列出了移动网络中的密钥管理需求。例如，互联网工程任务组（IETF）创立了当前最佳的实践文档［RFC4962］，文档中描述了认证、授权和计费（AAA）［Sklavos 等人 2007］密钥管理［RFC2903］要求和指导。IETF 评估了 AAA 协议中网络访问的标准［RFC2989］。另外，无线局域网（WLAN）［IEEE 802.11］和 WiMAX［IEEE 802.16，WiMAX］也遵循了类似的规范指导。第三代合作伙伴计划（3GPP）定义了蜂窝网络的一般安全需求和架构，如 GSM（全球移动通信系统）、UMTS 和 LTE［TS21.133、TS33.102、TR33.821、TS33.401、TS33.402］。不同的标准化机构有独立的需求文档和设置，但是，在一个较高的层次上，移动网络密钥管理的安全需求是相似的。常见的需求是：加密分离密钥（见 9.4.4 节）。

切换密钥管理的主要威胁是密钥窃取，比如黑客攻击基站来检索密钥。为了减少这种威胁，许多密钥层中都需要密钥分离。密钥 A 和 B 分离是指：密钥 B 不能由密钥 A 派生，密钥 A 不能由密钥 B 派生。对于密钥派生来说，使用了密钥派生函数（KDF），它必须是一个单向函数（例如，像 SHA256 哈希函数）。

如果需求只保持在一个方向，部分密钥分离便会实现，但不是当向后或向前的密钥分离发生时，而且也不是同时分离，具体定义见 6.3 节。

下面是由 LTE 密钥管理实现的切换密钥管理安全属性。

- 访问网络技术间的密钥分离；
- 基站之间的密钥分离；
- UE 之间的密钥分离；
- 算法之间的密钥分离；
- 分离控制和 UP 间的密钥分离（即，信令消息和用户数据）；
- 完整性保护和加密间的密钥分离；
- 承载和流方向间的密钥流分离；
- 密钥流（当使用流加密）总是不断更新的，也就是说，相同的密钥流不会重复使用两次。

除了这些，特定应用中的安全需求也包含在内，比如用于基站安全性加强。LTE 是第一个将这些需求应用于基站的 3GPP 无线接入技术。从更高层次来讲，需求意味着密钥派生、完整性保护、解密和加密必须发生在一个安全的环境中。然而，这些需求不要求执行任何特定的机制。

因为相同的密钥在基站之间转移，GSM 不遵循前向或后向密钥分离原则。UMTS 通过在基站上引入中间网络元素绕过这个需求，该中间网络元素称为无线网络控制器（RNC），其终结信令和数据保护。RNC 通常在一个物理安全的地方，这使得它更耐物理攻击。如在 GSM，RNC 传输相同的密钥给目标 RNC。若 LTE 中没有 RNC，则信令和数据保护都终结于基站中。然而，LTE 同时支持后向与前向密钥分离。

9.4.2　后向切换密钥机制

当移动终端（MT）附着网络时，需要用户认证[⊖]。随后，作为网络访问成功认证和授权的结果，MT 和网络共享用于通信保护的网络密钥。当 MT 处于连接状态时，MT 和基站共享一个密钥。当 MT 移动进行基站切换时，新的基站也需要和 MT 共享一个密钥。切换中或切换前，有多种方式可以将旧基站特定密钥有效传给新基站用于通信。公共密钥不在考虑的范围内，因为非对称加密对基站和终端来说计算量过大，在切换过程中，切换时间十分重要。

1. 授权认证

授权认证意味着认证服务器，如 EPS 中的家庭用户服务器，授权本地认证中心进行认证代理，这可能是当地一个 AAA 服务器或接近 MT，像 E – UTRAN 中 MME 的信令网关。通常这种将从可以分配给访问网络密钥分配器（KD）的根密钥派生密钥。这是移动网络密钥管理框架中常见的方法，因为移动通常发生在访问网络内部或访问网络之间，这过程中不需要进行认证。

2. 密钥请求

密钥请求是密钥传输到基站最简单的方式。当 MT 进行切换时，基站向 KD 发送一个密钥请求。KD 创建一个新的基站密钥，并将其发送给新基站。一种改进机制可以用于通过提供 KD 功能的中心元素切换信令的情况（例如，WLAN 交换机或 EPS 的 MME）。在这种情况下，源基站向 KD 发送密钥请求与其他移动性信令，但 KD 随后发送一个新的密钥到目标基站中，而不是源基站。在 S1 切换中，LTE 使用这个修改密钥请求方案，在 X2 切换中使用一个正常的密钥请求机制，而在 X2 切换中，新的密钥仅在接下来的切换中使用而不是当前切换中（参见 9.4.3 节）。

3. 预分配

在预分配（预先密控）场景［draft – irtf – aaaarch – handoff – 04，Mishra 等人 2003，2004，Kassab 等人 2005］中，KD 派生基站特定的会话密钥，当 MT 成功附着到网络时，将会话密钥分配给一部分基站。具体的基站，它们的数量包括在预分配计划中，其数量可以改变［Mishra 等人 2003，2004，Kassab 等人 2005］。这个场景使得切换速度变快，因为密钥已经在目标基站中，且密钥还位于预分配算法的分布群中。预分配方案的主要缺点是增加了 KD 与多个基站之间的信令。此外，KD 需要将密钥提前分配给多个邻近的基站，但是 MT 可能永远不会访问密钥预分配的邻近基站。修改的预分配方案中，基站向邻近的基站发送密钥，并准备进行小区切换。预分配未应用于 LTE 中，因为源基站不需为多个目标基站进行预分配密钥。但是，X2 切换中，在实际链路断路前，目标基站通过发送密钥来准备进行切换。

⊖　在本节，我们使用术语"MT"和"基站"一词，在更广泛及网络技术独立的意义上，意味着无线终端及无线接收器，与通过无线链路的 MT，和与通过无线或有线链路层的网络进行通信。

以这种方式，密钥分配在实际切换断开前发生，因此，这样使得 LTE 切换十分高效，正如一般情况下预分配一样。

4. 乐观访问

Aura 和 Roe 定义了乐观访问［Aura 和 Roe 2005］，在这过程中，网络将标签提供给 MT。然后，在与目标基站正常完成认证过程前，MT 使用其作为一个临时认证密钥获得访问。这类似于 Kerberos［Miller 等人 1987，Neuman 和 Ts'o 1994］提出的基于标签方法的协议。Ohba 和 Dutta 描述一种角化切换加密方法，他们也将标签发送给了目标基站［Ohba 等人 2007］。Komarova 和 Riguidel［2007］继续使用相同的机制并用该标签进行了快速系统漫游，也让本地网络能够向 MT 同时提供多个标签。这种机制增加了多条空口信令，因此不适用于 LTE。

5. 预认证

Pack 和 Choi 引入了预认证机制，其中 MT 通过单一基站向多个基站认证［Pack 和 Choi 2002a，2002b，draft‐ietf‐pana‐preauth‐07，draft‐ietf‐hokey‐preauth‐ps‐09，Smetters 等人 2007］。由此，MT 与多个相邻的基站可以建立预共享密钥。这使得下一个切换变快，因为此时密钥已经建立。然而，MT 必须与多个基站运行预认证，因为它不确定将与哪个基站进行切换。这增加了空口上与基站之间的信令（影响电池寿命）。预认证与系统间切换保持很好，因为源系统和目标系统可能不支持相同的密钥管理或认证机制。在 EPS 中，这种机制的一种形式应用于 LTE 和 CDMA 2000 HRPD 之间的切换访问。这两种通信类型不同，因此应用于 LTE 和 GSM 或 3G 系统中更有效的切换在这里是不能使用的。

6. 会话密钥文本

会话密钥文本（Session Key Context，SKC）［Forsberg 2007］是一种密钥分配给基站的方式。SKC 分别包含多个为每一个基站分离加密的会话密钥。SKC 在 KD 中生成，用于很多基站和将其发送到 MT 目前附着的基站。当 MT 移动时，SKC 在基站之间转移。使基站之间 SKC 的传输成为可能，例如文本传输协议［RFC4067］或内部接入点协议［IEEE 802.11F］。每个基站都会从 SKC 中得到会话密钥，并由此创建会话密钥加密和完整性保护密钥。

会话密钥被加密并伴随基站标识信息。加密的会话密钥和基站标识信息通过 KD 和基站之间的安全关联（SA）加密。每一个收到这个文本的基站都会找到其本身标识的加密会话密钥（SK）。表 9.1 展示了一个 SKC 中行文本例子。表 9.1 的行表示的是完整性保护的消息认证码，如加密哈希消息认证码（HMAC）［RFC2104］。

每个密钥都由方程（9.1）中的根密钥和目标基站的标识符生成：

$$SK_{MTx-BSi} = KDF\ (rootkey \parallel ID_{BSi} \parallel TID_{MTx}) \tag{9.1}$$

ID_{BSi} 为接入点标识。SKC 假设基站的标识可用于当 MT 附着网络时的情况，于是 MT 可以使用式（9.1）由根密钥派生密钥。这样 SKC 的密钥管理很简单，基站标识也进行了认证。最后一个参数是访问网中的临时 MT（TID_{MTx}）标识。它假定 ME 的临时标识在附着或切换到同一基站时不改变。同样，如果所有生成密钥流的输入参数在连接基站时重置［如序列号（SQN）］，密钥也必须更新。

表 9.1　用于三个基站的 SKC 行例子

基站标识	加密密钥（SK）		消息认证码（MAC）
ID_{BS1}	$E_{SA-BS1}\{SK_{MTx-BS1}\}$		$MAC_{SA-BS1}\{ID_{BS1} \| E_{SA-BS1}\{SK_{MTx-BS1}\}\}$
ID_{BS2}	$E_{SA-BS2}\{SK_{MTx-BS2}\}$		$MAC_{SA-BS2}\{ID_{BS2} \| E_{SA-BS2}\{SK_{MTx-BS2}\}\}$
ID_{BS3}	$E_{SA-BS3}\{SK_{MTx-BS3}\}$		$MAC_{SA-BS3}\{ID_{BS3} \| E_{SA-BS3}\{SK_{MTx-BS3}\}\}$

KDF 参数用于派生完整性保护和加密密钥的公式，如式（9.2）、式（9.3）所示，参数 A 和 B 是产生不同密钥的不同常量。此外，所选的完整性保护和加密算法应该绑定到密钥中作为 KDF 输入参数（公式中未显示）。

$$K_{Int} = KDF(SK_{MTx-BSi} \| TLinkI D_{MTx} \| A) \qquad (9.2)$$

$$K_{Enc} = KDF(SK_{MTx-BSi} \| TLinkI D_{MTx} \| B) \qquad (9.3)$$

在 LTE 安全标准化的早期阶段，SKC 机制被建议作为 3GPP 安全工作组中的候选机制，但经过激烈讨论后，未选择该机制。原因之一是 SKC 中确定合适基站组的过程过于复杂，另一个是 LTE 空中接口中缺乏基站标识信息。

所有这些密钥管理方法都有不同的属性和适用于不同移动网络的架构和部署。Forsberg 将密钥请求、预分配和预认证密钥管理方法进行了大量对比［Forsberg 2007］。参见 SKC LTE 切换密钥管理分析［Forsberg 2010］。

9.4.3　切换中的 LTE 密钥处理

LTE 中有两种切换方式，X2 和 S1，其命名源于主切换信令在哪个空中接口中传输（见图 9.3）。在 X2 切换中，源和目标基站切换准备发生在基站之间的 X2 接口。在 S1 切换中，信令经由 MME 传输。

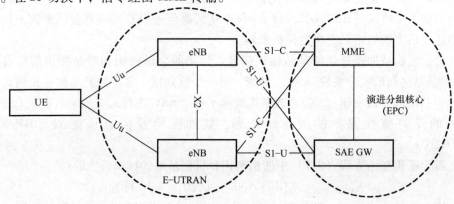

图 9.3　EPS

　　X2 和 S1 切换一个主要区别在于，MME 被告知切换路径 S1 切换是在断开前，而 X2 切换是在断开后。切换路径是目标基站到 MME 的位置更新过程。因此，在 S1 切换中，在 UE 接收由源基站发出切换到目标基站的指令前，MME 便可以向目标基站提供新的密钥材料。因为 MME 已经知道目标基站的标识和位置，所以不需要在 S1 切换中发送切换路径消息。

　　从安全的角度来看，这两个切换方式不同，因为 MME 可以在断开前，向目标基站提供新的密钥材料（见图 9.4），但在 X2 切换中，MME 只有在用于下一次切换的切换路径消息确认的切换完成后，才可以提供新的密钥材料。

　　新的密钥材料在 MME 和 UE 中基于 NH 密钥和本地主密钥 K_{ASME} 派生。密钥派生步骤说明 NH 密钥是以迭代的方式计算的，更准确的方程包括字段长度和常数，详见参考文献［TS33.401］中的附录 A。

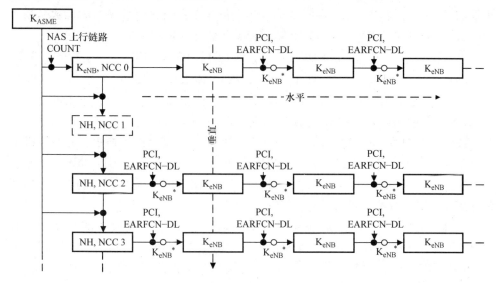

图 9.4　LTE 中的密钥处理过程

$$NH_0 = K_{eNB-0} = KDF(K_{ASME}, NAS \text{ uplink } COUNT) \tag{9.4}$$

$$NH_1 = KDF(K_{ASME}, K_{eNB-0}) \tag{9.5}$$

$$NH_{NCC+1} = KDF(K_{ASME}, NH_{NCC}) \tag{9.6}$$

　　当 AS 安全设置成功，初始 K_{eNB-0} 由 K_{ASME} 和 NAS uplink COUNT 派生。同时，生成初始 NH_1。对于初始 NH_1，NCC 值设为 1，当假设初始 K_{eNB-0} = NCC = 0 时。

　　NCC 是 NH 中的一个 3 比特密钥索引（值从 0~7）用于 NH，其在切换命令信令中被发送给 UE。从 UE 的角度来看，NCC 值不会减少，因为 UE 派生在 NH 值链中不能倒退，且无法保存旧的 NH 值。所以，如果在切换命令中，UE 接收的 NCC 大于当前 K_{eNB} 使用的 NCC 值，在将 ｛NH，NCC｝参数与接收的 NCC 进行同步后，UE 将会进行垂直方向密钥派生（见图 9.4）。否则，UE 将进行水平密钥派生。因此，图 9.4 中的垂直方向密钥派生，仅在 NH 使用的情况下，而且当当前 K_{eNB} 作为 $K_{eNB}{}^*$ 的基础时，才水平方向派生密钥，之后在目标基站中使用，并用来创建完整性保护和加密密钥。

如式（9.6）所示，由之前的 NH 和 K_{ASME} 进一步派生 NH 值。因此，对于每次 S1 和 X2 切换路径信令来说，MME 都会向目标基站提供一个新的 {NH，NCC} 对。在 X2 切换中，新的 {NH，NCC} 对只可以在接下来的 X2 切换中使用。在 S1 切换中，目标基站使用新的 NH 派生新的 K_{eNB}，如式（9.8）所示。

后向和前向密钥分离

LTE 提供了后向密钥分离，其中源基站使用一个单向函数作为 KDF 来获得目标基站的具体密钥 $K_{eNB}{}^*$。换句话说，目标基站无法派生或推断出任何 UE 与源基站一同使用的密钥。因此，后向密钥会在下一跳之后分离。这两种不同的密钥派生步骤如式（9.7）和式（9.8）所示。这两个包含在密钥派生过程中的参数是物理小区 ID（Physical Cell ID，PCI）和频率相关参数 EARFCN – DL。

水平：　　　　　　$K_{eNB}{}^* = KDF（K_{eNB}，PCI，EARFCN – DL）$　　　　　(9.7)

垂直：　　　　　　$K_{eNB}{}^* = KDF（NH_{NCC}，PCI，EARFCN – DL）$　　　　(9.8)

式（9.7）适用于源基站没有 {NH，NNC} 对的情况。如果接下来的切换是 X2 切换，这种情况发生在 S1 切换后，因为此时源基站没有可用的 {NH，NCC} 对，或为了在初始文本建立后的 X2 切换。它也发生在基站内切换中，此时不需要切换路径（例如，基站的路径不发生变化），因此，一个新的 {NH，NCC} 对不会与切换路径信令一起提供给基站。不过，对于基站内切换来说，攻击的场景促使密钥分离不适用于基站之间的无密钥传输。

式（9.8）显示了源基站含有 {NH，NCC} 对的（X2 切换）或目标基站有 {NH，NCC}（S1 切换），并可以用它来派生 $K_{eNB}{}^*$ 的情况。注意，在 S1 切换情况，MME 派生新的 {NH，NCC} 对，并直接将其提供给目标基站。因此，在 S1 切换情况，源基站不知道 $K_{eNB}{}^*$。这是单跳前向密钥分离，源基站在一次切换后，不知道目标基站密钥。两跳前向密钥分离发生在 X2 切换中，因为源基站知道 {NH，NCC} 对，因此也便会得到 $K_{eNB}{}^*$，但在第二跳后，这个特定的源基站不再知道接下来的 $K_{eNB}{}^*$ 了，因为它不知道 X2 切换后切换路径信令中提供的各自 {NH，NCC}。

9.4.4　多目标小区准备

LTE 中，当 UE 无法连接到最初选定的小区时，源基站可能会准备目标基站中的多个目标小区，以应对可能的切换失败。在基站切换失败的情况下，UE 或继续驻留在原始小区中或另一个小区或尝试再次切换。

从式（9.7）和式（9.8）可知，对于各个目标小区来说，$K_{eNB}{}^*$ 也是不同的，因为各个小区有不同的标识和频率。图 9.5 显示了不同的密钥。它还表明，即使

UE 无法切换到多个不同的目标 eNB，并重复驻留在原始小区的基站中，不同的目标基站也有单独的密钥。注意，每个基站服务 32 个不同小区，但各个小区都需单独的 $K_{eNB}*$，因为密钥绑定了小区标识和频率信息。

切换失败的信令过程称为 RRC 连接重建和一个称为短 MAC－I 的令牌用于向目标基站认证 UE。信令在这个过程是不受保护的；也就是说，消息在 SRB0 中被发送，既未加密又未进行完整性保护。因此，使用了短 MAC－I 令牌。关于 RRC 重建过程和令牌产生的详细内容见 8.3 节。

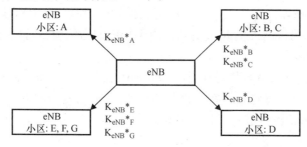

图9.5 不同目标小区中的密钥分离

9.5 密钥快速变化

当 AS 安全激活时，需要密钥在快速变化中获得新密钥。因此，新密钥在发送和接收数据时快速投入应用。两种情况下都会用到密钥快速变化过程，即 K_{eNB} 重加密和 K_{eNB} 重更新。在这两种情况下，RRC 和 UP 保护密钥都会更新。NAS 层密钥也会改变，但这仅发生在 NAS 层安全模式命令过程中，因此与 AS 层（例如 RRC 和 UP 密钥）密钥快速变化过程不同。

9.5.1 K_{eNB}重加密

当 MME 中整个密钥层次都更新时，K_{eNB} 密钥便会重加密，其或通过激活 EPS AKA 运行产生的（部分）EPS 安全文本，或是在 UTRAN 或 GSM/EDGE 无线接入网络（GERAN）切换到 LTE 时通过重新激活一个本地 EPS 安全文本（见第 11 章）。类似于 AS 安全建立的过程，MME 会通过使用密钥 K_{ASME} 和 UE 发送给 MME 的 NAS 安全模式完成消息中的 NAS 上行链路 COUNT 值，创建一个新的 K_{eNB}（见 9.2 节）。换句话说，MME 必须通过运行一个 NAS 层安全模式命令过程来改变 NAS 密钥，该过程发生在给服务基站发送包含新 K_{eNB} 的新 AS 安全文本前。通过这种方式，新的 K_{ASME} 和 NAS 密钥成为了当前 EPS NAS 安全文本，这发生在基站中密钥快速变化过程触发前。

当基站接收到来自 MME 的 UE 文本修改请求时，它与 UE 启动一个密钥快速变化过程。这个过程为基于小区内部的切换，相同的密钥派生步骤也在正常切换中使用。小区内切换命令包含一个密钥快速变化过程指示，因此 UE 知道它需要基于当前 K_{ASME} 重新派生 K_{eNB}。

9.5.2 K_{eNB} 重更新

K_{eNB} 重更新过程发生在本地基站和 UE 中。它是基于小区内的切换信令。同一 K_{ASME} 仍在使用，没有新的 NAS 密钥派生。只有 RRC 和 UP 密钥是基于正常水平方向密钥派生进行更新（见图 9.4），即，当前 K_{eNB} 链。当 SQN COUNT 值复用时，K_{eNB} 便会更新，例如，当从 K_{eNB} 派生的密钥投入使用时，COUNT 包裹在使用相同 ID 的承载中。如果没有发生 K_{eNB} 更新，用于加密的密钥流信息将会被重复，这是一个严重的安全漏洞。

在 K_{eNB} 重更新中，UE 将得到当前 EPS NAS 安全文本不改变的小区内切换命令和通知，也就是说，当前 K_{eNB} 密钥由与当前 NAS 密钥相同的 K_{ASME} 密钥派生。因此，UE 与水平密钥派生过程一起使用 K_{eNB}。

9.5.3 NAS 密钥重加密

NAS 层密钥重加密与 NAS 安全模式命令过程同时进行。MME 必须初始化 EPS AKA 并在 NAS 上行或下行链路 COUNT 值溢出时执行 NAS 安全模式命令过程。这样可以确保密钥流从不重复。

EPS AKA 运行后，或者是当切换到 LTE 后，重新激活本地 EPS 安全文本时，NAS 层密匙更新必须在 MME 将新的 K_{eNB} 发送给基站启动 K_{eNB} 更新之前进行。

9.6 周期性的本地认证过程

在某些情况下，批量数据传输的数据包（UP 包）可能未加密，也许因为地方法规不允许加密无线接口。然而，RRC 信令仍然是进行过完整性保护的，因此可以用来认证发送 UP 数据包的 UE。

基站发起本地认证过程（见图 9.6），并在计数器检查消息中发送上行链路和下行链路分组数据汇聚协议（PDCP）COUNT 变量给 UE。UE 将该值与自己的值进行比较，并在计数器检查响应消息中将比较差值发送给基站。如果基站接收到不包含任何 COUNT 值的计数器检查响应信息，则该过程结束，基站便知道 UE 和无线配置链路层连接中没有任何数据包注入或删除攻击。

PDCP COUNT 包含 HFN 和 SQN 值。SQN 在链路上的每个数据包都是可见的，并不断增加。当 SQN 溢出时，HFN 便会增加（即，SQN 值达到最大，并重新从零开始计数）。所以，黑客，如果能够在上行链路未加密层中注入数据包，其便能发送 UP 数据包，这样当 HFN 溢出时，SQN 便会重新成为（大致的）攻击之前的值。这样，基站和 UE 便不会察觉 SQN 中的问题，仍在内存中存储 HFN 的差值。由于

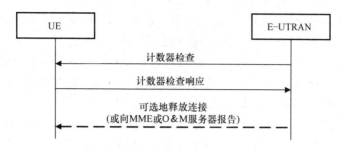

图 9.6   eNB 周期性的本地认证过程

UP 不受保护，HFN 不作为输入参数用于解密。因此，如果 UE 包括 PDCP COUNT 值，这意味着 UE 有不同的 PDCP COUNT 值——或者，更准确地说，基站内存中有不同的 HFN 值。

如果本地认证过程显示 UE 中的不同 PDCP COUNT 值，基站便可以释放其与 UE 的连接。基站可能向 MME 或运营和管理（O&M）服务器汇报进一步的数据分析和日志记录。

通常情况下，UP 数据包都进行了加密，这使得数据包注入异常困难，因为黑客不知道加密密钥，从而在基站或 UE 端的解密结果都是随机数而不是特定的协议头文件。然而，如果基站和 UE 不做任何数据包内容的有效性检查，在实际执行中会出现损害和问题。只有完整性保护才会确保数据包的完整性。即使在 LTE 中 UP 加密绑定到 SQN 数据包中（即 32 位 PDCP COUNT 值），仍然无法保证接收机在解密数据包时，数据包中的内容不会改变。然而，绑定密码到 SQN 中，使得它更难重现数据包，因此，注入包含正确 SQN 的数据和解密后一些有效内容的数据包是很困难的，因为它需要加密密钥的信息。

9.7   安全过程的并行运行

有许多安全和移动关联步骤都需要基站和 MME 发起，这也可能是并行运行的。如果过程并行运行有助于避免错误，并能够降低实际执行的复杂性，那么并行运行是一个设计问题还是执行问题并不重要。例如，我们知道在 EPS AKA 之后，在 MME 中产生一个新的密钥 K_{ASME}，但 NAS 密钥仍是基于旧的密钥 K_{ASME}。因此，MME 需要启动一个 NAS 安全模式命令过程。然而，当这在服务请求过程中发生时，与此同时，MME 也将 K_{eNB} 发送给基站，AS 层和 NAS 层信令存在着竞争关系，因为 UE 可能基于旧的或新的密钥 K_{ASME} 派生 K_{eNB}，这取决于 UE 接收到 AS 层安全模式命令是在 NAS 层安全模式命令之前或之后。接下来，我们描述在参考文献〔TS33.401〕中 10 个并行运行的规则。

1）第一条规则规定在 NAS 层安全模式命令的过程中 MME 不得启动任何过程包括向基站中发送一个新的 K_{eNB}。理由是，如果要是不这样做，UE 和 MME 可能从不同的根密钥中派生不同的 K_{eNB}。注意，新 K_{eNB} 将在 AS 层安全模式命令过程或在密钥快速变化过程中使用，但不会在小区间切换中使用。

2）类似的，第二个规则规定，如果有一个过程正在进行，如向基站发送一个新的 K_{eNB}，MME 不能启动 NAS 安全模式命令过程。这条规则类似于第一条，需要确保 UE 和 MME 都能从同一根密钥中派生 K_{eNB}。

3）第三个规则也是关于在切换过程中从正确的 {NH，NCC} 对或 K_{eNB} 中派生 K_{eNB}。如果 MME 处于 NAS 安全模式命令过程中，切换中发送给目标基站的 {NH，NCC} 对必须是基于旧的 K_{ASME} 根密钥。原因在于，在 AS 层中，基于旧根密钥 K_{ASME} 的 K_{eNB} 仍在使用。只有当 MME 已经将 K_{eNB} 发送给基站后，基站已将其成功使用，MME 才能够发送基于新 K_{ASME} 根密钥的 {NH，NCC} 对。

4）这是第三个规则的对应规则，针对于 UE。即使 UE 已经收到了 NAS 安全模式命令消息，UE 仍必须继续使用基于旧的根密钥 K_{ASME} 的 AS 层参数。只有当基站已经成功运行 RRC 连接重配置过程，才能从使用的新 K_{ASME} 根密钥提取新的 K_{eNB}。此时 UE 必须使用切换中的新 AS 层参数，并丢弃旧的 AS 层参数。

5）第五条规则规定，只要基站内正在进行切换，基站便应拒绝任何 MME 中的 S1 UE 文本修改过程（即，基于新密钥 K_{ASME} 派生新 K_{eNB} 的过程）。这只是为了避免密钥的同步问题。同时，在当前 RRC 连接重配置过程完成前，基站不能启动任何新的切换过程。

6）第六条规则类似于规则五，但是它所针对的是 MME。规则 6 中规定 MME 不能进行 MME 内部切换或 RAT（无线接入技术）之间的信令切换，当有一个正进行的 NAS 安全模式命令过程时。原因在于 NAS 层安全文本变化是 NAS 安全模式命令过程的结果。在 MME 间的切换过程中，源 MME 向目标 MME 发送 NAS 层安全文本。因此，在 NAS 安全模式命令过程中，NAS 层安全文本并没有进行详细定义。同样的问题也会在 RAT 间切换中产生。

7）与规则 6 类似，MME 在完成 S1 UE 文本修改过程之前，不能继续 MME 之间的信令切换。原因是 AS 层参数同步在基站、UE 和 MME 之间进行。如果在同步过程中，源 MME 发送包括 {NH，NCC} 对的新或旧的 NAS 层安全文本给目标 MME，目标 MME 可能发送 UE 和基站都正在使用的不同 K_{ASME} 根密钥给目标基站。

8）规则 8 描述了当 MME 使用基于新 K_{ASME} 根密钥的 NAS 密钥，但尚未启动 S1 UE 文本修改过程来和基站、UE 同步新 K_{eNB} 的情况。如果此时有一个 MME 内的切换，那么源 MME 必须发送带有密钥集标识符（eKSI）的旧或新的 K_{ASME} 根密钥安全文本给目标 MME。

9）作为规则 8 的响应，目标 MME 需要知道如何处理 MME 切换过程中的两个 K_{ASME}。规则 9 规定：目标 MME 必须使用用于 NAS 层保护的基于 NAS 层安全文本的 K_{ASME} 根密钥，而旧的 K_{ASME} 根密钥基于的是 AS 层操作参数。随后，目标的 MME 必须在某个时刻发起 S1 UE 文本修改过程来同步基于 UE 和基站间新 K_{ASME} 根

密钥的新 K_{eNB}。

10）在 MME 间移动的过程中，源 MME 在其将 UE 消息发送给目标 MME 之后，不能向 UE 发送任何 NAS 消息。除非切换失败或取消，源 MME 才会开始向 UE 发送 NAS 信息。

在确定了合适的情况或并发案例后，这些规则是不言而喻的。但是，要设计出包含任何错误情况和并发运行过程的完全列表是不可能的。但这 10 个规则有助于更好地理解运行中可能的竞争条件和错误情况，同时也提供了系统如何执行以更好地避免错误的指导。

第 10 章　EPS 加密算法

在本章我们将详细讨论演进分组系统（EPS）中使用的加密算法。设计 EPS 安全算法的一个原则是灵活性：系统在某种意义上应该能不费很大工夫灵活引入新算法和更新旧算法。因此，预计未来的新算法将出现在 EPS 中，但它们在编写本书时还没有出现，自然不会在本章讨论。对于更好的算法灵活性，源于 2G 和 3G 系统的经验，从第三代合作伙伴项目（3GPP）系统开始，新的算法已被引入，A5/2算法也被删除了。

另一方面，我们在这里讨论标准化的算法。标准化机制（包括非安全相关的）的一个一般原则是，是否能对整个系统提供明显好处，应该作为唯一引入选项。如果两种选项的区别不大，或者如果每种选项相对于其他仅受益于整体的少数，那么由于他们使系统复杂化，增加开发成本，引入互操作风险，就不应引入该选项。因此，不同算法的数量应该保持在较小的水平，只有在清楚地表明这种行为能为整个系统增加价值之后，才应该对算法进行引入或删除。

正如第 2 章所解释的，加密算法——至少是那些能用于大众市场产品——分享了能突破的相同（从部署的消极角度来看）特征。甚至有理论突破后紧随相当快的实际应用的情况。这就是为什么我们需要在算法中要有选择的原因：在一个算法有突破的情况下，仍然有其他的算法在等。这种推理的另一个结果是，使用算法的设计应该尽可能彼此不同。那么即使在密码分析技术取得重大突破会影响很多人时那也不太可能。

加密算法都需要接入层（AS）和非接入层（NAS）保护，相同的算法可以用于两个不同目的。原则上，完全不同的算法集可以被指定用于两个目的。这种方法的一个优点是算法的多样性会再一次增大，以及单突破算法影响更小。然而，最大的缺点是在用户设备（UE）侧，独立地实现是需要的，一组为 AS 保护和另一组是 NAS 保护，需要双倍地实现工作量。

注意，在参考文献［TS33.401］和［TS24.301］中，消息认证码是用消息完整性认证码（MAC-I）表示接入层完整性保护，同时非接入层保护消息认证码用参考文献［TS33.401］中的 NAS-MAC 和参考文献［TS24.301］中简单的消息认证码（MAC）表示。在这一章中我们对接入层和非接入层完整性保护都使用缩写 MAC。

10.1　零算法

尽管通信保护是必要的，但在某些情况下不可能提供加密保护。这样的一个情况是一个未经认证的紧急呼叫，如在 8.6 节中讨论的。总是很难照顾特殊情况的保护：必须保证由于意外或非主动需要的保护延伸到有可能需要保护的情况。出于这个原因，设计系统使在不需要保护的情况下通过通信方的简明操作就能触发通常更好。换句话说，保护需要明确切断，而不只是不打开。当然，这种非保护的显式触发并不单独保证触发只在适当的情况下完成，还需要其他的措施。

现在更容易理解为什么"零算法"的概念是有意义的。因为非保护启动需要显式地完成，从系统角度看应用非保护启动过程类似于保护启动。这里记住，保护启动也需要显式进行主要是由于同步的原因。因此，不是选择一个合适的算法执行启动保护，而是我们选择一个零算法启动非保护。

从另一面看，"零算法"的概念可能会被一些不熟悉安全问题的人混淆。实际上，一个零算法不是一个加密算法；事实上，它根本不是一个真正的算法。不管零算法是否应该称作一个算法或其他，从语义的角度来看它很有趣，最重要的事实是，使用零算法不提供保护。

有两种不同的方法可以实现一个零算法。一个显而易见的选择是零算法不做任何事。这个选项在 EPS 中被作为零加密算法；数学上来说它是一种恒等函数：明文密文是相同的。它也被称为 EPS 加密算法 0（EEA0）。在参考文献［TS33.401］附录 B 中对零算法的描述略有不同：不是什么都不做，而是使用一个全零密钥流。由于密文通过位异或操作从明文和密码流得到（见 2.3.3 节），这也导致明文等于密文。

另一种方式实现零算法是做一些非常简单的操作，只是为了让它显示零算法确实在使用。这是 EPS 中选择零完整算法的选项：不考虑消息内容或密钥或任何其他参数，一个 32 位零字符串附加到作为应用零完整算法结果的消息后面。选择这个选项背后的原因是出于完整性考虑，而不是类似于前面一般零算法推理的什么都不做的其他选项：①有目的地提供非完整性保护变得很明确；②从程序的角度来看，受保护的情况和非保护情况变得尽可能一样。

这里需要说两句话。关于①，注意，全零的 MAC 也可能发生在一个适当的完整性算法的情况下，而且仅是 2^{32}（平均）个中的一条消息。关于②，当使用零算法或适当的算法时，所有完整性检查值（MAC 或预期的 MAC）的处理非常相似。在发送端，当使用一个适当的完整性算法时，一个全零 MAC 被附加到消息和一个（合理）的 MAC 附加到消息的方式一样。在接收端，作为一个例子，如果收到一个要求包括 MAC 的信息不带有 MAC，那么即使在使用零完整算法，也要简单地抛弃这个信息。

10.2　加密算法

EPS 中使用的加密机制非常类似于 3G 中的情况。EPS 和 3G 的密钥生成和管理有许多差异，只要密钥正确，在这些系统中密钥的使用都是非常相似的。在某种意义上长期演进（LTE）和 3G 中允许终端使用一些内部组件是有利的。记住，同一终端同时支持 3G 和 LTE 是很自然的，近似于大多数 3G 终端也支持全球移动通信系统（GSM）的方式。

在 EPS 中，有机密性保护机制的独立实例，一种是 AS 级，另一种是 NAS 级。然而，两种机制彼此很相似，而且，对加密算法本身没有区别：一个算法既适合 AS 级也适合 NAS 级，反之亦然。

很明显从 EPS 安全设计一开始足够的加密多样性是有用的。因此，EPS 开始就决定支持两种加密算法。此外，这两种算法应该尽可能彼此不同，以达到使用相同的加密分析破解两种算法的机会最小化。

从本节目前为止写到的，很容易得出这样的结论：3G 中使用同一组算法，对 EPS 也是一个不错的选择。然而，开始一个全新的系统总是会呈现出寻求新方法和更好的解决方案比最自然的系统继承观点有更大的可能性。

3G 加密算法选择过程的历史在第 4 章已经有说明。两个 3G 算法，在编写时，是基于 KASUMI 的 UEA1（UMTS 加密算法）和 SNOW 3G 的 UEA2。值得注意的是，较早的通用算法高级加密标准（AES）［FIPS 197］并不包含在其中。其理由在 4.3 节解释了。简而言之，当选择基于 KASUMI 的 UEA1 时，AES 还没有准备好，而基于 SNOW 3G 的 UEA2 作为基本算法在 AES 之上更受欢迎，因为它的设计不同于 KASUMI。

出于各种应用层保护的目的，预计 LTE 终端可能需要支持 AES。因此，选择 AES 作为 EPS 加密算法也可能会提供一些可重用性的好处，尽管提供的是一种不同于选择 3G 和 LTE 的算法。

EPS 安全架构设计者完全面临一种积极的问题：有 3 种好的算法选择，而开始的时候只需要两种。回顾在 4.3 节讨论的不同的设计策略，可以看到，为 EPS 选择一个现成算法比其他两种更复杂的策略是一个更好的选择：邀请提交和启用一个设计工作组。

虽然也有很多算法比上面提到的 3 种现成算法更有潜力，但选择很快限制于这 3 种，主要是因为操作系统的可重用性方面。考虑加密多样性的要求，包括 SNOW 3G 进入到最后两种算法似乎很自然。在另外两个之间，最终做出决定选择基于 KASUMI 上的 AES 作为另一种算法的基础一开始就会受到支持。由于在系统标准中避免不必要选项的一般原则，强制性算法数量仅限于两种。

对于 SNOW 3G 的情况，将它调整到适应 EPS 安全架构规范的工作量是最小的，并参考现有的 3G 标准执行。被称为 128 – EEA1 的算法清楚地表示该算法使用一个 128 位的密钥，并区别于未来这种算法可能的 256 位版本。注意，3GPP 已经决定，如果在未来某个时候 128 位密钥不再被视为足够长，将密钥长度扩大一倍比引入如 192 位密钥会更好一些。

对于 AES 来说，情况更为复杂。AES 几种操作模式已经在 NIST 规范中定义，但很明显，没有一种模式是因为这个特殊的目的而产生。然而，很快就发现，已经有存在的操作模式可以适应 EPS 环境。选择最合适的现有操作模式和创建必要标准的任务，再一次委托给 ETSI SAGE（欧洲电信标准协会安全算法专家组）。因为所需的努力远小于早期的设计项目，并没有成立特别工作组。代替创建独立的规范，需要的定义被附加到参考文献［TS33.401］：附录 B 包含对现有 NIST 标准所需的扩展和附录 C 包含必要的新测试数据。

计数器模式［NIST800 - 38A 2001］被选择用于 EPS。所需的调整较简单。初始 128 位计数器值的最高位定义为包含加密算法输入参数 COUNT、BEARER 和 DIRECTION，而最低位部分定义为全零。那么只需要 128 位新密码流块，计数器模式将按标准的整数加法递增。

计数器模式中基于 AES 的 EPS 算法被称为 128 - EEA2。

正如第 3 章解释的，密码学是几个交互约束的问题。W 瓦森纳协议［Wassenaar］是国际出口管制政策的一个例子。也有进口限制，特别是在中国，这些妨碍了加密在中国移动通信中的使用，因此中国政府和行业在 2009 年制定了一个包括三分之一算法的 EPS 的新方案。

出于开发新算法规范将陆续被 3GPP 同意的目的，成立了 ETSI SAGE。项目组工作的起点是中国科学院数据保障和通信安全研究中心（DACAS）加密专家的流密码设计。这个输入算法在当时命名为 ZUC。

紧接着是很类似于 SNOW 3G 产生的一个过程。在第一阶段，ETSI SAGE 进行输入算法 ZUC 内评估，与 SNOW 3G 很类似，由于 ZUC 是流密码，所以基于 ZUC 设计实际 EEA3 算法是一个很直接的任务。

第二阶段是两个独立的评估，特别是学术专家团队。工作组考虑这个阶段的评估结果，通过 3GPP 和其他渠道公开算法设计。

第三阶段，邀请公众评价算法。2010 年 12 月在中国北京两天公众研讨会上上半年的公众评价达到顶峰。根据研讨提案结果（特别是参考文献［SUN 等人 2010］）和另一个加密场景提出的有趣结果［WU 2010］，ETSI SAGE 在 ZUC 设计中做了两个变化。从算法的修改版本开始，紧随着是第二个半年的公众评价，也在北京，2011 年 6 月为期两天的第二个公共研讨会。在 ZUC 设计中，没有进一步的改变；有关 ZUC 算法的详细信息，请参阅参考文献［TS35.222］。同样对于一些 GSM 和 3G 算法，包括 SNOW 3G 和 ZUC 的部分，在 Release11 中，这些标准只包含一个指示器指向一个可以找到实际规范的地方。ZUC 和基于的 ZUC 算法的详细规范在 GSM 协会（GSMA）的网站上可以找到。

ZUC 算法基于线性反馈移位寄存器（LFSR）、位重组和一个非线性函数。因此，SNOW 3G 和 ZUC 的结构有一些相似之处。然而，ETSI SAGE 得出结论，ZUC 和 SNOW 3G 也有很多差异，绝不是好坏为一体［TR35.924］。

128 – EEA3 算法作为一个选项被发布在 3GPP Release11 ［TS35. 221］中。前缀"128"指的是算法使用 128 位密钥的版本。

10.3 完整性算法

许多 EPS 加密算法背景解释的事实也适用于完整性算法。完整性保护机制在 3G 和 LTE 相似，但在密钥管理上有巨大差异。每个完整性算法同样适用于 AS 级和 NAS 级保护。为使密码分析的发展有一个好的安全边界，从 EPS 开始两种不同的算法就已准备就绪。从实现的角度，特别是终端，是很不错的算法，也可用于其他用途。

出于加密和完整性的目的，有一个使用相同的核心加密函数的典型实践。这种做法也主要是由于可重用性的好处以及没有加密的原因。然而，没有发现很多的争论提出反对这种做法，所以决定从基于 AES 和 SNOW 3G 的一开始就支持两种完整性算法。

和加密的情况一样，UIA2 可以简单明了的方式适应 3G 标准，但是在一个输入参数上有一个小的区别。该算法被称为 128 – EIA1。同样，128 数值是指在以后的版本中有需要一个 256 位版本的可能性。由于一个输入参数的细微差别，参考文献 ［TS35. 217］中的 UIA2 测试向量对 128 – EIA1 验证的实现不一定充分，因此有一些 128 – EIA1 的测试数据集被添加到 Release11（［TS33. 401］的附录 C）中。

对于 AES，类似于加密的情况下，需要由 ETSI SAGE 做一些更多的调整工作。参考文献 ［NIST800 – 38B 2005］选择了基于加密的消息认证码（CMAC）模式。附加的定义可以在参考文献 ［TS33. 401］的附录 B 中找到和必要的新测试数据在同一标准的附录 C 中找到。类似于加密，EPS 完整性保护所需的输入参数被映射到 CMAC 初始化参数，使用全零填充其余的参数。

在 CMAC 模式中基于 AES 的 EPS 算法被称为 128 – EIA2。

在 Release11 中，基于中国人的 ZUC 密码的一个新加密算法被添加其中，正如前面的小节中讨论所说。尽管进口限制完整性算法并不如机密性算法严格，但引入了一个与新 EEA3 一起的新算法 EIA3 有道理。这是因为为了 EEA3 目的，ZUC 核心算法无论如何都将被执行而且提升算法多样性也是一个目标，正如本章中讨论所说。

EIA3 结构在 ZUC 需求之上只需要少量的硬件资源。结构是基于使用通用哈希函数的原理，和 EIA2 情况相似，但实际结构不同于 EIA2。完整性算法设计及加密算法评估分 3 个阶段。

128 – EIA3 算法被增加在 Release11 标准中作为一个选项，算法细节请参阅参考文献 ［TS35. 221］。

10.4　密钥派生算法

正如本书中所解释，EPS 密钥层次比 3G 或 GSM 更复杂。一个重要点是必须有一个标准化方式从对方获得密钥。从安全的角度来看，单向推导过程是至关重要的：不应该出现使用低层物理上更少的保护密钥获得高层物理上更多的保护密钥信息。此外，由同一密钥产生的两个密钥应该是独立的。注意，物理保护的区别更倾向指网络侧；在 UE 侧有很小的差别。

尽管 3G 接入安全不需要定义一个标准化的密钥派生函数（KDF），但对于其他 3GPP 特性是需要的。最值得注意的是，通用引导架构（GBA）[TS33. 220 Holtmanns 等人 2008] 包括作为其核心功能之一的新密钥派生。EPS 密钥推导再利用 GBA 的标准 KDF。KDF 的核心是密码哈希函数 SHA – 256 [FIPS 180 – 2]。它被使用在有密钥的 HMAC（有密钥的哈希消息认证码）模式 [RFC2104] 中，其中 HMAC 密钥是获得低层密钥的 "mother"（母）密钥。HMAC 的另一个输入参数称为消息，一个出于消息完整性目的 HMAC 基本应用的名字。在 3GPP 中密钥派生的情况下，消息是有明确定义结构的一个比特字符串 S：

$$S = FC \parallel P0 \parallel L0 \parallel P1 \parallel L1 \parallel P2 \parallel L2 \parallel \cdots \parallel Pn \parallel Ln$$

这里 $\parallel$ 表示级联操作。FC 的参数是一个单 8 位字节用来区分用于 3GPP 不同目的的 KDF。参数 P0，P1，P2，…，Pn 是在密钥派生中需要的附加输入参数。参数 Li 是参数 Pi（8 位字节数）长度的一个两字节编码。使用长度值清晰地作为输入部分能保证字符串能被清晰地理解。

参考文献 [TS33.401] 的附录 A 包含 EPS 目标所需的所有 KDF 实例描述。例如，在 7.3 节中解释的，由 K_{ASME} 推导 K_{eNB} 的情况下，唯一附加的输入参数是 NAS 上行 COUNT 值。出于这个密钥派生目的，FC = 0×11 和 P0 = NAS 上行 COUNT 值。NAS 上行 COUNT 是 4 个 8 位字节的长度，所以 L0 = $0 \times 000 \times 04$。

作为一个稍微更复杂的例子，让我们看看由 K_{eNB} 无线资源控制（RRC）加密算法密钥 K_{RRCenc} 的派生。看来，唯一的额外所需输入参数是该算法标识符，如 7.3 节中所解释的。然而对所有密钥派生产生密钥层次的一个分支密钥使用相同的 FC 是很清楚的事。因此，需要进一步的附加参数隔开这些分支密钥。现在对所有这些密钥派生 FC = 0×05，而在 RRC 加密密钥情况下，例如 P0 = 0×03 作为算法类型区分器的编码。P1 是算法标识参数。算法类型区分器与算法标识都是单 8 位字节长，所以 L0 = L1 = 0×01。算法标识符被定义在参考文献 [TS33.401] 的第 5 条款。例如，使用 AES 作为加密算法对应值 P1 = 0×02（参考文献 [TS33.401] 第 5 条款，给定二进制表示 0010）。

第11章　EPS 和其他系统之间互通的安全性

在本章中，我们描述演进分组核心（EPC）如何能够与其他第三代合作伙伴项目（3GPP）接入技术 GSM/EDGE 无线接入网络（GERAN）和通用陆地无线接入网络（UTRAN）互通以及 EPC 如何支持与非 3GPP 接入技术［例如 CDMA2000 高速分组数据（HRPD）、全球微波互联接入（WiMAX）和无线局域网（WLAN）］互通。互通与长期演进（LTE）允许不同部署选项一样很重要，客户端支持多接入技术，包括 LTE，需要连续接入到网络来提供良好的用户体验。例如，一个客户端使用的第三代数据包服务可能当进入 LTE 热点地区时切换给它更高的数据吞吐量。

我们在 11.1 节通过描述与全球移动通信系统（GSM）和 3G 的互通开始，然后在 11.2 节转到与非 3GPP 互通部分。

11.1　与 GSM 和 3G 网络互通

这里我们描述 3G 或 GSM 与演进分组系统（EPS）之间的系统间空闲状态移动性与切换。这是特别有趣的，正如依靠原始系统和移动模式（切换或空闲状态移动性）处理安全文本有多种接入情况一样。有关安全文本的详细定义参考 7.4 节。一种称为从 3G 或 GSM 到演进分组系统安全文本映射的过程被应用于系统间移动性，反之亦然。这种映射指 3G 或者 GSM 起源的安全文本通常用于获得一种 EPS 的非接入层（NAS）安全文本，反之亦然。在切换方面，安全文本的映射因为效率原因总是被应用，即使是目标系统中有一种可用的本地安全文本（在各自的系统中一个认证创建一个）。在空闲状态过程中，如果可用则在目标系统中存在一个安全文本被使用。

安全文本映射满足了 EPS 向 3G 或 GSM 移动性后向密钥分离的安全性要求。后向密钥分离指目标系统不能得到源系统的密钥。这种要求在从 EPS 到 3G 或者 GSM 移动期间，从已存在的 K_{ASM} 为 3G 或 GSM 产生新密钥来实现。在另一个方向，从 3G 或 GSM 到 EPS，它是由移动性管理实体（MME）完成映射的，因此后向密钥分离不保留。而且，安全文本映射不提供前向密钥分离；也就是说，源系统知道在目标系统中使用的映射密钥。

当一个系统间移动性事件导致映射密钥应用时，事件不久就适宜建立本地安全文本以最小化目标系统在源系统中的信任要求。但即使系统之间有无条件的信任，正如它们是一个运营商的同一信任域部分，当从 3G 或 GSM 切换到 EPS 时，标准中也建议尽可能建立一个本地 EPS NAS 安全文本，因为在第 7 章解释的理由是 EPS

本地安全文本考虑得更强大。在实践中，这当然是归结到源于运营商或它风险分析的运营商安全策略。从 3G 或者 GSM 切换到 EPS 后，可以运行一个 EPS AKA（认证与密钥协商）认证，而且甚至当用户设备（UE）处于连接状态时，通过使用第 9 章描述的密钥快速改变运行过程，在密钥层的所有密钥都能重新更新。

空闲状态信令减少

EPS 规定空闲状态信令减少（Idle State Signalling Reduction，ISR）[TS23.401]，这意味着 UE 可以使用不同的无线电接入技术（RAT）同时注册多个系统。UE 在空闲状态时使用 ISR 可以在同一时间注册到演进通用地面无线接入网络（E - UTRAN）和 UTRAN 或 GERAN，和收听处于露营状态时来自 RAT 的寻呼消息。当在这些 RAT 之间重新选择小区时，在各自路由或跟踪领域不变化的条件下，UE 不需要发送任何位置更新信令信息。因此，如果 UE 在 E - UTRAN 和 UTRAN 或者 GERAN 前后切换，空闲状态信令被减少。另一方面，当 UE 接收传入的数据时，网络基于这两种技术寻呼 UE，而网络并不知道 UE 正在监听哪一个无线接入技术（见参考文献 [TS23.401] 中的图 J.4 - 1ISR 激活时下行链路数据传输）。当切换到 ISR 状态，UE 也能够进入一个系统的连接状态而且仍然在其他系统中保留注册。

当网络响应跟踪区域更新（TAU）请求或路由区域更新（RAU）请求时，ISR 被激活，会有一个 TAU 或 RAU 接收消息指示 ISR 被激活。当 ISR 被激活并且 UE 具有多个临时身份可用，它设置下一次更新中使用的临时身份（TIN）参数值为 "RAT 相关的 TMSI"。这意味着当 UE 给网络发送一个 RAU 或 TAU 请求消息时，UE 将使用 RAT 特有的临时身份。例如，用 TAU 请求 UE 将使用全球唯一临时身份，而 RAU 请求是一个分组临时移动用户标识（P - TMSI）。表 11.1（另见参考文献 [TS23.401] 中的表 4.3.5.6 - 1）显示了当接收到附着接受、TAU 接受或 RAU 接受时，UE 如何设置 TIN 值。

表 11.1　UE 的 TIN 值设置

UE 接收到的消息	当前 UE 的 TIN 值	新 UE 的 TIN 值
E - UTRAN 附着接受 （从来不指示"ISR 被激活"）	任意值	GUTI
GERAN/UTRAN 附着接受 （从来不指示"ISR 被激活"）	任意值	P - TMSI
TAU 接受（不指示"ISR 被激活"）	任意值	GUTI
TAU 接受（指示"ISR 被激活"）	GUTI P - TMSI 或 RAT - 相关 TMSI	GUTI RAT - 相关 TMSI
RAU 接受（不指示"ISR 被激活"）	任意值	P - TMSI
RAU 接受（指示"ISR 被激活"）	P - TMSI GUTI 或 RAT - 相关 TMSI	P - TMSI RAT - 相关 TMSI

ISR 可以在许多条件下停用，例如当定时器到期。每当 ISR 不为活动态时，TIN 将被设置为当前使用的临时身份分配在当前使用的 RAT（即 E – UTRAN 中的 GUTI 和 UTRAN 中的 P – TMSI）中。当 TIN 具有"GUTI"或"P – TMSI"的值时，这意味着相应的临时身份在下一个 TAU 或 RAU 请求消息中使用。如果 TIN 值为"GUTI"，则 GUTI 被映射到 RAU 请求消息中的一个 P – TMSI 和 P – TMSI 签名。GUTI 使用和在 TAU 请求中一样。如果 TIN 值为"P – TMSI"，则在 RAU 请求中使用 P – TMSI 无需任何修改，而在 TAU 请求中使用从 P – TMSI 映射的 GUTI。在表 11.2 中，RAI 代表路由区域标识。表 11.2（见参考文献［TS23.401］中的表 4.3.5.6 –2）显示了 UE 在附着请求中如何设置临时身份，TAU 请求或 RAU 请求消息取决于当前设置的 TIN 值。

表 11.2　在附着/TAU/RAU 请求消息中 UE 的临时身份

UE 消息	TIN：P – TMSI	TIN：GUTI	TIN：RAT – 相关 TMSI
TAU 请求	从 P – TMSI/RAI 映射的 GUTI	GUTI	GUTI
RAU 请求	P – TMSI/RAI	从 GUTI 映射的 P – TMSI/RAI	P – TMSI/RAI
E – UTRAN 附着请求	从 P – TMSI/RAI 映射的 GUTI	GUTI	GUTI
GERAN/UTRAN 附着请求	P – TMSI/RAI	从 GUTI 映射的 P – TMSI/RAI	P – TMSI/RAI

详细资料见参考文献［TS23.401］中的附录 J 和 11.1.1 节及 11.1.2 节，在 UE 可能包括两个 GUTI 或者 P – TMSI 值在一条消息中的情况。

11.1.1　UTRAN 或 GERAN 的路由区域更新过程

当 UE 在空闲状态下从一个 EPS 跟踪区域⊖移动到通用移动电信系统（UMTS）路由区域时，并且未在 UMTS 上注册，需要通过 UTRAN 发送 RAU 请求消息。当 UE 已经在 UMTS 注册时，需要在路由区域更改时发送 RAU 请求，或者当保留在相同的路由区域时需要周期性的 RAU 请求。为保护 RAU 过程，UE 选择 UMTS 安全文本有两种情况：使用现有的 UMTS 安全文本，或通过从 MME 中的 EPS NAS 安全文本映射获取 UMTS 安全文本（关于安全文本详见第 7.4 节）。

1. 现有 UMTS 安全文本的 UMTS 路由区域更新

当 UE 需要在这里提到的一种情况下发送 RAU 请求时，如果临时身份在 RAU 请求中使用，则 UE 使用现有的 UMTS 安全文本保护 RAU 过程（根据表 11.2），它是一个未映射的 P – TMSI。这是当 ISR 被激活并且 TIN 指示"RAT – 相关 TMSI"时的情况，或者当 ISR 被禁用并且 TIN 指示"P – TMSI"时的情况。

与临时身份 P – TMSI 一起，UE 将密钥集标识符（KSI）包括在 RAU 请求中，以允许业务 GPRS 支持节点（SGSN）识别密钥。先前的 SGSN 可以向早先的 UE 分

⊖　UMTS 路由区域和 EPS 跟踪区域是相似的概念。当一个输入呼叫需要通过在确定区域寻呼传递时，它们两个都允许网络找到 UE。

配一个 P - TMSI 签名。如果它被分配，则 UE 将其包括在 RAU 请求中，以便可以使用它认证 RAU 请求。如果 SGSN 没有相应的安全文本用 KSI 和 P - TMSI 指示，则它从用 P - TMSI/PAI 指示的旧 SGSN 中取出它。如果这不成功，则 SGSN 运行一个 UMTS AKA 认证。

2. 映射 UMTS 安全文本的 UMTS 路由区域更新

如果 RAU 请求中使用的临时身份（根据表 11.2）是一个从 GUTI 映射的 P - TMSI，就出现了这种情况。当处于空闲状态的 UE 从 E - UTRAN 跟踪区域移动到已停用 ISR 的 UTRAN 路由区域，它将始终使用从 EPS NAS 安全文本映射的 UMTS 安全文本保护 RAU 过程。与当前 EPS NAS 安全文本相关联的 EPS 密钥集标识符（eKSI）的值被映射到 RAU 请求的 UTRAN KSI 信息字段。

基于 EPS NAS 安全文本中的 NAS 完整性保护密钥，UE 将生成一种所谓的 NAS 令牌（详细信息如下），而且将它包括到 RAU 请求的 P - TMSI 签名字段中。以这种方式，当 SGSN 请求来自 MME 的 UE 安全文本，MME 能够认证基于 UE 的 EPS NAS 安全文本的请求。如果 MME 可以验证 NAS - 令牌，通过来自 EPS NAS 安全文本的映射将创建一个映射的 UMTS 安全文本，并将其传输给新的 SSGN。该映射的 UMTS 安全文本包括 UE 安全性功能、加密密钥、完整性密钥 CK，和来从 K_{ASME} 推导的 IK'，以及与 K_{ASME} 相一致的 eKSI 映射的 KSI。MME 具有 UTRAN 和 GERAN 安全性功能如同在 EPS 注册时 UE 提供它们连同 EPS 安全性能给 MME（在这里进一步讨论）。

NAS 令牌是基于 NAS 完整性保护密钥和 NAS 上行链路 COUNT 创建的。CK'和 IK'用同一 NAS 上行链路 COUNT 值从 K_{ASME} 导出。具体公式见参考文献 [TS33.401] 的附录 A。在 UE 和 MME 中当前的 NAS 上行链路 COUNT 值由于丢失或挂起上行链路 NAS 消息可能不同。基于这个原因，MME 将用一个 NAS 上行链路 COUNT 值的范围计算 NAS 令牌，而且与接收到的 P - TMSI 签名进行比特位比较[⊖]。如果匹配，则 NAS 令牌被验证通过，MME 识别 NAS 用于计算 NAS 令牌的上行链路 COUNT 值，并将其标记为已使用。基于该 NAS 上行链路 COUNT 值，MME 也将导出 CK'和 IK'。因此，同一 NAS 令牌不能在 MME 中使用两次，除非 NAS 令牌重传（可能是因为在相同的移动性事件期间一个丢失的消息）。

UE 将 CK'、IK'和 KSI 存储在 USIM 上作为新的 UMTS 安全文本。这是一个映射的 UMTS 安全文本，它从 MME 中的 EPS NAS 安全文本得到。UE 也使用参考文献 [TS33.1021] 中规定的转换函数 c3 从 CK'和 IK'计算一个 Kc，而且更新移动设备（ME）和 USIM 中的 Kc 值。和任何前面存储的由一个前 UMTS 安全文本 CK 和 IK 计算得到的 Kc 一样是必要的，因此与 CK'和 IK'不同步。通用分组无线业务

　⊖　NAS 令牌实际被截短到 16 位而且被包进 P - TMSI 签名字段。P - IMSI 签名字段比 16 位长，但保留位一部分用于其他目的 [TS24.301]。

（GPRS）加密密钥序列号（CKSN）设置为 KSI。也许下一次当 UE 从空闲模式切换到连接模式时，运营商想要创建新密钥和一个本地的 UMTS 安全文本以便可以一直在 UTRAN 侧运行 UMTS AKA。

GERAN 中 RAU 过程使用从 UE 和 MME 中 EPS 映射的 GSM 安全文本，类似于 UTRAN 中 RAU 过程使用 UE 和 MME 中 EPS NAS 安全文本映射的一个 UMTS 安全文本，除了 UE 和 SGSN 将用由 MME 到 SGSN 传递的 CK′ 和 IK′ 派生加密密钥 Kc 或 K_{c128}［TS33.102］并使用 GERAN 特定的安全算法。一个支持 E - UTRAN 和 GERAN 之间互通的 SGSN 必须能够处理 UMTS 的安全文本。这样，MME 给新 SGSN 提供相同的安全文本，正如上面描述的，它支持 E - UTRAN 和 GERAN 之间互通的 SGSN。

11.1.2　EPS 跟踪区域更新过程

当 UE 从空闲状态由一个 UTRAN 路由区域进入到一个新的 EPS 跟踪区域，不在对应跟踪区域的 EPS 侧注册，它需要发送一条跟踪区域更新（TAU）请求消息到 MME。（准确说，要发送 TAU 请求，UE 需要转到连接状态。UE 完成 TAU 过程后，再回到空闲状态。）为保护 TAU 请求消息，对于 UE 有两个情况去选择安全文本：如果在 UE 中可以使用 UE 可以使用当前 EPS NAS 安全文本（要么本地或以前映射的 EPS NAS 安全文本），或者映射当前的 UMTS 安全文本到一个 EPS NAS 安全文本。

当一个 UE 发送一个 TAU 请求时从 UTRAN 路由区域空闲状态移动到一个 EPS 跟踪区域不是唯一情况。当一个 UE 已经在 EPS 中注册，当跟踪区域变化，或周期性 TAU 请求保留在一个跟踪区域时需要发送一个 TAU 请求。

EPS 在 TAU 请求中指定了一个标志名为激活标志。当该标志被设置以后，MME 将会为 UE 建立一个接入层（AS）安全文本，包括 K_{eNB}，并发送它到服务基站，因此，UE 和基站用 AS 级安全模式命令建立 AS 级安全（见 8.3 节），而且能够开始发送和接收用户平面层数据。

1. 用当前 EPS NAS 安全文本的 EPS 跟踪区域更新

如果在 TAU 请求中使用的临时身份（根据表 11.2）是没有映射的 GUTI，则 UE 使用当前的 EPS NAS 安全文本来保护 TAU 过程。这是 E - UTRAN 内 TAU 过程的正常情况。当 ISR 被激活时也使用它，并且跟踪区域与当前 UE 注册的跟踪区域相比有变化（意味着即使 ISR 被激活，UE 也需要发送 TAU 请求）。这种情况已经在 9.3 节关于空闲状态移动性方面做过描述了。

UE 将 GUTI 和 eKSI 包括到 TAU 请求消息中。UE 仅完整性保护 TAU 请求消息，使得如果 MME 改变，则新的 MME 能够找出基于 GUTI 的旧的 MME 身份，与没有安全文本它不能解密消息一样。如果旧的 MME 没有 UE 安全文本和 eKSI 索引的密钥，或完整性保护验证失败，新 MME 将运行 EPS AKA。

由于 EPS 支持多种算法，新的 MME 支持来自旧 MME 的不同算法，因此 NAS 层安全算法需要为此改变，为此，在发送 TAU 接受消息到用新 NAS 密钥和 NAS 算法保护的 UE 之前，MME 将运行 NAS 安全模式命令过程，如 8.2 节描述的。

2. EPS NAS 安全文本映射的 EPS 跟踪区域更新

如果 UE 中的 TIN 值设置为 "P - TMSI"（根据表 11.2），则 UE 包括一个从 P - TMSI 映射的 GUTI 和在 TAU 请求中与 UMTS 安全文本中识别密钥的 KSI 一起的旧 RAI。如果 SGSN 分配了 P - TMSI 签名，则它也被包含在消息中。

如果 UE 具有当前 EPS NAS 安全文本，则它将另外包括 eKSI，如果存在，则与该文本相关联的 GUTI 作为一个附加的 GUTI 信息要素。这个 GUTI 则不同于 P - TMIS 映射的 GUTI。UE 则用在当前 EPS NAS 安全文本中的密钥和算法完整性保护 TAU 请求，但不加密。如果由附加的 GUTI 和 eKSI 指示的 EPS NAS 安全文本仍然可用，新的 MME 则可以从自己的内存中获取当前 EPS NAS 安全文本。

如果 UE 没有当前的 EPS NAS 安全文本，则不会完整性保护或加密 TAU 请求消息。

如果新的 MME 没有接收 eKSI 指示的 EPS NAS 安全文本或收到没有完整性保护的 TAU 请求，新 MME 将从旧的 SGSN 请求 UMTS 安全文本并转换安全文本成一个映射的 EPS NAS 安全文本。MME 找到基于一个 P - TMSI 映射的 GUTI 的旧 SGSN，并且旧 SGSN 通过使用 UE 发送的 GPRS CKSN 与映射 GUTI 一起识别 UMTS 安全文本。此映射的 EPS NAS 安全文本成为当前的 EPS NAS 安全文本。下一段说明映射的 EPS NAS 安全文本如何创建。

UE 始终将一个 32 位 $NONCE_{UE}$ 包含在 TAU 请求消息中。随机数仅在需要创建映射的 EPS NAS 安全文本时使用。但因为 UE 无法知道何时发送 TAU 请求是否会是这种情况，它总是包括 $NONCE_{UE}$。根据定义，一个随机数只使用一次。在这种情况下，$NONCE_{UE}$ 甚至必须是一个随机数（有关 $NONCE_{UE}$ 随机性的更多信息见 [TS33.401] 中的附录 A）。

当从 SGSN 接收到 CK Ⅱ IK 创建映射的 EPS NAS 安全文本时，MME 也将创建一个称为 $NONCE_{MME}$ 的随机数（必须满足与 $NONCE_{UE}$ 相同的随机性要求），并且使用两个随机数来得出一个新的映射 K'_{ASME}。使用随机数创建 K'_{ASME} 的原因是在空闲状态移动性过程中一样的 CK Ⅱ IK 可以重复地传送到新的 MME，例如当 UE 在 UTRAN 和 E - UTRAN 之间来回移动几次，并且在此期间在 UMTS 侧不创建新密钥 CK 和 IK。如果现在映射的 K'_{ASME} 仅从 CK 和 IK 创建，没有进一步的新输入，每次将创建相同的映射 K'_{ASME}，因此也是相同的 NAS 加密和 IK（见第 8 章）。这将违反作为做完整性保护和加密输入值，相同序列号（COUNT 值）的相同密钥不能使用两次的安全要求。但是当创建映射 EPS NAS 安全文本时，各自的 NAS 上行和下行链路 COUNT 值被设置为起始值。因此，K'_{ASME} 必须总是新的，而且要求使用随机数。新的 MME 将新的当前 EPS NAS 安全文本与 NAS 安全模式命令过程一起使用（参见 8.2 节），并将两个随机数包含在 NAS 安全模式命令消息中。MME 包括 NONCE$_{UE}$，使得在发送到 MME 时 UE 可以验证其自己的 NONCE 有没有被修改。然后通过使用随机数作为密钥派生函数的输入值 UE 也能够得到新的 K'$_{ASME}$。参考文献［TS33.401］附录 A 有确切的密钥派生参数和公式。正常情况下 MME 也可以同时改变算法（例如，如果新的 MME 支持与旧 MME 不同的算法）。

当源 SGSN 与 UE 共享一个 UMTS 安全文本时，这个描述也应用到从 GERAN 到 E - UTRAN 的空闲状态移动性。

11.1.3　从 EPS 到 3G 或 GSM 切换

在此我们描述从 EPS 到 3G 或 GSM 切换的密钥管理。注意，在切换发生之前，NAS 和 AS 必须在 EPS 侧建立安全性。换句话说，没有 AS 安全性激活基站就不能发送切换命令。在 UE 和基站建立 AS 层安全性之前黑客发送无保护的命令去切换到其他安全性更低的 RAT 时，这将使保护免受攻击。

当 EPS 网络决定做一个到 UTRAN 或 GERAN 的切换时将创建 UMTS 密钥，并将其与 UE 安全性能和 KSI 一起发送到目标 SGSN。然后目标系统创建切换命令参数，包括用于目标系统中的安全算法，将被传送到 MME，而且最终传送到 E - UTRAN 中的服务基站，其命令 UE 执行到 UTRAN 的切换。

我们现在首先解释到 UTRAN 的切换，再说明与到 GERAN 切换情况的（小）差异。

如已经提到的，在切换中一直有映射密钥应用在目标系统中是效率方面的原因，而不管目标系统中安全文本的可用性。UE 和 MME 都需要从当前 K$_{ASME}$创建新的 UMTS 密钥 CK'和 IK'。识别 CK'和 IK'的 KSI 等于 eKSI 识别当前 K$_{ASME}$的值。为了确保密钥新鲜度，UE 和 MME 使用当前的 NAS 下行链路 COUNT 值作为输入参数到 CK'和 IK'推导，然后增大该值。以这种方式，相同的 NAS 下行链路 COUNT 值从不使用相同的 K$_{ASME}$两次来派生出 CK'和 IK'。为了确保 MME 和 UE 都使用相同的 NAS 下行链路 COUNT 值，MME 将 32 位 NAS 下行链路 COUNT 值的最低 4 位包括消息传给 eNodeB（eNB）命令 UE 切换到 UTRAN。eNB 将这些比特位转发给 UE。然后 UE 使其 NAS 下行链路 COUNT 值与 MME 用的同步，也许是通过增加 NAS 下行链路 COUNT 值直到 4 个最低有效位匹配，此外，UE 还检查同一 NAS 下行链路 COUNT 不使用相同的 K$_{ASME}$两次来派生出 CK'和 IK'。注意 NAS 下行链路和上行链路 COUNT 值在 UE 或 MME 中绝不会减少。

与 CK'和 IK'一起，MME 还向目标 SGSN 提供 UE 安全能力。目标系统然后决定使用什么算法。

新映射的 UMTS 安全文本替换 USIM、ME 及目标 SGSN 中所有存储值。以这种方式，在 UE 已经进入空闲状态之后，映射的文本对 UE 和 SGSN 都保持可用。进一步注意，从 eKSI 映射的 KSI 与以前建立的 KST 相同。因此，以前存储的密钥和

KSI 值在可能被存储的所有地方都被覆盖是重要的，以避免 UE 和 SGSN 之间的未来密钥同步问题。如在 11.1.1 节描述的空闲状态下的移动性，UE 还从 CK′和 IK′导出 Kc，并将其存储在 USIM 上，并将 CKSN 设置为 KSI。

如果切换失败，则新映射的 UMTS 安全文本将被删除。如果目标 SGSN 具有相同 KSI 的安全文本与新映射的安全文本一样，SGSN 将删除它。这是要避免可能的安全文本同步问题。

该描述也适用于从 E－UTRAN 到 GERAN 的切换，因为目标 SGSN 与 UE 共享 UMTS 安全文本。然而当新的加密算法需要较长的密钥时，UE 和 SGSN 将从 CK′和 IK′和 K_{c128} 推导 Kc。同样目标 SGSN 和 UE 将与 CK′和 IK′相关联的 eKSI 值分配给与 GPRS Kc 或 K_{c128} 相关联的 GPRS CKSN。UE 也更新 USIM 的 Kc。

11.1.4　从 3G 或 GSM 到 EPS 切换

在从 UTRAN 或 GERAN 切换到 EPS 中，映射 EPS NAS 安全文本在切换之后始终在目标系统中使用。如果决定通过运行安全模式命令过程或运行 EPS AKA 来创建新的本机 EPS NAS 安全文本，只有切换以后 EPS 才可以考虑使用一个本地 EPS NAS 安全文本。

源系统 SGSN 将 CK、IK 和 KSI 传递给目标 MME。如果用户仅具有唯一一个 GSM 合约，并且因此 SGSN 中的安全文本来自一个用户身份模块（SIM）而不是 USIM，则 SGSN 递送一个 Kc 给目标 MME，然后终止此过程。记住用户在使用 GSM 合约时允许用户访问 UMTS 而不是 EPS。为使系统更有效，源无线电网络控制器（RNC）可以检查是否 UE 用 UMTS AKA 认证（详见参考文献［TS33.401］中），如果 UE 未用 UMTS AKA 认证，则源 RNC 可以决定不执行切换到 E－UT-RAN。（实际上，由于 MME 无论如何都要阻止它，所以在这一点上，RNC 提前切换到 E－UTRAN 没有多大意义）。另外，源 RNC 可以为 UE 选择用于切换的另一个目标系统。

目标 MME 使用 CK 和 IK 以及 $NONCE_{MME}$ 来创建新映射的 K′$_{ASME}$，MME 创建 $NONCE_{MME}$，以确保 K′$_{ASME}$ 是新的，因为同一 CK 和 IK 重复传递到 MME，如在切换期间，UE 在 UTRAN 和 E－UTRAN 之间来回移动。$NONCE_{MME}$ 将满足与空闲状态移动性过程中使用的随机数相同的随机性要求。

K_{eNB} 从 K′$_{ASME}$ 导出并发送到目标基站（即 eNB）。通常，K_{eNB} 派生参数包括 NAS 上行链路 COUNT 值。然而在从 UTRAN 切换到 E－UTRAN 的情况下，规范规定在 K_{eNB} 推导中使用的 NAS 上行链路 COUNT 值必须是 $2^{32}-1$，而在 NAS 协议中使用的 NAS 上行链路 COUNT 值切换以后作为一个消息计数器设置为 0，因为应该用新的密钥 K′$_{ASME}$ 和新的 NAS 加密和 IK。理由是 3GPP 发现了一个相同 K_{eNB} 派生两次的特殊场景导致一个密码流重复和潜在的安全弱点。3GPP 决定解决这个漏洞，即使它似乎很难处理。

这场景如下，假设 UE 被切换到 E－UTRAN 而且一个 K_{eNB} 通过使用一个 NAS 上行链路 COUNT 值为 0 的从 K'_{ASME} 派生而来，假设进一步切换以后没有 TAU 请求发送，由于 ISR 激活，且在上行链路上没有发送其他 NAS 消息，因此在 NAS 上行链路 COUNT 值保持为 0。然后，UE 进入空闲状态。当 UE 回到连接状态并发送服务请求时，这个请求使用当前 NAS 上行链路 COUNT 值，其为 0。但是根据 7.3 节中描述的推导 K_{eNB} 通用原则，当前 NAS 上行链路 COUNT 值必须在 K_{eNB} 派生中使用。由于 K_{ASME} 没有改变，所以相同 K_{eNB} 派生的结果与切换后创建的相同。下一个服务请求将增加 NAS 上行链路 COUNT 值，所以问题不能再发生，并且在 K_{eNB} 派生中 $2^{32}-1$ 值的使用正好在切换解决问题之后，正如在 NAS 信令中 NAS 上行链路 COUNT 值用作 24 位值使用，而下行链路最高有效 8 位始终设置为 0 [TS24.301]。因此，NAS 上行链路或下行链路的 COUNT 值从来不会达到 32 位的最大值（$2^{32}-1$）。

注意，KSI 被标记为存储在 EPS 中的 KSI 信息元素中的 KSI_{SGSN}。以这种方式，EPS 可以区分由 MME 分配的 KSI 和来自 SGSN 的 KSI，因为两个网络实体可以分配相同的值（KSI 仅为 3 比特，但是 eKSI 使用第四位来区分 KSI_{SGSN} 和 KSI_{ASME}，请参见 7.4 节）。这个工作与新映射的 EPS NAS 安全文本覆盖任何现有映射的 EPS NAS 安全文本一样。注意在另一个切换方向映射的 UMTS 安全文本覆盖当前的 UMTS 安全文本，例如避免了 KSI 重叠。

目标 MME 选择 NAS 安全算法，并将其与 KSI_{SGSN}、UE 安全能力和 $NONCE_{MME}$ 一起指示给目标基站（eNB）。目标基站随后选择 AS 层安全算法，并将所有这些参数包含在切换命令消息中。然后将切换命令消息传递给源系统，源系统将其发送给 UE。当 UE 接收到切换命令后将激活 EPS 侧的 AS 层和 NAS 层安全性。类似地，当目标 eNB 从 UE 接收到切换完成消息时，它激活 AS 层安全性。目标 MME 在从目标 eNB 接收到切换通知消息时激活 NAS 层安全性。

源系统 SGSN 向目标 MME 发送 UE 安全能力。UE 的安全能力，包括 UE EPS 安全能力，由 UE 通过 UE 网络能力信息元素发送到 SGSN，其中还包括 UE EPS 安全能力在附着请求和 RAV 请求中。先前版本的 SGSN 可能不会将 UE EPS 安全能力转发给 MME。当 MME 没有从 SGSN 接收到 UE EPS 安全能力时，MME 将假设默认的 EPS 安全算法集合是 3GPP Release8 定义的 UE 支持的算法（并且将根据该默认集合，在映射的 EPS NAS 安全文本中设置 UE EPS 安全能力）（参见第 10 章）。

为了防止来自源系统的目标攻击，UE 在切换之后将其安全能力包括在以下 TAU 请求消息中，使得 MME 可以检查它们并在需要时改变 NAS 和 AS 安全算法。UE 可能在一定时间内不发送 TAU 请求，这可能是因为跟踪区域没有改变，并且 ISR 处于打开状态，而这种情况只有当 UE 先前已经向 MME 注册才会发生，并且 MME 应该仍然具有来自先前注册的 UE EPS 安全能力。如果 MME 已经删除了该文本，则大多数可能切换为默认功能集。

如果切换失败，则目标 MME 将删除新映射的 EPS NAS 安全文本以避免可能的安全文本同步问题。

如果跟踪区域发生变化，UE 发送一个用映射 EPS NAS 安全文本保护的 TAU 请求（也就是在此前 EPS 中没有注册的情况下）。如果 UE 具有本地 EPS NAS 安全文本，则其将包括一个 GUTI 到消息中，要么在旧 GUII 信息元素，要么在附加的 GUTI 信息元素中。UE 还将包括KSI$_{ASME}$一个 eKSI（即，用于本地 EPS NAS 安全文本的 KSI）。以这种方式，MME 能够从其存储器搜索本地 EPS NAS 安全文本，并且在切换过程完成之后在 NAS 层激活它（如果可能）。MME 发送由本地 EPS NAS 安全文本生成的新 K$_{eNB}$到目标 eNB。目标 eNB 使用密钥更改即时过程来激活 AS 层新密钥，如 9.5 节所述。以这种方式，EPS 不必运行 EPS AKA 从源系统密钥获得前向密钥分离。然而，如果 UE 没有本地 EPS NAS 安全文本，则强烈建议在切换之后尽快运行 EPS AKA 并尽快执行整个密钥层的在线密钥更改，原因是安全目标需要在 EPS 中一直有分离的密钥。

该描述也适用于从 GERAN 到 E - UTRAN 的切换，因为要求是源 SGSN 与 UE 共享 UMTS 安全文本。

11.2　与非 3GPP 网络互通

本节与第 5 章 3G - WLAN 互通有密切关系。建议对本节感兴趣的读者先看下 5.1 节中介绍的 3G - WLAN 互通原理，因为它们将在这里重新使用。这里的过程与 5.2 节中描述的安全机制非常类似，但在下文中将对此安全机制进行更详细的描述，因为有一些很大不同，很难用 5.2 节中的大量参考解释。

11.2.1　与非 3GPP 网络互通原理

1. 范围

第 5 章使用 WLAN 的例子讨论了通过非 3GPP 接入网访问第三代核心网络的安全性，本章将讨论通过非 3GPP 接入网访问 EPC 的安全性。非 3GPP 接入技术是一种未由 3GPP 定义的技术；即除 E - UTRAN（LTE）、UTRAN（3G）或 GERAN（2G）之外的任何接入技术。对于参考文献［TS33.402］中规定 EPC 的非 3GPP 接入的安全过程对于任何特定的非 3GPP 接入技术都不是具体的，但是仅针对一种特定的接入技术，即 cdma2000® HRPD［TS33.402］提供了一种过程对网络实体的映射。这反映了这样一个事实，即通过 cdma2000® HRPD 接入网访问 EPC 可能是编写本书时最重要的使用情况。它允许在第二代（2G）或 3G 网络中使用 cdma2000® 技术的运营商能够平滑过渡到 LTE。cdma2000®接入技术在参考文献［C.S0024 - A v2.0］中有所规定，并被广泛应用于美洲和亚洲部分地区。3GPP 规范［TS23.402］和［TS24.302］中明确提到的其他接入技术为：WiMAX［WiMAX］、WLAN 和以太网。

目前的处理范围与前面 11.1 节中 GSM 和 3G 网络互通有点不同，因为后者仅处理不同类型网络之间移动的安全性，而本节还涉及用户保持静止的情况。此外，在本节文本中考虑的非 3GPP 接入 EPC 的用户移动受支持的方式是 EPC 网络保持不变；相比之下，在 11.1 节的文本中，核心网的类型会因移动用户而发生改变。

2. 可信与不可信的接入网络

在非 3GPP 接入 EPC 文中的一个关键概念是可信和不可信接入网络之间的区别。"可信接入网"的直观意思是接入网络中存在安全措施，以及从 EPC 运营商的角度来看，接入网和 EPC 之间链路的安全性都足够好。因此，对于可信接入网，不需要定义额外的安全措施来保护终端和 EPC 之间的通信，而对于不可信的接入网络，需要这样的附加措施。因此，根据不同接入网络的信任状态，这些过程将发生很大变化。

接入网络被认为是可信或不信任，3GPP 规范未给出精确的准则。这样做的原因是规范是为了仅定义系统的技术行为，而是否有人信任超出了技术的范围，而且还要考虑到不同组织、商业和法律的因素。因此参考文献 ［TS23.402］ 规定⊖：

非 3GPP IP 接入网络是否可信不是接入网络的特征。

因此，由运营商和用户决定是否信任接入网络。在大多数实际情况下，用户的归属运营商将为用户做出决定，用户终端将通过配置或通过在基于 3GPP 的接入认证期间发送的受保护信令消息中的明确指示来了解接入网的信任状态，见参考文献 ［TS24.302］ 第 6.2.3 条。在发生冲突的情况下，显式指示优先于终端中配置的数据，因为它可能更新。可以通过在漫游情况下从被访问的运营商接收的信息来协助本地运营商进行该决定。

当接入网络不可信时，必须在 UE 与 EPC 中称为演进分组数据网关（ePDG）的一个节点之间建立一个 IPSec 隧道。除了建立隧道的初始信令之外，所有业务必须经过该安全隧道内的接入网络。以这种方式，即使接入网络完全没有安全性，UE 和 EPC 之间的通信的安全级别变成独立于接入网的安全属性，且整体安全级别也很高。当接入网络可信时，不需要在 UE 和 ePDG 之间使用 ePDG 和安全隧道。然而，正如我们将看到的，即使对于可信的接入网络，在某些情况下，在 UE 和归属代理（HA）之间仍需要 IPSec 保护来保护移动 IPv6 信令。

作者认为，在 cdma2000® HRPD 接入网络的实际部署中，通常该网络被认为是可信的，而 WLAN 接入则被认为是可信的或不可信的，这取决于，例如对空中接口保护的质量。

3. 非 3GPP 接入 EPC 的移动性概念

当用户通过 3GPP 定义的接入网络（E‑UTRAN、UTRAN 或 GERAN）附着它

⊖　有些文本转载经© 2010，3GPP™许可。

们的移动性时用这些网络的移动性机制可以得到支持，例子是第 9 章描述的 E -
UTRAN 中的切换机制。对于非 3GPP 接入 EPC，这些机制不可用，而是使用了非
3GPP 接入网络（未被指定为 EPS 的一部分）特有的移动性机制以及互联网协议
（IP）移动性机制。这里有 3 种相关的移动性机制：

- 代理移动互联网协议（Proxy Mobile IP，PMIP）[RFC5213]；
- 外地代理（Foreign Agent，FA）模式中的移动互联网协议版本 4（MIPv4）
[RFC3344]；
- 双栈移动 IPv6（Dual Stack Mobile IPv6，DSMIPv6）[RFC5555]。

在参考文献 [TS23.402] 中规定了在非 3GPP 接入 EPC 时如何使用这些机制。
由于本书着重于安全性，也可以获得其他许多资源以找到更多关于 IP 移动性机制
的信息，我们不试图在这里详细描述它们是如何工作的。

这些 IP 移动性机制的使用取决于非 3GPP 接入网络的信任状态（详见参考文
献 [TS23.402]）。

- PMIP。PMIP 的突出特性是 UE 不知道任何 IP 的移动性处理，因此 UE 假定
自己一直连接到本地网络。通过所谓的移动接入网关（Mobie Access Gateway，
MAG）代表 UE 执行移动性的处理。核心网络对应的是本地移动锚（Local Mobile
Anchor，LMA）。当 PMIP 与可信接入网络一起使用时，MAG 驻留在非 3GPP 接入
网络中；当 PMIP 与不可信的接入网络一起使用时，MAG 驻留在 ePDG 上。在这两
种情况下，LMA 都驻留在 EPC 中的网关（GW）上。（参考文献 [TS23.402] 中也
有 MAG 驻留在服务 GW 中的情况，但在本章中没有进一步描述这种情况，因为这
不是典型的非 3GPP 接入 EPC 的例子）。

- MIPv4。这仅用于可信接入网络。移动节点（MN）驻留在 UE 上，FA 驻留
在非 3GPP 接入网络中，并且 HA 驻留在 EPC 中的 GW 上。

- DSMIPv6。这可以与可信的和不可信的接入网络一起使用。其中，MN 驻留
在 UE 上，HA 驻留在 EPC 中的 GW 上。该协议中不含有 FA。

11.2.4 节将介绍与这些移动性机制有关的安全过程。

4. EAP 框架

可扩展认证协议（EAP）框架在第 5 章中描述过，3GPP 决定将 EAP 框架应用
于非 3GPP 接入 EPC 的认证与密钥协商，基于同样原因它也已决定将 EAP 框架用
于 3G - WLAN 互通。以上原因使得 EAP 框架提供了在不同类型接入网络之间使用
相同的认证与密钥协商的方法，并且统一了密钥生成和分发的方式。一个重要原因
是现存的信任基础设施能再用。其与接入网络不同的唯一具体方面是支持传输
EAP 消息的方式不同。

对等体驻留在 UE 上，EAP 服务器驻留在 3GPP 认证、授权和计费（AAA）服
务器上。认证器的分配因场景而异，如本章将要看到的。

5. 用于非 3GPP 接入 EPC 的 EAP 方法

允许以下两种 EAP 方法用于非 3GPP 接入 EPC：

- EAP – AKA，如在［RFC4187］规定的；
- EAP – AKA′，如在［RFC5448］规定的。

UE 和 3GPP AAA 服务器都必须实现 EAP – AKA 和 EAP – AKA′。这样同样的 USIM 可以用于 EAP – AKA 和 EAP – AKA′。仅当终端支持 3GPP 接入功能时，需要使用 USIM。请注意，根据定义，USIM 始终位于智能卡上（通用集成电路卡，UICC）。如果终端不支持 3GPP 接入功能，则 3GPP 不要求 UICC 存在，3GPP 中没有规定 EAP – AKA 和 EAP – AKA′协议在哪里驻留。但移动终端必须支持 USIM 提供的等效功能，而在后一种情况下，移动终端必须支持上述两种功能 EAP 方法工作。引入了此规则，以便在未使用 UICC 的传统环境中，重复使用终端类型。

与 3G – WLAN 互通不同，EAP – SIM 不再被允许使用，这与拒绝基于 SIM 卡接入 EPS（另见第 6 章）的一般规定一致。

6. EAP – AKA′概述

第 5 章中给出了 EAP – AKA 的概述。这里我们将解释 EAP – AKA 中不包含的 EAP – AKA′附加功能。

EAP – AKA′与 EAP – AKA 都允许在 EAP 框架内使用 4.2 节和 7.2 节所述的 USIM（或等效功能）、UMTS 认证向量和 UMTS 加密功能。另外，EAP – AKA′提供派生密钥与接入网络身份的绑定。EAP – AKA 和 EAP – AKA′之间的关系更像是 UMTS AKA（第 4 章）和 EPS AKA（第 7 章）之间的关系。

EAP – AKA′和 EAP – AKA 之间的区别如下：

- 对于每个 EAP – AKA′全认证，UMTS 认证向量，包括 CK 和 IK 被生成。但是，EAP – AKA′中不直接使用 CK 和 IK。相反，通过生成过程中包括的接入网络身份信息可以由（CK，IK）进一步生成一个（CK′，IK′）对。这提供了访问网络所需的密钥绑定。
- 任何 EAP 密钥均由（CK′，IK′）而不是（CK，IK）生成。
- 主会话密钥（MSK）、扩展主会话密钥（EMSK）和过渡 EAP 密钥（TEK）密钥 K_{-aut} 和 K_{-encr} 其计算方式也与 EAP – AKA 相比存在着明显不同。
- 密钥派生函数基于哈希函数安全哈希算法（SHA）–256 而不是弱的 SHA –1 算法（见 2.3 节）。
- 为了允许双方能够明确生成相同的密钥，接入网络身份（参考文献 ［RFC5448］中也称为接入网络名称）从 EAP 服务器发送给在 EAP – Request/ AKA′– Challenge 消息中携带适当属性的 EAP 对等体中。对于每个分立的接入网络类型，接入网络身份必须按照参考文献［TS24. 302］定义构造网络类型。
- 通过使用正常的 EAP 协商过程，基于与每个 EAP 方法关联的不同 EAP 类型编码，EAP 对等体和 EAP 服务器可以了解它们对 EAP – AKA′的相互支持。我们将在本章中看到，3GPP 规定在哪种情况下 EAP – AKA 和 EAP – AKA′将被应用。3GPP AAA 服务器在核心网络侧强制使用正确的 EAP 方法。

● EAP - AKA'提供了一种防止转向 EAP - AKA 的方法。这是必要的，因为 EAP - AKA 的安全属性更强大，因此转向 EAP - AKA 将不必要地削弱双方对等和服务器支持更强方法形势下的安全性，但如果其他通信不可能的话允许回落到更弱的方法。

EAP - AKA'可以用于完整认证或快速重新认证，就像 EAP - AKA 一样。EAP - AKA'也以与 EAP - AKA 相同的方式使用伪名和重新认证的身份。

我们现在讨论能够将密钥 MSK 绑定到接入网络身份的优点。假设对等和认证器之间的链接由 MSK 生成的密钥保护，密钥绑定可以消除某些形式的"说谎认证器"问题，这已经在 5.1 节中提到过。可以假设认证器与 EAP 服务器之间的 AAA 过程提供强认证，以便认证器不能将其对 EAP 服务器的身份说谎。这使得 EAP 服务器能够确保绑定到特定接入网络身份的密钥 MSK 仅被递送给与该接入网络身份相关联的认证器。EAP 服务器然后在 EAP 消息 EAP - Request/AKA' - Challenge 中通知 EAP 实体送于接入网络身份，其通过密钥 K_ aut 进行完整性保护。因此，认证器不能再向对方说谎（关于与之相关联的接入网络身份）。这能够有效防止参考文献［RFC5448］中提及的攻击：

漫游合作伙伴 R 可能会声称它是本地网络 H，以引诱同伴连接到自己。如果这样的攻击可以吸引更多的用户，对于漫游伙伴来说将是有益的，如果在 R 中的接入成本高于其他替代网络（如 H），则对用户会造成损害。

请注意，对于 EAP - AKA 来说，这样的攻击原理上是可能的。这种攻击是否会构成风险取决于具体情况。

从密钥绑定到接入网络身份获得的好处取决于定义"接入网络身份"的颗粒性。接入网络身份可以识别接入网络中的个人认证器，或接入网络中的所有认证器（如名称所示），甚至仅是指接入技术。后一种接入方法由 3GPP2 和 WiMAX 选择用于 cdma2000® HRPD 和 WiMAX 接入技术。3GPP 还在参考文献［TS24. 302］中为以太网和 WLAN 指定了一般接入网络身份，以备将来使用。这种方法可以防止一种接入技术中的漏洞溢出到另一种接入技术上，但是每种技术中仍然可能会出现漏洞。如果需要，将来可能会定义更精细的颗粒性。

使用认证向量的注意事项与 EPS AKA 的情况相同。任何拥有 CK 和 IK 的人也可以计算从它们生成的所有密钥值，因此，执行密钥绑定到接入网络身份和假冒任何认证器。因此，对于 EAP - AKA'的安全性至关重要的便是密钥 CK 和 IK 不会离开 3GPP 归属用户服务器（HSS）。因此，与 EAP - AKA'一起使用的认证向量必须使认证与密钥管理字段（AMF）分离位设置为"1"，终端侧必须能检查到这一位，就像 EPS AKA 使用的认证向量一样（见第 7 章）。

EAP - AKA'的发展是 3GPP 和互联网工程任务组（IETF）两个标准化组织之间顺利合作的一个很好的例子。当 3GPP 首次发现需要对接入网络身份提供绑定密钥的 EAP - AKA 扩展时，IETF 在与 3GPP 相关工作组（WG）、WG SA3（其中 SA

代表服务和系统方面）和 WG CT1 的不断讨论中，随后着手处理这个要求并及时制定了 3GPP Release 8 ［RFC5448］。

7. 应用 EAP – AKA 和 EAP – AKA′各自条件

它们的应用条件稍显复杂，其与接入网络的信任状态和所使用的 IP 移动性方案有关。

* 可信的接入网络。作为一个一般规则，EAP – AKA′必须与可信的接入网络一起使用。当使用 PMIP（非 3GPP 接入网络中的 MAG）或 MIPv4 用作移动性方案时，第 11.2.2 节中描述的过程总是适用。随后，认证器驻留在非 3GPP 接入网络中，但没有 EPC 保护隧道；因此从将密钥绑定到接入网标识的 EAP – AKA′属性中得到好处是一个好的主意。但是，在本章进一步介绍使用 DSMIPv6 的情况下，则是一般规则的例外。

* 不可信的接入网络。对于不可信接入网络，需要在 UE 和 ePDG 之间建立 IPSec 隧道，如 11.2.3 节所述。该 IPSec 隧道通过 IKEv2 建立，建立方式与 3G – WLAN 互通中的 3GPP IP 接入非常相似（见 5.2 节）。作为 IKEv2 启动器的 UE 使用 IKEv2 内的 EAP – AKA 进行认证。有人可能想知道为什么 EAP – AKA′在这里没有使用，实际上，在这种情况下使用 EAP – AKA′是完全有可能的。但是 EAP – AKA′在这种情况下其安全性与 EAP – AKA 基本一致，因为 IKEv2 要求使用证书进行响应者认证（即对 UE 的 ePDG 认证）；并且这种基于证书的认证也保证了用于保护隧道中信息与证书中身份之间 IPSec 安全关联的绑定。3GPP 选择了 3GPP 中通用性最强的 IP 接入，因此决定在此使用 EAP – AKA。但是，如第 5 章所述，当与 EAP – AKA′一起使用时最新的 ［RFC5998］ 允许从 IKEv2 中删除基于证书的认证的要求。

在隧道建立之前，可能需要访问认证来获得不可信接入网络上的 IP 连接。该访问认证可以或不涉及 3GPP AAA 服务器，并且独立于在 IKEv2 内部运行的 EAP – AKA。我们引用参考文献 ［TS33.402］[⊖]中的内容：

对于演进分组核心的安全性，不需要这种附加的访问认证和密钥协议。然而，可能需要不可信的非 3GPP 接入网络的安全性。任何接入网络提供商认为适合的认证与密钥协商过程，包括 EAP – AKA′，都可以使用。

特别地，访问认证甚至不需要是 EAP 方法。

如本章所述，DSMIPv6 可以在可信和不可信的接入网络都使用。使用 DSMIPv6 需要在 UE 和作为 HA 的分组数据网络（Packet Data Network，PDN）GW 之间建立 IPSec 隧道，以保护移动 IP 信令。IKEv2 又与 EAP – AKA 一同用于认证 UE 到网络和基于认证书的网络认证。注意，PDN GW 和 ePDG 是两个不同功能的实体，当使用 DSMIPv6 通过不可信接入网络访问时，有两个 IPSec 隧道，UE 和 PDN GW 之间

⊖ 有些文本转载经©2010，3GPP™许可。

的隧道在 UE 和 ePDG 之间的隧道内运行。当使用 DSMIPv6 通过可信接入网络访问时，只有一个隧道，即 UE 和 PDN GW 之间的一个隧道。然而，UE 和 PDN GW 之间的安全用户平面链路可以通过它们之间的 IPSec 隧道的子安全关联［RFC4877］来实现。UE 或 PDN GW 可以开始协商子安全关联，或者删除它们。

类似于不可信接入网络访问的情况，接入认证需要额外通过可信任的接入网络获得 IP 连接。在这种情况下，由于只有 MIP 信令而不是所有流量受到 IPSec 隧道的保护，3GPP 建议使用 EAP－AKA′用于访问认证，如 11.2.2 节所述。但是，如果满足以下条件，也可能使用涵盖非 3GPP 接入网络的标准中其他的强大认证方法［TS33.402］。

1）可信接入网络认证 UE，并提供用于要从 UE 传输到可信接入网络的数据的安全链路。

2）可信接入网络防范源 IP 地址欺骗。

3）在可信接入网络和 PDN GW 之间有一个安全链路以传送用户数据。

4）为确保分配给 UE 的 IP 地址不被另一个 UE 使用，而 EPC 没有意识到变化，当 UE 从可信接入网分离时，可信接入网和 EPC 需要协调。如果发生这样的 IP 地址改变，则 PDN GW 将必须去除旧 UE 的 CoA 地址绑定。

这听起来有点复杂，需要更多解释。这 4 个条件的基本思想是，可以使用如下的与国际移动用户识别（IMSI）绑定的 IP 地址形式来实现来自 UE 的 IP 分组起源认证。条件 2 确保用户不能非法使用别人的 IP 地址，条件 1 和 3 确保当 IP 包在从 UE 到 PDN GW 过程中没有黑客能更改 IP 地址。因此，这 3 个条件一起至少在用户被分配 IP 地址的情况下，确保了具有相同源 IP 地址的数据包始终来自同一用户。

但是 EPC 的运营商如何知道用户使用的是哪个 IP 地址？这需要源 IP 地址与 IMSI 的绑定是由 IKEv2 与 UE 和 PDN GW 之间的 EAP－AKA 认证提供的，因为认证的用户身份是基于 IMSI 的网络接入标识符（NAI）。条件 4 考虑了附加问题，即 IP 地址可能由接入网络重新分配，而不需要 EPC 注意。如果发生这种情况，EPC 将错误地认为，重新分配 IP 地址的新用户的 IMSI 实际上属于先前通过 EAP－AKA 认证的旧用户。

条件 4 在应用中可能不容易实现，因为它要求接入网络中的 IP 地址分配与核心网络中的功能相协调。参考文献［TS33.402］中提到了如何实现条件 4 的示例。一个例子是接入网络中的 IP 地址重新分配的定时器，与 PDN GW 中的 MIP 绑定到期或互联网密钥交换（IKE）失效对等体检测定时器的协调。另一个例子是在策略和计费控制（PCC）机制的文本中定义的 GW 控制会话使用，详见参考文献［TS33.402］。

总而言之，上述条件确保 EPC 可以验证某个 IP 数据包是否源自具有特定 IMSI 的已认证用户。但是，由于这种协调很容易发生错误，规范［TS33.402］提醒说，如果在实际应用中对这 4 个条件的完成有任何怀疑，则应该使用 EAP－AKA′。

11.2.2 可信接入的 AKA 协议

本章介绍了使用 EAP – AKA′进行可信接入网络的过程。本过程应用的准确条件在 11.2.1 节中做了说明，该过程如图 11.1 所示。

图 11.1 中的步骤的编号与参考文献［TS33.402］的图 6.2 – 1 中的步骤相同，以便读者将文本解释与 3GPP 规范中的文本进行比较。参考文献［TS33.402］的图 6.2 – 1 显示了一个附加的网元，一个 AAA 代理，但是这样一个代理在该过程中作用不大，仅简单地传递消息，所以我们省略了图 11.1 中的代理。与参考文献［TS33.402］相比，本书中的文本描述在某些地方进行了省略，因为并不是所有细节对于可信接入网络的认证都至关重要。这在其他地方被扩展，以便解释某些步骤原理。

这里我们限于描述完整认证过程，因为快速重新认证过程非常相似（有关快速重新认证与完整认证的区别，请参见 5.2 节更高层次的解释）。

1）链路层连接建立在非 3GPP 接入网络中的 UE 和认证器之间。该建立过程特定于接入技术，如 cdma 2000® HRPD。

2）非 3GPP 接入网络中的认证器通过向 UE 发送 EAP – Request/ ldentity 消息来启动 EAP 过程。根据 EAP 框架工作，这个消息不是 EAP – AKA′的特定消息。

3）UE 发送 EAP – Response/Identity 消息，该消息也不是 EAP – AKA′的特定消息。UE 包含的标识要么是在之前的协议运行中接收到的假名，要么是由 IMSI 生成。在任何一种情况下身份信息都包括一个暗示 UE 支持 EAP – AKA′［TS23.003］的打头数字。

4）认证器将 EAP Response/Identity 消息封装在合适的 AAA 消息中，使用 DIAMETER 协议，将其前向转发给 3GPP AAA 服务器。AAA 消息还包括接入网络身份。有关接入网络身份的讨论见 11.2.1 节

5）3GPP AAA 服务器接收 AAA 消息。当其包含一个假名，服务器由它生成 IMSI。如果服务器出现故障，则执行步骤 6）。对于 EAP – AKA′的安全性，重要的是，3GPP AAA 服务器至少在一定程度上可以验证消息的发送者（认证器）是否确实有权使用所包括的接入网络身份来验证该消息的来源。如果认证器能谎骗接入网络身份，那么密钥与该身份的绑定将不再有意义。如 11.2.1 节所述，对于最重要的接入技术，接入网络身份只是指接入网络类型，例如它等于字符串 'HRPD' 或 'WIMAX'。这意味着 3GPP AAA 服务器必须至少能够验证（为 EAP – AKA′目的）认证器是否驻留于 "HRPD" 或 "WIMAX" 类型的接入网络中。

6）步骤 6） ~ 9） 是可选项。它们包含一个 3GPP AAA 服务器在 EAP – AKA′特定消息中获得用户身份的消息交换。EAP – AKA′上的［RFC5448］强烈建议在一般设置中使用这些步骤。它们服务于两个目的，首先，认证器和 3GPP AAA 服务器之间的中间节点通常可以修改发送身份作为步骤 4）中 EAP – Response /Identity 消息的一部分，而它们从不对 EAP 特定消息进行修改。然而，当

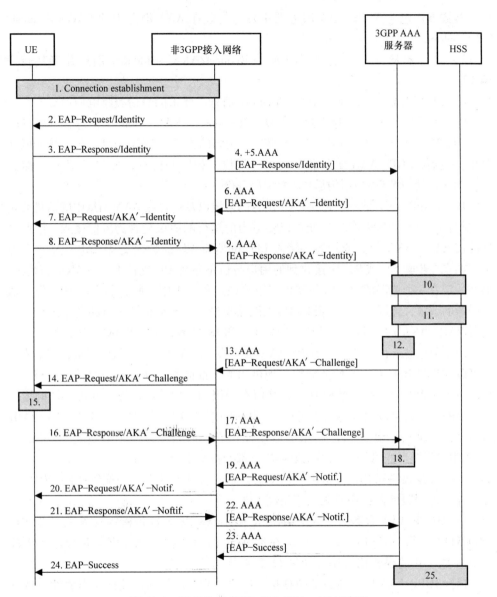

图 11.1　可信的非 3GPP 接入 EPA – AKA′认证

中间节点都在运营商的控制之下时，可以通过配置确保不会发生这种情况。其次，3GPP AAA 服务器在步骤 3）和 4）中可能无法识别 UE 发送的假名，在这种情况下，服务器将请求 UE 发送永久身份。但是当通过使用长期密钥加密 IMSI 构建假名时，如 5.1 节所述，不可能发生服务器无法识别它。因此，如果 3GPP AAA 服务器能正确处理步骤 5）中收到的身份的概率很高，假身份便能排除，那么服务器配置可以跳过步骤 6）~ 9）。

步骤 6）包含 3GPP AAA 服务器中发送封装在 AAA 消息中的 EAP – Request/AKA′ – Identity 消息。

7）认证器从 AAA 消息检索 EAP – Request/AKA′ – Identity 消息并将其转发给 UE。

8）UE 用 EAP – Request/AKA′– Identity 消息中要求的身份类型响应。

9）认证器在 AAA 消息中封装 EAP – Response/AKA′ – Identity 消息，并将其转发给 3GPP AAA 服务器。再次以与步骤 4）相同的方式，AAA 消息又包含接入网络身份。然后，3GPP AAA 服务器对网络身份执行相同的检查，如同步骤 5）。服务器在剩余的协议步骤中使用接收到的用户身份。

10）3GPP AAA 服务器通过 AAA 消息的来源以及包含在 AAA 消息中的信息元素（参见参考文献［TS29. 273］）便可以知道当前运行的协议是否为可信接入，因此必须使用 EAP – AKA′。如前所述，接入 EPC 的所有 UE 都必须支持 EAP – AKA′。那么，如果在步骤 5）或 9）中接收到的用户身份不包含 UE 支持 EAP – AKA′的线索，那么一定有一个错误情况，服务器也将拒绝该过程。否则，服务器将向 HSS 发送认证向量的请求，连同用户的 IMSI 和接入网络身份。HSS 从包括后者的角度来看，这是对 EAP – AKA′的请求，并且执行密钥 CK 和 IK 到密钥 CK′和 IK′变换，如 11. 2. 1 节所述。请注意，该规范允许 3GPP AAA 服务器一次性获取整个认证向量，那么服务器可以在步骤 10）开始时便能获取本地可用的认证向量，并且不需要关联 HSS。但是，由于 3GPP AAA 服务器和 HSS 都驻留在归属网络中，所以性能和可靠性的增加是有限的，并且可以假设它们之间有一个快速可靠的链路。此外，当 3GPP AAA 服务器总是仅请求一个新的认证向量随后便使用它，那么无论序列号管理方案如何，USIM 中同步错误的可能性（参见第 4 章）都会被最小化。

11）如果没有可用的，3GPP AAA 服务器就从 HSS 获取用户配置文件。用户配置文件会告诉服务器：用户被授权访问 EPC。

12）3GPP AAA 服务器生成密钥 MSK 和 EMSK 以及 TEK 密钥（参见参考文献［RFC5448］、5. 1 节和 11. 2. 1 节）。在本书所述过程的文本中，EMSK 仅用于生成用于移动 IPv4 的根密钥（RK）（见 11. 2. 4 节）。

13）3GPP AAA 服务器封装包括接入网身份和指示接入网信任状态属性可选项的 EAP – Request/ AKA′ – Challenge 消息在一个 AAA 消息中，并将其发送给认证器。

14）认证器从 AAA 消息中检索 EAP – Request/AKA′ – Challenge 消息，并将其转发给 UE。

15）UE 根据 EAP – AKA′的规则处理接收到的消息。特别地，UE 必须检查认证向量是否允许与 EAP – AKA′一起使用—— AMF 分离位（见第 7 章和 11. 2. 1 节）是否设置为"1"。此外，UE 将接收到的消息中的接入网络身份与本地在所有情况下观察到的接入网络身份进行比较，其中参考文献［TS24. 302］规定如何从本地观察中（如链路层广播信道）构建接入网络身份。参考文献［RFC5448］包含了如何执行比较的详细规则。制定这些规则使得将来会定义更细粒度的接入网络身份，使其向后兼容，因此传统 UE 在不了解更细粒度的接入网络身份情况下，仍能够成功地进行比较。UE（或人类用户）可以使用网络名称作为授权决定的基础。例如，UE 可以将网络名称与优选或禁止的网络名称列表进行比较。如果这些检查不成功，则 UE 放弃该过程。此时，UE 还会生成密钥 MSK 和 EMSK 以及 TEK 密钥。

16）UE 向认证器发送 EAP – Response/AKA' – Challenge 消息。

17）认证器将 EAP – Response/AKA' – Challenge 消息封装在 AAA 消息中，并将其转发给 3GPP AAA 服务器。

18）3GPP AAA 服务器对 EAP – AKA'响应进行检查；即使用密钥 K_aut 来检查消息完整性，并将从 UE 接收到的 RES 与从 HSS 接收到的预期响应（XRES）进行比较。

19）步骤 19）~22）是有条件的。它们仅在步骤 13）和 16）中的 3GPP AAA 服务器和 UE 需要保护运行结果时才会执行。否则该过程从步骤 23）开始继续。

步骤 19）包括在 3GPP AAA 服务器发送封装在 AAA 消息中的 EAP – Request/AKA' – Notification 消息中。

20）认证器从 AAA 消息中检索 EAP – Request/AKA' – Notification 消息，并将其转发给 UE。

21）UE 发送 EAP – Response/AKA' – Notification 消息。

22）认证器将 EAP – Response/AKA' – Notification 消息封装在 AAA 消息中，并将其转发给 3GPP AAA 服务器。

23）3GPP AAA 服务器发送封装在 AAA 消息中的 EAP – Success 消息。后者还包含密钥 MSK。

24）认证器从 AAA 消息中检索 EAP – Success 消息并将其转发给 UE。认证器存储 MSK，不转发给 UE；但是，由于 UE 在步骤 15）已经生成了 MSK，所以 UE 和认证器现在共享 MSK。认证器和 UE 根据特定于非 3GPP 接入技术的安全过程使用 MSK。例如，它们使用 MSK 来生成进一步的密钥，然后将其用于保护无线电接入链路。

25）3GPP AAA 服务器用 HSS 注册用户并维持会话状态。

11.2.3　不可信接入的 AKA 协议

本节介绍使用 IKEv2 与 EAP – AKA 进行不可信非 3GPP 接入网络的过程。11.2.1 节说明了适用本过程的准确条件，该过程描绘如图 11.2 所示。

图 11.2 中的步骤编号与参考文献［TS33.402］中图 8.2.2 – 1 中的步骤相同，以便读者将图 11.2 中的文本解释与 3GPP 规范中的文本进行比较。这个数字似乎

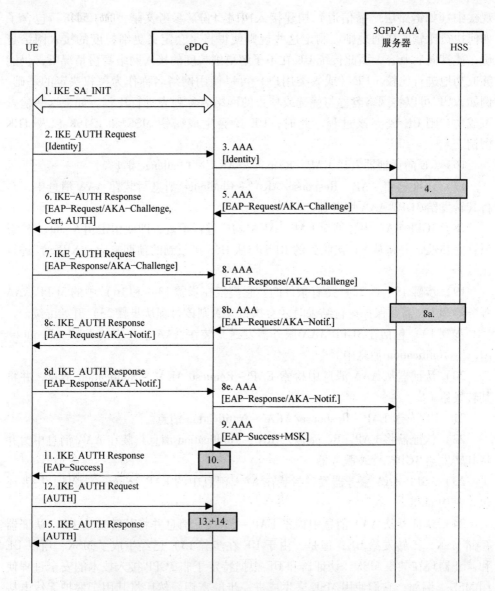

图 11.2　非受信非 3GPP 接入 IKEV2 与 EAP AKA 认证

在某个地方有点奇怪，显而易见的是，一些步骤是后来被加到图上的。与参考文献〔TS33.402〕相比，本书中的文本描述在某些地方缩短了，因为并不是所有这里提供的细节对于可信接入网络认证的理解都是必要的，在其地方扩展以解释某些步骤的原理。

程序步骤几乎与 3G－WLAN 互通的 3GPP IP 接入相同，如 5.2 节所述。

1）UE 和 ePDG 交换第一对消息，称为 IKE_SA_INIT，其中 ePDG 和 UE 协商加密算法，交换随机数，并进行 Diffie－Hellman 交换。

2）UE 在 IKE_ AUTH 交换的第一个消息中以 EAP – AKA 所需的形式发送用户身份。根据参考文献［RFC5996］，UE 省略 AUTH 参数，以便向 ePDG 请求它希望在 IKEv2 上使用 EAP。

3）ePDG 向包含用户身份的 3GPP AAA 服务器发送适当的 AAA 消息。

4）3GPP AAA 服务器从 AAA 信息（参见参考文献［TS29.273］）包含的信息元素角度看，这是一个认证和不可信接入 EPC 授权，不可信接入 EPC，而不是3G – WLAN互通的请求。由于 3GPP AAA 服务器信任发送方（ePDG）包含正确信息元素，所以服务器知道必须应用 EAP – AKA。3GPP AAA 服务器然后从接收到的用户身份推断出 IMSI，并且从 HSS 获取新的认证向量和用户配置文件（除非已经可用）。认证向量的 AMF 分离位设置为 "0"，因为它必须用于 EAP – AKA。用户配置文件告诉服务器用户有权访问 EPC。

5）3GPP AAA 服务器将 EAP – Request/AKA – Challenge 消息封装在 AAA 消息中，并发送给 ePDG。由于在步骤 3）中接收到的用户身份不能被任何中间节点修改或替换，所以不再使用 EAP – AKA 特定身份请求/响应消息请求用户身份。

6）ePDG 向 UE 发送其身份、证书和一个 AUTH 参数。ePDG 通过在发送给 UE的第一个消息中的参数计算数字签名来生成此 AUTH 参数（在步骤 1）中。ePDG还包括在步骤 5）中接收的 EAP – Request/AKA – Challenge 消息。

7）UE 使用在步骤 6）中接收到的证书中的公共密钥来验证 AUTH，并向 ePDG 发送 EAP – Response/AKA Challenge 消息。

8）ePDG 将 EAP – Response/AKA – Challenge 消息转发到 3GPP AAA 服务器，封装在 ΛAA 消息中。

8a）3GPP AAA 服务器对 EAP – AKA 所要求的响应进行检查（即使用密钥 K – aut 来检查消息的完整性），并将 UE 接收到的 RES 和 HSS 接收到的 XRES 进行比较。在这一点上，UE 从 EAP 的角度进行认证。

注意，步骤 8b）至 8e）是有条件的，仅当嵌入在 EAP – AKA 运行的动态互联网协议移动性选择（IPMS）应用时。如 11.2.1 节所述，IMPS 本质上是在选择一种 IP 移动性方案——PMIP、MIPv4 或 DSMIPv6，这些方案可以与非 3GPP 接入 EPC一起使用。有关 IPMS 的详细信息，见参考文献［TS24.302］。步骤 8b）在 3GPPAAA 服务器中发送封装在 AAA 消息中包括选择移动模式的 EAP – Reauest/AKA Notification 消息。步骤 8c），8e）包括在由 ePDG 向 UE 转发的消息，以及由 ePDG 转发到 3GPP AAA 服务器的来自 UE 的相应响应。

9）3GPP AAA 服务器向 ePDG 发送封装在 AAA 消息中的 EAP – Success 消息，后者还包含 MSK 密钥。

10）ePDG 通过基于使用共享密钥 MSK 的步骤 1）中两个交换信息参数计算消息认证码，生成两个附加的 AUTH 参数。请注意，ePDG 可以分别推迟这两个AUTH 参数的生成，直到步骤 13）和 14）。

11）ePDG 基于 IKEv2 将 EAP - Success 消息转发给 UE。

12）UE 以步骤 10）中与 ePDG 相同的方式生成两个 AUTH 参数，然后发送 AUTH 参数来保护从 UE 向 ePDG 发送的第一条信息［在步骤 1）中发送的］。

13）ePDG 通过将步骤 12）中接收到的 AUTH 参数与在步骤 10）或本步骤中计算出的对应值进行比较来验证 AUTH 参数。在这一点上，UE 也是从 IKEv2 的角度认证的。

14）如果在步骤 10）中尚未完成，则 ePDG 计算 AUTH 参数，来验证第二个 IKE_SA_INIT 消息。

15）然后，ePDG 将在步骤 10）或步骤 14）中计算的 AUTH 参数发送给 UE。UE 通过将接收到的 AUTH 参数与在步骤 12）中计算出的对应值进行比较来验证接收到的 AUTH 参数。

UE 移动情况下 IPSec 隧道的处理

IPSec 最初是在没有移动性考虑的情况下设计的。为了在终端移动时，同时保持 IPSec 隧道的激活，IETF 开发了 MOBIKE［RFC4555］。通过 MOBIKE，终端（IKE 术语的发起者）可以在维护 IPSec 隧道的同时更改其 IP 地址，并通知应答器新的 IP 地址。但是，MOBIKE 仍然必须假设使用相同的、固定的应答器。

EPC 的不可信的非 3GPP 接入的过程使用以下规则利用了 MOBIKE 优点：

● 当 UE 从源接入地连接一个 ePDG 移动到目标接入地连接的是相同 ePDG 时，UE 使用 MOBIKE。

● 当 UE 从源接入地连接一个 ePDG 移动到目标接入地连接的不是相同 ePDG 时，UE 使用本部分描述的过程，与新的 ePDG 建立新的 IPSec 隧道。

● 当 UE 连接到 EPS 而不连接到 ePDG 时，然后移动到包含 UE 和 ePDG 的目标接入地时，UE 再次利用本部分中描述的过程，与新的 ePDG 建立新的 IPSec 隧道。

11.2.4 移动 IP 信令的安全性

本节有 3 部分，对应于 3 种非 3GPP 接入 EPC 的 MIP 变体：PMIP、移动 IPv4（MIPv4）和双栈移动 IPv6（DSMIPv6）。

这些 MIP 变体中的每一个均具有其自己的保护移动性信令的方式。在每种情况下，主要威胁是绑定更新可能被黑客篡改。绑定更新由 MIP 客户端（MN 或 MAG）发送到 HA，以向后者通知客户端的新 IP 地址（所谓的转交地址），在该 IP 地址下可以访问客户端。然后，HA 知道必须转发传入的 IP 数据包的位置，即客户端的归属地址。如果这种绑定更新的篡改是可能的，黑客可能会向 HA 注册一个错误的转交地址，直到下一个绑定更新之前，客户端都将无法访问。因此，绑定更新至少需要完整性保护。对所有 MIP 变体都进行机密保护是不可能的，然而，为了保护客户的隐私，加密完整性保护需要两个要素：

- 加密密钥的可用性;
- 使用密钥的完整性保护机制。

从系统中存在的任何其他密钥（例如 MN 中可用的认证密钥）生成用于 MIP 的所需的密钥 RK 是很有利的。从其他目的已存在的另一些安全参数加密的一个应用情况，生成 RK 密钥的过程经常被用到其应用情况的安全性引导。这里我们将介绍如何在我们的设置中执行此引导。

在非 3GPP 接入 EPC 的文本中，3 个 MIP 变体使用的完整性保护机制是完全不同的：PMIP 和 DSMIPv6 依赖于 IPSec，而 MIPv4 使用特定 MIPv4 机制。如果需要，IPSec 与 PMIP、DSMIPv6 一同使用进行加密，而 MIPv4 特定机制不能加密。

我们现在逐个介绍 3 个 MIP 变体。

1. 代理移动 IP（PMIP）

MAG 是网络节点，而不是用户终端。由于网络节点的数量与终端和用户的数量相比非常小，密钥分配就比较容易了。当网络运营商已经不再将公钥证书分发给潜在的数亿客户端时，他们没有看到向网络节点提供证书的主要问题。

PMIP 信令信息在 MAG 中被交换，或在一个可信接入网络的认证器或一个非可信接入网络的 ePDG，与 PMIP HA（LMA），或服务 GW 或 PON GW（见 11.2.1 节）。因此，我们要做的任务是将密钥分发给这些节点，并在这些节点中实现一个整合保护机制。幸运的是，当涉及在网络节点之间保护基于 IP 的信令流量时，3GPP 有一个称为网络域安全（NDS/IP）的绝妙方法（见 4.5 节）。因此，参考文献［TS33.402］要求使用 NDS/IP 来保护 PMIP 信令。NDS/IP 暗示，如果所讨论的两个节点之间的流量完全在一个安全域内运行，则不需要使用加密保护。但是，当流量跨越不同安全域时，则必须使用具有完整性保护（消息认证）的 IPSec，而加密保护的使用是可选的。保护可以由一连串的安全关联以逐跳的方式提供，也可以直接由端到端提供。

在 PMIP 的文本中还有另外一个威胁：黑客不仅可以修改 MAG 和 LMA 之间的信令消息，MAG 自己也可能被盗用。如果发生这种情况，对于可能由该 MAG 服务的所有用户的 PMIP 安全性将被完全损坏（他们甚至不需要在攻击时实际服务，因为被盗用的 MAG 可以代表他们发送虚假的绑定更新）。3GPP 讨论了是否需要更精心的涉及 UE 的保护方案来控制由被盗的 MAG 引起的潜在破坏，但最终得出结论，使用 NDS/IP 就足够了，因为 MAG 驻留在可信任的接入网络中的节点上。无论如何，UE 的参与已经完全替代了 PMIP，即让 UE 不受移动性方案的影响。

PMIP 还基于以下假设：MAG 可以安全地识别哪个用户附着到由 MAG 服务的接入网络。如果接入认证较弱，则黑客可以模拟接入网络中的用户。如果发生这种情况，MAG 将向 LMA 报告某个用户在接入网络中，而实际上黑客位于网络中。但幸运的是，当 MAG 驻留在可信任的非 3GPP 接入网络中时，要求使用 EAP - AKA′ 协议（见 11.2.1 节），从而提供了强大的认证。类似地，当 MAG 驻留在 ePDG 上时，EAP – AKA 与 IKEv2 一起提供了很强的认证。

2. 移动 IPv4（MIPv4）

在 EPC 文本中，MIPv4 仅用于可信的非 3GPP 接入网络，并始终与 EAP – AKA'一起根据 11.2.2 节所述的过程进行访问认证。MIPv4 信令消息的完整性保护使用仅限于 MIPv4 的机制，与参考文献 [RFC3344] 中定义的认证扩展一样。本书中，将使用两个这样的扩展：

- 强制性 MN – HA 认证扩展应用在 MN 和 HA 之间；
- 可选的 MN – FA 认证扩展应用在 MN 和 FA 之间。

在我们的设置中，MN 驻留在 UE 上，HA 驻留在 PDN GW 上，FA 驻留在可信接入网中。FA 不需要与可信任的接入网络中的认证器一致。两个认证扩展包含分别使用 MN – HA 密钥和 MN – FA 密钥基于受保护消息合适部分计算的消息认证码。我们现在描述这两个密钥是如何生成和分发的。

（1）MIPv4 密钥生成

我们只是解释原理及参考文献 [TS33.402] 关于密钥生成公式和特殊情况处理，如动态 HA 分配和 EAP – AKA'重新认证。密钥生成按下列步骤进行。

- 作为 EAP – AKA'接入认证的结果，UE 和 3GPP AAA 服务器共享密钥 EMSK。
- UE 和 3GPP AAA 服务器根据参考文献 [RFC5295] 从 EMSK 生成 MIP – RK。MIP – RK 从不离开 3GPP AAA 服务器。
- UE 和 3GPP AAA 服务器从 MIP – RK 生成 FA – RK。3GPP AAA 服务器将 FA – RK 发送给认证器。
- UE 和 3GPP AAA 服务器从 MIP – RK 生成 MN – HA 密钥。3GPP AAA 服务器将 MN – HA 密钥发送给 PDN GW。
- UE 和认证器从 FA – RK 生成 MN – FA 密钥。认证器将 MN – FA 密钥发送给 FA。
- 当 UE 在本地生成时，其不会向 UE 发送任何密钥，即 UE 中生成的密钥从未离开 UE。

（2）MIPv4 消息保护

下面在图 11.3 的帮助下描述 MIPv4 消息保护。它将按照以下步骤进行。

1) 在 EAP – AKA'的接入认证中（见 11.2.2 节），UE 和 3GPP AAA 服务器中生成密钥 EMSK。然后 UE 和 3GPP AAA 服务器生成如上所述的密钥 MIP – RK 和 FA – RK，并且 3GPP AAA 服务器向认证器发送 FA – RK。

2) UE 向 FA [TS23.402] 发送注册请求（RRQ）消息。UE 包括 MN – HA 认证扩展和可选的 MN – FA 认证扩展。

3) FA 根据参考文献 [RFC3344] 处理 RRQ 消息，特别是使用从认证器获得的 MN – FA 密钥验证 MN – FA 认证扩展（如果存在）有效性。然后，FA 将 RRQ

消息转发给 PDN GW。在 FA 和 PDN GW 之间使用 NDS/IP 保护 RRQ 消息；也就是说，3GPP 不使用参考文献［RFC3344］中定义的外地—本地认证扩展。

4）PDN GW 与 3GPP AAA 服务器联系，以得知 UE 是否已经被认证和授权，并获得 MN – HA 密钥。

5）PDN GW 验证 MN – HA 认证扩展的有效性。如果验证成功，PDN GW 通过 FA 向 UE 发送注册回复（RRP）。如在步骤 3）中，PDN GW 使用 NDS/IP 在 PDN GW 和 FA 之间保护 RRP 消息。

6）FA 根据参考文献［RFC3344］处理 RRP 消息，然后将其转发给 UE。如果 FA 在 RRQ 消息中接收到 MN – FA 认证扩展，则 FA 包括一个 MN – FA 认证扩展。

7）UE 验证 MN – FA 认证扩展（如果存在）和 MN – HA 认证扩展。

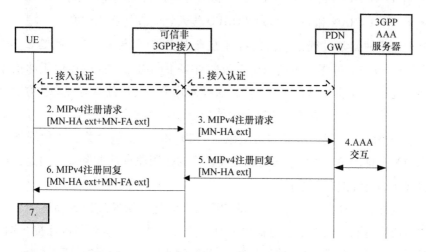

图 11.3　使用外地代理的 MIPv4 消息保护

3. DSMIPv6

在我们的设置中，MN 驻留在 UE 上，HA 驻留在 PDN GW 上，而 DSMIPv6 中没有 FA。在 UE 和 PDN GW（作为 HA）之间 EAP – AKA 与 IKEv2 一起使用建立 IPSec 隧道，以保护这些实体之间的 MIP 信令。如 IKEv2 的要求，使用公钥证书认证 PDN GW。虽然这种隧道建立的目的不同于 11.2.3 节所示的不可信接入的隧道建立，但信息流几乎相同。如在不可信接入的隧道建立的情况下，EAP – AKA 完整认证过程和 EAP – AKA 快速重新认证过程可以一起使用。相应的信息流及其文本描述可以在参考文献［TS33.402］中找到。一旦 IPSec 隧道建立，UE 和 PDN GW 就可以安全地交换通过该隧道发送的 DSMIPv6 信令消息。

还有一个额外的安全因素需要被考虑在内，即需要确保 UE 只能通过 IPSec 隧道为其自己的本地地址而不是其他 MN 的本地地址发送绑定更新。这是通过将本地地址绑定到 IPSec 安全关联来实现的，如下：PDN GW 在 IKEv2 运行期间分配本地网络前缀并将其发送给 UE。然后，UE 从 HA 接收的 IPv6 前缀自动配置本地地址，随后此本地地址绑定到 IPSec 安全关联。

11.2.5　3GPP 与非 3GPP 接入网络之间的移动性

第 11.2.1～11.2.4 节讨论了通过非 3GPP 接入网访问 EPC 时所采用的安全过程。这些过程也适用于 UE 静止时的情况。在这里，我们介绍当 UE 在空闲状态或连接状态时，UE 在 E‐UTRAN 与非 3GPP 接入网之间移动时应用的附加过程。

对于在处于连接状态（即 UE 执行切换）的 E‐UTRAN 和非 3GPP 接入网络之间移动的 UE，3GPP 定义了两种类型的过程：

- 在 E‐UTRAN 和一般的非 3GPP 接入之间进行无优化切换；
- 在 E‐UTRAN 和 cdma2000® HRPD 接入之间进行优化切换。

对于这两种类型过程信息流的描述在参考文献［TS23.402］的第 8 条和第 9 条中有超过 40 页，并考虑可能发生接口的许多不同组合。提供类似于此描述的详细程度将远远超出了本书的范围，并且这样做几乎不会让读者对安全性方面有所了解。因此，我们只限于描述这些过程中使用的新安全概念。

为了完整起见，我们提到参考文献［TS23.402］还包含关于优化网络控制的 E‐UTRAN 和移动 WiMAX 之间的双无线切换的通用原理简要条款。但是，该条款并不包含详细过程的任何描述。

安全过程嵌入在参考文献［TS23.402］中的整个切换过程的描述中。对于没有优化的切换情况，在安全性方面没有什么更新。当 UE 移动到目标接入网络时，UE 首先附着到该接入网络，然后执行为该接入网络定义的安全过程。因此，当 UE 从非 3GPP 接入网络移动到 E‐UTRAN 时，UE 附着到 E‐UTRAN，如第 7 章所述，执行 EPS AKA，并建立第 8 章所述的机密性和完整性保护。

第 9 章是关于两个 E‐UTRAN 接入网络之间的移动性，中心概念是源和目标网络之间的安全文本传输。在 11.1 节是关于 E‐UTRAN 接入网络和 GSM 或 3G 接入网络之间的移动性，中心概念是从源到目标网络的安全文本映射。以上使用任何一个中心概念都可避免目标网络中重新生成 AKA，从而能够提高系统性能。然而，安全文本的传送和安全文本映射都不适用于 3GPP 接入和非 3GPP 接入网络之间的移动性，因为两者所涉及的网络安全架构太不相同了。

在一般情况下，从安全的角度来看，不能做任何改进性能的工作。然而，对于在 E‐UTRAN 和 cdma2000® HRPD 接入之间进行优化切换的情况下，可以使用预注册的概念来改善切换性能，预注册包括预认证。这个概念对于一次只能连接到一个 RAT 的单一无线电终端特别有用，我们之后会介绍预注册的思想。

预注册

预注册的基本思想是，UE 可以使用目标网络特有的过程在目标网络中注册，同时仍然保持附着到源网络。UE 通过跨越源网络到源网络一个退出点，再到目标网络一系列隧道与目标网络通信。对于 E – UTRAN 接入，cdma2000® HRPD 接入网络的这个退出点是 MME，MME 与 HRPD 接入网中的 HRPD 服务网关（HS – GW）进行通信。

一旦预注册完成，实际切换阶段即可开始。切换消息在源接入网中使用在预注册阶段建立的同一系列隧道进行隧道传输，从而显著加快了切换阶段。在切换过程后，即当 UE 接收到切换命令消息时，UE 将决定是否必须附加到目标网络；同时 UE 还可以保持附着在源网络，并且在那里发送和接收数据，而注册和部分切换过程已经在进行。

为了说明，我们在图 11.4 中简单显示了在 UE 仍然连接到 E – UTRAN 时，其切换到可信任 cdma2000® HRPD 接入网络的预注册过程，并说明了该过程中的步骤。

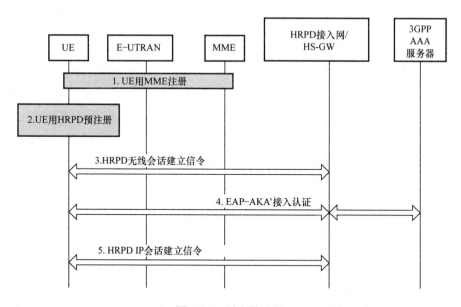

图 11.4　预注册过程

1）UE 连接到 E – UTRAN 并用 MME 注册，在这过程中 UE 可能处于空闲状态或连接状态。

2）基于无线层触发器，UE 决定启动用目标 HRPD 接入的预注册过程。预注册过程允许 UE 在附着到 E – UTRAN 的同时在目标 HRPD 中建立和维持休眠会话。

3）通过在 UE 和 HRPD 接入网之间交换一系列 HRPD 消息来实现在 HRPD 中

注册。通过 E – UTRAN 和 EPC 之间的隧道传送 HRPD 信令，并在 UE 和 HRPD 接入网之间创建 HRPD 会话文本。

4）根据 11.2.2 节中描述的可信接入过程，UE、HS – GW 和 3GPP AAA 服务器交换 EAP – AKA′信令，以便于在 HRPD 系统认证 UE。

5）UE 和 HS – GW 交换信令以建立文本，以支持使用 E – UTRAN 的承载业务环境。

第 12 章　VoLTE 安全

　　语音是移动通信网络的首个应用，且全球移动通信系统（GSM）的成功主要基于语音。虽然数据应用在过去几年得到了相当大的重视，但语音仍然是移动运营商的主要收入来源。据预计，语音将仍然是一个重要的应用，即使在长期演进（LTE）的时代，因此，有很多关于在 LTE 环境中提供语音的最佳方法的讨论。由于这种重要性，在本书中我们包括对长期演进语音（VoLTE）安全的介绍，因此，如本章将要说明的，相应的安全机制在很大程度上与本书其余部分讨论的 LTE 安全机制是正交的。

　　本章所描述的性质与本书的其余部分有些不同，因为它描述了所有相关的机制，但并没有深入到细节。它为读者深入研究这一课题提供了必要的参考。

　　在 12.1 节中简单介绍了由 3GPP 标准化提供 VoLTE 的方法。然后在 12.2 节我们讨论了这些安全机制方法的使用。最后，我们在 12.3 节介绍这些安全机制是如何被 VoLTE 和丰富通信套件（RCS）规范所采纳的。

12.1　提供 VoLTE 的方法

　　有两种提供 VoLTE 的标准化方法：

　　● IMS（IP 多媒体子系统）LTE。IMS 是一种基本上与访问无关的服务控制架构，可以实现使用互联网协议（IP）连接的各种类型的多媒体服务。

　　● 电路域回落（CSFB）。语音服务通过从 LTE 退回到 UTRAN、GERAN 或 3GPP2 定义的网络中的电路交换基础设施提供。

　　这两种方法都有以下特点的补充：

　　● 单无线语音呼叫连续性（SRVCC）。这提供了通过 LTE 或 3G 高速分组接入（HSPA）的 IMS 与 UTRAN、GERAN 或 3GPP2 定义的网络的电路交换域之间切换呼叫的手段。

12.1.1　IMS LTE

1. 什么是 IMS

　　IMS 代表互联网协议多媒体子系统，它是移动通信系统中的子系统或一个域。IMS 可用于不同的网络技术以提供 IP 连接的语音业务。特别地，它可用于在 LTE 上提供语音业务。

　　IMS 本身就是一个巨大的知识领域，远远超出了本书概述的范围。因此，本节将介绍关键的 IMS 概念（以防读者不知道它们）。在其他书籍［Poikselkä 和 Mayer 2009, Gonzalo Camarillo 和 García – Martín 2008］中详细介绍了 IMS。前者提供了 IMS 的以下定义：

IMS 是一种全球性的，独立于接入的和基于标准的 IP 连接和服务控制架构，可以使用通用的互联网协议为端用户提供各种类型的多媒体服务。

我们在这里讨论这个定义中的一些关键词：

· IMS 接入的独立性意味着，原则上，IMS 服务和过程可以以同样的方式被提供和执行在不同的接入技术之上。因此，原则上，LTE 上的 IMS 与其他接入网络类型上的 IMS 相比不应该有什么特别之处，例如在数字用户线（DSL）类型上。而且，在很大程度上，这确实是真的？然而，IMS 有一些接入技术依赖性。这些依赖性部分是由于接入技术可用承载的性质对那些承载提供的服务不可避免的影响。也有部分原因是 IMS 已经从几个标准化组织最初的失败努力中成长起来，每个组织都有自己的遗留环境。这些成果在所谓的共同 IMS 定义是统一从 3GPP Release7 发起。第二个原因特别适用于安全，我们将在 12.2.1 节介绍。

· IMS 基于标准，与目前市场上的专有语音 IP 解决方案形成对比。IMS 可以在全球范围内基于共同 IMS 规范部署，它提供了一个全球性的标准。

· IMS 多媒体服务套件可以提供语音与传统电话服务辅助服务，如通信阻拦或呼叫转发，以及视频、出席、群体管理、会议、信息和其他服务（见第 12.3 节）。

· IMS 通过其服务控制架构实现了这些服务，它为用户提供了在他们之间建立会话和通过 IP 交换媒体的方式。

· 用于在 IMS 中建立会话的信令协议是与会话描述协议（Session Desciption Protocol, SDP）一起定义的会话初始化协议（SIP），由互联网工程任务组（IETF）定义。SIP 核心规范可以在参考文献［RFC3261］中找到，SDP 是由参考文献［RFC4566］规定。3GPP 在 IMS 安全上花费的大量精力与 IMS 中 SIP 信令的保护有关。

2. IMS 功能实体

对于 IMS 架构及其功能实体的完整描述，我们再次向读者推荐 12.1.1 节引用的一本书。在［TS23.228］中描述了 IMS 架构的相关 3GPP 规范。我们将介绍几个关键功能实体，它们是理解 IMS 安全必不可少的，用户设备（UE）、代理呼叫会话控制功能/ IMS 应用级网关（P – CSCF/IMS ALG）、IMS 接入网关（GW）、服务呼叫会话控制功能（S – CSCF）、归属用户服务器（HSS）。这些功能实体之间的关系如图 12.1 所示。图中的虚线显示信号路径，而实线显示媒体路径。

· IMS UE。它包含一个 IMS 客户端及在一般情况下用户的安全凭据。它通过接入网络 IP 连接与 P – CSCF 和 IMS 接入 GW 进行通信，如 3GPP、xDSL、cdma2000® 或分组电缆接入网。

● P – CSCF/IMS – ALG。P – CSCF 总是存在于 IMS 架构中，但是 P – CSCF 并不总是包括 IMS – ALG 功能。P – CSCF 是 IMS 中 IMS UE 的第一个接触点。这意味着来自 IMS UE 的所有 SIP 信令流量都将通过 P – CSCF 发送。根据应用的信令安全机制，P – CSCF 是用于向用户发送信令的机密性和完整性保护的终止点。P – CSCF 可以充当 IMS – ALG，例如支持端到端边缘 IMS 媒体平面安全（见 12.2.1 节）。P – CSCF/IMS – ALG 充当媒体路径中的 IMS 接入网关的控制器。在参考文献〔TS23.228〕和〔TS23.334〕中描述了 IMS – ALG 的一般功能及其与 IMS 接入网关的交互，而在参考文献〔TS33.328〕和〔TS24.229〕中描述了与 IMS 媒体平面安全相关的特定功能。

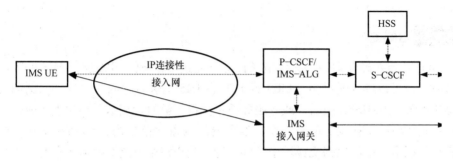

图 12.1　IMS 架构的部分视图

● IMS 接入网关。它不需要存在于媒体路径中。当它存在时，它可以支持端到端边缘接入 IMS 媒体平面安全（参见 12.2.1 节）。它同样可作为 IMS ALG 应用参考。

● S – CSCF。处理 IMS 用户的注册，进行路由决策，维护会话状态并存储用户配置文件。用户只有在 S – CSCF 成功注册之后才能启动和接收服务。S – CSCF 来回与其他网络中的实体转发和接收 SIP 信令消息（图 12.1 中的最右边的箭头）。它负责在注册期间处理用户认证，并且在某些安全机制中负责分发用于信令安全的会话密钥。为此，它从 HSS 获取认证信息和服务配置文件。

● HSS。HSS 是用来存储与订阅和服务使用相关的所有数据的数据库。特别地，HSS 存储与私有用户标识相关联的安全凭证，并且根据来自 S – CSCF 的请求从凭证计算认证信息。对于 IMS LTE，该 HSS 可与本书所述的用于演进分组系统（EPS）的 HSS 一致。

12.1.2　CSFB

根据 3GPP 规范〔TS23.272〕，EPS 中的电路交换（CS）回退（FB）使在 UE 由 E – UTRAN 提供服务时重新使用电路交换基础设施来提供语音和其他 CS 域服务网络。连接到 E – UTRAN 的 CS 回退启用终端可以使用 GERAN 或 UTRAN 或 3GPP2

定义的 1xRTT 网络连接到用于发起和终止音频服务的 CS 域。仅当 E – UTRAN 覆盖由 GERAN 或 UTRAN 或 1xRTT 覆盖重叠时，此功能才可用。换句话说，只有通过 2G 或 3G 网络，才能通过 LTE 提供语音服务。

对于 CSFB 工作，需要通过 EPS 中的信令来支持。特别地，一旦附着到 LTE，UE 就需要在 CS 域中注册。这通过移动性管理实体（MME）和 CS 域中的移动交换中心/拜访位置寄存器（MSC/VLR）之间的交互来实现。当 UE 发起呼叫时，它首先切换到 CS 域；当 UE 有呼入时，CS 域告诉 MME 通过 LTE 发起 UE 的寻呼。在接收到寻呼消息时，UE 切换到 CS 域并附着它以接收呼叫。

对于 GERAN 和 UTRAN，读者参见第 3 章和第 4 章。3GPP2 定义网络的参考文献可以在参考文献［TS23.272］中找到，更一般地，可在参考文献［3GPP2］中找到。

12.1.3　SRVCC

SRVCC 旨在确保即使当无线电条件对于通过 LTE 或 HSPA 进行 IMS 的呼叫不充分时，也可以继续通过 3G HSPA 或 LTE 在 IMS 上进行呼叫。也许是，例如当用户移出 LTE 或由 HSPA 覆盖，或者服务质量变得不够时。当这种情况发生时，并且用户在提供电路交换服务的另一个无线电网络的覆盖范围内，SRVCC 使呼叫能够在其他无线电网络的电路交换域中继续进行。当用户由电路交换域服务时，该呼叫仍然锚定在 IMS 应用服务器及服务集中和连续性应用服务器（SCC AS）中。类似地，SRVCC 确保在电路交换域中开始的呼叫可以使用 IMS LTE 或 IMS 3G HSPA 继续保持。

SRVCC 从 3GPP Release9 以后支持以下从分组域 IMS 到电路交换域的语音呼叫切换类型：

- 从 LTE 到 UTRAN；
- 从 LTE 到 GERAN；
- 从 LTE 到 3GPP2 lxCS；
- 从 HSPA 到 UTRAN
- 从 HSPA 到 GERAN

SRVCC 从 3GPP Release11 起向后支持以下反方向的语音呼叫切换类型，也就是从电路域到分组域 IMS。

- 从 UTRAN 到 LTE；
- 从 GERAN 到 LTE；
- 从 UTRAN 到 HSPA；
- 从 GERAN 到 HSPA。

在本书，我们将只处理从 LTE 到 UTRAN 或 GERAN 的 SRVCC 切换。SRVCC 切换从 HSPA 到 UTRAN 或 GERAN 或反方向 SRVCC 切换处理，从安全的角度来看也很相近。

对于从 LTE 到 UTRAN 或 GERAN 的 SRVCC 切换，在目标电路交换域需要一个用于 SRVCC 的增强型 MSC 服务器。增强的 MSC 服务器与 MME 和 SCC AS 通信。

这个术语 SRVCC 是指单无线因为典型的终端无法同时连接到列表中的一个以上的无线网络。这使得确保呼叫连续性的任务更加困难，因为切换必须在很短的时间内进行，以保证用户体验不会受到负面影响。为了提高切换效率，为 SRVCC 定义了从 MME 到增强 MSC 服务器的安全文本映射过程。这些过程在第 12.2.3 节提出。

SRVCC 也可能涉及将分组交换非语音服务切换到目标网络的分组交换域。对于在 LTE 和 UTRAN 或 GERAN 之间的切换类型，安全过程的应用在 11.1 节中描述。

SRVCC 是在参考文献［TS23.216］中定义。IMS 服务连续性方面和 SCC AS 在参考文献［TS23.237］和［TS23.292］中定义。3GPP2 的具体方面是在参考文献［X.S0042 - 0 v1.0］中定义的。

为了完整起见，我们提到还有一个双无线语音呼叫连续性（Voice Call Continuity，VCC），适用于当终端可以同时连接到源和目标无线网络的情况。情况通常是这样，当其中一种无线技术是 UTRAN 或 GERAN（提供电路交换服务）或 LTE（提供 IMS 服务），而另一种是无线局域网（WLAN）（提供 IMS 服务）时。

12.2　VoLTE 安全机制

在本节中，我们将讨论 12.1 节简要介绍的提供 VoLTE 3 种方法的安全问题。

12.2.1　IMS LTE 安全

首先，我们简要介绍 IMS 的安全性，然后解释 3GPP 定义的哪些 IMS 安全机制适用于 IMS LTE。

参考文献［Poikselkä 和 Mayer 2009］较详细地介绍了 IMS 的一些信令的安全过程，但目前还没有描述 IMS 媒体平面安全机制的书籍，所以读者可参考参考文献［TS33.328］。

1. IMS 信令安全

多年来，3GPP 定义的 IMS 的安全性，仅仅关注在 IMS 中确保 SIP 信令安全。IMS 信令安全为在注册和会话设置过程中提供用户认证以及信令消息的完整性和保密性。特别是，IMS 信令安全，确保只有授权的用户才可以访问 IMS 资源，并可以建立和接收 IMS 多媒体会话，及计费正确的归属用户。

IMS 信令安全以逐跳方式提供。由于涉及大量用户的密钥管理，较困难的部分是确保从 IMS UE 到 P - CSCF 的第一跳安全。定义 IMS 接入信令安全机制的 3GPP

规范是参考文献［TS33. 203］，其第一个版本在 2002 年被批准。在 IMS 核心网络节点之间发送的 IMS 信令使用本书 4.5 节所述的网络域安全来保护。

2. IMS 注册用户认证

为了满足各种 IMS 部署场景的不同需求，以及使用 IMS 的终端和网络的传统，IMS 信令安全规范［TS33. 203］提供了各种用户认证机制。我们在参考文献［TS33. 203］中给出了 3 种类型的 IMS 用户认证机制：SIP 层认证、接入网捆绑认证、可信节点认证。

（1）SIP 层认证

参考文献［TS33. 203 ］规定了两种 SIP 层认证机制：IMS 认证与密钥协商（AKA），以及 SIP Digest。

SIP Digest 基于 HTTP Digest（其中"HTTP"是"超文本传输协议"），而 IMS AKA 基于称为 HTTP Digest AKA 的 HTTP Digest 的扩展。因此，我们首先简要介绍 HTTP Digest 及其扩展。

● HTTP Digest。参考文献［RFC2617］中定义了用于 HTTP 的"摘要访问认证方案"（DAAS），通常简称为 HTTP Digest。HTTP Digest 使用用户和服务器之间共享的用户名和密码作为认证凭证。密码必须通过管理手段进行分发，才能开始认证。HTTP Digest 基于一个简单的挑战－响应范式。服务器以一个随机数值的形式发送一个挑战。（一个随机数是仅使用一次的数字。）用户的有效响应包含用户名、密码、给定的随机值、客户端定义的随机数、HTTP 方法和请求的统一资源标识符（URI）的校验和，这样，密码永远不会以明文被发送。

● HTTP Digest AKA。对于 3G 网络，用户凭证包含在 USIM 中，根据定义，USIM 驻留在智能卡——通用集成电路卡（UICC）上。USIM 用于 UMTS AKA 协议以认证用户（参见第 4 章）。这种形式的凭证比仅仅是用户名－密码组合更强大。这一动机是通过将 UMTS Digest 与 UMTS AKA 以特定方式相结合的方式进行扩展。这项工作产生了 HTTP Digest AKA［RFC3310］。HTTP Digest AKA 与普通 HTTP Digest 比，主要优点是前者为 HTTP Digest 提供了一次性密码。这是通过如下方式实现的。如第 4 章所知，在 UMTS AKA 中，VLR 或服务 GPRS 支持节点（SGSN）从归属位置寄存器（HLR）中的认证中心检索认证向量，然后将一个挑战 RAND 和一个认证令牌（AUTN）发送到 UE。USIM 生成响应（RES）和会话密钥加密密钥（CK）和完整性密钥（IK），并将其发送到移动设备（ME）。ME 存储会话密钥，并将响应 RES 发送回 VLR 或 SGSN。在 HTTP Digest AKA 中，是服务器取得认证向量并发送挑战。HTTP Digest AKA 中使用适当编码的参数 RAND，AUTN 作为 HTTP Digest 方案所需的随机数，HTTP Digest AKA 使用参数 RES 作为 HTTP Digest 方案所需的密码。因为每个认证运行都会生成不同的 RAND，因此产生不同的参数 RES，HTTP Digest AKA 确实为 HTTP Digest 生成了一次性密码。还要注意参考文献［RFC3310］一直是指 IP 多媒体服务标识模块（ISIM），并没有提及 USIM；这两个术语之间的关系在本节将进一步讨论。

HTTP Digest AKA 后来被增强为 HTTP Digest AKAv2（参见参考文献［RFC4169］），以便在隧道化认证场景中对抗某些中间人攻击。HTTP Digest AKA 和 HTTP Digest AKAv2 在创建 HTTP Digest 响应的方式上有所不同：HTTP Digest AKAv2 使用伪随机函数从 RES、CK 和 IK 计算密码。

- SIP Digest。参考文献［RFC3261］描述了将 HTTP Digest 认证方案应用于 SIP 所需的修改和说明。SIP 方案的使用几乎与参考文献［RFC2617］中描述的 HTTP 完全相同。我们将读者感兴趣的差异引导到参考文献［RFC3261］。从参考文献［RFC3261］开始，［TS33.203］中规定的 3GPP 如何将 HTTP Digest 认证方案应用于 IMS 中 SIP 的使用。3GPP 称为最终方案 SIP Digest。像 HTTP Digest 一样，SIP Digest 使用用户名和密码作为认证凭据。在 SIP Digest 中，S – CSCF 起到了服务器挑战用户的作用。当用户向 S – CSCF 注册时，S – CSCF 从 HSS 检索密码的散列。IMPI（IP 多媒体私有标识），可以看作 GSM、3G 或 EPS 中的 IMSI 中的 IMS 是等同的，被用作用户名。IMSI 可以以规范的方式转换成 IMPI［TS23.003］。挑战和响应在 IMS 注册过程中的消息的特定报头中携带。

- IMS AKA。IMS 认证和密钥协商方案（IMS AKA）在参考文献［TS33.203］中规定。IMS AKA 的用户认证部分是 HTTP Digest AKA 在 IMS 中使用 SIP 的应用。为了 IMS 的目的，HTTP Digest AKAv2 不是必需的，因为促使产生 HTTP Digest AKAv2 的攻击场景不适合。IMS AKA 认证凭证与 USIM 的功能等同。它们可以从 USIM 中获取，也可以是 USIM 功能和/或数据的单独副本。当通过 3GPP 定义的网络访问 IMS 时，IMS AKA 认证凭证必须驻留在 UICC 上。根据参考文献［TS33.203］，当它们驻留 UICC 上时，它们称为 ISIM。为了更准确地定义 ISIM，以及关于 3GPP 规范中术语 ISIM 略有不一致使用的警告，我们将读者引到参考文献［TS33.203］的第 8 条，UICC 上 ISIM 应用的定义在［TS31.103］。当通过非3GPP 定义的网络访问 IMS 时，IMS AKA 认证凭证不需要驻留在智能卡上。在 IMS AKA 中，S – CSCF 扮演了服务器对用户的挑战角色。当用户向 S – CSCF 注册时，S – CSCF 从 HSS 检索认证向量。ISIM 中包含的 IMPI 或 USIM 上由 IMSI 转换的 IMPI 用作用户名。挑战和响应在 IMS 注册过程中的消息的特定报头中携带。IMS AKA 还有一个密钥协商部分，用于创建 IPSec 安全关联（SA）（参见本章后面内容）。本章稍后将介绍未注册用户使用 IMS AKA 成功注册的信息流。

- IMS AKA 和 SIP Digest 的适用性。3GPP 仅允许通过只在 3GPP 规范中未定义的接入网络访问 IMS 时使用 SIP Digest［TS33.203］。相应地，3GPP 在通过 3GPP 定义的接入网络访问 IMS 时决定用户认证需要 UICC 凭证。该决定的原因是 3GPP 希望确保接入级认证和 IMS 级认证的凭据具有相同的强度。本章中提供的 IMS 用户认证机制中只有两个提供了 UICC 凭证：GPRS – IMS – Bundled Authentication（GIBA）（见本节后面内容介绍）和 IMS AKA。GIBA 允许使用用户标识模块

（SIM）或 USIM，但仅限于通过 GERAN 或 UTRAN 进行 IMS 接入。因此，由 3GPP 定义的适用于 LTE 上的 IMS 接入的唯一用户认证机制是 IMS AKA。但是，我们注意到，在参考文献［TS33.203］中 IMS AKA 的规范没有明确提及 LTE 或 EPS；但是由于 IMS 是接入独立的，所以不需要这样做。我们还指出，即使当通过 LTE 接入 IMS 时，S – CSCF 也需要从 HSS 检索 UMTS 认证向量而不是 EPS 认证向量。因此，当接收到来自 S – CSCF 的请求时，也用于 EPS 的 HSS 需要指示认证中心生成验证向量，将认证和密钥管理字段（Authentication and key Management Field，AMF）分离位设置为"0"（见 7.2 节）。用于 EPS 的 HSS 中的认证中心总是能够生成 UMTS 认证向量。

（2）接入网捆绑认证

在接入网捆绑认证中，IMS 用户认证与接入网络中的 IMS 进行认证耦合。3GPP 已经定义了两个这样的捆绑认证机制：GIBA 和 NASS IMS 捆绑认证（NBA）。这两种方案都是针对接入网络技术而言命名的：GIBA 仅在 IMS 通过通用分组无线业务（GPRS）（第 3 章）或 3G 分组域（第 4 章）访问时才适用。NBA 仅适用于通过由负责电信和互联网的高级网络聚合服务和协议的欧洲电信标准协会（ETSI TISPAN）在参考文献［ETSI ES 282 004］中定义的网络接入子系统（NASS）时，这个子系统是一个基于 XDSL 的接入网络。

对于 GIBA 和 NBA，这个想法是将 IP 地址绑定到 IP 多媒体私有标识（IMPI）。该想法利用了这样的事实：在接入认证中，动态分配的 IP 地址被绑定到在接入级使用的标识符 – 在 GPRS 的情况下的 IMSI 和在 NBA 情况下的线路标识符。此外，假设接入级标识符具有长期绑定到 HSS 中的 IMPI。LTE 访问网络捆绑认证机制还没有被标准细化。因此，这些机制在本书中没有被进一步介绍。

（3）可信节点认证

可信节点认证允许用户基于由网络中的信任节点提供的成功的接入级认证来获得对 IMS 的访问，其为 IMS 提供互通功能。实际上，这通过使 IMS 的可信节点从 IMS 角度扮演 UE 和 P – CSCF 的角色来实现。如参考文献［TS23.292］所述，这种场景的一个例子是为 IMS 集中式服务（ICS）增强的 MSC 服务器。可信节点认证与 LTE IMS 不相关，因此，我们在本书中也不会再考虑。

3. IMS 中 SIP 信令的机密性和完整性保护

3GPP 中定义了参考文献［TS33.203］中的两个机制，用于为 UE 和 P – CSCF 之间的 SIP 信令提供机密性和完整性保护，即 IPSec 封装安全载荷（ESP）和传输层安全（TLS）。我们在这里简要介绍它们在 IMS 中的使用。

为了完整起见，我们提及参考文献［TS33.203］定义了为非注册消息提供限制形式的 SIP 消息源认证的另外两种机制，即在 P – CSCF 中执行的 IP 地址检查机制，以及在 S – CSCF 中执行的 SIP Digest 代理认证机制。虽然这些方法在特定环境中具有其优点，但它们都不提供机密性或全完整性保护。由于 3GPP 排除了 3GPP

定义的接入网络使用这些方法，特别是 LTE，我们在本书中不再赘述。对与 IPSec 和 TLS 相比使用这两种机制的优势和边界条件感兴趣的读者可参考参考文献 [TS33.203] 附录 Q 中的讨论。

- IPSec。IPSec 是一种非常著名的机制，许多安全相关教科书都在描述它。因此，我们不再进一步解释 IPSec。建立 IPSec SA 通常的手段是互联网密钥交换协议（IKE）[RFC2409]，现称 IKEv1，或其后续的 IKEv2 [RFC5996]（取代了 [RFC4306]）。但是，IKEv1 或 IKEv2 的使用不是强制的；相反，允许使用其他方式来设置 IPSec SA。这就是 3GPP 所做的：它可以在适当的密钥扩展（取决于密码算法）之后，使用通过 IMS AKA 同意的密钥（CK，IK）作为 IPSec ESP 所需的加密和完整性密钥。请注意，参考文献 [TS33.203] 指的是参考文献 [RFC2406] 中定义的 IPSec ESP 版本，而不是参考文献 [RFC4303] 中 IPSec ESP 的更新版本。IPSec SA 所需的其他参数，包括安全参数索引（Security Parameter Index，SPI）、密码算法、IP 地址和端口要么通过 SIP 安全机制协商协议（也称为 Sip – Sec – Agree 协议）建立或设置为预定值。关于通过 IMS AKA 建立 IPSec SA 的细节，读者可参考规范 [TS33.203] 或参考文献 [Poikselkä 和 Mayer 2009]。

　　3GPP 在 2002 年决定 IMS AKA 与 IPSec ESP 结合使用。当 TLS 需要将传输控制协议（TCP）作为传输协议时，TLS 不被认为是可行的替代方案。因此，SIP 对用户数据报协议（UDP）的支持被 3GPP 认为是必不可少的，不能被 TLS 保护。请注意，参考文献 [RFC4347] 中关于在 UDP 上提供 TLS 的数据报传输层安全（DTLS）在 2006 年由 IETF 完稿。（[RFC4347] 现已被 [RFC6347] 替代）。比 SIP Digest 能提供更好完整性保护的 SIP Digest 扩展在当时也被考虑在内，但大部分已被丢弃，主要是因为它不能提供机密性，这在当时已经被公认成为 3GPP Release6 的要求。在 Release7 关于常见 IMS 的工作中，3GPP 讨论了（2005 年开始）SIP 信令的机密性和完整性保护机制的扩展，以适应网络地址转换（NAT）的情况，这些情况通常不会在蜂窝接入网络发生，但在固定接入网很常见。在这些讨论中，继续使用 IMS AKA 作为用户认证机制是毫无争议的，但（D）TLS 被提议作为一种备选的机密性和完整性保护机制。3GPP 最终决定坚持使用 IPSec，并通过 UDP 封装进行增强，以实现 NAT 传输，主要原因在于具有和不具有 NAT 的情况下都有相同类型的解决方案，而不是因为备选方案存在任何安全问题。

- TLS。TLS 也是一个非常著名的机制，有许多安全相关的教科书也介绍过。因此，我们不再进一步解释 TLS。TLS 的引入作为额外的非 3GPP 接入网络 SIP 信令机密性和完整性保护机制是出于以下的观察。非 3GPP 环境中终端往往没有 USIM 等效的功能，无论是否驻留在 UICC 上。因此，3GPP 必须依赖其他类型的认证凭证。因此，3GPP 引入了 SIP Digest 作为用户认证机制，如本章所述。3GPP 定义了 TLS 的使用，用于结合 SIP Digest 的 SIP 信令的机密性和完整性保护：用 SIP Digest 在 IMS 中建立 IPSec SA 并非不可能，因为这个列表中所述的建立与 IMS AKA

紧密耦合，IMS AKA 需要使用 USIM 的功能等同物。因此，用于 IMS 访问信令保护的 IPSec 在许多环境中不是可行的替代方案，TLS 通过 TLS 服务器是 P – CSCF 的服务器证书用于服务器认证；客户端认证由 SIP Digest 提供，而不是 TLS。

- Sip – Sec – Agree。SIP 安全机制协商协议在参考文献［RFC3329］中定义。它允许对 SIP 用户代理和它的下一个 SIP 实体之间使用的安全机制进行协商。根据 Sip – Sec – Agree 的可以协商的机制是：Digest、TLS，IKE IPSec 和人工密钥 IPSec，及 IPSec – 3GPP（即具有与 IMS AKA 的 IPSec，如上所述）。在 3GPP IMS 认证的情况下，Sip – Sec – Agree 机制是用来协商应用在 UE 和 P – CSCF 之间的安全机制。只有 TLS 和 IPSec – 3GPP 是 3GPP 支持的。请注意，可以通过 Sip – Sec – Agree 协商的 Digest 机制必须在 UE 和下一跳 SIP 实体之间运行，IMS 中实体将是 P – CSCF，而 SIP Digest 如 IMS 所述是在 UE 和 S – CSCF 之间运行。Sip – Sec – Agree 协议被集成到初始注册过程中，如本节中 IMS AKA 的信息流所示。

- IPSec 和 TLS 在 IMS 中的适用性。3GPP 规范严格将 IPSec 和 TLS 之间的选择与用户认证机制的选择相连：IPSec 始终与 IMS AKA 结合使用，TLS 始终与 SIP Digest 结合使用。为了通过 3GPP 定义的网络访问 IMS，由于以上解释的原因，需要一个 ISIM 或 USIM。这意味着根据 3GPP IMS 规范，当通过 LTE 访问 IMS 时，将使用具有 IPSec 的 IMS AKA 用于 SIP 信令安全性保护。与 IMS AKA 的讨论中的相同说明在这里也适用，即在 3GPP IMS 安全规范中未明确提及 LTE。

4. 用 IMS AKA 成功注册的信息流

图 12.2 显示了未注册用户使用 IMS AKA 成功注册的信息流程。该信息流程将简要说明 UMTS AKA、EPS AKA、IMS AKA 的相同点和不同点。阶段 2 规范可以在参考文献［TS33.203］中找到；阶段 3 规范可以在参考文献［TS24.229］中找到有关 UE 和 S – CSCF 之间的消息，及在参考文献［TS29.228］和［TS29.229］中可以找到 S – CSCF 和 HSS 之间的消息。

1）UE 发送注册请求，包括 IMPI 和相应的 Sip – Sec – Agree 报头。

2）P – CSCF 根据参考文献［RFC3329］处理 Sip – Sec – Agree 报头，将其关闭并将消息转发给 S – CSCF。（更准确地说：消息通过称为 I – CSCF 的中间节点发送，该中间节点首先联系 HSS 以找到合适的 S – CSCF。本章中省略了对 I – CSCF 的描述，因为它没有在安全过程中起重要作用，感兴趣的读者可参考参考文献［TS23.228］。）

3）S – CSCF 从 HSS 中请求认证向量。

4）HSS 返回从 UMTS AKA 已知形式的认证向量（RAND、XRES、CK、IK 和 AUTN），见 4.2 节和图 7.2。

5）S – CSCF 发送所谓的 401 未经授权的消息［RFC3261］给 P – CSCF，包含认证挑战（RAND、AUTN）和密钥（CK、IK）。

6）P – CSCF 从 CK、IK、SPI 和消息 1 中接收到的参数创建 IPSec SA，并在消

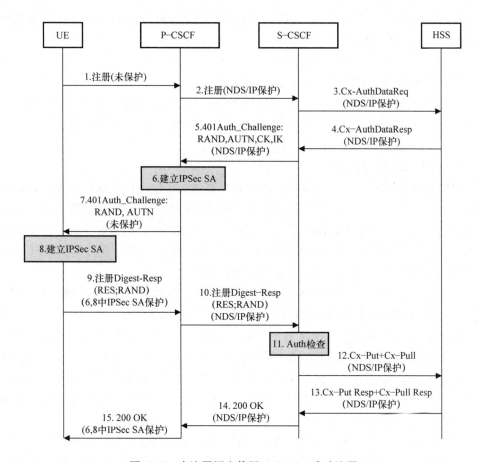

图 12.2　未注册用户使用 IMS AKA 成功注册

息 7（IP 地址和端口以及加密算法）中发送。

7）P‒CSCF 使用（RAND、AUTN）转发 401 未经授权的消息，但不转发密钥（CK，IK）。P‒CSCF 还包括适当的 Sip‒Sec‒Agree 报头。

8）UE 向 USIM 或 ISIM 发送 RAND 和 AUTN，并取回 RES、CK 和 IK。UE 以与 P‒CSCF 在步骤 6）中所做的相同的方式创建 IPSec SA。如同本章中对 HTTP Digest AKA 所述，UE 使用 RES 作为密码计算 RAND 上的 Digest‒Response 和其他参数。

9）UE 向 P‒CSCF 发送另一个 REGISTER 请求。此请求包括 Digest‒Response 和适当的 Sip‒Sec‒Agree 报头。该请求由在步骤 8）中创建的 IPSec SA 保护。

10）P‒CSCF 剥去 Sip‒Sec‒Agree 报头，并将消息转发给 S‒CSCF。请注意，如果 IPSec 在 P‒CSCF 使用步骤 6）中创建的相应 IPSec SA 无法成功处理，则该消息将被丢弃。

11）S‒CSCF 以与 UE 在步骤 8）中使用 XRES 作为密码相同的方式计算

Digest – Response，并检查它是否匹配在消息 10 中接收的 Digest – Response。如果两者匹配，则 UE 被成功认证。

12）S – CSCF 用 HSS 注册用户。

13）HSS 将用户配置文件返回给 S – CSCF。

14）S – CSCF 使用接收的配置文件检查用户的授权。如果此检查成功，则 S – CSCF 向 P – CSCF 发送所谓的 200 OK 消息 ［RFC3261］，指示注册成功。

15）P – CSCF 将 200 OK 消息转发给 UE。

5. IMS 媒体平面安全

IMS 媒体平面安全的主要动机是保护 IMS 媒体在传输过程中的机密性，例如为了防止窃听语音通话。此外，还应支持 IMS 媒体完整性保护。在撰写本书时，3GPP 已经为 IMS 中使用实时传输协议（RTP）［RFC3550］的实时业务指定了 IMS 媒体平面安全。这些实时服务包括语音。定义 IMS 媒体平面安全机制的规范是参考文献 ［TS33. 328］，已于 2009 年底由 3GPP 批准。

对于机密性保护，3GPP 最初依赖于底层承载网络的安全性，通过密码学手段提供，如蜂窝接入网络的链路层保护，或假定的固有物理性质，如 XDSL。但是随着通用 IMS 应用于各种接入网络类型的更广泛接受（例如未加密的公共 WLAN 热点），对传输层之上实现的媒体统一保护方法似乎是可取的。这导致了端访问边缘安全性的定义，其中 IMS 媒体平面流量在 IMS UE 和访问边缘的 IMS 接入 GW 之间被保护。此外，终端之间不间断的端到端安全性得到了重视。这促使了 IMS 媒体平面端到端安全机制的定义的产生。

端到端媒体平面安全有两种变体，它们在密钥建立协议中有所不同，并适应不同的用户情况。目前为止，3GPP 针对 IMS 媒体平面安全定义的所有机制都可以在通过 LTE 接入 IMS 时实现。与 IMS 信令安全的情况相反，在 3GPP 规范中，通过 LTE 的 IMS 接入的文本中对这些 IMS 媒体平面安全机制中的任何一个的使用均没有限制。但 LTE 上接入 IMS 时端接入边缘安全性的需要可以认为并不是很迫切，因为 LTE 在链路层提供了很强的访问安全性，无论是在基站和 UE 之间（见 8.3 节），还是在基站和核心网边缘之间（见 8.4 节）。然而，如果需要对所有流量的统一处理（不管接入网络类型），则端到端边缘媒体平面安全也可以应用于 LTE 上的 IMS 接入。

12. 2. 2　CSFB 安全

当使用 CSFB 时，不会通过 LTE 提供语音服务，而是通过 GERAN、UTRAN 或 3GPP2 1xRTT 的电路交换域提供语音服务。因此，使用 CSFB 的语音业务不关心 LTE 安全性；应用于语音业务的安全机制通常适用于 GERAN（第 3 章）、UTRAN（第 4 章）或 3GPP2 1xRTT。支持 CSFB 所需的 EPS 信令受到作为本书主题的 LTE 安全机制的保护。

12. 2. 3　SRVCC 安全

我们在这里描述从 LTE 到 UTRAN 或者 GERAN 的 SRVCC 切换安全机制。对于在相反的方向 SRVCC 切换对应的安全机制是非常相似的,因此这里省略,都在参考文献〔TS33. 401〕中有所规定。对于 SRVCC 在 HSPA 和 UTRAN 或 GERAN 之间切换相应的安全机制没有在本书中涉及,因为它们不在本书范围。有兴趣的读者可以在参考文献〔TS33. 102〕中查看。

对于 SRVCC 从 LTE 到 UTRAN 或 GERAN 的切换,为 SRVCC 提供了从 MME 到 MSC 服务器增强的安全文本映射以提高切换效率。主要任务是切换前后使用密钥的映射。在切换之前,UE 和 MME 共享包含密钥 K_{ASME} 的当前 EPS 安全文本(参见第 7 章)。因此,该想法是使用密钥 K_{ASME} 和其他参数来派生目标网络中所需的密钥。然后,派生密钥从 MME 被传送到 SRVCC 增强的 MSC 服务器,作为 SRVCC 切换过程的一部分。

由于在 UTRAN 和 GERAN 中使用的密钥不同,我们分别分析这两种情况。

1. 从 LTE 到 UTRAN 的 SRVCC 切换

UTRAN 目标网络需要加密密钥 CK 和完整性密钥 IK,如第 4 章所述。为了将在 SRVCC 过程中派生的密钥与可能已经存在于 UE 中和以前访问 UTRAN 的 VLR 中的其他密钥(CK,IK)区分开,为了描述的目的,基于 SRVCC 派生的密钥携带下标"SRVCC"。通过将特定密钥派生函数(KDF)应用于当前 EPS 安全文本中的密钥 K_{ASME} 和一个新鲜度参数来获得密钥 CK_{SRVCC} 和 IK_{SRVCC}。新鲜度参数被选为非接入层(NAS)下行链路 COUNT 的当前值(见第 8 章)。确保两个不同的 SRVCC 切换不会在目标网络中产生相同的密钥 CK_{SRVCC} 和 IK_{SRVCC}。SRVCC 的密钥派生在参考文献〔TS33. 401〕附录 A 中规定。它使用一个用于各种 3GPP 特性通用的密钥派生框架(参见 10. 4 节)。该框架还确保派生密钥仅适用于 SRVCC 目的。

在密钥派生后,为了确保该参数的持续新鲜度,他将 NAS 下行链路 COUNT 值增加 1。

MME 还将 NAS 下行链路 COUNT 的四个最低有效位发送到演进节点 B(eNB),该节点(eNB)以切换命令将它们转发到 UE。这样做是为了允许 MME 和 UE 使用 NAS 下行链路 COUNT 值同步。NAS 下行链路 COUNT 值可能不同步,这可能是由于 MME 向 UE 发送的 NAS 消息,这导致 MME 增加 NAS 下行链路 COUNT 值,但被丢失并且从未被 UE 接收到,从而使 UE 没有相应增加 NAS 下行链路 COUNT 值。用于同步 UE 中的 NAS 下行链路 COUNT 值的算法是特定实现的。一旦该任务在 UE 中成功执行,则 UE 相应地更新 NAS 下行链路 COUNT 值。

2. 从 LTE 到 GERAN 的 SRVCC 切换

GERAN 目标网络需要分别使用 A5/1、A5/3 或 A5/4 算法的 Kc(64 位)或

Kc_{128}（128 位）的加密密钥（见第 3.4 节）。这取决于目标网络中基站子系统（BSS）选择的加密算法需要两种类型密钥的哪一种。密钥 Kc 和 Kc_{128} 用两个步骤的过程派生。第一步是以与上述用于 LTE 到 UTRAN SRVCC 切换的完全相同的方式从 UE 和 MME 中的 K_{ASME} 派生 CK_{SRVCC} 和 IK_{SRVCC}，并将它们从 MME 传送到增强型 MSC 服务器。在第二步中，从 UTRAN 到 GERAN 互通（见 4.4 节）已知的密钥转换函数 c3 被应用于在 UE 和增强 MSC 服务器中的密钥 CK_{SRVCC} 和 IK_{SRVCC}，获得 Kc；并且将参考文献 [TS33.102] 附录 B.5 中定义的密钥派生函数（KDF）应用于在 UE 和增强 MSC 服务器中的密钥 CK_{SRVCC} 和 IK_{SRVCC} 以获得 Kc_{128}。

12.3 富媒体通信套件和 VoLTE

富媒体通信套件（Rich Communication Suite，RCS）是一种规范，是由全球移动通信系统协会（GSMA）开发，由移动运营商协会于 2008 年后发布的。RCS 的目的是提高用户体验与日常移动通信的一些服务。这些服务包括扩展传统的语音和消息业务（IP 语音和视频通话，一对一聊天和小组聊天）、内容共享（视频、图像、位置和文件传输）和社会概况信息（如可用性、时区和肖像）。

在撰写本书时，最新的 RCS 规范是 RCS 5.0（服务和客户端规范）[RCS50]。以这个文档的话来说 RCS 5.0 为可发现和可互操作的高级通信服务提供了一个框架，并为基础的高级通信服务提供了详细的规范。RCS 针对大众市场，大量手机和服务的广泛支持由世界各地的移动运营商提供。早期 RCS 版本的应用已于 2012 年推出市场。

对于为 VoLTE 启用的符合 RCS 标准的设备，RCS 5.0 大量利用 GSMA 发布的另一个文档，即"用于语音和 SMS 的 IMS 配置文件"[GSMA 2012]。该文档定义了一个配置文件，其中标识了 3GPP 规范中定义的最低强制特性集，要求无线设备（即 UE）和网络实现，以保证在 LTE 无线访问上可互操作的、高质量的 IMS 电话服务。

由于 RCS 预期的商业相关性，在本书的背景下，看到在 [RCS50] 和 [GSMA 2012] 中如何处理安全性问题特别有意思。

RCS 和 VoLTE 的安全配置文件

参考文献 [RCS50] 和 [GSMA 2012] 通过参考和分析其他标准化组织开发的安全规范来处理安全问题。

参考文献 [GSMA 2012] 的安全要求完全符合本书 12.2.1 节的阐述，即"根据 3GPP IMS 规范，当通过 LTE 接入 IMS 时，带 IPSec 的 IMS AKA 将用于 SIP 信令安全。参考文献 [GSMA 2012] 不包含媒体安全的任何要求。

参考文献 [RCS50] 的安全要求更全面：接入信令的安全要求考虑 VoLTE 启用的移动客户端和 LTE 接入网络以及其他类型的客户端和接入网络。它们被总结在表 12.1 中，其由参考文献 ［RCS50］ 的表 36 改编而来。该表应该是不言而喻的，因为其中的所有安全机制均已经在 12.2.1 节中被解释过。然而，应当注意，定义 IMS 接入安全的 3GPP 规范 ［TS33.203］ 不允许在 3GPP 规范中定义的接入网络上使用 SIP Digest，即通过 GSM、GPRS、UMTS 或 LTE 进行接入。

表 12.1　RCS 的接入信令安全配置文件

设备	接入	可用的安全方法	实用性和适用性
非 VoLTE/VoHS-PA 启用移动客户端（电路交换域语音服务设备）	蜂窝 PS 接入	GIBA 或 SIP Digest（带或者不带 TLS）或者带 IPSec 的 IMS AKA 的	GIBA 仅适用于移动设备接入 GPRS 和 UMTS 具有 IPSec 的 IMS AKA 可能在设备和网络都支持时可以使用 带或不带 TLS 的 SIP Digest 用于预先配置时，或有预先配置 GIBA 的地方，但网络不支持这样的情况
	非蜂窝宽带（Wi-Fi）接入	SIP Digest，带 TLS 的 SIP Digest 或带 IPSec 的 IMS AKA（需要 UDP 封装 IPSec 用于 NAT 传输）	推荐使用带有 TLS 的 SIP Digest，而不使用无 TLS 的 SIP Digest 具有或不具有 TLS 的 SIP Digest 用于预配置时或预先配置 GIBA 的地方或移动设备不支持 IMS AKA 用于 WLAN 访问时的情况
VoLTE/VoHS-PA 启用移动客户端	蜂窝 PS 接入	带 IPSec 的 IMS AKA（请注意，任何其他方法的配置都是不可能的）	AKA 凭证安全地存储在 xSIM 中
	非蜂窝宽带（Wi-Fi）接入	SIP Digest，带 TLS 的 SIP Digest 或带 IPSec 的 IMS AKA（需要 UDP 封装 IPSec 用于 NAT 传输）	推荐使用带有 TLS 的 SIP Digest，而不使用无 TLS 的 SIP Digest 具有或不具有 TLS 的 SIP Digest 用于预配置时或预先配置 GIBA 的地方或移动设备不支持 IMS AKA 用于 WLAN 接入时的情况
宽带接入启用（无 LTE 或 HSPA 接入控制的 RCS IP 语音呼叫功能设备，例如有 LTE 棒的笔记本）		SIP Digest 或带有 TLS 的 SIP Digest	推荐使用带有 TLS 的 SIP Digest，而不使用无 TLS 的 SIP Digest SIP Digest 用于不支持 IMS AKA 用于 WLAN 接入的移动设备

注：PS 为分组交换。

请参见经 GSMA 版权所有者的文本（文档 "RCS 5.0 高级通信服务和客户端规范" 版本 1.0，2012 年 4 月 19 日，第 2 章的 13.1.2 节，第 100 页）。

此外，RCS 5.0 中的安全要求还考虑到媒体平面安全和传递消息安全。

　　对于媒体平面安全，RCS 5.0 遵循参考文献［TS33.328］，参见本书 12.2.1 节末尾的文本。如果还支持 P‐CSCF，则建议 UE 使用端到端边缘接入模式。否则，RCS 客户端可能会尝试端到端模式。

　　对于传递消息安全，在编写本书时，还没有任何 3GPP 规范可供 RCS 说明，因为 IMS 媒体平面安全扩展的相应工作仍在进行中（参见 16.1 节）。对于使用消息会话中继协议（Message Session Relay Protocol，MSRP）［RFC4975］的基于会话的传递消息，RCS 5.0 建议在 MSRP 通过不安全网络传输时，使用具有自签名证书和指纹交换的 TLS 模式。

第 13 章　家庭基站部署的安全性

为允许更有效地使用可用频谱和用户的具体部署［例如，由基站主托方（Hostig Party，HP）管理的封闭用户群组（Closed Subscriber Group，CSG）］，为服务于非常小的小区的基站规定了对通用陆地无线接入网络（UTRAN）的扩展。它们的覆盖范围与无线局域网的接入点相当，并且它们在用户处所内有类似的部署。这种"毫微微"级的基站服务于"毫微微"级的小区称为家庭 NodeB（HNB），因为它们是宏 NodeB 的家庭版本。类似地，对"毫微微"级的基站规定演进的通用陆地无线接入网络（E‐UTRAN）的扩展称为家庭 eNodeB（HeNB）。对两种类型的家庭基站的服务要求在参考文献［TS22.220］均有规定。技术报告［TR23.830］解决了家庭基站建造方面的问题。从该报告导出的规范性文本不在单独的文档中，而是分布在应用的演进分组系统（EPS）的相关规范中。

支持 3GPP 标准的工作来自小型小区论坛（Small Cell Forum，SCF），SCF 是先前的毫微微论坛（Femto Forum，FF）的演进。这是一个非营利性的组织，它促进小型小区技术（包括毫微微级的小区）在全世界范围通过移动网提高覆盖面、容量和服务传送能力。它由移动运营商及电信硬件、软件供应商和内容提供商等组成。SCF 不是标准定义组织，但是工作在标准化的前沿，从利益相关者那里收集和协调需求。

由于 HNB 的安全功能的定义和 EPS 在 3GPP 里的定义同时发生，所以对于家庭基站这两种安全类型在 3GPP Release9［TS33.320］通用规定中指定。对于家庭基站的安全措施部署更多的是被客户端的部署场景控制，很少被实际无线电和核心网络技术主导，3G HNB 和 EPS HeNB 安全性只有很少的区别。

本章主要涉及家庭基站在 EPS 的部署（即 HeNB），但是与 HNB 的差别会在应用的时候提到。

13.1　安全架构、威胁和需求

13.1.1　场景

引入 HeNB 的概念来为无线技术移动通信提供小面积或者室内覆盖同样也用于宏距离覆盖。这允许使用相同的用户设备（UE）进行全球和本地接入。HeNB 位于用户端，并通过宽带接入线连接到运营商的核心网络，例如：数字用户线（DSL）或者宽带电缆。图 13.1 给出了部署架构概述。

下面对图 13.1 进行简短的描述，介绍它们在 HeNB 部署中的作用。

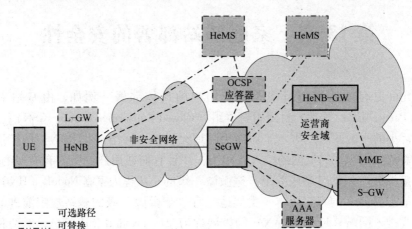

图 13.1　HeNB 架构和部署场景

HeNB：HeNB 位于客户端，并以许可的频谱传输。许可的频谱归属运营商，由监管机构负责对这一频谱管理使用，HeNB 受与任何其他基站相同的监管要求的限制。由于此责任，用户部署 HeNB 要与移动运营商签约。除此之外，具体的安全要求不允许用户对 HeNB 全控制。因此，某些配置设定仅由运营商管理。在 HeNB 的文本里用户被称为主托方以区分来自移动网中的普通用户。

本地网关（L-GW）：L-GW 自从 Release10 后就作为一个可选的元素，并且是（如果实施）和 HeNB 共存。它提供本地互联网协议接入（LIPA）功能启用互联网协议（IP），能使 UE 连接通过 HeNB 接入在相同的住宅或企业的 IP 网络其他具有 IP 能力的实体。这里用户平面流量不通过回程链路发送到运营商的核心网，而是直接传送到属于 HeNB 的 HP 本地网络，例如：家庭或办公局域网（LAN）。为了某种控制目的，L-GW 也通过 S5 接口与核心网相连到服务网关（S-GW），我们不进一步阐述，因为它们与安全不相关。对于 L-GW 需要 HeNB 的内部数据，两者必须紧密耦合，并且在两者之间交换的数据不能从外部智能化。在本章的剩余部分，只有强调 L-GW 的具体功能时会明确提及。作为一个共存元素，它被视为 HeNB 的另一部分，例如关于通信链路和管理方面。

UE：UE 是与用于 EPS 宏小区一样的普通的 UE。所有支持 EPS 功能的 UE 也都清楚 CSG 的特殊 HeNB 功能，将会在后面和 13.6 节描述。这与 3G 网的不同之处在于 CSG 没有意识到 UE 也必须被服务，所以要求 HNB 结构对这种遗留的 UE 进行单独的处理。

回程链路：回程链路连接 HeNB 和安全网关（SeGW）（见下面所示）。它携带 S1 流量，当经过 SeGW 时也管理流量。回程链路也有可能连接管理系统，在一般情况下延伸到公共互联网。假设 HP 存在到互联网的宽带连接，例如经过 DSL 或者宽带电缆。由于这种连接通过公共域进行路由，所以被视为是不安全的，许多 HeNB 安全功能提出了与不安全网络连接的相关威胁。

安全网关：SeGW 是运营商核心网络对 HeNB 所有始发和终止流量的大门，因此位于运营商安全域的边缘。当一个 HeNB 网关（HeNB - GW）被部署时，那么 SeGW 位于 HeNB 和 HeNB - GW 之间，因此在无线接入网内。当 HeNB 和移动性管理实体（MME）有一个直接连接时 SeGW 就在核心网的边缘。由于安全性要求，SeGW 是唯一引入的强制网络元素（NE）。缩略语 SeGW 被故意选择与用在 NDS/IP（网络域安全）［TS33. 210］中的安全网关（SEG）不同。当 SEG 位于两个不同安全域之间的接口时，SeGW 将逻辑上的"离散"元素连接到与其连接的运营商的核心网络相同的安全域。SEG 在宏基站（演进节点，eNB）的具体功能在 8.4 节进行了概述，同时 SeGW 用于 HeNB 的描述将在 13.4 节进行。

HeNB 管理系统（HeMS）：HeMS 负责 HeNB 的管理。作为 HeMS 必须能够管理不同制造商的 HeNB，管理系统和 HeNB 之间所谓的类型 1 接口在参考文献［TS32. 591］和［TS32. 593］中规定了允许供应商的互操作性。该规范大量建立在用于客户端设备（CPE）的管理协议上，由宽带论坛（BBF）在参考文献［BBF TR - 069］中规定。根据运营商的决定，HeMS 可能位于运营商安全域或可直接在公共互联网上接入。后一种情况包含允许现有的对家庭设备的管理基础设施的使用（例如住宅网关和/或 DSL 路由器）也同样适用于 HeNB。为了迎合 HeNB 特殊注册和登记的需求，可能通过 HP 购买或者连接而不是由运营商。HeMS 逻辑上分为初始的和一个服务的 HeMS。这允许 HeMS 通过恢复到出厂默认配置仅包含 HeMS 的初始地址，这不一定是运营商的特定地址。除此之外，在它连接服务网之前初始的 HeMS 可能检查和修改 SW 和 HeNB 配置。因此 HeMS 在公共互联网中的位置可能是有利的，即使服务 HeMS 位于运营商安全域。细节将在 13.5 节描述。

MME 和 S - GW：MME 和 S - GW 与 NE 一样，正如本书前几章为 EPS 规定的。同样，HeNB 和这些网元（NE）之间的接口与为宏基站定义的 S1 - MME 和 S1 - U 接口相同。

HeNB - GW：HeNB 网关在参考文献［TS36. 300］中规定，而且在 EPS 结构中是一个可选的元素。这是从 3G 网络的一个偏离，HNB 网关是一个强制性元素，这隐藏了 HNB 的具体特性和与其他核心网络的 Iuh 接口［TS25. 467］。HeNB - GW 的任务是缓解 MME 跟踪大量的 HeNB，因为 MME 被更多地设计为仅适应有限数量的 eNB。因为 HeNB - GW 是可选的，在两边有相同的 S1 接口，HeNB 和 MME 都不知道 HeNB - GW 是否被部署。这意味着 HeNB 将 HeNB - GW 看作 MME，MME 将与 HeNB - GW 连接的所有 HeNB 一起被视为一个大型 eNB。对于一般安全功能的领域，HeNB 通过 S1 接口连接到 HeNB - GW 或 MME 是没有区别的，因为安全回程链路在 SeGW 的运营商安全域的边界终止，对于这个通用规则的唯一偏离见 13.4.8 节。

AAA 服务器：认证、授权、计费（AAA）服务器是可选支持的。它用于两个可选机制，第一个用于部署 HP 认证时与归属位置寄存器/归属用户服务器（HLR/HSS）通信，第二个用于 AAA 服务器控制时的 HeNB 的接入授权。

OCSP 应答器：如果运营商对 SeGW 证书使用证书撤销基础结构，则可选地部署在线证书状态协议（Online Certificate Status Protocol，OCSP）服务器。它可以与 SeGW 和 HeMS 通信，如果使用证书有效性状态的带内信令，或直接与 HeNB 进行通信。在后一情况不需要通信安全，除非经过不安全的链路进行通信，因为 OSCP 响应消息被签名保护。OCSP 的规定在参考文献［RFC2560］中会找到。

封闭用户组（CSG）：HeNB 旨在作为客户操作的无线接入点，因此规定了限制 HeNB 的一般接入的可能性。3 种 HeNB 的接入模式被定义（如参考文献［TS22. 220］），命名为封闭模式（只接入 CSG），开放模式（接入运营商的所有用户和他们的漫游伙伴），将上两种混合的混合模式（13. 6 节中有更多的解释）。HeNB 可以通过运营商在一定有限集内管理其 HeNB 的 CSG 成员资格。13. 6 节对 CSG 管理的安全相关特点有一个概述。

X2 接口：在图 13. 1 中特意没显示这一接口，因为它是具有不同物理实现变体的逻辑接口。X2 消息路由通过 SeGW 经由运营商的安全域，或者直接经过 HeNB 之间的接口。在 Release9 的规定中没有预见 HeNB 之间有 X2 接口。从 Release10 开始，被引入属于同一 CSG 的 HeNB，并且对切换开放接入模式 HeNB。就像 X2 路由消息经过 SeGW 没有安全影响，对 HeNB 直接接口支持是可选项，下面文本的主要部分描述没有直接接口的 HeNB 基本结构，在 13. 7 节介绍 HeNB 之间的直接接口规定的额外功能。

S5 接口：在核心网内该接口连接 L – GW 和 S – GW。它仅用于为 HeNB 激活 LIPA 的情况。S5 消息来回承载于与 SeGW 同一个回程链路内，作为 S1 流量。

13. 1. 2 威胁和风险

本节讨论 HeNB 具体安全措施的原因，并对在 HeNB 安全规范发展中存在的威胁和风险其进行了概述。威胁和风险分析在技术报告［TR33. 820］中有介绍，这是在规范性标准化工作开始之前开始的。标准化规范［TS33. 320］仅包含从威胁与风险分析中推出的要求，这些都在 13. 1. 3 节介绍。

下面的内容总结了 HeNB 具体安全必要的原因。HeNB 是 NE 在运营商的负责下，但相对其他的 NE 不位于运营商的安全域内，因此出现下面几个新问题：

- 到核心网的链路（例如，DSL 和互联网）由运营商管理手段保护是不安全的。
- HeNB 提供空中链路加密的终止，因此用户和无线电资源控制信令数据在用户驻地的 NE 中以明文形式获得。
- 一旦被认证，位于用户端的 NE 允许通过安全隧道直接接入核心网。
- 以经验为例，实施数字版权管理的机顶盒表明，HeNB 可能容易受到黑客的严密的离线检查。

- 一旦发现漏洞，从互联网到欺诈性的 HP，就很容易得到利用，例如可以应用到在 HP 的住宅以太网内的 HeNB 的以太网端口。

因为 HeNB 是类似消费者的设备，下面的特性使它更容易受到攻击：

- 部署数量和分布比其他任何 NE 更大、更广泛。
- 价格标签必须比目前以较小数量部署的商业运营商网络要更低，因此不允许昂贵的安全功能。

另一方面，移动运营商具有以下利益和义务：

- HeNB 运营商运行在许可频谱，而 WLAN 与之相反，所以运营商对任何违规行为负责（地理位置、传输功率、频率等）。
- 运营商必须禁止对其他网络干扰。
- 运营商必须确保用户连接 HeNB 时的完整性、隐私和合法拦截。

牢记以上问题。参考文献［TR33.820］将威胁与风险以下分为六类。

1. HeNB 证书的泄露

证书可能会通过本地物理或远程算法攻击来公开。存在允许复制许多设备的证书，或者以其他目的滥用证书可能性。

2. HeNB 的物理攻击

1）设备可能被篡改而损害其完整性，例如进入到空中链路和回程链路之间进行明文数据传输。

2）伪造或克隆的证书可以被插入到设备中，导致另外未经授权的设备允许进入核心网。

3）可以插入欺诈性 SW 和/或伪配置数据，例如，物理访问非易失性内存。

3. 对 HeNB 的配置攻击

1）可能会加载不适合或过时的 SW 版本。

2）无线电管理可能配置错误。

3）如果在 HeNB 内执行，接入控制列表可能会被更改。

4. HeNB 协议攻击

1）可以通过操纵在回程链路上进行中间人攻击，对 HeNB 插入或删除消息。

2）可以通过对 HeNB 发送伪造的消息，对 HeNB 进行拒绝服务（DoS）攻击。

3）如果用在回程链路的协议漏洞被发现，这些可能被用来攻击。

4）外部时间消息和运营 & 维护流量可能会受到干扰。

5. 攻击核心网，包括 HeNB 基于位置的攻击

1）伪造的 HeNB 可能连接到核心网随后进行攻击，也许通过尝试 DoS 攻击或利用核心网元。

2）其他站点的流量可能会被接入到核心网络中。

3）错误的位置可能报告到核心网，用错误的参数生成 HeNB 的网络配置。

6. 用户数据和身份隐私攻击

1）与 RRC 信令一样，S1 信令在 HeNB 终止，用户平面流量在 HeNB 用明文获得，可能窃听用户的数据以揭露用户的身份。

2）伪造的或者被操纵的 HeNB 可以伪装成一个有效的 HeNB 去攻击其他用户，比如其他 CSG 的成员通常不使用这个 HeNB。

13.1.3　要求

源于在 13.1.2 节描述的对 HeNB 的特定威胁，技术报告［TR33.820］给出 32 条 HeNB 的信号安全要求。为了有更好的可读性，以下内容将它们与相关的主题相结合：

- 认证：回程链路与 Q&M 相互认证，强大的加密机制，认证的唯一身份，认证凭证受保护存储。
- 回程链路和流量管理：对回程链路强制性的完整性保护和强制性的机密性保护进行的管理和可选性，连接核心网需要授权。
- SW 完整性，HeNB 的数据机密性和完整性：安全启动，仅授权 SW，硬化设备，设备完整性验证，安全的数据存储及对敏感数据的安全操作。
- 用户隐私：隐藏在设备和空中接口中的国际移动用户识别码（IMSI），信令和用户平面数据的机密性。
- 运营和管理安全：运营商和用户数据与相关接入控制，许多数据的最终运营商控制的独立处理。
- 网络 DoS 保护：每个 HeNB 到网络连接数量的限制，只允许已验证的 HeNB 进入核心网。
- 封闭用户组的管理和执行：在运营商的控制下的 HP 执行和核心网强制执行的接入控制。
- 定位和时间：HeNB 可能对地理位置锁定。可靠的地址信息可以被 HeNB 收集和传输。HeNB 的时间信息必须可靠。

上述这些要求在 HNB 和 HeNB 安全标准规范［TS33.320］中不是都可以实现的，举一些例子：

- 因为在所有可能的定位中没有单可靠定位的信息，该规范仅建议为每个部署使用最恰当的方法组合。
- IMSI 通过无线传输是不可行的，因为通过 HeNB 定位并试图连接的许多用户的临时身份的分辨率可能对核心网络造成太高的负担。

除了 HeNB 部署的这些要求，EPS［TS33.401］的一般安全结构规范为 eNB 设置安全要求，同样对 HeNB 可行。这些要求已在 6.4 节介绍过。

参考文献［TS33.320］第 4.4 条给出了对运营和其他网元要求的扩展列表。它们在安全架构和过程中的考虑在这里就不再重复，这将在本章的其他地方进行介绍。

13.1.4　安全架构

　　安全架构由要求和用尽可能少地偏离 NDS 中现有 3GPP 安全架构的意图生成，在 4.5 节中已描述，参考文献［TS33.401］中 EPS 到 NDS 的应用在 8.4 节已经涵盖。图 13.2 重复图 13.1 的架构，重点介绍了 HeNB 特定安全措施的主要区域。

　　NE 的本地安全性要求和度量仅适用于 HeNB。这里设备的完整性必须被不同度量保证，来为 13.2 节提到的本地安全功能提供基础。在实施 L – GW 的情况下，它必须被协同定位，因此对于本地安全它被视为 HeNB 的一部分。

　　在图 13.2 中指向 HeMS 和 SeGW 的两条线表示安全通信路径。上面是可访问公共互联网的 HeMS，下面对应 SeGW，对信令和用户平面流量提供安全接入到运营商安全域，从而为核心网的信令和用户平面流量以及 HeMS 在运营商安全域内的管理流量提供安全接入。在通信路径打开前，两个都需要进行相互认证，主要是基于 HeNB 设备证书和网络侧（SeGW 或 HeMS）证书。

　　SeGW 执行 HeNB 认证和接入控制，在 HP 认证和 AAA 服务器接入授权情况下 AAA 服务器支持可选性。

　　如果运营商配置 HeNB 以使用这一服务，那么 OCSP 应答器可选地为 HeNB 提供证书有效性信息。推荐使用这一功能。根据说明书中的说明，这种有效性检查可能在将来的版本中变成强制性的。

　　图 13.2 没有显示 HP，因为它只是一个角色，而不是一个 NE。区分具有 HeNB 物理控制和管理特征的一方（例如，HeNB 的 CSG 用户会员资格）与运营商其他用户或子用户，主托方的术语是创造的，HP 和运营商会关于 HeNB 的部署有一个合同，除了涉及单独的 HP 情况，运营商可以直接控制 HeNB。

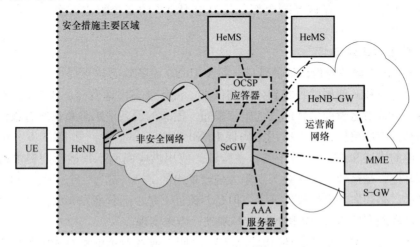

图 13.2　在 HeNB 架构的安全措施主要区域

13.2　安全性能

这一节介绍不同的安全性能用于 HeNB 生态系统安全。下面几节介绍实现这些性能的过程。这些性能的参考细节和技术描述也留到描述过程的内容中进行描述。

13.2.1　认证

1. HeNB 身份

HeNB 的设备身份被看作是由运营商网络认证的主要身份。因此这个身份必须是全球唯一身份。这个 HeNB 的唯一身份是在参考文献［TS23.003］中关于地址、编号和识别号的规定，以允许在 EPS 内普遍使用此身份。根据 NDS/AF［TS33.310］，这个身份格式是全合格域名（Full Qualified Domain Name，FQDN），方便 X.509 证书名的使用。

2. 认证概念

基于公钥基础设施（PKI），3GPP 在 HeNB 系统中选择一个强制支持的通用认证概念。作为认证协议，IKEv2 被选为回程链路，和 HeMS 接入公共互联网链路的一个传输层安全（TLS）握手。相互身份认证是基于对等的证书。

除 IKEv2 外，还有一个可选的认证机制用于回程链路。在这一条件下精确的协议不是由 3GPP 规定，但是所选择的协议必须在 HeNB 和 SeGW 之间提供相互认证。除此之外，所有其他的一般安全要求，例如 HeNB 完整性验证，均必须实现。注意在参考文献［TS33.320］这个替代叫作非 IPSec 使用选项，这也意味着使用绑定到上述身份验证的第 2 层通信安全机制不同于 IPSec。

因为没有指定此替代认证解决方案的详细信息，同时因为一般安全要求可应用任何解决方案，所以在这章剩余部分只讨论 HeNB 的安全解决方案，是强制性实现，基于 IKEv2 命名。

3. 使用 IKEv2 认证

PKI 被选为设备身份认证的基础。每个 HeNB 设备均必须被提供有私钥公钥对以及将该身份和其他属性绑定到公钥的证书。设备证书由运营商、HeNB 的制造商或供应商，或被运营商信任的其他组织发布。发布的设备证书必须在所有条件下被制造商和供应商授权，证书被用来确保 HeNB 设备的完整性，见 13.3.1 节中对设备完整性的描述和 13.4.1 节中的自主验证。使用供应商而不是运营商提供的设备证书的好处，是运营商不必要为期望大规模推出的 HeNB 部署一个巨大的 PKI。

同样，必须向 SeGW 提供证书。但是，该证书是由运营商发布的。这可以通过许多运营商现有的 NDS/IP 和 NDS/AF 基础设施来实现。

设备认证有两种形式：HeNB 和 SeGW 之间，或者 HeNB 和 HeMS 之间的相互认证。稍后将解释具体应用哪种形式的设备认证的情况。

认证过程的双方可以使用证书有效性信息来检查身份证书的撤销状态和链中的证书，包括根证书。

为设备认证指定了两种认证机制：建立到 SeGW 的 IPSec 隧道的 IKEv2，以及用于建立到 HeMS 的 TLS 隧道的 TLS 握手。

某些部署场景需要 HP 分开认证。这个认证是可选的，而且总是在（成功）设备认证之前。这一连串的认证称为组合（设备和 HP）认证。

HP 认证使用认证与密钥协商（AKA）机制，因此，是基于存储在通用用户身份模块（USIM）和 HLR/HSS 中的永久共享秘密。用于在与设备认证相同的协议中携带该认证，扩展认证协议—认证与密钥协商（EAP – AKA）以及 IKEv2 中的多种身份认证功能被使用。

EAP – AKA 提供运营商网络与包含 HP 身份和秘密的主托方模块相互认证。这里有两个即使 HP 认证被使用时设备认证仍是强制性的主要原因。

第一，对于设备完整性的要求与值得信赖的环境（TrE）紧密相连（见后面），其也保存用于基于证书的设备认证的秘密（私钥）。自动验证的定义明确地使用这个事实，所以设备认证对于确定成功的设备到网络完整性验证是必需的。

第二，HPM 是可移除令牌，因此不会与 HeNB 物理绑定。相反，明确规定允许传输 HPM 到另外的 HeNB 设备，以允许 HP 与同一 HP 交换设备。

13.2.2　本地安全

本地安全包括数据的安全存储和 SW 的安全执行。根据参考文献［TS33.320］，HeNB 的性能必须集中在 HeNB 设备中的 TrE。一个可选的协同 L – GW 必须也依赖于 TrE。

如果可选的 HP 认证（作为组合认证的一部分）被使用，HPM 形式的第二个 TrE 将被引入，实现为通用集成电路卡（UICC）。这个安全环境彼此独立。

1. 可信的环境和安全执行

TrE 是 HeNB 内的逻辑实体，负责保护用于 HeNB 的安全引导的信任根。术语逻辑实体意味着其实现不需要与 HeNB 的其余部分物理分离，但是该逻辑实体中的所有功能的实现仍然必须物理地绑定到 HeNB 设备。TrE 基于信任根首先执行自检，然后进一步验证 SW 模块。一旦对 HeNB 的可信操作所需的所有 SW 模块已经成功启动，HeNB 就成功通过本地设备进行完整性检查，并进行进一步的操作。13.3.1 节有详细的介绍。

TrE 的第二个任务是 HeNB 操作中使用敏感参数安全存储。此外，在之前章节描述的用于设备认证的所有敏感功能均必须在 TrE 中执行。这主要涉及 HeNB 私钥的所有操作，因为这个秘密永远不会离开 TrE。

由 SeGW 或 HeMS 代表的网络，将确保上述安全启动完成，而且 HeNB 依次通过本地设备完整性检查。这个验证结果能与网络明确地或隐式地通信。TrE 的上述属性的组合，名义上执行完整性检查并为设备认证提供敏感功能，产生一个成功设备验证的优雅隐式形式。TrE 控制认证使用的私钥，所以只在一定条件认证发生才可以实施。所以规定 TrE 只有在设备完成完整性检查之后才执行认证和关联私钥必要功能。只有完整性检查设备能成功执行认证之后，网络才有保证。这个功能称为自主验证，因为 HeNB 所有验证的操作都是自主的，网络可以隐式地验证 HeNB 的完整性状态。由于这个原因，没有明确说明验证结果。

2. 主托方模块（HPM）

HPM 被指定为 UICC［ETSI TS 102 221］。因此它这样为共享秘密提供安全环境和为使用 EPA – AKA 认证的共享秘密的敏感功能执行提供一个安全环境。HPM 通过运营商有组织的措施绑定到 HP。

3. 物理安全

物理安全被要求避免简单地本地访问存储的秘密、敏感配置参数和 SW。尤其 TrE 内的安全脚本必须保证物理安全，否则 HeNB 设备的全部本地安全均不能得到保障。对于 HeNB 设备，物理安全功能的设计和实现交给制造商。由制造商来确保操作人员对 HeNB 的安全设计。根据一些外部指定的标准来进行评估看上去并不充分。6.4 节给出了关于宏基站应用相同的争论，并附加上一定的限制，指 HeNB 是一个具有比商业宏基站更低价格的用户设备。

对于 HPM 而言，物理安全是由其本身是一个 UICC 这个事实给出的。

13.2.3　通信安全

对于通信安全，对回程链路和与管理系统连接的要求是完整的，应提供传输数据的保密和重放保护。

为了履行这些要求，在参考文献［TS33.320］中规定两个机制：

- IPSec 在隧道模式下与封装安全有效载荷（ESP）一起用于到 SeGW 的回程链路，这种对回程链路的执行是强制性的。
- 用于对 HeMS 的接入公共互联网的流量管理的 TLS。

13.2.4　位置验证和时间同步

在 HeNB 开始允许辐射能量之前 HeNB 的地理位置应被 HeMS 检查。这可以避免 HeNB 在不允许运营商操作基站的地方操作，或者运营商不允许 HP 操作 HeNB。13.5.8 节有地理位置检查的细节。

HeNB 正确时间的可用性对检查证书到期时间很重要。由于这个目的，时间同步消息从时间服务器被送来。这些消息的传输必须受到保护。除此之外，时间服务器必须提供一个可靠的时间信号。对保护时间同步消息通过发送它们经过安全回程链路的支持是强制的，但也可以选择其他通信路径，用来提供时间服务器并使传输受到保护。假如没有连续的时间可用，允许 HeNB 验证证书到期时带有缺失的或有缺陷的本地时钟，当它在非易失性安全存储器中掉电时，HeNB 必须存储时间，同时在上电时使用该时间。

13.3　家庭基站内部的安全过程

这一节处理在 HeNB 内本地执行的相关安全过程。安全过程包含的 NE、SeGW 和 HeMS 将在本章的后几节介绍。

13.3.1　安全启动和设备完整性检查

如 13.2 节所述，HeNB 包含一个内置信任根的 TrE。当 HeNB 上电，首先使用信任根检查 TrE 本身的完整性。这个 TrE 本身的安全启动过程确保只有成功验证 SW 组件才能加载或启动。一旦 TrE 完成启动，它继续验证 HeNB 的其他 SW 组件（例如，操作系统和进一步程序）对 HeNB 信任操作是必要的。如果可选的 L – GW 被实现，同时所有的 SW 必要组件对于 L – GW 的信任操作必须被证实。

我们讨论的验证过程包括将要加载的 SW 组件上的测量值（例如，哈希值）与存储在安全存储器中的相关联的可信参考值进行比较。如果值匹配，那么验证就是成功的。通常，这些参考值是要加载的 SW 组件的哈希值，但是也可能是对下载的 SW 程序包中包含的数据（例如，配置参数）进行散列的结果。

一旦已经验证并启动了 HeNB 的可信操作所需的所有 SW 组件，设备完整性检查就已成功执行。

为了能够执行 SW 组件的验证，下载的 SW 包必须包含关联的可信参考值。根据 13.5.7 节中关于 SW 下载的介绍，在下载的 SW 包被验证之后这些值必须存储在安全的内存中。由于设备完整性检查的有效性完全取决于参考值的可信赖性，必须保护此安全存储器免受未经授权的修改。

13.3.2　主托方模块删除

HPM 提供证书的安全存储用于 HP 认证。在 HPM 中执行关键的安全功能用于支持 EAP – AKA 认证。因此它确保 HPM 在组合设备 – HP 认证时可用于 HeNB（见 13.4.5 节）。为避免在一些其他设备中的第二次认证期间 HP 证书滥用而当前 HeNB 仍在运行，HeNB 必须在后续操作期间监视 HPM 的可用性。依据 [TS33.320] 第 4.4.2 条，如果 HeNB 发现删除了 HPM，HeNB 必须关闭它的空中接口，断开与运营商连接的核心网络。

为了使 HeNB 重新投入运行，HeNB 必须建立一个与 SeGW 的新连接。如果必须执行 HP 认证，则需要将相同或另一 HPM 插入到 HeNB。

13.3.3　回程链路丢失

为防止在与核心网络的连接丢失的情况下 HeNB 不受控制的传输，HeNB 必须实施一种机制，在连接失败后的特定时间段内关闭空中接口。这种机制的使用和时间段的配置取决于运营商的政策。

13.3.4　安全的时间基准

在搭建到 SeGW 的安全回程链路时，HeNB 必须使 SeGW 的证书有效。这包括检查 SeGW 证书的到期时间，这个时间必须基于当前时间。因此时间源必须是可用的。同样，当搭建 TLS 到 HeMS 隧道时也要检查 HeMS 证书的有效性。

唯一强制性支持与时间服务器的通信通过回程链路来完成（见 13.4.9 节）。因此，当正在建立安全回程链路时，HeNB 可能不会有安全的外部时间，因此在启动时 HeNB 需要一个内部时间。即使可以预期，许多 HeNB 将配备连续运行的本地时钟，该规范不强制有这样的时钟。原因如下，对于低耗设备，这样的时钟可能会被忽略，即使有一个连续的时钟一些时钟错误（例如，一个扁平的电池）也不会避免 HeNB 与运营商网络的连接。因此该规范提供一个解决办法，要求只存在一个 HeNB 内的安全的非易失性存储器。这要求每一个 HeNB 在关机时存储 TrE 的当前时间。随后上电，如果没有连续的时钟，HeNB 可以直接使用最后保存的时间⊖。

如果存在可用的连续时钟，HeNB 将会把最后存储的时间和连续的时间进行对比，并且如果连续时钟的时间晚于上一次保存的时间，则可以继续计数。这个比较之所以被引入，是因为在出现故障后本地时钟通常在某个固定时间点启动，例如 UNIX 新纪元时间在 1970 - 01 - 01 正如参考文献［IEEE Std 1003.1］中 4.15 节所规定的，而在过去的一段时间可能会超过所有证书的有效期并阻止与运营商网络成功连接。

建立回程连接后，本地时钟再同步便是强制性的。这个必要性不仅是对没有连续时钟的 HeNB，而且是为了应对连续时钟的可能漂移。13.4.9 节描述了时间同步的过程。

13.3.5　内部暂态数据处理

HeNB 终止了运营商安全域空中链路安全和回程链路安全。因为只有非接入层（NAS）消息在 UE 和 MME 之间被端对端保护，所有无线电级信令和所有用户平面流量在 HeNB 内部传输过程中都可以明文获取。根据参考文献［TS33.320］第 4.4.2 条对 HeNB 的要求，必须保护此流量免受未经授权的访问。这意味着模块处理空中和回程链路的安全性必须位于 HeNB 的保护区域并且必须安全地执行这些端点之间的数据传输。这可以通过将两个端点放在同一个安全区域或在两个端点间部署保护链路（例如，加密）（即使两者都在 HeNB 内部）来实现。

同样的要求适用于 HeNB 和协同的 L - GW 间的数据交换，因为该接口还携带敏感数据。

⊖　这个特性可能要求运营商也关注网络侧认证的启动时间（"之前无效"），这必须允许 HeNB 与网络连接，即使 HeNB 具有例如仅源于生产制造的"最后保存时间"，以及在很长的某段时间并未连接。

13.4　家庭基站和安全网关之间的安全过程

13.4.1　设备完整性验证

建立 HeNB 和运营商网络任何连接的前提条件是通过网络 HeNB 的成功设备完整性验证。此有效验证基于 HeNB 的安全根和设备完整性检查，这些都在 13.3 节中描述过。验证自身通过网络隐秘完成，因为仅当安全引导和设备完整性检查成功时，才能执行成功的认证。由于不需要网络的积极协作，这种验证被称为自主验证。在实现可选的 L - GW 的情况下，设备完整性验证必须包括协同的 L - GW。

认证对设备验证的依赖性由 HeNB 的 TrE 强制执行。用于设备认证的私钥的访问仅基于真实装置完整性结果给出。因为设备认证也是 13.4.5 节稍后描述的组合认证的一部分，这个布置确保 HeNB 设备认证和组合认证的正确进行。除此之外，在 13.5 节描述的任何与管理系统的单独安全连接的认证和设备验证之间存在相同的依赖关系，因为 TLS 中的客户端身份验证也需要利用由 TrE 保护的私钥。

13.4.2　设备认证

根据参考文献［TS33.320］第 4.4 条，HeNB 设备和 SeGW 的相互认证是强制性的。为此目的使用基于数字签名的认证与证书在参考文献［TS33.320］中的第 7.2 条有规定。

HeNB 将通过 13.2 节所述的永久唯一身份向 SeGW 进行认证（对于使用运营商提供的身份的异常，请参见 13.7.2 节）。SeGW 的身份不是由 3GPP 规定，而是由运营商控制。这个身份需要被包含在 SeGW 证书的 subjectAltName 字段中，被运营商信任的证书授权（CA）签名。如果域名系统是可用的，则 SeGW 身份的格式是 FQDN［RFC1912］，否则它只是一个 IP 地址。

在 HeNB 和 SeGW，认证过程是基于私钥和证书的。作为私钥必须是机密的，它们必须牢固地提供并存储在两个元素中。除此之外，双方必须具有对另一方的元素证书进行验证的根证书的访问权限。这些根证书是公开的，因此不受任何保密要求；但是由于它们构成证书验证的信任锚点，所以必须防止未经授权的交换。

在 13.5 节描述了具有所需数据的 HeNB 的供应。

SeGW 的供应方法和安全要求在 3GPP 里没有规定。由于 SeGW 位于运营商安全域的边界并且被认为完全受运营商的控制，所以 SeGW 认证的私钥和验证 HeNB 证书的根证书如何提供和存储的安全策略留给运营商。

HeNB 和 SeGW 相互设备认证的细节在参考文献［TS33.320］的第 7.2 条有规定。

图 13.3 改编自参考文献［TS33.320］中的图 A.1，给出了基于证书的认证的

示例流程图。消息中有效载荷的描述细节取自参考文献［RFC5996］。该图考虑到双方从另一方请求证书，并假设 HeNB 从网络侧请求配置数据。更详细的步骤如下：

1）HeNB 在 TrE 的帮助下安全启动。下面的步骤只有当设备完整性验证成功后才执行。

2）为初始化基于 IKEv2 的认证，HeNB 发送 IKE_ SA_ INIT 请求到 SeGW。连接被建立为通过初始供应商供应或管理（例如，从初始 HeNB，见 13.5 节）向 HeNB 提供 SeGW 标识。HDR 是 IKE 报头。SAi1 有效载荷说明启动器为 IKE_ SA 支持的加密算法。KEi 有效载荷发送发起者 Diffie – Hellman 值。Ni 是发起者的随机数。

3）SeGW 发送一个 IKE_ SA_ INIT 响应。响应者从提供选择的发起者中选择一个加密套件，并表示 SAr1 有效载荷中的选择，完成 Diffie – Hellman 和 KEr 有效荷载的交换以及发送其在 Nr 有效载荷中的随机数。除此之外，它要求 HeNB 提供证书。

4）HeNB 在 IKE_ AUTH 阶段的第一个消息中发送其在 IDi 有效载荷中的身份。该身份与 HeNB 证书中提供的身份相同。HeNB 发送 AUTH 有效载荷及其自己的证书，并从 SeGW 请求一个证书，由于用于设备认证的所有敏感功能都要在 TrE 内执行（参考文献［TS33.320］的第 5.1.2 条和第 7.2.2 条规定），在 HeNB TrE 中执行认证第一个 IKE_ SA_ INIT 消息的 AUTH 参数计算。如果 HeNB 被配置为检查 SeGW 证书的有效性（参见 13.4.4 节），它可以向 IKE 消息添加 OCSP 请求。或者，HeNB 可以稍后从 OCSP 应答器取回 SeGW 证书状态信息［在步骤 7）中］。如果 HeNB 的远程 IP 地址应该动态配置，则在该消息中承载配置有效载荷 CP（CFG_ REQUEST）。安全关联（SA）有效载荷 SAi2 用来协商通过步骤 4）和步骤 6）消息建立的 SA 属性，参见参考文献［RFC5996］。TSi 和 TSr 有效载荷包括提出的流量选择器。符号 SK ｛…｝指明这些有效荷载是加密和受完整性保护的。

5）在接收到该消息时，SeGW 可以基于在 IDi 有效载荷中呈现的 HeNB 标识来选择一个用户概况。SeGW 检查从 HeNB 接收到的 AUTH 的正确性，并计算认证第二个 IKE_ SA_ INIT 消息的 AUTH 参数的正确性。SeGW 根据 SeGW 中存储的供应商根证书验证从 HeNB 收到的证书。SeGW 可以使用证书吊销列表（CRL）或 OCSP（如果配置为这样做）来检查证书的有效性。

6）SeGW 在 IDr 有效载荷中发送其身份，AUTH 参数及其证书与 IKEv2 参数一起提供给 HeNB，并且 IKEv2 协议终止。如果在步骤 4）收到的这个请求包含 OCSP 请求，或者如果在 IKEv2 消息中 SeGW 被配置去提供它的证书取消状态给 HeNB，则 SeGW 从 OCSP 服务器取回 SeGW 证书状态信息，或者使用有效的缓存响应（如果有）。如果 HeNB 在步骤 4）通过发送 CFG_ REQUEST 来请求它，HeNB 的远程地址在有效配置载荷（CFG_ REPLY）中分配。在该 SA 上要发送的流量的流量选择器在 TSi 和 TSr 有效载荷中指定，其可以是一个在步骤 4）消息中发起者提出的子集。有效载荷 SAr2 包含应答器接受的请求。

7）HeNB 使用其存储的运营商根证书验证 SeGW 证书。必须保护此根证书以防止未经授权的交换，所以它必须存储在 HeNB 的 TrE 中。同样必须在 TrE 内执行签名验证过程。HeNB 检查 SeGW 证书中包含的 SeGW 身份等于在步骤 2）中用于连接建立的 SeGW 身份。HeNB 通过 OCSP 应答检查 SeGW 证书的有效性（如果配置这样做）。HeNB 检查 AUTH 从 SeGW 接收到的参数的正确性。

8）如果 SeGW 检测到 HeNB 的先前 IKE SA 已经存在，它会将 IKE SA 删除，从 HeNB 与删除有效荷载的信息交换开始，以删除在 HeNB 中先前的 IKE SA（在图 13.3 中没有显示）。

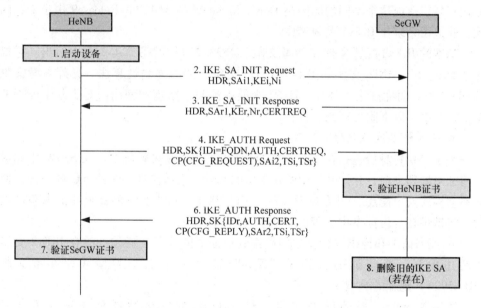

图 13.3　设置完整性验证的证书认证（经©2010，3GPP™许可使用）

在成功完成这一过程后，建立了 IKE SA（IKE_ SA）和第一个 CHILD_ SA，可以创建用于 IPSec 隧道的进一步 CHILD_ SA。这将在 13.4.7 节描述。

为防止这里给出的任何步骤失败，在 HeNB 和运营商网络之间的工作回程链路不能被启动。当前的规定没有给出任何标准化方案处理这种情况。因此，它是依赖于实际操作和配置的。例如，如果一个与 HeMS 的单独连接被建立（不通过SeGW）试图通过管理手段处理设备，或者如果一个可见指示给在 HeNB 设备中的用户去提醒他去联系客服。

如果一个协同 L–GW 与 HeNB 一起部署，那这个 L–GW 需要一个与 HeNB 自身不同的 IP 地址。第二个 IP 地址的传输可能与第一个 IP 地址一起运行 IKEv2 协议［在步骤 4）中请求，步骤 6）中响应］，或者后者通过建立的 IPSec 隧道。参考文献［RFC5996］或［TS33.320］都没有明确指明用于 HeNB 或 L－GW 的 IP 地址，因此这样的指令留到以后实现，例如如果需要由单独 IP 地址范围分配。

13.4.3　IKEv2 和证书分析

IKEv2 的配置文件和相关证书尽可能接近 NDS 上的 3GPP 规范。出于这个目的参考文献［TS33.320］没有直接参考 IKEv2 的互联网工程任务组要求征求意见（IETF RFC），但是给出了 NDS/AF（认证框架）［TS33.310］规范的标准化参考，其依次指向基本 IKEv2 配置文件的 NDS/IP［TS33.210］。两个 NDS 规范在 4.5 节和 8.4 节中有更详细的介绍。额外的分析是，有必要使配置文件适应 HeNB 的特定环境。最大的不同是 IKEv1 不允许 HeNB 连接，所以只有 NDS 规范的 IKEv2 相关部分才有效，造成这个不同的原因是 HeNB 和 SeGW 在 3GPP 的 Release9 中定义，因此，非遗留系统仅 IKEv1 需要考虑。

基本的 IKEv2 配置文件在参考文献［TS33.210］的第 5.4.2 条中给出。它描述了 IKE_ SA_ INIT 交换和 IKE_ AUTH 交换支持的强制性算法。另外参考文献［TS33.320］明确排除了 IKE_ AUTH 交换机预共享密钥的使用。对于基于证书的认证，给出了以下附加规则。

- RSA 的认证签名将会被支持。

- HeNB 将身份包括在 IKE_ AUTH 请求的 IDi 有效载荷中，在 SeGW 中完成任何证书处理之前，允许基于 HeNB 身份的 SeGW 策略检查，这种未认证身份的使用不会构成安全隐患，因为参考文献［RFC5996］无论如何都要求在证书验证之后，将携带在身份证书中的身份 IDi 进行交叉检查。

- 证书请求和证书（包括任何链接到根证书的证书）必须通过在 IKEv2 交换中两边发送。这些证书将都是"X.509 证书－签名"类型（如参考文献［RFC5996］规定的类型 4）。

对于 X.509 证书的证书配置文件，HeNB 的安全性规范详见参考文献［TS33.310］的相关条目。对于所有不是根证书的证书（例如，HeNB 和 SeGW 证书），和所有链接到根证书的证书，参考本规范第 6.1.3 条关于 SEG 证书的规定。本条又引用了第 6.1.1 条，对于在参考文献［TS33.310］使用的所有证书都适用。

对于 HeNB 证书，给出了以下附加规则。

- 证书必须由运营商授权的 CA 签名，例如制造商或者供应商的 CA。这是从参考文献［TS33.310］规则的偏离，所有证书直接由运营商 CA 签名。当 HeNB 设备证书通过制造商被安装在 HeNB 上时偏离是必要的，并且规范不应在 HeNB 的整个使用期限内强制任何交换此证书的需要。除此之外，运营商不是唯一对 HeNB 负责的组织，因为当签名和提供证书时制造商代表 HeNB 的设备完整性。因此在很多情况下制造商会用他们自己的 CA 对 HeNB 签名，但是也有一个第三方组织 CA（例如广告）可以参与其中，如果他可以被制造商和运营商信任的话。

- HeNB 证书必须在 X. 509 证书〔ITU X. 509〕的主题名称字段中携带 FQDN 格式的身份，这个澄清是必要的，因为 TR－069〔BBF TR－069〕允许其他格式的 HeNB 身份。

- HeNB 证书可以携带关于设备制造商或者销售商撤销信息服务器的位置信息。当撤销信息以 CRL 的形式提供时，参考文献〔TS33. 310〕中规定的 CRL 分布点应在证书中给出。如果部署 OCSP 服务器用于在线检验证书状态信息时，OCSP 服务器信息〔授权信息访问（Authority Info Access，AIA）扩展〕在参考文献〔RFC5280〕和〔RFC2560〕中将被给出。

- 参考文献〔TS33. 320〕中的注释指出了 HeNB 使用具体场景的 HeNB 证书要求。由于没有指定证书更新过程，通常，证书必须在 HeNB 的完整预期使用期限内有效，并且必须相应地设置到期时间（"以后无效"）。如果制造商提供一个专有方法更新 HeNB 的证书，一个授权机制必须包括在内，因为只有授权方才能够进行这种更新。如果 HeNB 实现基站之间的移动性支持的直接接口（见 13.7 节），那么根据参考文献〔TS33. 310〕的第 9 条，HeNB 必须支持一个运营商 PKI 证书注册。因此，对于这些 HeNB 可以应用规定的证书更新过程。

对于 SeGW 证书，除了参考文献〔TS33. 310〕第 6.1.3 条的规定外，说明书中仅给出一个规则：

- 在参考文献〔RFC2560〕中规定运营商可能使用 OCSP 服务器信息填充证书。如果配置允许的话，HeNB 可以使用此信息从 OCSP 服务器请求证书有效状态信息。

用于验证 HeNB 和 SeGW 证书的 CA 证书，引用了参考文献〔TS33. 310〕第 6. 1. 4b 条对于 NE 发布证书的 CA 的要求，而不是将 SEG 定义为 NDS/IP 的 SEG CA 的要求（见 4.5 节）。这是作为不同安全域之间的连接完成的，因此不需要互连 CA。

根证书的有效期未指定，是运营 CA 的机构（如运营商）的策略问题。对于 SeGW 证书链中使用的 CA，很可能部署运营商的任何现有 PKI 策略。网元更换证书是运营商网络中常见的做法。对于在 HeNB 的运营商根证书一个安全的更换过程在参考文献〔TS33. 320〕中没有规定，但是可以通过管理过程实现。对于验证 HeNB 证书使用的证书链，情况是不同的，因为 HeNB 设备证书是终身证书，但 HeNB 支持向运营商 PKI 注册的除外。规范中没有提及制造商方面 PKI 基础设施的示例政策，但是在下面给出了两种不同的方法。

- 如果 CA 有一个保守的方法，这意味着它们不允许在稍后的到期时间签署自己当前证书中包含的证书，那么根证书和所有中间证书也必须具有超过或至少等于 HeNB 的预期寿命的到期时间。

- 更开放的方法是可能的，如果 CA 签署的 HeNB 证书被允许发出比自己证书包含的使用寿命更长的证书，或者，如果不是根 CA，则将到根证书链中的任何证书发布到根证书。在这种情况下，证书链中的到期时间没有强烈要求。给定正常的验证策略，证书链中的最早到期时间将会限制 HeNB 证书的使用寿命。但是如果在稍后的时间点发出新的证书具有更长的使用寿命，那么 HeNB 证书的实际有效性也最多延长到 HeNB 证书本身的到期时间。该过程意味着两个困难的条件，即必须向检查 HeNB 证书的实体提供任何新的根证书，并且已签署 HeNB 证书的 CA 的任何新证书必须证明与旧证书有相同的主题名称和私公密钥对。

基于所描述的证书配置文件，很明显，用于 NDS 的 CA 基础设施和 HeNB 回程链路的 CA 基础设施彼此不同。而 NDS 假定认证双方使用通用的 CA，或者在桥接两个安全域时至少具有特定的互连 CA。为 HeNB 目的，选择了两个完全分离的 PKI 的方法（除了 HeNB 支持注册到运营商 PKI 之外）。13.1 节给出了这一决定的原因，因此，设想了以下 CA 基础设施。

- 对于 HeNB，根 CA 逻辑上在于设备制造商，制造商决定部署自己的根 CA，并在本地签署所有 HeNB 证书，或依靠可信第三方的服务。后一种方法可以使用第三方 CA 作为根 CA，仅在制造商部署它们自己签署的 CA 或为所有单个 HeNB 证书签名时。根 CA（以及所有可能存在的中间 CA）必须被允许该制造商的 HeNB 访问该安全域的所有运营商信任。这也意味着 HeNB 制造商必须向任何运营商部署他们的 HeNB 提供用于签署 HeNB 证书的信任锚点。

- 对于 SeGW 根 CA，PKI 部署类似于普通 NDS 用法的更多。运营商可以发布 SeGW 证书，就像他们自己网络中任何其他网元的证书一样。运营商的根证书必须提供给所有 HeNB。这种提供方法将在 13.5 节描述。

13.4.4　证书处理

IKEv2 认证中的证书处理以 HeNB 和 SeGW 为例进行了分析。

- 证书验证实体只需要本地可用的相关根证书。证书链中包括终端实体证书的所有其他证书必须由其证书要验证的最终实体提供。

- 向另一实体发送的证书链最大路径长度为 4 个证书，以限制处理要求和传输的数据量。

- 必须检查认证有效期（"之前无效"和"之后无效"），无效证书必须被拒绝。

- 基于本地策略执行认证撤销检查。所使用的机制以及对 HeNB 和 SeGW 的支持与使用要求是不同的，并在下节中描述。

1. HeNB 撤销状态检查

为了简化大量部署 HeNB 的实施，仅为 HeNB 指定了 OCSP 机制［RFC2560］。OCSP 的使用是可选的，而在 HeNB 中协议支持被强烈推荐。这样可以使运营商在稍后引入强制性证书验证的迁移路径更容易，即使有潜在的巨大数量已经部署的 HeNB。为了进一步降低对 HeNB 的实现要求，根据参考文献［RFC4806］在 IKEv2

中使用证书撤销状态的带内信令是可选的，此带内信令使用避免从 HeNB 到 OCSP 服务器的独立连接，运营商也不用在公共网络中部署 OCSP 服务器。

2. SeGW 撤销状态检查

为了 HeNB 证书状态的验证，SeGW 可以使用两种不同的机制：一种是由 HeNB 使用的 OCSP，另一种是 CRL 的撤销，后者是 NDS/AF 中的标准化方式。在 SeGW 中实施的两个机制至少一个是强制性的，而使用由运营商自行决定。

证书撤销的输入可能来自运营商和制造商，因为两者都可能拥有撤销证书的凭据。这些理由可能是，例如，制造商发现一些系列 HeNB 在完整性保护中有新发现的缺陷，因此证书不再对自主验证的使用有效，或者运营商认为仅有某些系列 HeNB 访问其安全域有效。

基于这种双重输入撤销，或者双方都会运行自己的撤销服务器，它们都被 SeGW 查询；或者制造商向运营商提供撤销清单，运营商将它们与自己的撤销清单相结合。参考文献 ［TS33. 320］明确规定，如果运营商完全使用证书状态检查，制造商有义务提供这种撤销数据。

13. 4. 5　组合设备主托方认证

根据参考文献 ［TS 33. 320］第 4.4 条，HeNB 设备和 SeGW 的相互认证是强制性的。同一条还提供了将 HP 认证到网络的选项。除了遵循 HeNB 和 SeGW 之间的相互设备认证之外，还执行 HP 认证，13. 4. 2 节对此有所描述。它使用 IKEv2 的特点，通过 EAP 方法提供启动器的认证。用于此目的的 EAP 方法是 EAP – AKA，这在第 5 章中有描述。5. 2. 3 节描述了 3G – WLAN 互通情况下如何在 IKEv2 的文本中使用 EAP – AKA。EAP – AKA 和基于证书的认证两种认证都嵌入到参考文献 ［RFC4739］中为 IKEv2 指定的多个认证过程中。由于 IKEv2 强制要求对响应者（SeGW）进行认证使用证书，为此目的 EAP – AKA′不会比 EAP – AKA 更有安全优势，请参见 11. 2. 1 节中讨论的不可信任接入网络的类似情况。

HP 认证不用作独立解决方案，但始终与设备认证结合的原因在 13. 2 节中给出。

用于支持 EAP – AKA 认证的 AKA 功能必须由 HPM 提供，如 13. 3 节所述。用于此认证秘密的存储以及验证参数的计算必须在 HPM 中进行。

从图 13.4 可以看出，HP 认证要求 AAA 服务器作为额外的 NE，与根据 13. 4. 2 节的设备认证和 HLR/HSS 的参与相比。该设置类似于参考文献 ［TS33. 234］中规定并在 5. 2. 3 节中描述的 3G – WLAN 互通中 3GPP IP 接入所需的架构，如果已经部署，可以重复使用。与 3G – WLAN 互通的情况不同，HP 身份不是所使用的普通子用户身份。例如，在 UE 中，但是用于 NE 的一个身份，另一方面，如果要重新使用 HLR/HSS 基础设施，HP 必须像任何其他子用户一样有一个入口，但是为了避免 HP 身份的误用，这个入口应该在用户配置文件中与普通 UE 预约明确区分开来。

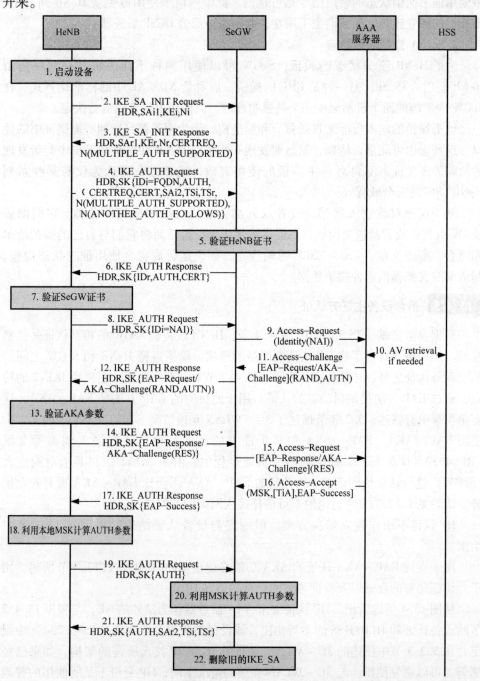

图 13.4　设备和主托方认证（经©2010，3GPP™许可引用）

图 13.4 从参考文献 ［TS33.320］ 中图 A.2 改编而来，给出了 HeNB 与 SeGW

组合（设备与 HP）相互认证的消息流程图，这里给出了更详细解释。如图 13.3 所示，该图考虑到双方从另一方请求证书。

步骤 1）这和步骤 2）~ 步骤 7）类似于 HeNB 和 SeGW 之间的相互设备认证的执行，如 13.4.2 节和图 13.3 所述。在步骤 3）和步骤 4）中，双方必须表明他们对多个认证的支持，HeNB 在步骤 4）中指出在设备认证后将进行第二次认证。步骤 3）中"支持多重认证"的指示可以由 HeNB 解释为 SeGW 希望进行 HP 认证。但是这种解释没有以任何方式规定，而仅仅依赖于给予 SeGW 和 HeNB 的政策。将 13.4.2 节步骤 6）中发送的一些 SA 相关参数的交换推迟到步骤 21）。

步骤 8）在此和步骤 9）和步骤 10）中，HeNB 通过将其 HP 身份发送到 IDi 有效载荷中的 SeGW 来启动第二次认证。SeGW 在接入请求消息中将该标识转发给 AAA 服务器。如果需要，AAA 服务器从 HSS/HLR 以及预约数据获取该身份的认证向量。

步骤 11）在此和步骤 12）~ 步骤 15）中，AAA 服务器通过 SeGW 与 HeNB 执行 EAP – AKA 认证。作为 IKEv2 响应者的 SeGW 将 EAP 消息插入到 IKEv2 消息中。在 HeNB 内，AKA 功能在 HPM 中执行，拥有共享密钥。一个普通的 UICC 与类似于一个子用户 UICC 的 USIM 一起可以用作 HPM。

步骤 16）当所有检查成功时，AAA 服务器将认证答复包括一个 EAP 成功消息和从 EAP – AKA 过程生成的主会话密钥（MSK）发送给 SeGW。

步骤 17）EAP 成功消息通过 IKEv2 转发给 HeNB。

步骤 18）在此和步骤 19）中，HeNB 使用本地生成的 MSK 计算用于认证 IKE_SA_INIT 阶段消息的 AUTH 参数。SeGW 发送的 AUTH 参数，在步骤 17）被检查。

步骤 20）在此和步骤 21）中，SeGW 使用步骤 16）中收到的 MSK 计算用于认证 IKE_ SA_ INIT 阶段的 AUTH 参数。SeGW 在步骤 19）中检查从 HeNB 接收到的 AUTH 参数的正确性。发送到 HeNB 的消息终止 IKEv2 协商，并且包含步骤 6）中设备相互认证的所有剩余参数，这些参数也没有在当前过程的步骤 6）中发送。

步骤 22）如果 SeGW 检测到该 HeNB 的旧 IKE SA 已经存在，它将删除 IKE SA，并与 HeNB 一起启动与删除有效载荷的信息交换，以便删除 HeNB 中的旧 IKE SA（图中未显示）。

13.4.6　授权和访问控制

HeNB 的最简单的部署模式不需要任何明确的授权和访问控制来访问运营商安全域，以此到核心网络。为了允许成功执行基于证书的设备认证，运营商必须向所有 SeGW 提供 HeNB 的根 CA 证书。运营商根证书的提供是隐式访问控制的先决条件。这种形式的访问控制允许运营商网络的所有设备成功通过设备认证；只有基于授权根证书的 HeNB 证书才能做到这一点。隐式访问控制确定每个接入网络的

HeNB 来自运营商认可的制造商，HeNB 符合制造商和运营商设置的完整性规则。

上述授权方案要求根 CA 仅签署 HeNB 设备证书。如果除 HeNB 设备证书之外的其他证书也可以在相同的根 CA 下发布，那么仅针对根证书的验证就不充分。这个问题的一个解决方案是限制访问 HeNB 身份由专门用于设备证书的中间 CA 签名证书验证。在这里描述了证书（例如主题名称）信息元素的其他解决方案。

如果没有证书吊销处理，则该访问控制方案是静态的。这意味着访问权限一直持续到 HeNB 证书到期，或直到根证书链中的任何证书过期，以先发生者为准。为了允许对单设备或完整的 HeNB 系列的限制，也许如果发现某些设备易受攻击或出现泄露，那么也可以部署撤销基础设施。或者，可以使用黑名单或白名单（在本节进一步讨论）。13.4.4 节给出了一个可选撤销基础设施的设想结构细节。

由于以下原因，可能需要更精细的访问控制。

1）运营商不想将某个制造商的所有产品都接纳到他们的网络，而是希望仅限于对某些可信类型或条例的访问。所使用的标准可以是例如 HeNB 的特征集或其网络中的管理能力。

2）一些制造商可能会共享一个常见的第三方根 CA 用于 HNB 设备，但运营商可能希望仅允许某些制造商的 HeNB 接入。这里的区别可以是作为设备标识一部分的制造商标识（ID）。

3）运营商可能有商业或业务原因只允许某些 HeNB 连到他们的网络。例如，仅允许明确注册或由运营商提供的 HeNB 设备。另外，HeNB 设备可以绑定到特定的 HeNB 预约，并且只允许具有这种预约的设备。如果运营商提供独立的 HP 预约，并且希望将单个 HeNB 设备标识绑定到具体的 HP 标识，则该访问控制可以被扩展。

4）运营商希望对允许的设备进行分离控制，例如基于管理系统收集的关于可能的不规则性数据，或者针对商业原因，例如将某些 HP 标识暂时或无限期限制。

这种细粒度访问控制在参考文献［TS33.320］的第 7.5 条中有提及，但没有指定具体方法（例如黑名单或白名单），也没有给出所涉及的逻辑实体的位置。自然地，SeGW 是访问执行点，但是访问决策点的位置可以在 SeGW 内，也可以在分离的 AAA 服务器中或在管理系统中。

担心外部 AAA 服务器的使用可能还有问题，因为 SeGW 和这些服务器之间的接口没有被很好地指定，并且变化很大。出于此目的，参考文献［TS33.320］第 7.5 条提到使用标准 OCSP［RFC2560］的可能性。与 OCSP 一样，每个要验证的证书都会向 OCSP 服务器发送一个单独的请求，可以通过 AAA 功能来增强 OCSP 服务器，以便另外查找黑名单或白名单。在拒绝访问的情况下，OCSP 服务器可能会使用"证书无效"消息进行响应。这不是 OCSP 的预期目的，它只应报告证书的撤销状态。因此，此解决方案只能以专有方式进行部署。此外，具有此扩展功能的 OC-

SP 服务器可能不可用。

作为 13.4.2 节和 13.4.5 节所述的通过 IKEv2 的认证的结果，在 HeNB 和 SeGW 之间建立了一个 IPSec 隧道。参考文献［TS33.320］不排除建立额外初级的安全管理体系，例如，8.4.2 节所述的服务质量（QoS）需要。IKE SA 和子 SA 的组合集通常被称为 HeNB 的安全回程链路。

IPSec 的分析是根据 NDS/IP 规范［TS33.210］的第 5.3 条进行的。强制的安全协议是隧道模式下的 ESP［RFC4303］。HeNB（包括可选的 L – GW）和 SeGW 之间的所有流量通过这个安全的反向回程链路—信令、用户平面和管理平面流量携载。对于管理流量，存在安全隧道的第二个选项，如 13.5 节所述。

对于支持的 ESP 认证转换和 ESP 加密转换的列表也参考 NDS/IP 规范。这意味着，根据 NDS/IP 的第 5.3.3 条和第 5.3.4 条，必须支持参考文献［RFC4835］的算法。这些用于 NULL 加密［RFC2410］、三重 DES – CBC［RFC2451］和有 128 位强制密钥［RFC3602］AES – CBC 和推荐的 AES – CTR［RFC3686］。为了完整性保护，这些是强制的 HMAC – SHA1 – 96［RFC2404］，推荐使用 AES – XCBC – MAC – 96［RFC3566］，可选的是 HMAC – MD5 – 96［RFC2403］。不允许使用 NULL 完整性，因为 3GPP 对所有情况都要求 IPSec 完整性保护。

HeNB 通常位于 HP 的家庭（例如，住宅的）网络中，通过宽带连接访问互联网。因此，很可能在家庭网络和接入网络中将存在网络地址转换器/网络地址端口转换器（NAT/NAPT）和防火墙。对这种环境的支持在［TS33.320］的第 7.2.4 条是授权的，是通过要求 IKEv2 机制对 NAT［RFC 3947］的检测、对 NAT 穿透和由 HeNB 发起的 NAT 保持激活［RFC 3948］的用户数据报协议（UDP）封装，以及失效对端检测的支持来实现的。

参考文献［TS33.320］中没有提到对回程链路的 QoS 特性的支持，但是根据参考文献［TS23.139］，从 Release11 起就有要求。此外，参考文献［TS33.401］中针对 eNB 的回程安全性的一般条款提到了区分不同 QoS DiffServ 代码点（DSCP）的用法，这也适用于 HeNB。有关 DSCP 使用情况的描述以及为此目的建立单独的初级 SA 的可能需要，见 8.4.2 节。

根据 HeNB 设备完整性验证的要求（见 13.4.1 节），一般来说，从运营商观点来看 HeNB 被认为是值得信赖的设备。另一方面，HeNB 作为价格低廉的消费者设备，即使按照本章中给出的规则构建 TrE，在 3GPP 中存在关于 HeNB 的本地安全性的鲁棒性的第二种想法。受损的 HeNB 将能够拦截并修改用户平面流量和伪造的

SI 信令消息，除了在 UE 和 MMSE 之间的端到端安全保护 NAS 消息（见 13.1.2 节中的威胁和风险分析）。这里讨论了一个特殊的攻击，妥协的 HeNB 可以广播 CSG 的封闭用户组标识（CSG – ID）不分配给该 HeNB，并以此吸引和窃听作为该 CSG 的成员的 UE。自然地，这种攻击仅与在封闭接入模式下工作的 HeNB 相关，因为无论如何，允许以混合或开放接入模式运行的 HeNB 可以为运营商及其漫游伙伴的所有用户提供服务。

因此，在 Release11 中引入了第二道防线，即验证 HeNB 将要运行的接入模式，以及 HeNB 仅向属于该 HeNB 的 CSG 的用户发送 UE 相关消息。此验证是从 Release11 开始实施的，并且在参考文献［TS33.320］中建议使用该用法。要求分为 4 个不同的任务，3 个分配给 SeGW 和 HeNB – GW 或 MME。第四个任务被分配给网络，而不指定要涉及哪些特定元素。

这些任务列在下面：

1）当 HeNB 向网络发送 UE 相关消息时，处理它们的第一个网元是 HeNB – GW（如果存在），否则为 MME。这个网元需要知道这些消息的起源。然而，它不能直接验证其起源，因为它与 HeNB 没有安全关联。但是，SeGW 可以在 IKEv2 协议运行期间基于 HeNB 标识的认证以及随后通过由 IKEv2 运行建立的安全回程链路传输消息来认证这些消息的起源。因此，SeGW 能够在 HeNB 标识与通过安全回程链路接收的消息中的某些信息元素之间强制实施绑定。该信息元素被选择为使得它也可以由 HeNB – GW 或 MME 解释。此外，该信息元素和经认证的 HeNB 标识之间的绑定由 SeGW 输出到网络。

2）HeGW – GW 或 MME 必须确保受损的 HeNB 不能在开放或混合接入模式下运行，从而使其免于 CSG – ID 检查，而实际上它允许仅在需要检查的封闭接入模式下操作。关于允许的运行模式的信息必须由网络提供。

3）对于从封闭接入方式的 HeNB 接收到的所有与 UE 相关的消息，HeNB – GW 或 MME 必须证实使消息能够被映射为 CSG – ID，并且允许该 CSG – ID 用于从信息开始的 HeNB。对于该验证任务，网络必须在任务 1 中描述的信息元素和允许的 CSG – ID 之间提供绑定信息。

4）网络负责接受绑定信息（与 SeGW 提供的一样），并向 HeNB – GW 或 MME 提供其任务所需的变换信息。这包括在 SeGW 中使用的信息元素、CSG – ID、HeNB 标识和 HeNB 的允许接入模式之间的映射。基于网络中可用的静态信息，完成了 HeNB 的 CSG – ID，HeNB 标识和允许的接入模式之间的映射。

注意，该验证不包括每个 UE 的实际 CSG 成员资格验证，其用于控制 UE 到 HeNB 的接入。这个强制性检查已经存在于参考文献［TS36.300］Release11 以前的版本中，并在 MME 中执行。上述验证仅确保 MME 可以依赖于来自 HeNB 或 HeNB – GW 的 S1 消息中接收到的 CSG 指示。由于 HeNB 将 CSG – ID 插入到 S1 消息中，本节列出的任务对于防止受损的 HeNB 欺骗其 CSG 标识和允许的接入模式方面是至关重要的。第二个问题由参考文献［TS33.320］中的一条注释提出：为了防止受损的 HeNB 假装成为一个宏 eNB，并且因此绕过任何 UE 的 CSG 访问控制，网络必须确保对源自 HeNB 的所有消息，而并不仅对于包含 HeNB 身份的消息执行上述验证。

13.4.9　时间同步

在 HeNB 安全的情况下，检验证书有效期时需要可靠的时间信息。每个证书都有一个"之前无效"和"之后无效"条目，这些必须在证书的每次使用中检查。因此，HeNB 需要一个基准时间，这在 13.3.4 节中论述了。

这个本地时钟必须与可靠的外部时钟周期性同步。当 HeNB 连接到网络时，规定要求同步过程中最大的时间间隔为 48h。本地时间信号接收，例如从全球导航卫星系统（Global Navigation Satellite System，GNSS）中接收时间信号，此项标准化进程仍不够，原因是某些 HeNB 位于不适宜接收卫星信号的位置。同时这种信号也很容易被干扰或伪造，假定全球导航卫星系统的测试工具价格合理。

基于这些考虑，3GPP 决定，HeNB 安全回程链路上提供时间同步消息是强制性的。网络时间协议（Network Time Protocol，NTP）［RFC5905］是一个候选协议，但在 HeNB 安全规范中具体协议仍未确定下来。

所选方法有两个优点：

- 无论使用哪种时间协议，运营商都可以完全控制时间信息。这适用于运营商部署时间服务器或当他们从其他地方访问可靠的时间源这两种情况，在他们的控制下，输送消息进入回程链路到 HeNB。
- 没有必要指定特定时间协议安全机制的用法。

该方法的缺点是被忽略的，因为时间同步信息的延迟在处理 IPSec 协议栈过程中没有显著增加，即使采用 QoS 机制，其延迟相比引入传输用户接入线的延迟也可忽略。同样地，用户线增加的带宽和在 SeGW 中处理 IPSec 数据包头时所要求的附加处理容量也可忽略。

除了在回程链路上接收时间同步信号外，HeNB 也可以接收来自其他时间服务器的时间同步信号。参考文献［TS33.320］给出了时间服务器和通信必须安全的一般要求。

在这个规范中也提到了时钟同步的一个特殊错误情况。在遥远的未来，HeNB 可能在接收含有时间值的时间信息时发生错误。如果这个错误在 HeNB 掉电前纠正，这一次信息会存储和在下一次上电时使用。如果这个时间是超出 SeGW 证书认证的有效范围，HeNB 将无法连接到 SeGW。对于当前规范中的这个错误情况，仍没有标准的解决方案。因此，如果运营商认为这种错误情况是可能的，并需要远程修复，那么制定这种情况的解决方案是必要的，例如没有把 HeNB 带到用户物理上关注的 HP。

13.5　家庭基站管理安全

13.5.1　管理架构

如 13.1 节所述，HeNB（HNB 作为 UMTS 中对应的家庭基站）是在客户住处部署的第一个移动网络元素。因此，首次在 3GPP 规范中实现了网元管理的安全性的详细说明。受 HeNB 大规模部署驱动，管理接口应该被完成指定以允许不同销售商的 HeNB 和 HeNB 管理系统（HEMS）之间的非限制互联互通。

HeNB 管理的安全架构建立在 3GPP 规范上的 HeNB 管理。其要求在参考文献 ［TS32.591］ 中，架构和操作步骤在参考文献 ［TS32.593］ 中。这些规范描述了 1 型接口，它定义为网元管理操作系统和网元之间的接口。这个基本管理过程是由宽带论坛 ［BBF］ 规范 TR – 069 ［BBF TR – 069］ 衍生而来。该协议允许 HeNB 和 HeMS 之间的在线交流，并指定使用的命令和数据格式。此外，文件传输机制的使用被指定用于下载 SW 和批量配置数据，以及上传信息，例如性能测量数据。对于管理信息元素所使用的数据模型在参考文献 ［TS32.592］ 中规定。本规范的内容是基于 HNB ［TS32.582］ 的，增加了 EPS 具体元素。这些数据模型很大程度依赖于在参考文献 ［BBF TR – 098］ 中的通用数据模型和在 ［BBF TR – 196］ 中的 BBF 规范。3GPP TSG SA WG5 电信管理工作组负责 3GPP 和关于这些数据模型 BBF 之间的通信。

HeNB 的基本安全功能由 3GPP Release9 时间框架定义，因此，这里引用的 BBF 文件是从 Release9 发展来的有效版本。BBF 进一步开发适用于 HeNB 的协议和数据模型，但这些新的版本（用 BBF 语言修改）尚未在参考文献 ［TS33.320］ 中反映，一直等待 BBF 和 3GPP TSG SA WG5 之间新特征的稳定化。早期 Release12 期望会将这些新的特征包含进参考文献 ［TS33.320］。

图 13.5 显示了 HeNB 的基本管理架构。HeMS 可以位于运营商网络或公共互联网中。如果 HeMS 位于运营商域，通信管理是经 SeGW 路由，来自互联网的流量从来不能直接访问运营商安全域。如果 HeMS 在公共互联网中，HeNB 和 HeMS 之间便有可能存在直接通信。

管理流量安全性是在参考文献 ［TS33.320］ 第 8.3 条和第 8.4 条中指定的。根据 HeMS 的位置，需要不同的安全机制。此外，要考虑 HeMS 是可分布的；例如 TR – 069 管理器 ［被 BBF 称为 TR – 069 自动配置服务器（Auto Configaration Server，ACS）］ 和文件服务器可能物理上分离。这是一种情况：互联网上可访问的、用于支持现有的家庭网关或 DSL 路由器的文件服务器也可用于 HeNB。

- 运营商域中的 HeMS。当 HeMS 位于运营商安全域，管理流量通过同一 IPSec

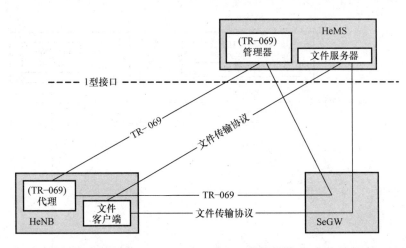

图 13.5 HeNB 和 HeMS 管理架构

隧道，用于 HeNB 和运营商安全域之间的信令和用户平面信令传递。这在前面的 13.4 节中进行了描述。此外，如果 HeNB 和 HeMS 之间需要端到端的安全通信，运营商选配部署可接入互联网 HeMS 的访问安全机制。

● 可访问公共互联网的 HeMS。当 HeMS 可访问公共互联网，HeNB 需要为此 HeMS 建立安全隧道来管理流量。TR－069 中的一个选项规定了使用 TLS 这样的安全隧道，但参考文献［TS33.320］要求强制使用 TLS ｛例如传输层上的超文本传输协议安全（HTTPS）［RFC2818］或文件传输协议传输层安全（FTPS）［RFC4217］｝。

图 13.6 显示了分布式 HeMS 管理架构和这样部署的强制安全机制。它显示了可以在该配置中使用连接的基本类型。HeNB 中 TR－069 代理和 HeMS TR－069 管理器之间的管理流量是由 HeNB 和 SeGW 之间的 IPSec 隧道保护。根据运营商的政策，SeGW 和 HeMS 与其他网络的内部接口之间的接口，如果在同一安全域中便用 Zb 接口保护，如果在不同安全域中便使用 Zb 和 Za 接口序列（见4.5 节），但这不是 HeNB 的安全要求。对于 SW 下载或任何其他文件的传输，在任何数据可以下载或上传之前，HeNB 必须与 HeMS 中的文件管理器建立一个 TLS 隧道。

3GPP 定义的 HeNB 管理架构包括两个不同的管理系统。下面对它们进行详细描述。

● 初始 HeMS。初始 HeMS 被规定为 HeNB 第一次上电后的第一次管理接触点，或 HeNB 复位到出厂默认值后。这初始 HeMS 访问统一资源定位器（URL）可以硬编码写入 HeNB 中，或在厂家生产时写入。3GPP 规范没有指定初始 HeMS 是否由运营商或是由 HeNB 生产制造商，或由第三方操作或拥有。这允许 HeNB 对运营商网络有一个灵活的注册过程，而无需在工厂生产或搬运时间点针对所有 HeNB 需要运营商提供具体参数写入 HeNB。因为此原因，我们也希望一个初始 HeMS 更可能接入公共互联网，否则，一个 SeGW 地址必须在 HeNB 中提前提供。

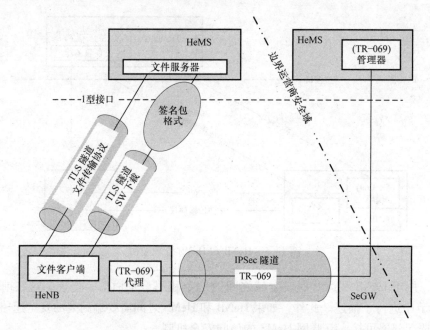

图 13.6　HeMS 不同位置使用的安全机制

　　初始 HeMS 为 HeNB 提供了操作地址和参数，用于具体运营商网络中的后续操作。地址和参数的选择可以基于 HeNB 报告的地理位置或 HeNB 的全球唯一身份。如果初始 HeMS 在 HeNB 上检测到过时的或不合适的版本，那么也可进行第一次 SW 下载。关于安全机制，HeMS 的一般安全要求也适用于初始 HeMS。如果初始 HeMS 位于 SeGW 之后的运营商安全域，则这个 SeGW 被称为初始 SeGW，并且该 SeGW 的地址也必须预先提供给 HeNB。术语初始 SeGW 是用于管理的逻辑名称，并不要求一个 SeGW 与用于（例如）S1 接口数据或与服务 HeMS 连接的 SeGW 物理上分离。

　　• 服务 HeMS。服务 HeMS 是负责 HeNB 日常管理的管理系统。由于管理任务与移动网络的实际运营密切相关，因此它比初始 HeMS 更可能位于运营商网络内，这与初始 HeMS 的任务相反，初始 HeMS 仅限于为一个运营商网络初始提供 HeNB 的任务。基于 HeNB 管理规范［TS32. 593］，HeNB 首次连接到网络时必须向服务的 HeMS 注册。之后，服务 HeMS 执行配置管理和 SW 更新，这些都是 HeNB 收集的性能测量数据。如果服务 HeMS 位于运营商安全域中，则用于管理流量的 SeGW 称为服务 SeGW。这既不需要物理上分离的 SeGW 也不需要用于管理流量的单独 IP-Sec 隧道。

　　初始和服务 HeMS 的区别主要是逻辑上的区分，因此如果运营商的特定部署场景不需要单独的实体，则不需要部署两个 HeMS。

　　图 13.7 给出了 HeNB 部署的可能架构，有可接入到公共互联网的初始 HeMS

和运营商网络上的服务 HeMS。在首次上电时，HeNB 连接到初始 HeMS，并配置了运营商 SeGW 的 FQDN 和服务 HeMS 的（内部）FQDN。如果没有 DNS 可用于解析域名，FQDN 可能被 IP 地址替换。所有这些都是通过 TLS 隧道进行的。然后，HeNB 与初始 HeMS 断开连接，建立如 13.4 节所述的安全回程链路，其后便会连接到运营商网络中的服务 HeMS。

　　S1 接口的路径也在图 13.7 中给出，从回程链路角度看，管理数据的处理方式与用户和信令数据相同。自然地，根据业务类型的分离可以在回程链路上进行，例如，回程链路中应用 QoS 机制。如果部署独立的 SA 用于流量分离，则所有这些 SA 都是从同一个 IKE SA 中生成子 SA。

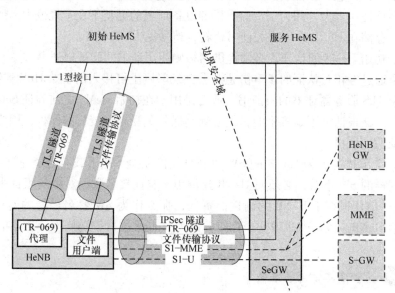

图 13.7　初始及服务 HeMS 部署实例

13.5.2　制造过程中的管理和部署

　　由于 HeNB 工作的安全性概念，制造商要预部署一些数据到 HeNB 中，这些数据独立于 HeNB 后来连接到的目标运营商网络。

　　由于可接入公共互联网上的 HeMS 与运营商网络对 HeNB 的认证基于制造商提供的证书，所以制造商必须向 HeNB 设备提供私—公密钥对和对 HeNB 设备的相关证书。

　　私钥必须提供给 HeNB 的 TrE，并将其安全地存储在 HeNB 的 TrE 内。如果私钥在元素本身在 TrE 内产生，私钥将永远不会离开 TrE，将通常达到最高的安全级别。设备证书是公开的，因此不受特定安全要求的约束。如果有人篡改证书，那么它将无法再被验证。对于 HeNB，密钥生成的确切方法在参考文献 [TS33.320] 中没有规定。留给制造商可以在 TrE 内部生成私钥，或者在外部生成私钥，并在以后将其提供给 TrE。如果使用外部生成，则必须在安全的环境中执行密钥对生成和私钥部署过程。由于私钥仅用于认证和隧道建立，并且不需要之后的密钥恢复，所以不需要制造商保留私钥的副本。

对于 HeNB 证书生成，制造商必须部署自己的 CA，或者必须将证书签名请求发送到由制造商和制造商的所有潜在客户信任的第三方 CA。该签名请求通常携带公钥，预期证书属性的列表，包括设备身份和有效期，以及相关私钥的一些证明（例如，某些数据上包含私钥的签名）。如果制造商通过 CRL 或 OCSP 服务器在线提供证书撤销信息，相关联的服务器信息必须包含在请求中。有效期应包括 HeNB 的完整预期使用寿命，因为制造商提供的设备证书的更新不在本规范中，所得到的证书必须存储在 HeNB 中。有关证书资料，请参见 13.5.6 节。

对于初始 HeMS 的认证，必须提供网络侧使用证书的验证根证书。

如果通过经相互认证的 TLS 隧道与公共互联网上可接入的初始 HeMS 连接，此时是一个 TLS 服务器证书的根证书，或者是用于在初始 HeMS 之前验证 SeGW 证书的根证书。该根证书不是机密的，但必须确保其免受未经授权的保护，因为它是网络侧认证的信任根。

13.5.7 节描述了为 HeNB 的 SW 更新规定的安全 SW 下载。为了允许在 HeNB 内验证这样的 SW 下载，必须向 HeNB 提供用于验证签名数据对象的根证书。如果 SW 下载的信任根在于 HeNB 的制造商责任，那么作为 SW 签名根源的 CA 证书必须提供给 HeNB。该证书必须安全存储，因为只有通过授权访问 HeNB 才能进行任何修改。

13.5.3　运营商具体部署准备

在向服务 HeMS 注册以及在运营商网络中进行普通操作之前，必须向 HeNB 提供以下数据。数据的供应需要对 HeNB 授权访问，因为所提供的根证书是对运营商网络认证信任的根，因此必须防止未经授权的修改。

运营商网络注册所需的最小运营商具体数据集取决于运营商使用的架构。

• 当服务 HeMS 可以接入公共互联网时，只需 HeMS 的 FQDN 和用于验证 HeMS 证书的根证书。

• 对 HeNB 与运营商网络的所有通信通过 SeGW 路由时的部署场景，需要服务 SeGW 的 FQDN 和用于验证 SeGW 证书的根证书。此外，运营商网络内部用于连接 HeMS 的 FQDN 必须可用。仅当运营商在 IPSec 隧道内使用可选的端到端 TLS 隧道时，才需要验证 HeMS 证书的根证书。

作为 SW 下载包的一部分，运营商可以决定将安全 SW 下载作为签名数据对象中的运营商提供的签名（见 13.5.7 节）。在这种情况下，HeNB 必须配置有用于验证签名数据对象的运营商根证书。

当运营商定制 HeNB 时，在运营商许可的前提下，本节中提及的所有数据均可能在发送到 HP 之前提供或由制造商提供本节连同上一节所述的数据。若使用非定制 HeNB，最可行的方法是使用独立于运营商的初始 HeMS。该 HeMS 的 FQDN 可以根据 13.5.2 节预提供，运营商具体数据由初始 HeMS 配置，例如基于由 HeMS 认证的 HeNB 的全球唯一标识和/或基于 HeNB 的地理位置。

如果 HeNB 支持本地管理接口，也可以在运营商的客户服务点进行 HeNB 配置。此外，可通过可移动存储介质分配这些数据，例如由用于 HP 认证的 UICC 进行分配。这样的本地管理不是 3GPP 规范的一部分，并且这种供应商专有过程的安全措施不由 3GPP 处理。特别地，由可移动介质提供这些数据将需要附加的安全措施，因为根证书仅需要通过授权访问被插入到 HeNB 中，并且必须安全地存储在 HeNB 的 TrE 内。

13.5.4　HeNB 制造商与运营商之间的关系

为了使 HeNB 能够对运营商网络进行认证，HeNB 制造商和移动运营商之间需要进行一些交互。用制造商提供的证书对 HeNB 设备认证决定所产生的结果便是制造商对 HeNB 部署完成的时间负责。这涉及 HeNB 证书的完整性和有效性，也涉及 HeNB 设备本身的完整性保护和验证，因为设备完整性验证与 13.3 节中的自主验证密切相关。

制造商和运营商之间的第一个关系是组织性质的，这指的是前者对后者的信任。如果任何 CA 参与签署 HeNB 证书时不由制造商操作，那么运营商也必须信任签署 HeNB 设备证书的 CA 和通过 CA 链路路由到的根 CA。

对于用于验证 HeNB 设备证书的根证书，需要将当前有效的根证书交给每个运营商，其允许这个特殊制造商的 HeNB 认证他们的网络。

根证书的有效期必须长，这样才能验证在 HeNB 设备预期部署时间期间发出的所有证书。但是，如果根证书即将到期，则将分发更新的证书。这种更新必须以公开密钥和颁发设备证书 CA 名称保持不变的方式进行，否则旧设备证书将无法被验证。

对于单个设备的证书，制造商有义务向运营商提供撤销信息，以防运营商想要建立撤销清单。例如，如果一些 HeNB 设备容易受到威胁或甚至已经损坏，制造商便需要生成的撤销信息。这种损坏指的是私钥公开，这将造成 HeNB 身份信息遭到复制，减弱了设备的完整性保护，这都将导致自主验证机制的失败。

13.5.5　运营商网络中的安全管理

为了部署本章所述的安全机制，运营商网络中的一些管理运行是必要的。

由于网络必须对 HeNB 的身份进行认证，所以执行此认证的网元必须提供根证书以验证 HeNB 证书。这既适用于 SeGW，也适用使用 TLS 的情况下的 HeMS。如

13.5.4 节所述，这些根证书由 HeNB 制造商提供。

如果运营商部署 SeGW 证书的撤销基础设施，则其必须运行 OCSP 服务器。该 OCSP 服务器必须有由运营商根 CA 签名的证书。其应与用于验证 SeGW 证书的根 CA 相同，否则 HeNB 必须提供同一运营商的两个不同的根证书。

如果运营商使用授权和访问控制（参见 13.4.6 节），则必须管理相关的访问控制列表（例如黑名单或白名单）。此清单的管理过程不在 ［TS33.320］ 的覆盖范围之内。

13.5.6 管理流量保护

在参考文献 ［TS33.320］ 第 8.3 条规定了承载 HeNB 和 HeMS 之间管理流量的所有连接的安全性要求。该条款说明，HeMS 链路应提供传送数据完整性、机密性和重放保护。所需的安全机制在初始和服务 HeMS 以及初始和服务 SeGW 之间是不同的，因此本节中的所有文本适用于所有场景。这些要求也同样适用于 TR - 069 管理协议数据和任何文件的传输。

HeNB 和 HeMS 之间的通信的一般要求是两个实体之间必须相互认证和它们之间要建立安全连接。对于经由 SeGW 的通信管理（请参阅本节进一步的介绍），SeGW 要进行网络侧的认证，而不是 HeMS。

1. 管理流量场景

参考文献 ［TS33.320］ 第 8.3 条给出了两种不同连接方案的安全要求，即通过运营商网络和公共互联网分别访问 HeMS。两种情况的主要特点如下。

（1）通过 SeGW 管理流量

如果 HeMS 位于运营商网络内，所有管理流量将被通过回程链路隧道发送，这在运营商边界安全域的 SeGW 结束。最常见的部署将是这个隧道是携带 S1 信令和用户平面流量的同一隧道（见图 13.7 中的例子）。但该规范也允许用于管理单独的 SeGW 隧道。在所有情况下，对该隧道的描述及其使用相互认证的建立都遵循 13.4 节给出的 SeGW 安全连接的通用过程。此部署方案的有关管理架构在 13.5.1 节中进行说明。

（2）HeNB 与 HeMS 接入公共互联网之间的管理流量

如果 HeMS 可以接入公共互联网，则 SeGW 的 IPSec 隧道不能用于保护管理流量。相反，使用参考文献 ［BBF TR - 069］ 给出的安全机制。需要在 HeNB 和 HeMS 之间建立一个基于使用实体证书的相互认证的 TLS 连接。该建立的所有过程被规定应尽可能接近 NDS/AF 规范 ［TS33.310］ 以及 13.4 节所述的 SeGW 隧道建立过程。我们这里也有一个如 13.4.1 节描述的设备验证成功的前提条件。此外，TLS 握手所需的所有敏感功能（例如，使用私钥的加密计算）必须在 TrE 内执行。证书处理和验证的规则等同于 13.4.4 节中针对 IKEv2 的规则。证书撤销状态信息带内传输可以有选择地为 TLS 部署，可以根据参考文献 TLS1.1 ［RFC4346］ 的

［RFC4366］和 TLS1.2［RFC5246］的［RFC6066］以与 IKEv2 相同的方式进行。

应该注意的是，直到（包括）Release11 的［TS33.320］都没有指定使用 HP 身份验证与 TLS 隧道建立协同的方法。因此，即使运营商要求如 13.4.5 节所述，对连接到 SeGW 进行组合认证，仅在 HeMS 能够认证 HeNB 身份的情况下，才能够访问公共互联网中的 HeMS。由于 HP 认证的部署通常意味着 HeMS 还应对 HP 进行认证，在这种情况下，只有通过 SeGW 访问运营商网络的 HeMS 才应该被部署。

2. TLS 证书配置文件

依据参考文献［TS33.310］为 HeNB 规定，附加配置文件在 13.4.3 节为 IKEv2 给出。

特别地，HeNB TLS 证书的配置文件允许重复使用用于设备认证的 X.509 证书。唯一的扩展是，HeNB 的 FQDN 也应包含在证书的公共名称字段中。原因是即使这违反了在参考文献［RFC2818］中使用 subjectAltName 字段的规定，许多 HTTPS 的实现也可使用此字段进行实体名称验证。此字段除了 IKEv2 所需的 subjectAltName 字段之外，并不会阻止在 IKEv2 中相同证书的使用。

对于证书的使用周期和更新同样的条件适用于 IKEv2 使用的证书，见 13.4.3 节。

TLS CA 证书配置文件与参考文献［TS33.310］中的规定有偏离，发布者不必一定是一个互连 CA。这项规定的设立源自不同的部署场景，其中在参考文献［TS33.310］中，假定了一个安全域内的场景，而对于 HeNB 管理流量来说，TLS 的使用意味着连接两个由相同运营商控制的"无关"实体。

3. TR-069 分析

在参考文献［TS33.320］中，［BBF TR-069］给出一个安全要求分析是必要的。其中两个主要原因是：一些要求提到了过时的安全规范（例如 SSLv3），和 HeNB 作为在许可频谱中运行的无线电设备的使用受到监管控制，且需要比普通消费者设备更高的安全性。具体细节如下。

- 由于 HeNB 安全要求的提高，与用户处的普通消费者设备有所不同，因此在 HeMS 可以访问互联网时，用 TLS 来传输管理流量是强制性的。这比 TR-069 中 TLS 的可选的用法更严格。

- 当 HeMS 要从公共网络端发送时，因为 TR-069 禁止 HTTPS 请求，上述要求还排除了 TR-069 3.2.2 节规定的超文本传输协议（HTTP）所携带的 ACS 连接请求，以及 TR-069 附录 G 中规定的通过 NAT 网关的连接请求。与 TR-069 相比，这不是一个严重的限制，因为 HeMS 中的这个功能的支持不是强制的。此外，如果具体部署需要 ACS 连接请求，则可以部署 HeMS 能访问运营商网络的网络配置。

- 对于 TLS 协议配置文件，参考了参考文献［TS33.310］附录 E 中的通用 3GPP TLS 配置文件。该配置文件声明：因为 SSL 3.0［RFC6101］和 TLS 1.0

［RFC2246］已经过时，所以它们不能再被使用。必须至少支持 TLS 1.1 ［RFC4346］，并且应支持 TLS 1.2 ［RFC5246］。理想情况下，仅 TLS 1.2 即可完成规定，因为它包含最新的算法列表，但也允许使用 TLS 1.1，因为 TLS 1.2 的实现仍然不被普遍部署。如果可能的话，应该实现 TLS 1.2，如果两个端点都支持 TLS 1.2，那么必须使用这个版本。考虑到 TLS 版本 1.1 和 1.2 的部署，允许和强制的密码套件列表应来自 TLS 1.2，另外也需强制使用 TLS 1.1 的加密套件。因此，TLS _ RSA _ WITH _ 3DES _ EDE _ CBC _ SHA 和 TLS _ RSA _ WITH _ AES _ 128 _ CBC _ SHA 是强制性的，TLS _ RSA _ WITH _ AES _ 128 _ CBC _ SHA256 和 RSA _ WITH _ RC4 _ 128 _ SHA 是建议支持，不鼓励使用基于 RC4 的密码套件。

● 由于 3GPP 的设计是为 HeNB 设备使用基于 PKI 的认证的，而不强制任何共享密钥基础设施，所以不允许 HeNB 和 HeMS 之间进行基于共享密钥的认证，只允许基于证书的认证。这是起初规定就与当前版本 TR – 069 第 1 期修正第 2 版的［BBF TR – 069］不同，这同时意味着在 TR – 069 中，HTTP 携带的 ACS 连接请求的数字签名与 TR – 069 的附录 G 中通过 NAT 网关连接请求的密码签名验证不在［TS33.320］中使用。由于需要进行相互验证，上述规定中还包括，除了使用 TLS 常用的服务器端认证之外，TLS 还必须支持使用证书的客户端验证。

● HeNB 可能在上电时没有准确的绝对时间，因为它可能会使用最后断电时刻存储的"最后保存的时间"（见 13.4.9 节）。另一方面，TLS 隧道建立期间证书的验证需要当前时间。该规范对证书验证使用这种"不正确的本地时间"的要求不同于［BBF TR – 069］当前版本 3.3 节中的要求。

13.5.7 软件（SW）下载

参考文献［TS33.401］第 5.3.2 条中给出的 eNB 一般安全要求需要 SW 下载完整性和机密性保护，并且 SW 需要被授权。在参考文献［TS33.320］第 4.4.2 条中也给出了 HeNB 的类似要求。另外，参考文献［TS33.320］第 4.4.6 条规定的通信安全要求也同样适用，这在 13.5.6 节已经叙述了。

13.5.6 节中描述的用于文件传输的安全连接提供通信安全完整性和机密性保护。此外，参考文献［TS33.320］第 8.4 条规定了下载完整性保护措施和 SW 软件包下载授权。

对于完整性保护和授权控制，下载的 SW 必须署名。HeNB 必须在下载后验证签名并成功安装下载的 SW。

参考文献［BBF TR – 069］中的附录 E 规定了一个签名数据包的格式，这其中包含即将加载的 SW 模块和相关的安装命令组合而成的数据包，还添加了一个或多个签名到数据包中以获得来源和完整性保护证明。图 13.8 显示了这个签名包的格式。

签名部分根据参考文献［RFC2315］中指定的加密消息语法（Cryptographic Message Syntax，CMS）包含一个 PKCS#7 签名数据对象。指定的唯一哈希算法是

图 13.8　签名包格式

SHA – 1〔RFC3174〕。签名算法被指定为 RSA。

PKCS#7 签名的数据对象包含外部签名，这意味着签名数据对象不包含签名数据本身。签名被包头和命令列表接管，而 SW 模块并不包括在内。为了仍然获得完整包的完整性保护，某些命令作用于 SW 模块，如提取和添加命令包含它们作用 SW 模块的哈希值。这间接保护了命令列表中由命令处理的所有 SW 模块，并且要求在执行特定命令时必须验证相关 SW 模块的哈希值。

该标准允许有多个签名，以便数据可以由不同方签名。规定即使签名数据对象中包含多个签名，一个有效的签名也足以验证数据包，这允许在不同的根证书上创建不同的签名，例如制造商和运营商的根证书。一个运营商可以决定将制造商根证书留在 HeNB 中，并分发制造商签署的新的 SW 版本。另一个运营商可能更喜欢根据自己的根证书验证 SW，然后，该运营商首先检查制造商签名，然后基于他们的根证书，用自己的签名机构再次签署该包。这甚至可以允许运营商改变 SW 和任何 SW 装载的任何参数为自己所用。

为了在 HeNB 部署环境中使用签名的包格式，除了 TR – 069 中的要求外，参考文献〔TS33.320〕第 8.4 条还给出了以下要求。

● 根签名。签名包的签名部分中的至少一个签名必须来自由运营商信任的 CA 颁发证书的签名机构。若使用运营商根证书，则会自动信任该证书。例如，制造商根证书，运营商必须信任制造商和他们的根 CA。但是这样的信任关系不会真正地将运营商的信任关系扩展到制造商，因为如果使用 HeNB 的设备认证或运营商 PKI 注册，运营商必须相信制造商的根 CA。

● TrE 中的验证。HeNB 的 TrE 必须基于运营商信任的根证书执行签名和证书验证，该证书应安全地存储在 TrE 中。

● 签名包中的 SW 参考值。TrE 使用的安全引导过程的参考值也将包含在签名包中。13.3 节描述了家庭基站内部的安全过程中这些值的使用。

13.5.8　位置验证

HeNB 运行的前提条件是供应给 HeNB 正确的运行参数，例如频率范围和允许的发射功率电平。这些参数中的一些是确保正常运行（例如，以避免宏小区或其他 HeNB 的干扰）所必需的，而其他参数可能取决于监管要求（例如一个运营商覆盖某些区域或农村的限制）。由于这些参数取决于 HeNB 的地理位置和宏小区覆盖范围，于是运营商需要 HeNB 的准确位置。

由于用户是移动的，其通过 HeNB 可以在任何想要的地方连接到互联网（并因此连接到 SeGW 或 HeMS），运营商不能仅仅依靠用于位置确定的管理数据，例如，HeNB HP 中提供的预期位置。因此，必须进行实时位置验证，这样既能确保 HeNB 具有正确的预期配置参数，而且还能保证无线传输开通。

参考文献 ［TS33.320］ 第 8.1 条要求在网络内执行位置验证，并为此引入了验证节点。S1 信令协议不包含任何位置信息数据元素，只有 TR‑069 管理协议能够传输位置相关数据。因此，只有 HeMS 能够验证 HeNB 的地理位置。所以，以下文本将 HeMS 作为验证节点。

参考文献 ［TS33.320］ 规定了 4 种确定 HeNB 位置的方法。所有这些都依赖于 HeNB 本身的信息，而不是其他元素的测量值。

1. 公共 IP 地址

该方法使用 HeNB 的公共（互联网）IP 地址根据 IP 地址的地理分配来确定 HeNB 的位置。HeNB 将确定其 IP 地址并将其作为位置信息发送到验证节点。如果 HeNB 直接连接到互联网，那么这是没有问题的，但是通常 HeNB 在连接到互联网之前具有一个甚至更多的 NAT 设备，因此我们只知道分配给它的私有地址。参考文献 ［TS33.320］ 提到宽带接入设备的公共 IP 地址，如果 HeNB 与宽带接入设备集成，则可以是 HeNB 本身的 IP 地址。但是，如果在宽带接入提供商网络的边界还有另一个 NAT 设备，那么宽带接入设备的 IP 地址可能不是公共 IP 地址。

基于上述考虑，该方法具有以下限制。

● 它的前提是，如果位于 NAT 之后，HeNB 可以确定其公共 IP 地址，例如通过使用 STUN（用于 NAT 的会话穿越应用程序）［RFC5389］ 将公共 IP 地址回馈给 HeNB。

● 公共 IP 地址可能仅对实际位置进行非常粗略的估计。例如，可以将公共 IP 地址分配给具有全国范围覆盖的互联网服务提供商。

● HP 可以通过他或她自己的家庭的网络（即，客户驻地的网络）从远程连接的 HeNB 代理的运营商网络主动模拟计算出实时位置。

2. 宽带接入供应商提供的 IP 地址或位置标识符

在一些接入网络中，宽带接入商可以提供某个用户位置给其他实体。根据电信和互联网融合业务及高级网络协议（TISPAN）网络附着子系统（NASS）规范 ［ETSI ES 282 004］，参考文献 ［TS33.320］ 的附录 B 中给出了一个实例。对于该网络架构，定义了可以使用 e2 接口 ［ETSI ES 283 035］ 查询用户接入线路标识和 NASS 内基于 IP 地址的用户地理位置的连接会话位置和存储库功能（CLF）。随后，验证节点可以验证 e2 响应中的数据，例如线路标识符和/或 HP 的地理位置。

此方法具有以下先决条件和限制。

● HeNB 可以在接入网络内确定其 IP 地址。如果 HeNB 通过 NAT 设备连接到网络，HeNB 可能需要类似的机制来确定 IP 地址，就像这里描述的具有公共 IP 地址的方法一样。

- 接入网络必须能够向其他实体提供位置信息。
- 如果网络不受移动运营商本身的控制，移动运营商与宽带接入商签订合同。
- 移动运营商必须具有访问接入网络中某些存储库的在线访问权限，例如在 NASS 下，通过 e2 接口连接到 CLF。
- 如果 HP 向 HeNB 提供假冒的 IP 地址，如通过欺骗 STUN 响应，HeNB 可能会报告这个伪造的地址。
- 基于公共 IP 地址的代理攻击也可在这种情况下应用。

3. 周围宏小区测量

HeNB 测量周围宏小区的覆盖范围，并将该信息发送给验证节点。基于宏小区位置的知识，验证节点确定 HeNB 的位置。

这种方法有很高概率来产生较准确的位置信息，因为黑客很难在正确位置下模拟某些宏小区的环境。这种方法的主要缺点是许多 HeNB 将部署在没有宏小区覆盖的地方，例如在建筑物内或偏远地区。

4. 由 GNSS 定位

全球导航卫星系统（GNSS）可用于确定 HeNB 的地理位置。例如，在 HeNB 中嵌入全球定位系统（GPS）接收机，HeNB 便能测量其地理经度和纬度，该数据会被发送到验证节点以与预定位置进行比较。

从理论上讲，该方法能够产生精确的位置数据，其准确度远远超过验证节点所需要的精度。但是这种方法还是有局限性的。

- 在建筑物内或在地下，GNSS 信号会受到干扰或完全接收不到。
- 市场上以合理价格购买的 GNSS 测试套件可以覆盖从卫星接收的信号来模拟任何地理位置。
- 即使 GNSS 能够接收到信号，可能也需要花费数分钟进行 GNSS 接收机与卫星同步，上电后客户的等待时间可能过长。

5. HeNB 不参与的位置测量

我们将讨论以下两种方法，在这过程中 HeNB 没有参与到测量过程。

- 只有当 HeNB 足够接近宏小区基站时，相邻基站才可以测量 HeNB 的位置。此外，只有在 HeNB 开始辐射能量后，才能开始这种测量，而规范却要求 HeNB 开始工作之前便能确定其位置。
- HeNB 的公共 IP 地址由运营商 NE 管理连接的源 IP 地址确定，例如 SeGW 或 HeMS。如果链路是通过 SeGW 建立的，这种方法将失效，因为 SeGW 没有与 HeMS 的接口来报告 HeNB 的标识和源 IP 地址，HeMS 只知道内部 IP 地址，由此地址 HeNB 通过 IPSec 隧道与 HeMS 通信。此外，该方法与 HeNB 报道的公共 IP 地址的第一种方法具有相同的缺点。

由于这些原因，两种方法都不被认为适合写入规范。

6. 位置验证要求

不同的部署场景和 HeNB 配置将影响这些类型的位置信息的可用性、准确性和可靠性。因此，规范中没有将任何方法指定为强制性的，但至少必须部署一种方法。该方法的选择由运营商策略决定。此外，参考文献［TS33. 320］第 8.1.6 条给出了对位置验证的以下要求。通过实际应用，证实没有一种方法是真正可靠的，并且方法的选择和组合将更多取决于 HeNB 的实际位置及 HeNB 用例和与 HP 的协约。

- 验证节点必须能够请求 HeNB 上列出的 4 种类型的位置信息中的一个或多个。这允许运营商选择性地定义特定 HeNB 的方法。此外，HeNB 可以自动提供此类信息。
- 验证节点必须可配置位置验证的策略，包括请求的类型和频率。
- 验证节点必须能够使用辅助信息，例如周围的宏小区的地理坐标、由 HP 要求的 HeNB 的邮政地址和 IP 地址位置信息等。
- 验证节点的位置验证必须在 HeNB 无线电接收之前和之后都能进行。
- 验证节点可能采取的行动是发出警报，以允许或禁止 HeNB 辐射能量。
- HeNB 必须配置要求其停止传输时将如何工作，或立即停止发送，或等待直到正在进行的任何呼叫完成。在任何情况下都不允许在此之后建立新的通话。

13. 6　封闭用户组和紧急呼叫处理

HeNB 可以以 3 种接入模式之一工作：封闭、混合或开放（见 13.1.1 节）。以封闭或混合接入模式运行的 HeNB 在无线接口上广播分配给 HP 的特定 CSG – ID。只有这个特定 CSG 可以驻留在以封闭模式操作的 HeNB 中。混合模式中，不是广播的 CSG 的成员的 UE 被允许驻留在 HeNB 上，但是特定 CSG 的成员可以具有关于 QoS 允许连接数等的特权。

本节概述了 CSG 处理的安全相关功能，介绍了 HeNB 在封闭模式下紧急呼叫如何处理的情况。

13. 6. 1　对 HeNB 的 UE 访问控制

许多 HeNB 可以广播相同的 CSG – ID，但是对于每个 HeNB，其只能有一个 CSG – ID。参考文献［TS22. 220］通过 CSG 方法规定了适用于 UE 访问控制的一般业务需求。关于 CSG 的详细要求见参考文献［TR23. 830］第 4.3.1 条，相关的应用规范结果包括在 EPS 规范中。特定 CSG 的成员由 HeNB 的 HP 与移动网络运营商一起管理。这种情况发生在运营商的最终控制下，因为成员身份需要反映在各种核心网络节点中，并且还在用户的 UICC 上更新。

任何支持 EPS 的 UE 都知道 CSG 的特征。这意味着符合 Release8 及更高版本的任何 UE 至少理解 HeNB 在封闭模式下运行的指示。如果 UE 能够进行 CSG 处理，它将解释 CSG - ID，并且如果允许的话，可以尝试在该 HeNB 上驻留。无法处理 CSG 的 UE 根本不会试图在只允许接入 CSG 的 HeNB 上驻留，当然紧急呼叫除外（见 13.6.2 节）。

作为预约配置文件的一部分，允许一定用户的 CSG - ID 的列表保存在 UE 和 HLR/HSS 内。UE 内的移动设备（ME）或 USIM 持有 UE 可以驻留的 CSG - ID 和可读 CSG 名称的列表。如果 UE 接收到允许的 CSG - ID 之一，则 UE 可以尝试驻留在该 CSG - ID 上相关的 HeNB。对 HeNB 访问控制的执行在 MME 中，参见参考文献〔TS36.300〕第 4.6.2 条。当 UE 通过 HeNB 连接到网络时，以及当 UE 从其他 eNB 或 HeNB 移动到另一个 HeNB 时，该访问控制都适用。UE 到其他 eNB 或 HeNB 的出境移动性不需要任何 CSG 特定的访问控制。

为了确保 MME 始终拥有用户的最新 CSG 成员关系列表，HSS 必须将每个附加的 UE 的最新列表推送到 MME。这个列表应包括当前使用网络的用户的成员资格。在 MME 中本地保存的列表也需相应地更新。

HeNB 的 CSG 处理与 HNB 的处理不同，因为 3G 非 CSG 感知的 UE 也可以驻留在 HNB 上。因此，在 3G 中所需要的额外的过程在 EPS 中并不需要。

关于 CSG 访问控制，H(e)NB 安全规范〔TS33.320〕仅引用了 MME 将执行 CSG 访问控制的其他规范，另外还引用了参考文献〔TS36.300〕阶段 2 的规范，其给出了 E - UTRAN 的整体描述。

13.6.2　紧急呼叫

对于一般的家庭基站，其紧急呼叫规范与参考文献〔TS33.401〕中给出的宏基站紧急接入 EPS 具有相同的要求和过程，这些在 8.6 节中有详述。

与宏小区不同的是，HeNB 可能在封闭模式下运行，因此只允许 CSG 的成员驻留在该 HeNB 上。不属于 HeNB 特定 CSG 的 UE 必须能够进行紧急呼叫或 IP 多媒体子系统（IMS）紧急会话。这种 UE 的任何"正常"呼叫将被网络阻止。如 13.4.8 节所述，同样的要求对于 HeNB 身份和 CSG 接入的验证也是有效的。UE 发起紧急情况的 UE 相关消息呼叫不能映射到 CSG 标识中，因此必须免除 13.4.8 节中任务 3 中的检查。

13.7　用户移动性支持

13.7.1　移动场景

在 Release10 之前，HeNB 之间没有定义 X2 接口。这意味着任何进入和离开 HeNB 的切换必须经由 MME 的 S1 空中接口。这样做的好处是：无论目标 HeNB 处于何种操作模式（封闭、混合或开放接入模式），都能进行切换，因为 MME 用于基于 CSG 成员验证的访问控制。

从 Release10 开始，如果 MME 不需要进行访问控制，则允许 HeNB 之间进行基于 X2 的切换。因此，X2 的使用仅限于 PLMN（公共陆地移动网络）内部具有相同 CSG – ID 的封闭和/或混合接入模式 HeNB 之间的切换。此外，也允许切换到开放接入模式的 HeNB。来往宏基站的 X2 切换正处于讨论中，但预计最早在 Release12 中见到。

从安全的角度来看，HeNB 之间的 X2 接口可分为两种不同的配置方式：

• X2 消息可以经由现有回程隧道的上行链路信息发送到 SeGW 中，然后通过另一个 HeNB 的回程隧道发送下行链路信息。如果两个 HeNB 未连接到同一个 SeGW，则在运营商安全域内便会存在一个第三跳。

• 源 HeNB 可以与目标 HeNB 具有"直接接口"，这意味着在两个 HeNB 之间建立了一个安全连接。

前一种变形没有任何安全隐患，因为消息的完整路径是通过在 Release9 中已经指定的方式来保护的。另外，由于延迟或容量原因，通信过程中不希望存在多跳，包括两次回程支路。请注意，X2 接口同时承载信令和用户流量。这些缺陷可能会在具有大量切换的 HeNB 的企业部署时凸显出来，其中许多 HeNB 位于企业站点附近，而 SeGW 可能位于在运营商覆盖范围内稍远的距离。

直接接口的另一种变形避免了前一种变形的缺点，其在 HeNB 之间额外引入了安全隧道，这也需要新的安全规范进行工作。

基本上对 HeNB 来说，相同的安全要求对于宏基站是有效的。因此，X2 空中接口必须提供机密性、完整性和重放保护。对于 HeNB 的回程链路，指定安全机制（IKE，IPSec，TLS）的使用是强制性的，因为 HeNB 的部署主要位于住宅中。另一方面，X2 空中接口有望在企业中部署或在诸如购物中心等限制环境中使用。因此，不同环境下使用的安全机制也是可选的，这由运营商决定，并且如果运营商信任企业网络提供的安全性，则运营商的安全机制可以被关闭。还有机制执行是强制性的，免得产生支持直接接口的 HeNB 不同变形，而且在任何时候如果需要均允许安全切换，而不需更现有安装。但是，无论是运营商还是企业网络的安全机制，其执行均是强制性的，以便能够应对各种情况。

除了认证之外，还需要对对等体 HeNB 的访问授权。应该注意的是，如果 HeNB 真被允许切换到另一个对等体，那么该授权不包括该决定。该决定由现有的无线电过程来处理，因为 HeNB 还可以通过 MME 发起 S1 切换，或者通过回程链路和 SeGW 发送的 X2 消息来进行切换。这里讨论的授权和访问控制仅处理在另一个对等设备中的对运营商的信任，即从安全角度看，可以建立到另一个对等体的直接通信路径。该方法与已经为 eNB 之间的 X2 规定的方法相同。如果未使用规定的密码机制，则需要对等体 HeNB 的授权。在这种情况下，确切的机制是超出 3GPP 规范范围的。潜在的解决方案为在企业网络内建立单独（虚拟）HeNB 的网络。

即使在引入 HeNB 之间的直接接口之后，假设大部分 HeNB 部署都将在住宅区，也不需要 X2 切换。因此，直接接口的支持对于 HeNB 是可选的。但一旦支持此功能，13.7.2 节中描述的所有安全功能都是强制执行的。

13.7.2 节介绍了 HeNB 之间具有直接接口的 X2 空中接口的变形。

13.7.2 HeNB 之间的直接接口

1. 设计注意事项

直接 X2 接口的安全性必须提供机密性、完整性和重放保护。要选择与 HeNB 对 SeGW 回程相同的加密机制，即使用 IPSec（见 13.4 节）的安全隧道的 IKEv2 认证，以及根据证书链验证到根证书的授权和访问控制。

对于证书来说，HeNB 和 eNB 之间有一个很大的区别：eNB 被指定注册到运营商 PKI，因此拥有一个运营商证书足以用于认证和访问控制。此外，eNB 可以使用相同的运营商根证书用于 X2 到演进分组核心（EPC）的回程链路。HeNB 被提供供应商设备证书，因此为了认证双方需要另一方的供应商根证书。这将需要向所有 HeNB 提供供应商根证书，甚至在涉及来自不同供应商的 HeNB 的情况下，提供多个 HeNB 供应商根证书。没有这些直接接口，这样的根证书提供仅在 SeGW 中是必需的。另外，仅仅在供应商设备证书针对供应商根证书有效的情况下，不允许运营商进行选择性的设备访问控制，因为这样，所有涉及供应商的设备都将获得授权，而不仅仅是运营商明确信任的设备子集。注意，对于 eNB 来说，情况是不同的，因为在登记 eNB 期间将进行显式选择。此外，在 HeNB 使用供应商证书的过程中，将需要在每个 HeNB 中保留白名单，而对于 HeNB 回程，只有 SeGW 需要这样的列表。

用证书进行认证的替代方法是使用通过回程链路分发的预共享密钥 IKE。但是一旦部署中有一个普通密钥被评估为不安全，那么用于认证并且访问控制这种变体的行为将被驳回，并且为每个可能的 X2 空中接口分配预共享密钥也是不现实的。为了规避这些问题，3GPP 要求支持 X2 直接空中接口的 HeNB 应向运营商 PKI 注册。

这样做额外的优点便是：如果将来需要规范化的话，则可以将同样的机制用于 HeNB 到宏基站的 X2 空中接口中。在现有的基站中不需要进行调整，从安全角度看，直接空中接口的解决方案对于 HeNB 和 eNB 是相同的。

2. 向运营商 PKI 注册

向运营商 PKI 的注册可以通过 HeMS 进行配置。如果默认配置在工厂设置，则应将其设置为"不注册"，以便在不知道此类注册的环境中使用 HeNB。由于运营商根证书必须在任何注册过程之前进行配置，所以也应同时配置认证参数。

HeNB 向运营商 PKI 的注册过程与 eNB 相同。参考文献［TS33.310］第 9 条中规定使用证书管理协议（Certificate Management Protocol，CMP），参见 8.5 节，但需要几个改动：

- 在 CMP 运行之前，运营商的根证书应预先提供给 HeNB。这可以通过与初始 HeMS 的安全连接来完成，如对普通 HeNB 预知的。
- 为了简化 HeNB 制造商的任务，用于在注册期间认证 HeNB 设备的供应商证书可以遵循普通 HeNB 供应商设备证书的规定（见 13.4.3 节），不需完全按照参考文献［TS33.310］第 9 条给出的供应商基站证书文件执行。
- 运营商 PKI 颁发的证书可以直接遵循参考文献［TS33.310］中给出的 NE 证书的配置文件，不需遵循参考文献［TS33.320］中的供应商设备证书的增加和异常的规定。这允许运营商使用相同的配置文件向他们的基站（HeNB 或 eNB）发出证书。

应该注意的是，运营商注册和认证机构（RA/CA）可以在公共互联网上访问，无需额外的安全过程，因为 CMP 消息自身便能进行完整性和重放保护。如果需要加密，或者如果 RA/CA 位于运营商网络内，那么例如，回程链路可以使用初始 SeGW，通过该初始 SeGW，初始 HeMS 和 RA/CA 可以通信。在后一种情况下，即使 HeNB 在运行期间可以稍后使用运营商设备证书，但仍需用于 SeGW 的认证的供应商设备证书（本节进一步讨论）。

向运营商注册的 PKI 有 3 个副作用，这使得不用直接接口也使注册很吸引人。首先，运营商可以为 HeNB 选择自己的身份，而不是被迫使用标准的供应商提供的名称。第二，参考文献［TS33.310］中规定的注册包括可用于延长证书使用寿命的证书更新过程。基于旧的运营商设备证书，可以在证书到期之前发布新证书或用于公 - 私密钥对或新的密钥生成。只要在供应商设备证书到期之前发出第一个运营商证书，便能消除没有证书更新功能的 HeNB 所需的长期证书相关的任何问题。最后但不是最不重要的，因为 PKI 的注册过程已经包含了通过 SeGW 的 HeNB 授权，所以运营商可以避免此类授权（见 13.4.6 节）。

3. IKE/IPSec 和运营商设备证书的使用

建立与其他 HeNB 的直接接口的安全隧道遵循到 SeGW 的回程隧道建立步骤。不同之处在于每个 HeNB 都可以是 IKE 启动器或 IKE 应答器。因此，对其他同行证书的处理类似于在 SeGW 中 HeNB 设备证书的处理。对等体的认证和访问控制是通过运营商根证书验证对等体的设备证书来实现的。

IPSec 连接的传输模式的使用是有问题的，因为其可能会在运营商安全域中使用的 IP 地址和承载直接接口连接的（例如企业）网络之间产生不必要的连接。因此，只允许在隧道模式下使用 IPSec。

与回程链路相反，OCSP 的证书撤销状态的带内信令对于直接接口是不可用的，因为双方无论如何都必须收集通过回程链路从网络撤销的信息。相反，协议中建议支持直接接口的 HeNB 也支持 CRL，因为这是运营商网络中证书撤销已建立的方法。因为通过回程链路分配的 IP 地址也将用于直接接口，所以 IKE 协议运行期间或之后的 IP 地址分配将不再适用。

如果 HeNB 注册到运营商 PKI，则运营商设备证书也可以在建立到 SeGW 的回程链路以及在与 HMS 的 TLS 连接的过程中用于认证。一旦 HeNB 注册到运营商 PKI，这种情况下允许使用相同的私钥和证书来建立回程链路和直接接口链路。

运营商设备证书相关联的私钥访问必须遵循与供应商提供密钥相同的规则，因为运营商相关密钥的使用也是自主验证（见 13.3.1 和 13.4.1 节），在这过程中向网络和其他对等体发出信号。因此，此私钥必须存储在 TrE 中，只有在完成设备完整性检查后，才能被允许使用。运营商必须考虑这一事实，因为在注册期间，他们接受了 HeNB 设备供应商对他们的这种"传递信任"关系。

只要当 HeNB 连接到 EPC 时，保持直接接口隧道的建立才有意义。因此要求在 HeNB 的回程链路丢失的情况下，直接接口现存的所有隧道必须撤销。这也阻止了其他 HeNB 向该 HeNB 进行切换，因为这无论如何都不能用了。

第14章 中继节点安全

自本书的第1版于2010年出版以来，引入了长期演进（LTE）的一个主要架构增强：中继节点（RN）。RN通过无线链路连接到核心网络的基站。

在14.1节中，我们将简要介绍第三代合作伙伴计划（3GPP）选择的用于在LTE中部署RN的基本架构。在14.2节中，我们将详细讨论RN的安全解决方案。有关移动和多跳RN的未来工作，请参阅16.1.1节。

14.1 中继节点架构概述

14.1.1 基本中继节点架构

参考文献［TS23.401］，用于演进分组系统（EPS）架构的3GPP规范对中继进行了如下描述：

中继功能通过使运营商让中继节点（RN）经由被称为Un接口的E - UTRA无线接口的修改版本无线连接到服务于RN的eNB［称为宿主eNB（DeNB）］来改进和扩展覆盖区域。

RN/DeNB实体在网络中的中继功能及使用对连接到它和相关核心网络实体的UE的操作是透明的⊖。

中继功能在［TR36.912］"LTE 增强型"的性能研究中第1次被提到。图14.1是从参考文献［TR36.912］中的图9.1-1中改编过来的，展示了RN与用户设备（UE）、DeNB、EPC的位置关系。UE、eNB和EPC，已经在本书的其他地方广泛讨论过。DeNB就像普通的eNB一样，通过固定的通信线路连接到EPC。

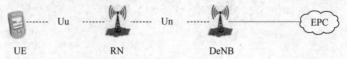

UE   Uu   RN   Un   DeNB   EPC

图14.1 LTE中的中继节点（经©2010，3GPP™许可使用）

在LTE里的中继节点选择架构的过程中，一个重要的目标是最大化Uu接口和Un接口的通用性。中继节点关于无线接入网络方面在参考文献［TS36.300］中有规定。

值得注意的是，RN的以下属性因为与安全相关具有双重作用。

⊖ 经©2012，3GPP™许可引用。

1. 中继节点充当 UE 角色

当 RN 启动时，它以与 Uu 接口上的 UE 相同的方式建立到 eNB 的连接，如本书中其他地方所述。RN 在此处充当用户设备（UE）的角色这一事实也意味着 RN 包含通用用户标识模块（USIM）。在 RN 启动过程中，S1 信令流量在 RN 附着的 eNB 之间交换，不需要是宿主 eNB，和为 RN 服务的移动性管理实体（MME），这意味着它已经被转移到固定的回程链路上。

2. 中继节点充当一个基站角色

当 eNB 在 3GPP Release8 中被定义时，RN 看起来更像 UE。UE 在具有 RN 的架构和没有 RN 的架构之间不会感受到任何的差异。当 UE 连接到网络时，UE 与服务 UE 的 MME 通信；RN 和服务于 UE 的 MME 之间的 S1 信令流量首先通过固定线路从 MME 传送到 DeNB，然后通过 Un 接口传送到 RN。值得注意的是，S1 信令流量在数据无线承载（DRB）中通过 Un 承载，因为从无线接口的角度来看，它是用户数据。当 UE 从 RN 切换或切换到 RN 时，类似的考虑适用于 X2 信令流量（见 9.4 节）。

3. DeNB 的角色

充当宿主 eNB 的 eNB 必须提供一些用于支持 RN 的附加功能。特别是 DeNB 充当连接到 RN 的 UE 的相关信令的代理。这意味着对于这样的 UE 相关信令，DeNB 对 RN 看起来是 MME（对于 S1）和 eNB（对于 X2）。由于连接到 RN 的 UE 的信令在 Un 接口的用户平面中传输，因此 DeNB 还为 RN 操作提供服务网关/ PDN 网关（S－GW/P－GW）功能。值得注意的是 DeNB 还充当直接通过 Uu 接口服务 UE 的普通 eNB。

14.1.2 中继节点的启动阶段

根据 14.1.1 节中描述的 RN 的角色，RN 的启动分为 3 个阶段：准备阶段（完全与安全相关）、RN 预配置附着过程和 RN 操作附着过程。

1. 阶段 0：准备阶段

在此阶段，为后续阶段 RN 准备。RN 需要平台安全性（见 14.2.1 节），该规范要求在引导过程中进行 RN 平台的完整性检查，这在本地和连接到任何其他设备之前执行。此阶段仅在安全规范［TS33.401］中描述。

2. 阶段 1：RN 预配置附着

在此阶段，RN 在上电后表现得像普通 UE，这并不表示它是 RN。RN 的认证以及 S－GW 和 P－GW 的选择的执行就像普通 UE 一样。在完成附着过程之后，RN 具有到网络的正常 Uu 接口，并且与用于配置目的的所有网络元素建立 IP 连接。一个这样的网络元素将是一个运营和维护（O&M）服务器，RN 从该服务器接收无线电配置数据和可能的 DeNB 列表。当 RN 第一次附着到运营商网络时，例如在从制造商交付之后，它还可以连接到运营商的认证中心，注册到运营商公钥基础设施（PKI）并接收运营商证书，如有必要（见 8.5 节）。

上电后执行阶段 1 不是强制性的。如果 RN 已经拥有足够的信息来附着 RN 操作，包括运营商证书、有效撤销信息、允许的 DeNB 列表和其他配置数据，则 RN 可以跳过阶段 1 并直接从准备阶段进入阶段 2。注意，RN 在阶段 2 也与 O&M 服务器连接，因此在阶段 2 也可以获得额外的管理数据。

3. 阶段 2：RN 操作附着

对于 RN 的操作，RN 位于 LTE 架构内，如图 14.2 所示，它改编自参考文献 ［TS23.401］中的图 4.3.20.1 - 1。为了在 Un 接口上建立链路，RN 在附着到感知 RN 的 eNB（DeNB）期间指示附着是针对 RN 的。DeNB 知道支持 RN 功能的 MME，并相应地选择 MME（RN）。值得注意的是 MME（RN）是与 MME（UE）在逻辑上不同的网络元素，其稍后用于通过 RN 连接的 UE。当然，这两个逻辑 MME 可以由单个物理网络元素实现。

当 MME（RN）接收到附件是针对 RN 的指示时，它交叉检查从归属用户服务器（HSS）接收的订阅记录是否包含允许附着 RN 这样做的信息。如果检查成功，则 MME 选择位于 DeNB 中的 S - GW 和 P - GW，而不遵循普通接入点名称（APN）和网关（GW）选择过程。

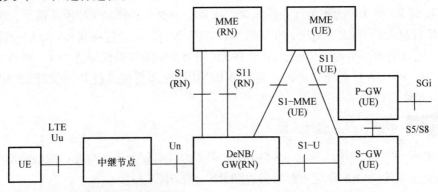

图 14.2　LTE 的中继架构（经ⓒ2012，3GPP™ 许可使用）

14.2　安全解决方案

我们首先解释与 RN 相关的安全问题，以及用于解决这些问题的安全概念，见 14.2.1 节。这些概念促进了 RN 安全过程的标准化，我们将在 14.2.2 节中总结这些过程。剩余部分描述 RN 部署中值得注意的安全功能。

3GPP 为 RN 选择安全解决方案是一项非常复杂的任务，并提出了十几个不同的提案。由于空间不足，我们不能在本书中讨论它们，而是集中精力解释最终标准化的解决方案。对这些提案感兴趣的读者可参考参考文献 ［TR33.816］。

1. 准备阶段和 RN 平台安全性

特别地，RN 是具有附加功能的 eNB，RN 必须满足对 eNB 有效的平台安全性的要求（见 6.4 节）。

但这还不够：RN 对物理攻击的暴露程度可能介于家庭基站和 eNB 之间。这表明 RN 需要提供的平台安全程度也应该介于这两种类型的基站的安全度之间。

这就是 14.1 节中提到的准备阶段存在的原因。它类似于设备完整性检查的第一部分，如 13.3 节中针对 HeNB 所述的。只有在成功完成此检查后，才可以加载软件（SW）并开始通信。关于如何保护进一步的 SW 加载和存储参考值的更为详细的规定（对于 HeNB 有效）因为 RN 的风险等级较低所以未应用于 RN：HeNB 是大量出售并部署在家庭环境中的，对于 RN 并非如此。

此外，如本章所见，USIM 和 RN 之间的所谓安全通道是必需的。RN 平台上的安全环境还必须包括设置和运营此安全通道所需的所有数据和操作。

2. RN 预配置附着

当 RN 附着用于预配置时，即，当 RN 承担普通 UE 的角色时，由 Uu 接口提供的保护机制是足够的。然而，USIM 的作用是额外需要的考虑因素，因为 RN 中的 USIM 比由人类用户控制的 UE 中的 USIM 更容易被未授权的人访问。因此，它可能被攻击者移除并插入另一个 RN 甚至 UE。所以，在启动阶段需要对 USIM 的使用给予适当的限制（本章将进一步讨论）。

3. RN 操作附着

（1）Un 的 S1 和 X2 消息的完整性保护

当 RN 作为 RN 操作时，附着到 RN 的 UE 的 S1 和 X2 信令流量通过 Un 空中接口的用户平面传送。该 S1 和 X2 流量对安全相当敏感，因为它包括例如用于保护 UE 和 RN 之间的 Uu 空中接口的加密密钥以及附着用户的标识。因此很明显，如 8.4 节所解释的 S1 和 X2 信令流量需要受到保密以及完整性保护。这引发了以下问题：Un 接口是在 Uu 接口之后建模的，而根据 3GPP Release8 定义，对于 Uu 接口，用户数据仅受保密保护，不受完整性保护。

3GPP 讨论了在 Un 接口上为 S1 和 X2 流量提供完整性保护的两个选项。一种选项是在分组数据汇聚协议（PDCP）层提供完整性，其方式与为无线电资源控制（RRC）信令流量提供的方式非常相似（参见 8.3 节）。另一种选项是通过 IPSec 在 IP 层提供完整性保护。此选项似乎也很自然，因为 IPSec 已经用于保护在 Release8 架构中从 eNB 到 EPC 的固定回程链路上的 S1 和 X2 信令流量。

3GPP 决定采用第一种方案来避免设置 IPSec 安全关联带来的信令开销，以及 IPSec 封装安全有效负载（ESP）与 PDCP 层提供的完整性相比带来的更高的数据包开销。这种开销可以通过让 DeNB 仅针对携带 S1 和 X2 信令流量的那些 DRB 有选择性地启用完整性保护而进一步最小化。

（2）加密密钥与 RN 平台的绑定

当 RN 附着 RN 操作时，则运行 EPS 认证与密钥协商（AKA）过程（参见 14.2.2 节）。生成的加密密钥（CK）和完整性密钥（IK）由插入 RN 中的 USIM 生成并由 USIM 传送到 RN，其中进一步密钥被派生用于与 Un 接口的 PDCP 层（参见 14.2.3 节）。由于 RN 无人值守，并且攻击者可能很容易访问 USIM 和 RN 之间的接口，因此必须保护此接口。此外，机制必须合适以确保 USIM 仅将这些密钥交给授权接收这些密钥的 RN，并且 RN 仅从授权的 USIM 接受这些密钥。3GPP 针对该问题选择的解决方案是使用 USIM 与 RN 的安全环境之间的安全信道的概念。安全信道在两个安全环境之间提供一个受保护的接口和逻辑绑定，这两个安全环境即通用集成电路卡（UICC）上的 USIM 和 RN 平台。它相比于物理绑定（即 USIM 与 RN 平台以安全方式物理集成）的优势在于其灵活性：虽然物理绑定必须在制造阶段发生，但逻辑绑定可以在部署期间发生。更多详细的信息，请参见 14.2.4 节。

（3）RN 平台完整性网络的保证

我们在本章中指出 RN 平台的完整性在准备阶段进行本地检查。但这并不充分：此外，网络需要确保此检查确实成功执行。否则，网络不允许 RN 连接。这种保证是通过以下一系列步骤获得的，其中安全信道起着重要作用：

1）只有在成功进行本地平台完整性检查后，RN 才会开始与 USIM 建立安全信道。

2）USIM 通过安全信道建立获得保证，它才与可信的 RN 进行通信，并且仅在建立成功时才继续。

3）网络通过成功运行 EPS AKA 确保其与可信的 USIM 进行通信。网络进一步从订阅记录的检查中获知该 USIM 被保留用于 RN 的专用。由于网络信任可信的 USIM 和 RN 的安全实现，它还信任步骤 1）和 2）的正确执行，因此隐含地获得了 RN 平台完整性的所需保证。

4. 安全信道

UICC 和设备之间的安全信道在参考文献［ETSI TS 102 484］中有着详细规定。为了确保 USIM 和 RN 之间的相互认证和绑定，可以使用双方的预共享密钥（PSK）或证书。两种方法在管理方面都有所不同，但在安全级别方面则是相同的。

（1）基于证书的绑定

在基于证书的绑定的情况下，对于 RN 设备，可以使用与针对 eNB 的运营商 PKI 相同的注册过程（参见 8.5 节）。这意味着运营商可以完全控制他们允许哪些设备注册到他们的 PKI，并且运营商可以在注册期间通过远程过程分配设备标识。特别地，这也意味着在制造 RN 时不需要知道对运营商的约束。这一事实和注册自动化是基于证书方法的主要优势。

包含 USIM 的 UICC 必须提供可由 RN 设备验证的证书。通常，这也应是在同一运营商 PKI 中颁发的证书。此外，UICC 必须被提供运营商的根证书，以便它可以验证 RN 证书。此外，RN 的标识被提供给 USIM，其允许特定的一对 USIM 和 RN 之间的一对一绑定（见本章关于 RN 证书撤销检查的讨论）。这些提供步骤是正常的一部分 UICC 配置过程。

这些过程意味着 RN 可以通过无线方式向运营商 PKI 注册。此时它已经需要连接，但尚未拥有可以由 USIM 验证的运营商证书（因为注册过程的目的正是获得这样的证书）。因此，此时 USIM 和 RN 之间，没有建立安全信道。解决这个问题可以通过观察阶段 2（RN 操作附着）需要的安全信道，而不是阶段 1（预配置附着），且通过授权 1 秒，分离阶段 1 附着的 USIM，这可以由 RN 激活而无需使用此 USIM 建立安全信道。该 USIM 称为 USIM – INI，而阶段 2 使用的 USIM 称为 USIM – RN。USIM – INI 与用于 3G 或 LTE 终端的普通 USIM 没有区别，而 USIM – RN 必须满足特殊要求。两种类型的 USIM 都在参考文献［TS31.102］中有所规定。由于 USIM – INI 可能被滥用，例如任何人从暴露的 RN 设备窃取 UICC，该 USIM 的订阅应仅包含最小访问权限，例如限制访问认证中心和运营商 O&M 服务器。这限制了任何攻击者窃取 USIM – INI 的收益，因为 USIM – INI 不能用于建立普通呼叫或连接到互联网等。

任何证书验证的组成部分之一就是检查其撤销状态。这通常通过证书撤销列表（CRL）或联系在线证书状态协议（OCSP）应答器来检索撤销信息完成。如果引入 RN 设备和 USIM – RN 之间的一对一绑定，则可以通过禁止与 USIM – RN 相关的订阅和管理 UICC 上的数据来更新 RN 证书的撤销。另一种解决方案正在讨论中（参见参考文献［TR33.816］的第 10.11.7.1.1 条），其中 USIM 将接受通过使用一个相应证书可以证明是可信的 RN 的任何实体建立一个安全信道。但是，为了确保受损的 RN 可以停止服务，USIM – RN 必须在安全信道建立期间对 RN 证书进行撤销检查。从协议的角度来看，这证明是困难的，因此选择这里提到的一对一绑定作为 RN 证书验证的解决方案。有关详细信息，请参见 14.2.6 节。

（2）基于预共享密钥的绑定

当使用预共享密钥进行绑定时，RN 设备和 USIM 之间的实际绑定必须在提供 RN 设备和 USIM 期间进行固定。此绑定的任何更改都需要双方的管理步骤。特别是对 RN 设备，这意味着在首次启动时，无法通过标准化和自动化的过程以无线方式配置数据，但必须以专有的方式安全地提供给 RN。

另一方面，PSK 变形也具有优势。由于 RN 可以从一开始就建立安全信道，因此它也将 USIM – RN 用于阶段 1，并且不需要 USIM – INI。由于不需要证书，因此没有合适 PKI 的运营商没有义务仅仅因为部署 RN 而引入 PKI。

（3）对 RN 身份网络的保证

根据运营商的策略，运营商可以允许某类 RN 连接到他们的网络，或者他们可能想要验证每个 RN 设备的标识，因为在 IKEv2 协议运行期间普通的 eNB 可能会使用他们的证书在网络上进行认证。如本章所述，RN 平台完整性的保证本身不会为网络提供 RN 的标识认证。但是，如此处所述，通过 USIM - RN 与 RN 的一对一绑定，可以隐含地实现这一目标。在 PSK 情况下，向 USIM - RN 和 RN 提供 PSK 固有地提供了这种一对一的绑定。在基于证书的情况下，这是通过向 UICC 提供其应连接的 RN 的标识来实现的。通过这种信任传递，网络确保 RN 由 USIM - RN 认证。然后，可以从存储在网络中的 USIM - RN 和 RN 的标识之间的映射来确定实际的 RN 标识。

14. 2. 2　安全过程

如 14.1 节所述，RN 的启动包括 3 个阶段。对于这些阶段中的所有步骤，要求在任何步骤失败的情况下，均不执行后续步骤，可能的例外是可能发送失败消息。

准备阶段已在 14.2.1 节中进行了充分描述。以下给出了阶段 1 和阶段 2 的安全过程的描述，其中包括与网络的通信。有关 USIM，安全信道建立及证书注册和处理过程的一些细节将在后续章节中给出。

1. 阶段 1：RN 预配置附着

对于基于证书和基于 PSK 的绑定，此阶段是不同的。它包括 RN 可以连接 RN 操作之前要执行的所有步骤。

如上所述，如果执行阶段 2 的所有必要数据已经在 RN 处可用，则 RN 可以跳过阶段 1，并且 RN 可以直接从准备阶段到阶段 2。这包括必须在阶段 2 开始时在 RN 和 USIM - RN 之间建立安全信道。如果没有跳过阶段 1，则可以在阶段 2 中进一步使用阶段 1 中建立的安全信道。

（1）基于证书的绑定

第一步。附着到网络：RN 使用 USIM - INI 作为普通 UE 附着到网络。

第二步。配置：RN 联系运营商的 PKI，如果它没有有效的运营商证书，则向运营商 PKI 注册。此外，如果运营商使用此功能并且当地没有有效数据，则检索证书撤销信息。如果 RN 与 O&M 服务器联系获取配置数据，则应在 RN 与 EPC 中的实体或运营商信任的 O&M 域之间扩展应用安全关联。建立这些安全关联的手段尚未强制执行，但参考文献［TS33.401］中提供了示例机制。

第三步。从网络分离：RN 具有 RN 操作所需的所有数据，并作为普通 UE 从网络分离。

第四步。建立具有基于证书相互认证的安全信道：安全环境中的 RN 与 USIM - RN 建立一个安全信道。RN 侧充当传输层安全（TLS）客户端，并基于 UICC 证书对 UICC 进行认证，该证书使用先前从运营商处收到的根证书进行验证。RN 未预先配置特定的 UICC 标识。RN 应通过 CRL 检查 UICC 证书的有效性。如果没有 CRL 可用，则应用与 USIM - RN 相关的订阅限制（参见 14.2.6 节）。

作为 TLS 服务器的 UICC 基于已注册或预先配置给 RN 的 RN 证书对 RN 进行认

证，并验证 RN 证书中 RN 的标识与 USIMRN 中预先配置的标识是否一样。由于与 USIM – RN 有关的订阅限制应用，UICC 无需检查 RN 证书的撤销状态（参见 14.2.6 节）。在建立安全信道之后，与 USIM – RN 的所有通信都会受到安全信道的保护，并且不允许与安全信道外的 USIM – RN 进行通信。

（2）基于 PSK 的绑定

第一步。附着到网络：RN 作为普通 UE 使用 USIM – RN 附着到网络。由于允许 USIM – RN 仅可以通过安全信道进行通信（除非采取必要的步骤建立此信道），即使在此阶段 RN 不作为 RN 角色附着到网络，也需要建立安全信道。同样在这种情况下，在 RN 安全环境建立安全信道，但是相互认证通过使用 RN 和 USIM – RN 中的安全环境中预先提供的预共享密钥来隐式地执行。

第二步。配置：此项工作方式与基于证书的情况相同，不执行与证书相关的步骤，除非为其他目的需要运营商证书，例如通过 TLS 保护一个 O&M 连接。

第三步。脱离网络：此项工作与基于证书的情况相同。

2. 阶段 2：RN 操作附着

在这个阶段，在证书和基于 PSK 的绑定情况之间没有区别。

如果 RN 跳过阶段 1，则当前必须根据阶段 1 中的适当步骤建立到 USIM – RN 的安全信道。

RN 激活 USIM – RN（如果它尚未激活）并根据在阶段 1 中预先配置或接收的配置数据附着到网络选择一个 DeNB。它指示该连接是针对 RN 的。基于该指示，DeNB 选择 RN 感知的 MME 作为 MME（RN）。所选择的 MME（RN）从 DeNB 接收 RN 指示，并且与 RN 和 USIM – RN 一起运行 EPS AKA。然后，它检查 USIM – RN 的订阅记录，以查看此 USIM – RN 是否与 RN 一起使用，并且仅在此检查成功时才接受附着。

3. RN 操作

在阶段 2 完成之后，作为一个 RN 的附着完成，并且 RN 可以接受 UE 附着到 RN。源自 RN 的任何 IP 业务均可通过 Un 接口作为数据业务承载到 DeNB，并因此路由到 DeNB 中的共址 S – GW。因此，网络配置必须确保 O&M 服务器和可能的 PKI（例如，用于证书更新）也可以从 DeNB 内的共址 P – GW 到达。

14.2.3　Un 接口的安全

如 14.2.2 节所述，RN 操作的附着过程需要运行 EPS AKA。这个 EPS AKA 运行产生的密钥用于保护 RN 和 DeNB 之间的 Un 接口，其方式与 7.3 节和 8.3 节中对 UE 和 eNB 之间的 Uu 接口的解释相同，只需添加一个：作为当前用户平面的一部分，即承载 S1 和 X2 用户信令流量的 DRB，也享有完整性保护，以直接的方式生成一个用户平面完整性的附加密钥。

由于 UICC 检查作为安全信道建立的一部分，RN 确实有权接收这些密钥，并且网络信任 UICC 和 RN 的安全实施和操作，因此网络也可以确保任意到达 DeNB 的流量和使用授权的 RN 发送的受保护密钥。

由于 DeNB 充当 S1 和 X2 流量的代理，DeNB 可以将这种类型的流量与其余流量区分开，并有选择地将完整性应用于 Un 接口上的相应 DRB。相反，保密性应用是无选择的，并需要与 Uu 接口过程保持联系。由于 3GPP 要求对 S1 和 X2 流量使用保密性，这意味着 Un 接口上的所有流量都需要受到保密性保护。

14. 2. 4　USIM 及安全信道方面

本节更详细地解释了 USIM – RN 绑定方面以及 RN 的安全环境与位于 UICC 内的 USIM – RN 之间的安全信道。

正如本章所述，RN 的安全性概念取决于 RN 和 USIM – RN 的一对一绑定。

在 PSK 情况下，这是通过将每个唯一的 PSK 仅给予一个 RN 和一个 USIM – RN 来实现的。仅此事实就可以实现相互认证和绑定的一对一属性。通过重新配置预共享密钥，USIM – RN 和 RN 设备都可以重新用于另一个绑定。

在以证书为基础的情况下，一对一约束的强制执行与 UICC 中的 USIM – RN 有关。虽然 RN 仅将 UICC 认证为"连接到的有效 UICC"，但 USIM – RN 验证包含在 TLS 客户端证书的主题名称中的 RN 的标识与预先配置的名称是否一致。此处的前提条件也适用于 RN 标识应该是唯一的，并且某个 RN 标识应仅提供给一个 USIM – RN。如果运营商已经配置 UICC 接受无线更新［见参考文献［TS31. 116］中规定的安全无线传输（OTA）机制］，则可以远程重新配置 USIM – RN。

UICC 和设备之间的安全信道在参考文献［ETSI TS 102 484］中有规定。根据此规范允许的变体由 3GPP 给出了用于 RN 的案例；详情见参考文献［TS33. 401］第 D. 3 条。

14. 2. 5　注册过程

证书可以在 RN 架构内用于不同目的。在运营商网络中，通常在运营商控制下使用一个 PKI 用于所有目的。因此，任何使用证书的元素都必须注册到运营商 PKI。

在基于证书的绑定情况下，RN 需要由包含 USIM – RN 的 UICC 验证的证书。一般情况下，RN 的 O&M 连接可以使用基于证书相互认证的 TLS。因此在许多情况下，RN 需要注册到一个运营商 PKI。如果注册是在线下完成的，那么准确的过程不是由 3GPP 指定。对于在线注册，RN 应使用参考文献［TS33. 310］中为基站规定的相同过程（见 8. 5 节）。在线注册的前提条件是指 IP 连接到运营商 PKI 的前端，大多数情况是一个注册机构（RA）。此外，必须确保允许 RN 到达 RA。

在阶段 1 注册和使用基于证书绑定的 RN 情况下，则使用 USIM – INI 建立 IP 连接，并且与 USIM – INI 相关的订阅必须允许可以到达 RA。对于证书更新，或者在基于 PSK 的绑定情况下需要证书来保护 O&M 通信时，可以使用 USIM – RN 完成注册。然后必须确保 RA 可以通过 DeNB 中的共址 P‐GW 到达。

由于注册消息是自我保护的，因此 IP 连接不需要额外的安全措施。

14.2.6 订阅和证书处理

由于 USIM‐RN 与 RN 的一对一绑定，可以在 USIM‐RN 上执行 RN 另外所需的一些管理。通过仅限制与绑定到该 RN 的 USIM‐RN 相关的订阅，可以阻止任何 RN 以 RN 的角色连接到网络。对于具有基于 PSK 的安全信道的情况，如果怀疑 USIM‐RN 或 RN 中的 PSK 受损，则禁止 USIM‐RN 也是足够的。当然，这要求运营商维护"映射表"以避免违反这种一对一的绑定要求。

对于基于证书的绑定的情况，甚至某些证书管理也会被订阅处理所取代。如果 RN 证书被暂停或撤销，则禁止与 USIM‐RN 相关的订阅是足够的，因为没有其他 USIM 包含相同的 RN 标识。另一方面，禁止与 USIM‐RN 相关的订阅仅部分实现与撤销 UICC 证书相同的目的（参见参考文献［TS33.401］第 D.2.6 条中的 NOTE 0）。因此，如果他们想要为此目的决定是否部署证书撤销基础设施，则由运营商进行风险评估。如果 RN 证书也用于建立安全信道以外的目的（例如，建立 O&M 连接），则可能存在关于无论如何要部署撤销基础设施的原因。

与证书验证相结合的一个特殊问题源于 UICC 不包含提供实际时间的时钟。与假定包含连续时钟的 RN 不同，因此能够对 UICC 证书执行到期检查，UICC 只能验证直到预先配置的根证书的证书链。但这并不构成安全风险，因为运营商了解 RN 证书的到期时间，参考文献［TS33.401］明确要求将 USIM‐RN 的订购期限限制为绑定到此订阅的 RN 证书到期时间。如果运营商怀疑任何违反 RN 安全性的行为（包括其私钥的泄密），均可以禁止相关订阅。

第 15 章　机器类型通信的安全性

机器类型通信（MTC)[⊖]的特征取决于其终端不涉及人这一事实。由于 MTC 在应用方面具有巨大的潜力，它已经引起了各方面浓厚的兴趣。相比于 MTC，至少在发达国家，人对人通信的增长潜力似乎更为有限。

MTC 的应用包括：

* 安全。这不是指本书的主题——通信安全，而是指涉及监视系统、门禁或汽车防盗等的安全性的问题。
* 跟踪和追踪。例如：车队管理、贵重资产跟踪、交通信息和道路收费。
* 支付。这方面的例子有：销售网点和自动售货机或游戏机等处的电子支付。
* 健康。这包括老年人、残疾人医疗以及远程医疗。
* 远程维护与控制。例如传感器和车辆诊断。
* 测量。测量可以涉及电力、天然气、水力和/或热力，以及智能电网应用。
* 消费者设备。例如数码相机和电子书。

上述 MTC 应用列表中主题与跟随例子的大部分，都摘录于 3GPP 附录 B 的要求规范［TS22. 368］。在［ETSI TS 102 689］中可以找到类似的列表，其中还提供了个人应用情况更详细描述的参考。

这些应用将在大多数情况下，涉及 MTC 设备（例如提供传感器数据的设备）和 MTC 服务器（例如聚合和评估传感器数据的服务器）之间的通信。在某些情况下，MTC 设备也可以直接相互通信，以提供应用。

MTC 可以使用不同类型的通信网络。例如，MTC 设备和服务器可以通过互联网连接。如果它们通过这种方式连接的话，它们通常被称为物联网。MTC 设备和服务器也可以通过蜂窝网络连接，相比于固定有线通信，许多 MTC 应用更受益于使用蜂窝通信。根据 MTC 的定义，可以很容易看出车队管理、车辆诊断等 MTC 应用需要移动性；但同时，在许多静止的 MTC 设备的应用中，为 MTC 设备提供固定有线通信也许会是不划算的，如巴士站的交通信息系统或偏远地区的传感器。

在这种情况下，采取分层的方法和从通信网络特殊性分离 MTC 应用要求的一般功能性是合理的。这种分层的方法也反映在与 MTC 相关的标准化工作中：

* ETSI 的技术委员会 M2M（见参考文献［ETSI］）已经开始了规定 MTC 应用要求的一般功能的工作。

⊖　通常术语机器—机器通信（M2M）用于这种类型的通信，我们这里使用 MTC 是因为本书聚焦 LTE，
　　在 LTE 的范畴内，术语 MTC 使用的更加广泛。

- 3GPP 已负责为 MTC 业务利益而优化 3GPP 定义的网络（即 GSM）、3G 和 LTE 的工作。

在 15.1 节，我们将阐述 ETSI TC M2M 开展的安全工作；在 15.2 节，我们将阐述各种 3GPP 工作组进行的安全工作。我们将会看到，这两方面的工作是相互依存的，一些由 ETSI TC M2M 规定的安全过程利用了目前在网络层面的安全性。

在本章，我们还考虑到了 MTC 的另一个方面：从 GSM 起一直发展的包含用户凭据的智能卡，即用户身份识别模块（SIM）卡或通用集成电路卡（UICC）（见 3.2 节、4.1.1 节和 6.3 节）一直是 3GPP 定义网络安全的重要组成部分。但当为 MTC 优化 3GPP 网络时，SIM 卡和 UICC 在其目前的形式可能是次优的。因此，为减轻 MTC 设备的部署正在开发新的概念。这些概念将在 15.3 节中给出。

15.1　MTC 应用层安全性

本节涵盖了一些支持在 MTC 设备和 MTC 服务器之间运行的 MTC 应用的通用安全特征。这些安全特征是由 ETSI TC M2M 标准化的，并预计在未来，由一个称为 oneM2M［one M2M］的新机构来规定。

ETSI TC M2M 在其第一次发布中已经商定了以下安全特征和机制：为在 MTC 设备和网络之间建立共享密钥材料引导机制的几个变形，几个安全连接建立机制的变形和连接的共同安全性能。ETSI TC M2M 同时也定义了安全架构、密钥层次和执行不同的安全功能的逻辑实体。所有这些都将在本节的其余部分进行更详细的解释。首先，我们给出一个安全框架高层概述。

15.1.1　MTC 安全框架

图 15.1 简要概述了 MTC 的安全框架，其改编自参考文献［ETSI TS 102 690］的图 8.1：左手边为设备域，右手边为网络域。整个框架在设备［M2M 设备服务能力层（DSCL）］和网络［M2M 网络服务能力层（NSCL）］端的 M2M 服务能力层（SCL）中心；同时，也集中于应用和 SCL 自己之间的接口，即 dIa、mId 和 mIa。SCL 通过 mId 接口相互通信。

设备通用通信（DGC）和网络通用通信（NGC）负责处理 mId 接口协议的终止。设备和 NCSL 都具有安全功能［M2M 设备安全（DSEC）和 M2M 网络安全（NSEC）］和其他的功能，这里不一一列举。在网络侧，当设备连接到网络并且希望建立 M2M 连接时，NSEC 与 M2M 认证服务器（MAS）通信。在这个安全框架的顶部，设备应用（DA）和网络应用（NA）一起通信，并执行想要的应用。在本节中，我们专注于这个安全框架和它的应用属性。

除了图 15.1 所示的实体外，也有 M2M 网关设备像 M2M 设备一样对网络有相同作用，为网关后的一组 M2M 设备提供 M2M 型通信接口。M2M 网关使用 M2M 服

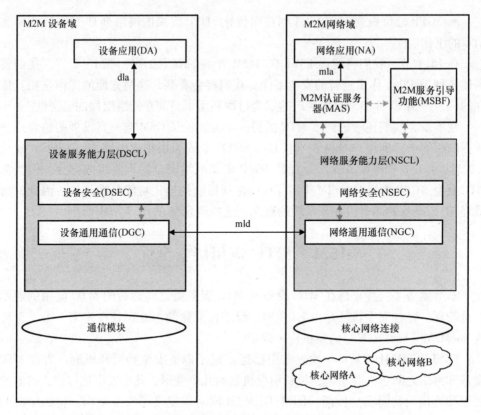

图 15.1　自动引导的功能架构元素（©欧洲电信标准化协会 2011）

务能力执行 M2M 应用。网关充当设备和网络之间的代理。在这种方式中，网关可以为连接到它的其设备提供服务，这些设备对网络是隐藏和断开的，如不同类型的传感器。

1. 安全框架的利用

安全框架需要应用、网络和（多）设备之间的交互。图 15.2 改编自［ETSI TS 102 690］的图 5.2，其显示了在高层次上，在 M2M 业务使用之前要求发生的（引导）事件流。左侧从上到下为网络（N）事件流，中间为设备（D）事件流，右侧为设备和网络之间的事件流。

首先，在网络和设备端，M2M 应用（NA 和 DA）分别在本地将自身注册至 NSCL、DSCL。

当设备连接到网络时，其先进行网络引导和网络注册，然后进入 M2M 业务引导阶段。在这个阶段，设备获取一个标识和一个称为 M2M 根密钥（Kmr）的根密钥。我们将在 15.1.2 节中解释不同的 M2M 服务引导选项。Kmr 在不同的 M2M 服务引导选项中是 M2M 安全框架中使用的所有其他密钥的根。通常，M2M 服务引导（包括 Kmr 生成）在设备和服务提供商连接的一个生命周期内只发生一次。相反，下一步，M2M 服务连接可以发生多次，对于每个新的连接，都有一个新的密钥 Kmc，用于生成应用级密钥。对于每个应用，都有一个不同的称为 M2M 应用密钥（Kma）的独立密钥。应用使用 Kma 来进一步生成诸如完整性和加密密钥之类的流量保护密钥。然后，这些流量保护密钥在 mId 接口上使用来提供所需的安全特征。

最后，在 SCL 注册步骤中，DSCL 用 NSCL 注册。DSCL 和 NSCL 都了解设备和网络端的应用，并且它们具有使其能够安全通信的安全环境。

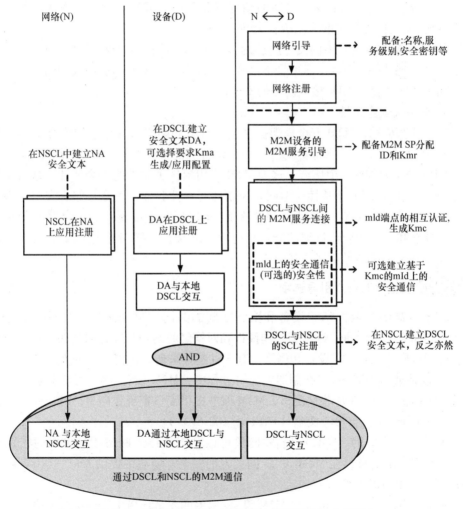

图 15.2 高层次事件流（ⓒ欧洲电信标准化协会 2011）

2. MTC 通信安全特性

设备和网络之间的接口（mId）具有 n 个安全属性。它提供数据源认证、完整性和重放保护、保密性和隐私。然而，不同的应用可能无法在所有情况下都从所有这些特性中受益。因此，实际上，这些特性中的一些可能并不在所有情况下都被使用。

参考文献［ETSI TS 102 690］定义了在 mId 协议接口的不同层实现安全特性的 3 种不同替代方案。第一种方案是接入网络（或链路层），在这种情况下，安全框架依赖于网络安全性，因此无需协商至少不具有相同特征的传输或应用级安全性。第二种方案是传输层或信道安全层，可以使用 IPSec 或传输层安全（TLS）等实现。的确，IPSec 存在于互联网协议（IP）级而 TLS 是在传输层上，但是这两者都提供接入网络或链路层顶端的端点之间的端到端安全性。M2M 安全框架考虑的第三层是由 XML 安全性等提供的应用级安全性。

M2M 框架支持具有不同安全属性的多接入网络，而且许多不同应用受益于不同的安全实现选择。例如，简单且不灵敏的传感器不需要启动应用级别的安全性协商，而是依赖于例如 LTE 接入网络的安全性。

3. 应用级安全特性

对于这些应用，M2M 安全框架提供了从设备和网络写入和读取数据的访问控制（见 15.1.1 节）。另外需要注意的是，设备上的安全特性应该在所谓的安全环境［ETSI TS 102 689］中执行，这为 M2M 应用提供了额外的安全特性。这需要来自 M2M 设备的物理安全特性，但同时为软件完整性验证、安全存储、安全状态报告等提供了支持。所有这些特性都允许 M2M 应用实现可测量和可计费的货币交易、微补偿和安全智能计量等功能。从这个角度来看，M2M 安全框架的安全特性为构建各种应用提供了良好的基础。

15.1.2　安全（Kmr）引导选项

M2M 框架的安全性基于设备和网络之间的共同的秘密。这个共同的秘密是 M2M 根密钥，记为 Kmr。该密钥用作设备和网络之间的相互认证的基础，也用作连接和应用级密钥的根。在设备和网络中有多种选择来初始化密钥 Kmr[一]：

● 制造或部署时间。"在制造或部署过程中，M2M 设备/网关可能会在安全环境域内被提供 Kmr。在这些情况下，M2M 服务提供商负责确保向 M2M 设备/网关提供必要的 Kmr"（引自参考文献［ETSI TS 102 690］）。

● 接入网络协助。"M2M 设备/网关可以利用从接入网络凭证生成的密钥材料，并使用该密钥材料在 M2M 设备/网关上的安全环境域中提供 Kmr"（引自参考文献［ETSI TS 102 690］）。

● 接入网络独立。"可以在 M2M 设备/网关的安全环境中，以接入网络独立的过程来配置 Kmr。当接入网络运营商和 M2M 服务提供商不共享业务关系和/或不希望使用接入网络凭证来引导 M2M 服务层凭证时，适用这种情况"（引自参考文献［ETSI TS 102 690］）。

[一]　一些文本经ⒸＣ欧洲电信标准化协会 2011 允许引用。

接下来将简要介绍辅助接入网络和独立方法。

1. 接入网络辅助引导选项

有 3 种不同的接入网络辅助引导选项将 Kmr 生成绑定到接入网络凭证。换句话说，接入网络认证也用于引导用于 M2M 通信的 Kmr。这些情况要求接入网络提供商和 M2M 服务提供商业共享业务关系。这些选项为：

- 基于 M2M 服务引导过程的通用引导架构（GBA）。这适用于配备有 SIM 卡的具有 GBA 能力的 M2M 网关和 M2M 设备：通用用户识别模块（USIM）、IP 多媒体业务识别模块（ISIM）、cdma SIM（CSIM）或（R-）UIM（用户标识模块）。发行 SIM 的网络运营商支持在参考文献［TS33.220］中规定的 GBA，见参考文献［ETSI TS 187 003］和［S. S0109-0］。

- 基于证书的使用 SIM、认证与密钥协商（AKA）的可扩展认证协议（基于 EAP）引导过程。要使用基于 SIM 卡或基于 AKA 凭证与基于 EAP 的 M2M 服务引导过程的部署应使用 EAP-SIM［RFC4186］或 EAP-AKA［RFC4187，RFC5191］。请注意，基于 EAP/PANA 的 M2M 服务引导过程对认证凭证和方法是不可知的，因此与使用 EAP/PANA 的接入网络独立方法类似。

- 使用基于 EAP 的网络接入认证的引导过程。"在这种方法中，M2M 引导过程是网络接入认证过程的副产品。更具体来说，网络接入认证过程被用来生成 Kmr。不同于认证 M2M 设备/网关两次（一次用于网络访问，一次用于 M2M 引导），网络接入只认证一次，并且使用恢复密钥来生成 Kmr"（引自参考文献［ETSI TS 102 690］）。

2. 接入网络独立引导选项

自动化的 M2M 服务引导机制独立于任何接入网络安全操作，具有 M2M 架构特定的属性，其包括：

- 与 M2M 架构一致，其中每个设备与 M2M 服务性能建立安全服务会话，而不与其他设备节点建立安全服务会话。

- 在 M2M 设备部署期间，不需要手动将密钥提供给服务器。

- 它确保 M2M 设备和 M2M 服务引导服务器在引导过程中相互验证。这可以防止任何能够在 M2M 设备和 M2M 服务引导服务器之间引导的中间服务器（或其他实体）获取对 Kmr 的访问。

- 在 M2M 设备切换到新的 M2M 服务提供商的情况下，它阻止新运营商获得旧的 Kmr，并使新的运营商能够引导新的 Kmr。

有 3 种方法可以接入网络独立引导选项：

- 通过 PANA 的 EAP-IBAKE（基于身份的认证密钥交换）。这种机制建立了 M2M 设备和网络之间的 Kmr。引导协议基于 IBAKE［RFC6267，draft-cakulev-emu-eap-ibake，RFC6539］。M2M 服务引导程序假定 M2M 设备应通过 mId 参考点使用与网络直接通信进行引导。

引导过程使用基于身份的加密（IBE）［RFC6267］。具体地，使用每个设备［例如，媒体访问控制（MAC）地址］的公知 ID 来生成其 IBE 公钥。私钥可以由网络（即，通过 mId 参考点以安全的方式）提供给 M2M 设备，或者可以由制造商预先提供。当 IBAKE 用于 M2M 服务引导时，M2M 设备和 M2M 服务引导功能（MSBF）（见图 15.1）应根据 IBAKE 协议使用其 IBE 私有 – 公共密钥［draft – cakulev – emu – eap – ibake］以便安全地生成 Kmr。

• 通过 PANA 的 EAP – TLS。M2M 设备和网络使用设备和服务器证书执行相互认证的 EAP – TLS 信号握手［RFC5216］。EAP – TLS 运行在 EAP［RFC3748］之上，使用 PANA［RFC5191］作为传输协议，EAP – TLS 作为 EAP 方法。基于协商的 EAP – TLS 扩展主会话密钥（EMSK）生成 Kmr。受信任的第三方提供设备和服务器证书。然而，这个值得信赖的第三方超出了 M2M 框架的范围，所以在这里不再进一步讨论。

• 使用设备证书的 TLS 传输控制协议（TCP）。该方法使用带有设备和服务器证书的 TLS，用于 M2M 设备和网络的相互认证，但如以上方法通过 TCP 而不是 EAP/PANA 携带 TLS 协议。一旦建立了相互认证的安全连接，网络将 M2M – Node – ID 和 Kmr 远程提供给 M2M 设备上的安全环境。

请注意，使用证书时，必须存在为证书层次结构提供根的受信任第三方。这尤其适用于在制造时提供证书以及 M2M 服务提供商独立于制造商的情况。

15.1.3 连接（Kmc）和应用级安全关联（Kma）建立的过程

当 M2M 设备和网络具有共同的共享密钥（根密钥 Kmr）时，他们可以使用它来执行相互认证，然后协商连接密钥（即密钥 Kmc）。该密钥用于在需要时生成流量或对象保护的凭据。或者，Kmc 用于生成特定于应用密钥（即密钥 Kma），这些密钥又用于保护应用和终点之间的流量或对象。在连接过程中，M2M 设备还可以将完整性验证结果报告给网络。

可以基于不同的协议再次建立 M2M 服务级连接过程：

• 基于 GBA 的 M2M 服务连接过程。在移动网络运营商（MNO）和 M2M 服务提供商相同的情况下，SIMA 中存储的长期密钥可用于 GBA 过程（参见参考文献［TS33.220］或［S. S0109 – 0]）用于执行相互 AKA。

• 基于 EAP/PANA 的 M2M 服务连接过程。在这种情况下，设备和网络通过使用引导方法配置的根密钥 Kmr 上的 PANA 协议上的 EAP 方法进行相互认证。在成功的基于 EAP 的相互认证结束后，将主会话密钥（MSK）（见第 5 章）传递到网络认证服务器的网络终端，则由 NSCL 和 DSCL 从 MSK 生成 Kmc。

• 基于 TLS – PSK（预共享密钥）的 M2M 服务连接过程。在 MAS 协助下，该过程使用 TLS – PSK［RFC4279，RFC4346，RFC5246，RFC5487］在 M2M 设备和网络之间建立 Kmc，并在引导过程中使用 MAS M2M 设备已经建立了 Kmr。

15.2　3GPP 网络级 MTC 的安全性

GSM 及其后继者的巨大成功主要是基于人类之间的移动通信。因此，可以理解，目前的蜂窝网络针对人与人通信进行了优化，而对 MTC 而言还很少。因此，3GPP 正在为 MTC 的网络改进开展工作从而为实现 MTC 在 3GPP 网络上的全面发展打好基础。这项工作涵盖了所有 3GPP 定义的网络，如 GSM、3G 和 LTE。

15.2.1　用于 MTC 的 3GPP 系统改进

3GPP 在其控制下着手处理改善通信网络的任务，首先通过几个连续的步骤凝练问题定义，接着从中获得了需求：

1）3GPP 从本章介绍的典型 MTC 应用开始。

2）3GPP 然后讨论了"案例"，其尝试找出几个 MTC 应用共同的网络相关特性（参见参考文献［TS22.368］的附录 A）。

3）3GPP 继续从 MTC 应用和用例中提取服务需求，对需要解决的问题进行详细分析，以提高 3GPP 网络性能，从而有利于 MTC 应用需要。这些业务要求分为两大类（见参考文献［TS22.368］第 7 条）

——普通业务要求。它们包括寻址和标识、计费、安全性、远程管理和触发。

——特殊业务要求。这些要求适用于特定（类别）的 MTC 应用过程，包括以下内容：

- 低（或无）移动性的应用；对它们来说，移动管理过程可以减少；
- 只需要在某些时间间隔内传输数据的时间控制应用，从而减少了在这些时间间隔之外信令的需要；
- 时间容忍应用（例如上传图片的消费者设备），其可以在网络拥塞后较晚时间发送数据；
- 发送或接收只有少量数据（例如传感器）的应用，其中建立连接的开销应该被最小化；
- 只发送数据但需要很少或根本不需要由网络到达的应用，或者通常只发送很少的数据；对于它们，移动管理过程和连接处理可以减少；
- 给予有利的处理（例如关于收费），以换取网络资源有限使用的应用，这些需要监视其行为，并在检测到异常时触发优先警报；
- 需要 MTC 设备和 MTC 服务器之间安全连接的应用（参见 15.1 节）；
- 基于对其位置的预定知识，以特定方式触发而激活的应用；
- 单独控制的大批设备共享应用；这些可以以特定组的方式处理，例如涉及寻址或计费以节省资源。

4）在下一步中，这些业务要求被转换为添加到总体 3GPP 架构的新功能，以便于 MTC 应用。3GPP 正在对这样的功能改进引导一个广泛的研究。在撰写本书时，该研究共提出了 62 项不同的提案，预计会有更多的提案加入。所以，有很多可以被实现的想法。

5）然而，由于任务的复杂性，在编写时（即在完成 3GPP Release 10 和 11 之后），只有少数这些改进已被转化为标准规范，即：

——拥塞和过载控制；

——MTC 的架构增强

——基于短消息服务（SMS）的设备触发，包括仅具有分组服务预订，以及没有移动用户集成服务数字网络号码（MSISDN）或呼叫号码的 MTC 设备。

预计在不久的将来会有更多的改进。

拥塞和过载控制

这是 MTC 设备的一个严重问题，因为大量的设备可能被编程为在特定时间或事件中同步启动活动。新功能使延迟或禁止某些 MTC 设备的访问具有可能性，这些 MTC 设备在无线电或核心网络拥塞的时候向网络发出时间或延迟容忍信号，或被配置为属于某类设备的一部分（见参考文献〔TS23.401〕）。

MTC 的架构增强

已经引入了可以由 MTC 应用服务器或 MTC 服务能力服务器用作 3GPP 网络的接入点的 MTC 互通功能（IWF）。IWF 具有与 3GPP 网络中的所有相关元素的接口。有关详细信息请参见参考文献〔TS23.682〕。

基于短消息服务（SMS）的设备触发

如果 MTC 应用服务器希望 MTC 设备连接到网络，则服务器可以向该设备发送触发信号，使其附着到网络。此触发器采用特殊的 SMS 形式。有几种方法可以做到这一点。在 3GPP Release 11 中标准化的方式是通过现有短消息服务中心（SMS－C）进行 SMS 传送。将来可能标准化的更优化的方法包括将触发 SMS 直接从 IWF 发送到移动管理实体（MME）、服务 GPRS 支持节点（SGSN）或移动交换中心（MSC），从而绕过 SMS－C。有关详细信息请参见参考文献〔TS23.682〕。

15.2.2　用于 MTC 与 3GPP 系统改进相关的安全性

本书着重于 LTE，但针对 MTC 改进提出的安全措施对于不同代的 3GPP 网络是相同或相似的。我们在必要时会提及差异。

第一个首要目标是确保为 MTC 利益对 3GPP 系统措施的任何增加都是充分安全的。许多此类措施不需要安全性，超出了本书所述的一般安全机制所提供的安全性，但有些则需要。我们讨论了在 15.2.1 节中提到的 3GPP Release 10 和 11 中已经标准化的 MTC 改进的安全性，然后进一步给出了在撰写本书时正在讨论的安全性能概述。

1. 在 3GPP Release 10 和 11 中标准化的 MTC 改进安全性

（1）拥塞和过载控制的安全性

　　根据拥塞的特殊性质，此控制可以通过多种方式进行。一个例子是当 MME、SGSN 或接入点名称（APN）拥塞时，网络可以拒绝 MTC 设备的请求，并且在拒绝消息中包括一个倒退计时器，使得设备不会在该计时器正在运行时回来。如果黑客可以设法向 MTC 设备发送具有非常高值的假倒退计时器，则可能导致拒绝服务。3G 和 LTE 提供比 GSM 能更好地防御这种攻击的保护：在 3G 和 LTE 中，只有当信令消息使用本书中描述的机制进行完整性保护时，设备才重视这个计时器。否则，当消息不能被保护时（将是一个没有前期安全文本建立的附着拒绝消息情况），设备将在有限的默认间隔内使用随机选择的计时器。在 GSM 中，没有完整性保护，但是如果启用加密，那么就能提供一定的保护，因为它的消息需要被正确地加密。

　　另一个例子是，当无线网络拥塞时，基站可以广播扩展接入限制（Extended Access Barring，EAB）信号，该信号将被配置用于 EAB 的所有设备所遵守。广播信号不能被加密保护，但是当不再重复禁止设备的广播信号时，攻击的效果将最终停止。虚假广播信号将比单独的信号消息更容易被检测到。在这两种情况下，黑客都不得不进行虚拟的基站攻击。

　　（2）MTC 架构增强的安全性

　　新的 IWF 的引入也创建了新的接口。对于新的 3GPP 内部接口，安全解决方案是显而易见的：网络域安全性（参见 4.4 节和 8.4 节）是解决方案。对于 IWF 和 MTC 应用服务器或服务能力服务器之间的外部接口其称为 Tsp 接口，并可能位于运营商域外，保护机制基于参考文献［RFC3588］中定义的 DIAMETER 安全性。更多细节可在参考文献［TS23.682］和［TS29.368］中寻找。

　　（3）基于短消息服务（SMS）设备触发的安全性

　　向许多 MTC 设备发送大量虚假触发 SMS 可能会导致他们同时联系网络。此外，由于并非所有这些都可以配置为延迟容忍或支持 EAB，本章中说明的拥塞和过载控制措施可能不一定要用。可能由虚假触发 SMS 造成的另一个威胁是用户设备（UE）中的电池耗尽。对策包括 SMS 的归属路由和对家庭网络中的不信任源的所有 SMS 应用基于内容的过滤，使得可以识别触发短信，并且仅将来自可信源的 SMS 触发转发到 MTC 设备（参见参考文献［TS23.682］）。

2. 为 3GPP Release 12 讨论的 MTC 措施的安全性

　　（U）SIM 和设备的绑定。参考文献［TS22.368］附录 A 中对此类绑定的需要如下[⊖]：

　　在某些配置中，可能需要限制专用于仅与具体计费计划相关联的机器类型模块使用的 UICC 的访问。应该可以将 UICC 的列表关联到终端标识的列表……这样做的话，如果 UICC 被用于另一终端类型，访问将被拒绝。

────────────

　　⊖　一些文本经ⓒ2012，3GPP™许可引用。

换句话说，需要"逆" SIM 锁定的功能。正常的 SIM 锁定可以确保某个终端（通常是补贴的）仅与特定的 SIM 卡一起使用。在撰写本书时，正在考虑的解决方案包括基于 UE 的配对和基于网络的配对。在基于 UE 的配对中，UICC 预先配置了一些形式——国际移动设备标识（IMEI）或个人识别号码（PIN）的列表，或设置安全通道的秘密——终端阐明了传给 UICC 的这些信息的知识。在基于网络的配对中，归属用户服务器（HSS）存储允许的（IMSI）和 IMEI，并且在 MTC 设备连接至网络时进行比较。以最简单的形式，基于网络的配对依赖于设备向网络报告的 IMEI。在增强的形式中，基于网络的配对修改了 AKA 授权过程（参见第 3 章、第 4 章和第 7 章），以执行设备平台的认证。所提出的解决方案之间的选择不得不冲击在安全性、复杂性、向后兼容性、花费（特别是终端，例如用于提供安全环境）和可管理性之间适当的平衡。

3. MTC 特殊隐私问题

MTC 设备通常可以和人相关联，并且它们通过网络传输到应用服务器的数据可能会泄露所讨论的人的大量私人信息，当来自同一人相关联的若干这样的 MTC 设备的数据结合起来时，甚至会泄露更多。有人曾经预测过，MTC 设备会渗透到我们生活中的每一个环节，用户必须注意保持对他或她的设备收集的数据的控制，并确保避免不需要的行为文件。例如，智能电表可以监控房屋中诸如电力或水等资源的使用，这可能会显示人在一天内的活动的详细细节。其他 MTC 应用可能会显示一个人在不同时间所处的精确位置。MTC 服务器收集此类数据可能是为了追踪或车队监控等健康的目的，但却也可能产生不受欢迎的副作用。此外，在所有情况下，必须防止对这些数据的未经授权的访问。这些隐私问题大多涉及应用层，必须在应用层解决。但是一些隐私问题与网络层相关，并且应该在网络层解决，例如，与移动用户身份相关的基于手机的位置信息。已经提出在网络层面解决隐私问题的一种可能的方式是在 MTC 设备不需要通信时使 MTC 设备处于分离状态（对于允许这种情况的应用）。在撰写本书时，3GPP 并没有同意 MTC 的隐私概念或解决方案。

15.3　证书管理层的 MTC 安全性

已经认识到，传统的 SIM 卡或 UICC 不是 MTC 设备的大规模市场部署的理想选择。这有几个原因：

- 传统的 SIM 卡被设计成易于通过设备的保持器从设备插入和移除。在 MTC 中，通常没有这样的保持器。相反，MTC 设备可以被放置在这样的位置，使其一点也不容易被访问。
- 即使 MTC 设备本身对人类来说是可访问的，设备的性质也可能要求它被密封，例如用于保护设备内部的敏感仪器或者防止 SIM 卡/UICC 的盗窃。MTC 设备也可以位于这样的恶劣环境中，例如在室外的恶劣天气条件下，SIM 卡的保护，特别是卡和设备之间的接口可能遭受人为干预。

● 在一些设置中，MTC 可以包括大量的设备，每个设备仅具有有限的功能，例如功能相当简单的传感器设备网络。然后在每个设备中添加 SIM 卡读卡器将显著增加整个系统的成本。此外，即使每个个体设备可以被人类用户相对容易地访问，大量的设备将使所有这些设备的人为干预变得十分麻烦。

因此，有些人已经努力考虑在 MTC 设备中处理用于安全网络级通信（见 15.2 节）所需的用户凭证的替代方法。这些包括以下内容：

● 设备中的可信平台；

● 嵌入式通用集成电路卡（eUICC）。

第一种方法将利用与设备中的其他安全目的并行使用的可信平台，而第二种方法将包括设备本身中的 UICC 功能。eUICC 原理上也适用于设备的新用途，因此这两种情况之间的界限有些模糊。

这两种方法都需要一个重要的功能，就是自动注册和自动化网络运营商的更改，而不需要现场工程师必须亲自管理每个部署的 MTC 设备。

以下组织正在处理相关问题：

● 3GPP 在 Release 9 中进行了可行性研究 ［TR33.812］。

● "GSM 协会（GSMA）"。GSMA 在 MTC 环境中创建了一个特别工作组来确定用户案例和对 eUICC 的要求 ［GSMA 2011］。

● ETSI 智能卡平台技术委员会（ETSI SCP）已经开始规定 eUICC 和相关管理程序。参考文献 ［Walker 2011］ 是关于 GSMA 和 ETSI SCP 活动的演讲。

15.3.1 设备中的可信平台

在移动设备中一直需要某些可靠的计算功能。一个例子是在 3GPP 成立之前，在 GSM 规范中引入的 ［TS42.009］ 中 IMEI 的抗干扰要求。另一个例子是 15.2 节提到的 SIM 锁定。移动设备向开放式平台的转变进一步强调了可信计算的需求：相关事项与 6.4 节和第 13 章中讨论的基站平台安全具有许多相似之处。

这里描述移动设备（ME）中可信计算的示例架构。该设备包含一个可信任的计算基础（TCB），该计算基础使用诸如只读存储器（ROM）代码和安全存储器寄存器等硬件解决方案进行安全保护。某些加密功能和设备根序列的开始将与 TCB 内部的一个称为信任根的寄存器值一起实现，在其上，可以进一步保护位于 TCB 外包括软件更新在内的软件。

一个解决方案是在 TCB 内部拥有一个设备制造商公钥和必要的加密证书验证功能。那么可以验证驻留在 TCB 之外的软件的完整性。可信计算组的规范可用于实现移动设备的平台安全性 ［TCG Mobile Phone Working Group 2008］。全球平台（GP）是可信计算领域的另一个行业论坛。它为安全芯片技术上的嵌入式应用创建了规范。在参考文献 ［Asokan 2011］ 和 ［Kostiainen 等 2011］ 中可以找到移动设备中硬件和软件平台安全特性的概述。

作为 TCB 的一部分，这种平台安全架构还可以包含与设备主操作系统隔离的可信执行环境（Trusted Execution Environment，TEE）。这样的环境可以用于存储和管理 MTC 网络级证书以及使用这些证书的算法。15.1 节讨论的用于安全功能的应用程序级证书原则上也可以驻在 TEE 内部。

15.3.2　嵌入式 UICC

使用传统 SIM 卡或 UICC 列出的问题是由可拆卸性的特性以及部署前在配置过程中与特定运营商绑定的事实引起的。可移动性是智能卡的定义思想之一，但相比之下，无法从设备中移除的 UICC 对许多目的而言，尤其是在 MTC 中，仍然可以有很大的意义。

因此，ETSI SCP 开始了确定不可更换或易于访问的 eUICC 的工作。在 2010 年期间，ETSI SCP 定义了一种称为机器到机器形状系数 2（MFF2）的新形状系数，可以焊接到移动设备的主板上［Vedder 2011］。因此 UICC 芯片在设备制造阶段自然需要。这意味着 UICC 和 USIM 的两个概念之间的区别可能比传统的一对一对应设置中的更为显著，这种对应将持续 UICC 整个生命周期。在新设置中对于生命周期开始之前的常规业务，eUICC 存在而没有任何可用 USIM，在 eUICC 的一个生命周期中可能会在一个 eUICC 中有几个 USIM。

15.3.3　证书远程管理

如本章所述，无论是否选择了设备中的可信任环境方案或 eUICC 选择方案，网络级证书的初始化和更改的关键问题均是类似的。对于这两种情况，必须有一种在 MTC 设备的整个生命周期内远程提供、管理和删除凭证的方法。

3GPP 可行性研究［TR33.812］和 GSMA 工作组［GSMA 2011］都以类似的架构得出结论。在 3GPP 架构中需要一种新型的网络实体，其应具有以下特征：是独立的 MNO，但在某种意义上，在初始化和认证改变过程中扮演 MNO 的角色。

在参考文献［TR33.812］中，这样的实体被称为注册运营商（RO），而在参考文献［GSMA 2011］和［Walker 2011］中，它被称为订阅管理器（SM）。该实体对于架构的功能运行是必需的，但是实体的业务需求是不平衡的。

换句话说，目前还不清楚这种 RO 或 SM 的商业案例是什么。一种可能性是由所有 MNO 共同拥有和管理；另一种可能性是将 MNO 作为可信任的 RO 或 SM 的客户。

无论是在可信任的平台还是在 eUICC 中，在 MTC 设备中均必须有内置凭证。它们需要用于 MTC 设备和 RO/SM 之间的认证和安全通信信道建立，并且潜在地用于建立与被访网络运营商（VNO）的初始通信。一旦安全通信信道就位，就可以下载 MNO 凭据和逻辑用于 MTC 使用这些凭证。此外，还有可能删除凭证，例如在终止与 MNO 的订阅的情况下。

在设备和 RO/SM 之间的任何安全性可能建立之前，这两个实体均必须能够相互通信。这可以通过"带外"信道进行，例如通过将有线连接到设备，或通过蜂窝连接来完成。在后一种情况下，设备将驻留到任何可用的 VNO，并提供临时配置文件（例如，类似 IMSI 的 ID），这将使 VNO 能够将通信路由到 RO/SM 而不是任何 MNO。

ETSI SCP 已承担了从需求开始，规定 eUICC 处理的管理过程任务。

第16章 未来的挑战

到目前为止，本书中针对 3GPP Release 8 ~ 11，我们已经描述了截至 2012 年 3 月由 3GPP 定义的长期演进（LTE）安全性。本章中，将介绍我们对 LTE 安全及其后可能的未来发展的看法。16.1 节描述了在 3GPP 标准化中已经讨论并可能在短期内产生结果的活动。16.2 节涵盖了长期以来可能会对 LTE 和潜在后继系统的安全性有影响的研究和研究活动。

16.1 近期展望

自本书第 1 版于 2010 年秋季出版以来，很多在第 1 版的相应部分中提出的主题已经成熟，并且在本书前面的章节中讨论过，而在其他一些话题上所取得的进展比较慢。当然，全新的话题也出现了，在本节会讨论在近期我们期望成熟的所有话题。但是我们谨此提醒，这一切都在进行中，也可能会发生变化。

16.1.1 中继节点架构的安全性

中继节点（RN）架构工作的主要部分及其安全性自本书第 1 版以来已经完成。因此，我们在本书的这个版本中增加了新的第 14 章。我们看到未来可能需要在安全方面发挥作用的两个领域。

1. 移动中继节点

一个移动 RN 通过与其连接的 DeNB 特征化，并随着时间的推移发生变化。由于这一特性，可能需要对安全性进行某些调整。在编写关于移动 RN［TR36.836］研究的时候集中在高速列车场景中，RN 沿着已知轨迹移动。这种情况的标准结果可能在 Release 12 的时间框架内出现，而通用情况下移动 RN 的使用预计将在稍后处理。

2. 多跳 RN 架构

多跳 RN 架构是以多跳方式在多个 RN 之间转发用户设备（UE）和 DeNB 之间的业务架构。这样的架构在 3GPP 的优先级列表中似乎并不高，但它们肯定会带来挑战性的安全问题，特别是在密钥管理领域。

16.1.2 3GPP 网络和固定宽带网络的互通安全性

目前正在进行的工作是如何能改进由宽带论坛（BBF）定义的固定宽带网络和 3GPP 定义的移动网络之间的互通。3GPP 和 BBF 同意在各自的组织中工作，以解决各种方面，包括基本连接性、基于主机的移动性和基于网络的移动性，用于不可信接入、网络发现和选择功能、IP 地址分配、认证、策略和服务质量（QoS）。该工作包括使用无线局域网（WLAN）或家庭 eNodeB［H(e)NB］的接入，并考虑经由 3GPP 演进分组核心（EPC）路由的业务，以及由固定宽带接入网络卸载同时不横跨 EPC 的业务。

假定在参考文献［TS23.402］中规定的 Release 10 基准架构之上执行该工作。相应的安全架构在参考文献［TS33.402］中有规定，并在 11.2 节中进行了说明。H(e)NB 的安全架构在参考文献［TS33.320］中有规定，并在第 13 章中进行了描述。

正在进行的研究的结果可以在参考文献［TR23.839］中找到，而已经符合 3GPP Release 11 的标准结果包含在参考文献［TS23.139］中。有关这一专题的有意义的贡献，也可以在由 3GPP 和宽带论坛［3GPP 和 BBF 2011］共同组织的研讨会的报告中找到。

参考文献［TS23.139］中还涉及安全方面。只需要对参考文献［TS33.402］和［TS33.320］进行微小的补充，主要是支持 QoS 过程。［3GPP 和 BBF 2011］中没有涉及有关安全性的公开问题。未来 3GPP – BBF 互通工作的进一步工作是否会进一步提升安全性拭目以待。

16.1.3　VoLTE 安全

第 12 章描述了通过 LTE 提供语音服务的 3 种方法：IP 多媒体子系统（IMS），电路交换回退（CSFB）和单无线语音呼叫连续性（SRVCC）。这 3 个方面的业务情况如下：

1. IMS LTE

对于 IMS 中的会话发起协议（SIP）信令安全性，没有任何影响 LTE 上 IMS 的发展是可以辨别出来的。对于 IMS 媒体安全性，似乎可能会支持对非实时媒体（例如消息）、会议和呼叫转移的支持增加到 3GPP Release 12 的规范中。

2. CSFB

从安全角度看，CSFB 现在似乎很稳定。

3. 单无线语音呼叫连续性

从安全的角度来看，SRVCC 似乎是稳定的，因为逆向 SRVCC 安全已经添加到 3GPP Release 11 中（参见 12.1.3 节）。

16.1.4　机器类型通信安全

机器类型通信（MTC）的工作及其安全性自本书第 1 版以来有很多进展。因此，我们添加了新的第 15 章到这个版本。在第 15 章所涉及的所有 3 个领域仍有许多工作要做，如本章所述的 MTC 网络级别、MTC 应用级别和 MTC 凭证级别。

　家庭基站的安全

随着 Release 9 关于 HeNB 的工作完成，还提供了在家庭环境中部署小型"毫微微"基站的所有安全功能。该解决方案技术上允许任何具有 EPS 能力的 UE 驻留在 HeNB 上，然后通过运营商网络与"世界其他地区"通信。

在 Release 10 和 11 的期限内，HeNB 架构被扩展以增强用户在家中运行 HeNB 的好处，并将 HeNB 的使用场景扩展到人住宅或小企业部署单个 HeNB 之外的区域。这包括家庭网络的本地 IP 访问（LIPA）和支持 HeNB 之间的用户移动性，如第 13 章所述。最初还有另外两个功能已经计划在 Release 11 中：支持本地移动 LIPA 还可以为本地网络中的 H(e)NB 子系统选择性流量卸载。这些被推迟到 Release 12（见下一节）。

HeNB 和 eNB 之间的移动性支持是目前研究的另一个架构级，但没有一个一致的具体架构。另外属于单独封闭用户组（CSG）的 HeNB 之间的 X2 切换尚未被功能架构覆盖，因此，如果将它们引入，将是开放的。此外，对于宏 eNB，计划的扩展也可以应用于 HeNB，但是需要适应这种特殊环境。

许多这些未来的功能出现在小型小区论坛（SCF）中，一个"毫微微小区"利益相关者的非营利讨论组织（参见第 13 章的介绍）。

1. 企业毫微微小区移动性

除了最小的企业之外，HeNB 的部署将意味着使用超过一个 HeNB 用于同一个 CSG。虽然已经指定了 HeNB 之间的 X2 切换，但仍然缺少用于 LIPA 的网络内的 HeNB 之间的用户移动性。用于 LIPA 的 Release 10 解决方案包括一个本地网关（L - GW），用于用户平面数据与相关 HeNB 的合作。对于移动支持，此解决方案不适合，但是规划了集中独立的 L - GW。不管具体的解决方案如何在 Release 12 中选择，这都将需要 HeNB 和独立 L - GW 之间的本地连接，以及 L - GW 和运营商网络之间的回程连接。一旦完成了基本架构，就会讨论相关的安全规范。

进一步的安全方面将涉及如野营的 UE 接入 HeNB 到企业网络。初步评估显示，未来解决方案应包括①仅允许以 CSG 会员资格接入企业网络，②强制通过企业的独立接入控制。该个人小交换机（PBX）与公共电话功能的集成可能会升高安全问题，也取决于将来版本中指定的解决方案。

2. 本地网络上选择性的 IP 流量卸载（SIPTO）

参考文献［3GPP 2009］中的工作项目叙述了选择性的 IP 流量卸载（SIPTO）：

由于 3GPP 无线电接入技术能够在更高的数据速率下进行数据传输，3GPP 运营商团体对卸载选择性的 IP 流量表现出强烈的兴趣，不仅用于 H(e)NodeB 子系统外，还可以用于宏层网络，即蜂窝基础设施卸载选择性的 IP 流量，节省传输成本。

直到第 Release 11，这种流量卸载仍被规定只在核心网络中进行。这并不能缓解核心网中安全网关（SeGW）和服务网关/PDN 网关（S - GW/P - GW）回程链路的用户平面流量的负载。因此，在 HeNB 附近的本地流量卸载可以被预见。除了 LIPA 的一些基础设施可以在本地网络中重复使用 SIPTO 的事实，一个安全问题可能会产生于从 UE 到互联网的流量以明文形式通过家庭网络，所以 HeNB 的主托方以开放或混合运营模式可以窃取驻留在该 HeNB 上的任何 UE 的用户数据。

当写下安全标准的时候就能了解它将会带来的影响，这么说为时尚早。

16.1.6　新加密算法

对 EPS、UEA3 和 UIA3 的第三对加密算法的工作，在第 1 版 16.1 节中提到过，现已完成。结果在本版第 10 章中已说明。在平面层还没有新的 EPS 加密算法，但 16.2 节将包含一些加密算法生命周期的一些通用考虑。

16.1.7　公共警报系统

公共警报系统（PWS）是在发生自然灾害如地震或海啸或其他紧急情况时通过及时、准确、可靠和安全的发送警告信息方式提醒公众的一种手段，移动通信系统似乎非常适合发送此类警告信息。因此，3GPP 指定了 GSM、3G 和 LTE 网络相应的传递机制。虽然大部分的 PWS 规范已经完成，但 PWS 的安全性仍然缺失。

PWS 服务要求可以在参考文献［TS22.268］中找到，另外还有对区域 PWS 变形的要求（其中一些先于 3GPP 定义的 PWS）是由日本、美国、欧洲和韩国制定的。

参考文献［TS22.268］还包含"PWS 只能广播警告来自经认证授权来源通知"的安全要求。这个很重要，因为有伪造的警告信息的危险：攻击者（例如恐怖分子）可能有兴趣向拥挤人群广播地震警报，造成恐慌。直到现在并且包括 3GPP Release 11，参考文献［TS22.268］规定 PWS 安全性在 3GPP 的规范范围之外。然而，已经认识到这导致了执行碎片化，并且不太可能在漫游场景中工作。所以 PWS 的安全性现已成为 3GPP Release 12 的一部分。

PWS 使用小区广播服务（CBS）来传递警告消息。图 16.1 是从参考文献［TS23.041］的图 3.3 - 1 中复制，CBS 规范展示了 LTE 中的 PWS 架构。

图中左侧的三个实体：UE、eNodeB 和移动管理实体（MME），在本书前几章读者已经熟悉了。在右侧，有两个元素用于传递 PWS 消息（和另一种广播消息的类型）：小区广播中心（CBC）和小区广播实体（CBE）。CBC 是 3GPP 核心网络的一部分，而 CBE 未被 3GPP 规范涵盖。简而言之，CBC 的主要任务是确保来自 CBE 的信息被有效地广播到预定的地理区域。

本节引用的参考文献［TS22.268］的安全要求意味着该消息需要为所有警告消息提供认证，而 UE 需要全部丢弃那些认证检查失败的警告消息。消息认证机制需要在全球范围确保

- 正误报最小化，即警告消息不真时被拒绝；

- 负误报最小化，即警告信息为真时不被拒绝。

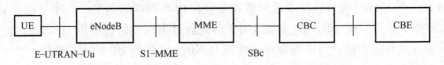

图 16.1　PWS 架构（经© 2012，3GPP™许可使用）

这种消息认证机制被设计为通过两个步骤来实现：

1）公共验证密钥以安全的方式传送给 UE；

2）当启用 PWS 安全性时，所有警告消息都会携带数字签名，需要在消息之前使用公共验证密钥由 UE 验证才可以显示给用户。

步骤 2）在撰写本书时似乎被普遍接受。但是，步骤 1）已经提出了广泛的讨论。两种方法均正在被考虑：

- 传统公钥基础设施（PKI）：这里，UE 将包含一个或几个根证书，和一个可以通过一个根证书引导链验证的公共验证密钥的证书。这种做法有建立全局 PKI 与适当配置 UE 的困难。

- 通过非接入层（NAS）信令传递公共密钥：这里公共验证密钥将作为 NAS 信令的一部分在附着过程中传送给 UE。因此它将受到正常的 NAS 完整性的保护（参见 8.2 节）。应该提到它也有缺点：核心网节点、MME、服务 GPRS 支持节点（SGSN）和移动交换中心/访问者位置寄存器（MSC/VLR），需要为 PWS 的利益更新，更重要的是，该方法由于缺乏信令消息认证，在 GSM 中工作时表现并不好。

16.1.8　邻近服务

如果两个设备彼此靠近，则原理上可以直接使用两者之间的无线电通信，即使用 EPS 频率。3GPP 正在做一个可以以这种方式启用基于邻近服务的可行性研究（见参考文献［TR22.803］）。这个想法是直接补充基于基础设施的设备到设备的通信，例如公共安全、网络卸载和各种社会服务（例如，与那些碰巧相近的朋友一起找一家附近的餐馆和社交网络）。

对于所有服务，直接链路的使用仍将由网络控制。另一方面，至少对于公共安全服务来说，重要的是当两个设备出现在网络覆盖之外时也能够建立这样的直接通信。从安全的角度来看，这种情况特别令人感兴趣，例如如同安排认证和授权。但即使是这样的网络覆盖可用，建立两个设备之间的安全链路仍是一个非常规的规范任务。

16.2　远 期 展 望

在这本书的开头，解释说，一种新型的蜂窝系统和相关的无线接口大约每 10

年产生一次。基于这种模式下，人们很容易预测，另一个重大的重新设计将在2020 年前后进行。如果我们假设 3GPP 每 18 个月都创建一个新的规范版本，那意味着 Release 16 可能包含一个全新的系统规范。在上一节中，我们列出了许多 LTE和 EPS 增强功能预计将在 Release 12 及以后出现。一些增强即使在以后也在规范之内；但即使如此，在新的版本出现之前，至少还有几个版本的差距。

由于这本书是关于安全性的，所以不值得推测哪个正确的扩展功能将在 Release 13 之后出现。可以肯定的是，其中大部分将会需要某种安全性。3GPP 安全特性通常以这种方式指定，至少在某种程度上他们是还会过时的，所以以能够有某些更广泛的应用比仅仅源于特定的某些特点有更好的机会。另一方面，移动系统的新功能通常是旨在启用一些新用例。那么往往是这样，连同新的用例，滥用系统的新方法也出现了。因此，预测每个新版本还将涉及安全规范的扩展是一个安全的赌注。

密码学算法的密钥长度是投机预测和知识推测常用的一个领域。如前几章所述，EPS 已经准备好了用于在所有安全机制中引入 256 位密钥。据一些估计［Smart 2009，Barker 等 2007］，由 128 位长度提供的通用加密强度钥匙将足够使用到 2030 年左右。如果我们假设 LTE 与 GSM 长度一样（即绝对超过 20 年），这种扩展能力就会在某些时候需要，但可能不会很久。

密码学算法本身构成发展需要的另一个领域。算法有时会被破坏，相对容易引入新的算法进入 EPS。因此，在 LTE 的生命周期中，即使在需要更长的密钥之前，可能还将引入新的算法。关于密码学的一个不变的猜测来源是量子计算的潜在影响。对于密钥加密技术，量子计算的影响不会像一些最流行的公钥算法那样剧烈。据估计［Smart 2009］该 256 位密钥还将提供对量子计算进入 "可预见未来" 攻击的保护。

隐私权数年来一直在受关注程度方面有一个上升趋势，互联网上收集的海量数据强调了这一点。这些数据大部分是普通人的；很大部分是人们通过社交网络和用户生成内容贡献的。移动系统必然需要大量关于用户的数据；如果不知道终端的行踪，系统不能运营。由于合法拦截，一定用户数据的数量也被记录在案。移动系统构成了基于位置的服务和其他文本感知服务的良好平台。由于这些原因，有可能增强用户数据和其他个人标识信息保护的机制将被引入到移动系统中，这些也可能对LTE 和 EPS 有影响。

本书中多次讨论过的一个隐私领域是其身份保密特点。如前所述，目前的保护机制暂时标识容易受到主动攻击。针对这些保护要求将公钥技术引入到访问安全领域。迄今为止这种机制的代价禁止了它的引入，但可以想象，在 LTE 的生命周期内，情况可能会改变，部分是由于新的隐私要求及部分原因是处理能力的提高使执行复杂公共密钥运算更快。关于位置和身份隐私的另一个因素是现代终端支持许多不同的无线电技术，其中大部分都不被 3GPP 定义。这意味着仅应用于这些的一个子集的保护机制技术对身份隐私的影响有限；用户可能仍然被那些没有很好保护的技术跟踪。像这样的问题强调了需要进一步开展与非 3GPP 网络的互通工作。

现在让我们再来看一下新的重新设计主要系统的预测，将来会出现在某个时候。可以说，创建一个新的无线接口不一定意味着整个系统都需要改变。许多不同接入技术的支持已经是 EPS 的核心特征。因此，可能会发生在 3GPP 或其他地方创建新的无线电接口，而 EPC 也简单适用于支持该技术。

另一研究路线是认知无线电。其中的主导思想是动态本地优化无线电频率和技术的使用。终端可以感知其无线电环境，并使用最适合环境和当前通信任务的无线电技术。从安全的角度来看，这提高了一些新的挑战。虽然所有可能的无线电技术都有自己的保护机制，但以动态的方式结合起来并不是一件小事。

互联网技术和移动通信技术的融合是在一个方向驱动技术，而蜂窝系统的全面重新设计将不再需要，至少不是独立于互联网。未来的互联网会肯定包含作为核心特征内置的移动性。一个后果可能就是这样移动网络运营商和互联网服务提供商的角色之间的差异变得更加模糊。云计算还有潜在的效率增益；网络方面的许多任务可以在最优的地方进行。因此，网络内的功能划分将变得比今天的情况更动态。这种演变也为安全提供了更多的挑战并且必须在单个系统中同时支持更多的传统安全功能。在系统中，我们还有更异构的终端集，配置了很多不同种类的凭证。

一些互联网的大规模安全问题，如分布式拒绝服务（DoS）攻击、僵尸网络和垃圾邮件来自于发送数据很容易且便宜，同时在接收端处理数据花费更高。一个可能的针对那些毒害互联网的不必要的流量问题的架构解决方案是使更多情况是"发布和订阅"模式，而不是"发送和接收"模式。也许声称安全和隐私问题可能会对未来互联网的形态有重大影响并非夸大其词。

当几乎所有东西都通过互联网连接到一起的时候，我们肯定会有一个非常异构的终端基站［ITU2005］。这种系统显然也提供了很多攻击的可能性。一个保护途径可以通过更广泛的测试和认证活动来提供。这在平台安全增强和不同强化方法越来越需要的基础结构侧是有益的。但仍然不清楚到这一领域采用标准化的最佳方式到底是什么。

我们列举了 EPS 网络演进的几个不同的途径。所有这些方向的共同之处在于安全、信任和隐私的概念扮演重要角色。能够继续移动网络和通信的成功故事，安全概念的不断演变是必要的要求。如灵活性、敏捷性和可用性等属性是目标方向上的主要成分。

参 考 文 献

所有的互联网工程任务组（IETF）请求注释（RFC），第三代合作项目（3GPP）技术报告（TR）以及技术规范（TS）单独按照字母顺序被排列如下，更多的参考文献附在后面，这些列表也包含了可供更进一步阅读的资料来源。

3GPP 技术报告和技术规范

这本书是基于从 2012 年 6 月开始使用的最新版本的 3GPP 规范，所有的 3GPP 技术规范和技术报告都是在 3GPP 服务器上可用的，其地址为 http：//www. 3gpp. org/ftp/Specs/html – info/xyabc. htm，其中"xyabc"对应的是规范编号（例如，在 http：//www. 3gpp. org/ftp/Specs/html – info/33401. htm 中可以找到 TS33. 401）。

[TR21.801] 3GPP TR21.801. *Specification Drafting Rules*.

[TR21.905] 3GPP TR21.905. *Vocabulary for 3GPP Specifications*.

[TR22.803] 3GPP TR22.803. *Feasibility Study for Proximity Services (ProSe)*.

[TR23.830] 3GPP TR23.830. *Architecture Aspects of Home Node B (HNB) / Home Enhanced Node B (HeNB)*.

[TR23.839] 3GPP TR23.839. *Study on Support of BBF Access Interworking*.

[TR31.900] 3GPP TR31.900. *SIM/USIM Internal and External Interworking Aspects*.

[TR33.812] 3GPP TR33.812. *Feasibility Study on the Security Aspects of Remote Provisioning and Change of Subscription for Machine to Machine (M2M) Equipment*.

[TR33.820] 3GPP TR33.820. *Security of Home Node B (HNB)/Home Evolved Node B (HeNB)*.

[TR33.821] 3GPP TR33.821. *Rationale and Track of Security Decisions in Long Term Evolution (LTE) RAN/3GPP System Architecture Evolution (SAE)*.

[TR33.822] 3GPP TR33.822. *Security Aspects for Inter-Access Mobility Between Non-3GPP and 3GPP Access Network*.

[TR33.901] 3GPP TR33.901. *Criteria for Cryptographic Algorithm Design Process*.

[TR33.908] 3GPP TR33.908. *3G Security: General Report on the Design, Specification and Evaluation of 3GPP Standard Confidentiality and Integrity Algorithms*.

[TR35.909] 3GPP TR35.909. *3G Security: Specification of the MILENAGE Algorithm Set: An Example Algorithm Set for the 3GPP Authentication and Key Generation Functions f1, f1*, f2, f3, f4, f5 and f5*; Document 5: Summary and Results of Design and Evaluation*.

[TR35.919] 3GPP TR35.919. *Specification of the 3GPP Confidentiality and Integrity Algorithms UEA2 and UIA2; Document 5: Design and Evaluation Report*.

[TR35.924] 3GPP TR35.924. *Specification of the 3GPP Confidentiality and Integrity Algorithms EEA3 & EIA3, Document 4: Design and Evaluation Report*.

[TR36.806] 3GPP TR36.806. *Evolved Universal Terrestrial Radio Access (E-UTRA); Relay Architectures for E-UTRA (LTE-Advanced)*.

[TR36.836] 3GPP TR36.836. *Mobile Relay for E-UTRA*.

[TR36.912] 3GPP TR36.912. *Feasibility Study for Further Advancements for E-UTRA (LTE-Advanced)*.

[TS21.133] 3GPP TS21.133. *3G Security; Security Threats and Requirements*.

[TS22.101] 3GPP TS22.101. *Service Aspects; Service Principles*.

[TS22.220] 3GPP TS22.220. *Service Requirements for Home Node B (HNB) and Home eNode B (HeNB)*.

[TS22.268] 3GPP TS22.268. *Public Warning System (PWS) Requirements*.

[TS22.278] 3GPP TS22.278. *Service Requirements for the Evolved Packet System (EPS)*.

[TS22.368] 3GPP TS22.368. *Service Requirements for Machine-Type Communications (MTC)*.

[TS23.002] 3GPP TS23.002. *Network Architecture*.

[TS23.003] 3GPP TS23.003. *Numbering, Addressing and Identification*.

[TS23.041] 3GPP TS23.041. *Technical Realization of Cell Broadcast Service (CBS)*.

[TS23.060] 3GPP TS23.060. *General Packet Radio Service (GPRS); Service Description; Stage 2*.

[TS23.122] 3GPP TS23.122. *Non-Access-Stratum (NAS) Functions Related to Mobile Station (MS) in Idle Mode*.

[TS23.139] 3GPP TS23.139. *3GPP System – Fixed Broadband Access Network Interworking; Stage 2*.

[TS23.167] 3GPP TS23.167. *IP Multimedia Subsystem (IMS) Emergency Sessions*.

[TS23.216] 3GPP TS23.216. *Single Radio Voice Call Continuity (SRVCC); Stage 2*.

[TS23.228] 3GPP TS23.228. *IP Multimedia Subsystem (IMS); Stage 2*.

[TS23.234] 3GPP TS23.234. *3GPP System to Wireless Local Area Network (WLAN) Interworking; System Description*.

[TS23.237] 3GPP TS23.237. *IP Multimedia Subsystem (IMS) Service Continuity; Stage 2*.

[TS23.272] 3GPP TS23.292. *Circuit Switched (CS) Fallback in Evolved Packet System (EPS); Stage 2*.

[TS23.292] 3GPP TS23.292. *IP Multimedia System (IMS) Centralized Services; Stage 2*.

[TS23.334] 3GPP TS23.334. *IMS Application Level Gateway Control Function (ALGCF) – IMS Access Media Gateway (IMA-MGW); Iq Interface; Procedures Description*.

[TS23.401] 3GPP TS23.401. *General Packet Radio Service (GPRS) Enhancements for Evolved Universal Terrestrial Radio Access Network (E-UTRAN) Access*.

[TS23.402] 3GPP TS23.402. *Architecture Enhancements for Non-3GPP Accesses*.

[TS23.682] 3GPP TS23.682. *Architecture Enhancements to Facilitate Communications with Packet Data Networks and Applications*.

[TS24.229] 3GPP TS24.229. *Internet Protocol (IP) Multimedia Call Control Protocol Based on Session Initiation Protocol (SIP) and Session Description Protocol (SDP); Stage 3*.

[TS24.234] 3GPP TS24.234. *3GPP System to Wireless Local Area Network (WLAN) Interworking; WLAN User Equipment (WLAN UE) to Network Protocols; Stage 3*.

[TS24.301] 3GPP TS24.301. *Non-Access-Stratum (NAS) Protocol for Evolved Packet System (EPS); Stage 3*.

[TS24.302] 3GPP TS24.302. *Access to the Evolved Packet Core (EPC) via Non-3GPP Access Networks; Stage 3*.

[TS25.467] 3GPP TS25.467. *UTRAN Architecture for 3G Home Node B (HNB); Stage 2*.

[TS29.060] 3GPP TS29.060. *General Packet Radio Service (GPRS); GPRS Tunnelling Protocol (GTP) across the Gn and Gp Interface*.

[TS29.228] 3GPP TS29.228. *IP Multimedia (IM) Subsystem Cx and Dx Interfaces; Signalling Flows and Message Contents*.

[TS29.229] 3GPP TS29.229. *Cx and Dx Interfaces Based on the Diameter Protocol; Protocol Details*.

[TS29.234] 3GPP TS29.234. *3GPP System to Wireless Local Area Network (WLAN) Interworking; Stage 3*.

[TS29.273] 3GPP TS29.273. *Evolved Packet System (EPS); 3GPP EPS AAA Interfaces*.

[TS29.368] 3GPP TS29.368. *Tsp Interface Protocol between the MTC Interworking Function (MTC-IWF) and Service Capability Server (SCS)*.

[TS31.101] 3GPP TS31.101. *UICC-Terminal Interface; Physical and Logical Characteristics*.

[TS31.102] 3GPP TS31.102. *Characteristics of the Universal Subscriber Identity Module (USIM) Application*.

[TS31.103] 3GPP TS31.103. *Characteristics of the IP Multimedia Services Identity Module (ISIM) Application*.

[TS31.116] 3GPP TS31.116. *Remote APDU Structure for (U)SIM Toolkit Applications*.

[TS32.582] 3GPP TS32.582. *Telecommunications Management; Home Node B (HNB) Operations, Administration, Maintenance and Provisioning (OAM&P); Information Model for Type 1 Interface HNB to HNB Management System (HMS)*.

[TS32.591] 3GPP TS32.591. *Telecommunication Management; Concepts and Requirements for Type 1 Interface H(e)NB to H(e)NB Management System (H(e)MS)*.

[TS32.592] 3GPP TS32.592. *Telecommunications Management; Home eNodeB (HeNB) Operations, Administration, Maintenance and Provisioning (OAM&P); Information Model for Type 1 Interface HeNB to HeNB Management System (HeMS)*.

[TS32.593] 3GPP TS32.593. *Telecommunication Management; Procedure Flows for Type 1 Interface H(e)NB to H(e)NB Management System (H(e)MS)*.

[TS33.102] 3GPP TS33.102. *3G Security: Security Architecture.*

[TS33.106] 3GPP TS33.106. *Lawful Interception Requirements.*

[TS33.107] 3GPP TS33.107. *3G Security: Lawful Interception Architecture and Functions.*

[TS33.108] 3GPP TS33.108. *3G Security: Handover Interface for Lawful Interception (LI).*

[TS33.120] 3GPP TS33.120. *Security Objectives and Principles.*

[TS33.203] 3GPP TS33.203. *3G Security; Access Security for IP-Based Services.*

[TS33.210] 3GPP TS33.210. *3G Security; Network Domain Security (NDS); IP Network Layer Security.*

[TS33.220] 3GPP TS33.220. *Generic Authentication Architecture (GAA); Generic Bootstrapping Architecture.*

[TS33.234] 3GPP TS33.234. *3G Security; Wireless Local Area Network (WLAN) Interworking Security.*

[TS33.310] 3GPP TS33.310. *Network Domain Security (NDS); Authentication Framework (AF).*

[TS33.320] 3GPP TS33.320. *Security of Home Node B (HNB)/Home Evolved Node B (HeNB).*

[TS33.328] 3GPP TS33.328. *Solutions for IMS Media Plane Security.*

[TS33.401] 3GPP TS33.401. *3GPP System Architecture Evolution (SAE); Security Architecture.*

[TS33.402] 3GPP TS33.402. *3GPP System Architecture Evolution (SAE); Security Aspects of Non-3GPP Accesses.*

[TS35.201] 3GPP TS35.201. *Specification of the 3GPP Confidentiality and Integrity Algorithms; Document 1: f8 and f9 Specification.*

[TS35.202] 3GPP TS35.202. *Specification of the 3GPP Confidentiality and Integrity Algorithms; Document 2: Kasumi Specification.*

[TS35.203] 3GPP TS35.203. *Specification of the 3GPP Confidentiality and Integrity Algorithms; Document 3: Implementers' Test Data.*

[TS35.204] 3GPP TS35.204. *Specification of the 3GPP Confidentiality and Integrity Algorithms; Document 4: Design Conformance Test Data.*

[TS35.205] 3GPP TS35.205. *3G Security; Specification of the MILENAGE Algorithm Set: An Example Algorithm Set for the 3GPP Authentication and Key Generation Functions f1, f1*, f2, f3, f4, f5 and f5*; Document 1: General.*

[TS35.206] 3GPP TS35.206. *3G Security; Specification of the MILENAGE Algorithm Set: An Example Algorithm Set for the 3GPP Authentication and Key Generation Functions f1, f1*, f2, f3, f4, f5 and f5*; Document 2: Algorithm Specification.*

[TS35.207] 3GPP TS35.207. *3G Security: Specification of the MILENAGE Algorithm Set: An Example Algorithm Set for the 3GPP Authentication and Key Generation Functions f1, f1*, f2, f3, f4, f5 and f5*; Document 3: Implementers' Test Data.*

[TS35.208] 3GPP TS35.208. *3G Security; Specification of the MILENAGE Algorithm Set: An Example Algorithm Set for the 3GPP Authentication and Key Generation Functions f1, f1*, f2, f3, f4, f5 and f5*; Document 4: Design Conformance Test Data.*

[TS35.215] 3GPP TS35.215. *Specification of the 3GPP Confidentiality and Integrity Algorithms UEA2 and UIA2; Document 1: UEA2 and UIA2 Specifications.*

[TS35.216] 3GPP TS35.216. *Specification of the 3GPP Confidentiality and Integrity Algorithms UEA2 and UIA2; Document 2: SNOW 3G Specification.*

[TS35.221] 3GPP TS35.221. *Specification of the 3GPP Confidentiality and Integrity Algorithms EEA3 and EIA3; Document 1: EEA3 and EIA3 Specifications.*

[TS35.222] 3GPP TS35.222. *Specification of the 3GPP Confidentiality and Integrity Algorithms EEA3 and EIA3; Document 2: ZUC Specification.*

[TS36.300] 3GPP TS36.300. *Evolved Universal Terrestrial Radio Access (E-UTRA) and Evolved Universal Terrestrial Radio Access Network (E-UTRAN); Overall Description; Stage 2.*

[TS36.323] 3GPP TS36.323. *Evolved Universal Terrestrial Radio Access (E-UTRA); Packet Data Convergence Protocol (PDCP) Specification.*

[TS36.331] 3GPP TS36.331. *Evolved Universal Terrestrial Radio Access (E-UTRA); Radio Resource Control (RRC); Protocol Specification.*

[TS42.009] 3GPP TS42.009. *Security Aspects.*

[TS43.020] 3GPP TS43.020. *Security-Related Network Functions.*

[TS55.205] 3GPP TS55.205. *Specification of the GSM-MILENAGE Algorithms: An Example Algorithm Set for the GSM Authentication and Key Generation Functions A3 and A8.*

[TS55.216] 3GPP TS55.216. *Specification of the A5/3 Encryption Algorithms for GSM and ECSD, and the GEA3 Encryption Algorithm for GPRS; Document 1: A5/3 and GEA3 Specification.*

[TS55.226] 3GPP TS55.226. *3G Security; Specification of the A5/4 Encryption Algorithms for GSM and ECSD, and the GEA4 Encryption Algorithm for GPRS.*

IETF Requests for Comments

All sources listed here reflect versions that were available by June 2012. All IETF RFCs are available under the address http://www.ietf.org/rfc/rfcxyzv.txt, where 'xyzv' corresponds to the RFC number (e.g. RFC2131 in /rfc/rfc2131.txt).

[RFC1912] Barr, D. (1996) RFC1912. *Common DNS Operational and Configuration Errors*.

[RFC2104] Krawczyk, H., Bellare, M. and Canetti, R. (1997) RFC2104. *HMAC: Keyed-Hashing for Message Authentication*.

[RFC2131] Droms, R. (1997) RFC2131. *Dynamic Host Configuration Protocol*.

[RFC2246] Dierks, T. and Allen, C. (1999) RFC2246. *The TLS Protocol Version 1.0*.

[RFC2315] Kaliski, B. (1998) RFC2315. *PKCS #7: Cryptographic Message Syntax Version 1.5*.

[RFC2401] Kent, S. and Atkinson, R. (1998) RFC2401. *Security Architecture for the Internet Protocol*.

[RFC2403] Madson, C. and Glenn, R. (1998) RFC2403. *The Use of HMAC-MD5-96 within ESP and AH*.

[RFC2404] Madson, C. and Glenn, R. (1998) RFC2404. *The Use of HMAC-SHA-1-96 within ESP and AH*.

[RFC2406] Kent, S. and Atkinson, R. (1998) RFC2406. *IP Encapsulating Security Payload (ESP)*.

[RFC2409] Harkins, D. and Carrel, D. (1998) RFC2409. *The Internet Key Exchange (IKE)*.

[RFC2410] Glenn, R. (1998) RFC2410. *The NULL Encryption Algorithm and Its Use with IPsec*.

[RFC2451] Pereira, R. and Adams, R. (1998) RFC2451. *The ESP CBC-Mode Cipher Algorithms*.

[RFC2560] Myers, M. (1998) RFC2560. *X.509 Internet Public Key Infrastructure Online Certificate Status Protocol – OCSP*.

[RFC2617] Franks, J., Hallam-Baker, P., Hostetler, J. *et al*. (1999) RFC2617. *HTTP Authentication: Basic and Digest Access Authentication*.

[RFC2663] Srisuresh, P. and Holdrege, M. (1999) RFC2663. *IP Network Address Translator (NAT) Terminology and Considerations*.

[RFC2818] Rescorla, E. (2000) RFC2818. *HTTP over TLS*.

[RFC2903] Laat, C.D., Gross, G., Gommans, L. *et al*. (2000) RFC2903. *Generic AAA Architecture*.

[RFC2989] Aboba, B., Calhoun, P., Glass, S. *et al*. (2000) RFC2989. *Criteria for Evaluating AAA Protocols for Network Access*.

[RFC3174] Eastlake, D. and Jones, P. (2001) RFC3174. *US Secure Hash Algorithm 1 (SHA1)*.

[RFC3260] Grossman, D. (2002) RFC3260. *New Terminology and Clarifications for Diffserv*.

[RFC3261] Rosenberg, J., Schulzrinne, H., Camarillo, G. *et al*. (2002) RFC3261. *SIP: Session Initiation Protocol*.

[RFC3310] Niemi, A., Arkko, J. and Torvinen, V. (2002) RFC3310. *Hypertext Transfer Protocol (HTTP) Digest Authentication Using Authentication and Key Agreement (AKA)*.

[RFC3329] Arkko, J., Torvinen, V., Camarillo, G. *et al*. (2002) RFC3329. *Security Mechanism Agreement for the Session Initiation Protocol (SIP)*.

[RFC3344] Perkins, C. (2002) RFC3344. *IP Mobility Support for IPv4*.

[RFC3550] Schulzrinne, H., Casner, S., Frederick, R. *et al*. (2003) RFC3550. *RTP: A Transport Protocol for Real-Time Applications*.

[RFC3566] Frankel, S. and Herbert, H. (2003) RFC3566. *The AES-XCBC-MAC-96 Algorithm and Its Use with IPsec*.

[RFC3579] Aboba, B. and Calhoun, P. (2003) RFC3579. *RADIUS (Remote Authentication Dial In User Service) Support for Extensible Authentication Protocol (EAP)*.

[RFC3588] Calhoun, P., Loughney, J., Guttman, E., Zorn, G., and Arkko, J. (2003) RFC3588. *Diameter Base Protocol*.

[RFC3602] Frankel, S., Glenn, R. and Kelly, S. (2003) RFC3602. *The AES-CBC Cipher Algorithm and Its Use with IPsec*.

[RFC3686] Housley, R. (2004) RFC3686. *Using Advanced Encryption Standard (AES) Counter Mode with IPsec Encapsulating Security Payload (ESP)*.

[RFC3748] Aboba, B., Blunk, L., Vollbrecht, J. *et al*. (2004) RFC3748. *Extensible Authentication Protocol (EAP)*.

[RFC3947] Kivinen, T., Swander, B., Huttunen, A. *et al*. (2004) RFC3947. *Negotiation of NAT-Traversal in the IKE*.

[RFC3948] Huttunen, A., Swander, B., Volpe, V. *et al*. (2005) RFC3948. *UDP Encapsulation of IPsec ESP Packets*.

[RFC4067] Loughney, J., Nakhjiri, M., Perkins, C. *et al*. (2005) RFC4067. *Context Transfer Protocol (CXTP)*.

[RFC4072] Eronen, P., Hiller, T. and Zorn, G. (2005) RFC4072. *Diameter Extensible Authentication Protocol (EAP) Application*.

[RFC4169] Torvinen, V., Arkko, J. and Naslund, M. (2005) RFC4169. *Hypertext Transfer Protocol (HTTP) Digest Authentication Using Authentication and Key Agreement (AKA) Version 2*.

[RFC4186] Haverinen, H. and Salowey, J. (2006) RFC4186. *Extensible Authentication Protocol Method for Global System for Mobile Communications (GSM) Subscriber Identity Modules (EAP-SIM)*.

[RFC4187] Arkko, J. and Haverinen, H. (2006) RFC4187. *Extensible Authentication Protocol Method for 3rd Generation Authentication and Key Agreement (EAP-AKA)*.

[RFC4210] Adams, C., Farrell, S., Kause, T. *et al*. (2005) RFC4210. *Internet X.509 Public Key Infrastructure Certificate Management Protocol (CMP)*.

[RFC4211] Schaad, J. (2005) RFC4211. *Internet X.509 Public Key Infrastructure Certificate Request Message Format (CRMF)*.

[RFC4217] Ford-Hutchinson, P. (2005) RFC4217. *Securing FTP with TLS*.

[RFC4279] Eronen, P. and Tschofenig, H. (eds.) (2005) RFC4279. *Pre-Shared Key Ciphersuites for Transport Layer Security (TLS)*.

[RFC4282] Aboba, B., Beadles, M., Arkko, J. *et al*. (2005) RFC4282. *The Network Access Identifier*.

[RFC4301] Kent, S. and Seo, K. (2005) RFC4301. *Security Architecture for the Internet Protocol*.

[RFC4303] Kent, S. (2005) RFC4303. *IP Encapsulating Security Payload (ESP)*.

[RFC4305] Eastlake, D. III, (2005) RFC4305. *Cryptographic Algorithm Implementation Requirements for Encapsulating Security Payload (ESP) and Authentication Header (AH)*.

[RFC4306] Kaufman, C. (2005) RFC4306. *Internet Key Exchange (IKEv2) Protocol*.

[RFC4346] Dierks, T. and Rescorla, E. (2006) RFC4346. *The Transport Layer Security (TLS) Protocol Version 1.1*.

[RFC4347] Rescorla, E. and Modadugu, N. (2006) RFC4347. *Datagram Transport Layer Security*.

[RFC4366] Blake-Wilson, S., Nystrom, M., Aboba, B. *et al*. (2006) RFC4366. *Transport Layer Security (TLS) Extensions*.

[RFC4555] Eronen, P. (2006) RFC4555. *IKEv2 Mobility and Multihoming Protocol (MOBIKE)*.

[RFC4566] Handley, M., Jacobson, V. and Perkins, C. (2006) RFC4566. *SDP: Session Description Protocol*.

[RFC4739] Eronen, P. and Korhonen, J. (2006) RFC4739. *Multiple Authentication Exchanges in the Internet Key Exchange (IKEv2) Protocol*.

[RFC4806] Myers, M. and Tschofenig, H. (2007) RFC4806. *Online Certificate Status Protocol (OCSP) Extensions to IKEv2*.

[RFC4835] Manral, V. (2007) RFC4835. *Cryptographic Algorithm Implementation Requirements for Encapsulating Security Payload (ESP) and Authentication Header (AH)*.

[RFC4877] Devarapalli, V. and Dupont, F. (2007) RFC4877. *Mobile IPv6 Operation with IKEv2 and the Revised IPsec Architecture*.

[RFC4949] Shirey, R. (2007) RFC4949. *Internet Security Glossary, Version 2*.

[RFC4962] Housley, R. and Aboba, B. (2007) RFC4962. *Guidance for Authentication, Authorization, and Accounting (AAA) Key Management*.

[RFC4975] Campbell, B., Mahy, R. and Jennings, C. (2007) RFC4975. *The Message Session Relay Protocol (MSRP)*.

[RFC5191] Forsberg, D., Ohba, Y., Patil, B. *et al*. (eds.) (2008) RFC5191. *Protocol for Carrying Authentication for Network Access (PANA)*.

[RFC5213] Gundavelli, S., Leung, K., Devarapalli, V. *et al*. (2008) RFC5213. *Proxy Mobile IPv6*.

[RFC5216] Simon, D., Aboba, B. and Hurst, R. (2008) RFC5216. *The EAP-TLS Authentication Protocol*.

[RFC5246] Dierks, T. and Rescorla, E. (2008) RFC5246. *The Transport Layer Security (TLS) Protocol Version 1.2*.

[RFC5247] Aboba, B., Simon, D. and Eronen, P. (2008) RFC5247. *Extensible Authentication Protocol (EAP) Key Management Framework*.

[RFC5280] Cooper, D., Santesson, S., Farrell, S. *et al*. (2008) RFC5280. *Internet X.509 Public Key Infrastructure Certificate and Certificate Revocation List (CRL) Profile*.

[RFC5295] Salowey, J., Dondeti, L., Narayanan, V. *et al*. (2008) RFC5295. *Specification for the Derivation of Root Keys from an Extended Master Session Key (EMSK)*.

[RFC5389] Rosenberg, J., Mahy, R., Matthews, P. *et al*. (2008) RFC5389. *Session Traversal Utilities for NAT (STUN)*.

[RFC5448] Arkko, J., Lehtovirta, V. and Eronen, P. (2009) RFC5448. *Improved Extensible Authentication Protocol Method for 3rd Generation Authentication and Key Agreement (EAP-AKA')*.

[RFC5487] Badra, M. (2009) RFC5487. *Pre-Shared Key Cipher Suites for TLS with SHA-256/384 and AES Galois Counter Mode*.

[RFC5555] Soliman, H. (2009) RFC5555. *Mobile IPv6 Support for Dual Stack Hosts and Routers*.

[RFC5836] Ohba, Y., Wu, Q. and Zorn, G. (2010) RFC5836. *Extensible Authentication Protocol (EAP) Early Authentication Problem Statement*.

[RFC5873] Ohba, Y. and Yegin, A. (2010) RFC5873. *Pre-Authentication Support for the Protocol for Carrying Authentication for Network Access (PANA)*.

[RFC5905] Mills, D., Martin, J., Burbank, J. *et al*. (2010) RFC5905. *Network Time Protocol Version 4: Autokey Specification*.

[RFC5996] Kaufman, C., Hoffman, P., Nir, Y. *et al*. (2010) RFC5996. *Internet Key Exchange Protocol Version 2 (IKEv2)*.

[RFC5998] Eronen, P., Tschofenig, H. and Sheffer, Y. (2010) RFC5998. *An Extension for EAP-Only Authentication in IKEv2*.

[RFC6066] Eastlake, D.III, (2011) RFC6066. *Transport Layer Security (TLS) Extensions: Extension Definitions*.

[RFC6101] Freier, A., Karlton, P. and Kocher, P. (2011) RFC6101. *The Secure Sockets Layer (SSL) Protocol Version 3.0*.

[RFC6267] Cakulev, V. and Sundaram, G. (2011) RFC6267. *MIKEY-IBAKE: Identity-Based Authenticated Key Exchange (IBAKE) Mode of Key Distribution in Multimedia Internet KEYing (MIKEY)*.

[RFC6347] Rescorla, E. and Modadugu, N. (2012) RFC6347. *Datagram Transport Layer Security*.

[RFC6539] Cakulev, V., Sundaram, G. and Broustis, I. (2012) RFC6539. *IBAKE: Identity-Based Authenticated Key Exchange*.

Further References

[3GPP] 3rd Generation Partnership Project (N.d.) www.3gpp.org (accessed July 2012).

[3GPP and BBF 2011] 3GPP and BBF (2011) Joint 3GPP-BBF Workshop, November, 2011, http://www.3gpp.org /ftp/workshop/2011-11-09_3GPP_BBF_SFO/ (accessed July 2012).

[3GPP 2005] 3GPP (2005) Review of Recently Published Papers on GSM and UMTS Security, S3-050101, 3GPP TSG SA WG3 Security #37, February, ftp://ftp.3gpp.org/TSG_SA/WG3_Security/TSGS3_37_Sophia/ (accessed July 2012).

[3GPP 2006] 3GPP (2006) UTRA-UTRAN Long Term Evolution (LTE) and 3GPP System Architecture Evolution (SAE), ftp://ftp.3gpp.org/Inbox/2008_web_files/LTA_Paper.pdf (accessed July 2012).

[3GPP 2009] 3GPP (2009) Local IP Access and Selected IP Traffic Offload, SP-090761, 3GPP TSG SA#46, December, ftp://ftp.3gpp.org/TSG_SA/TSG_SA/TSGS_46/Docs/ (accessed July 2012).

[3GPP2] 3rd Generation Partnership Project 2 (N.d.) www.3gpp2.org (accessed July 2012).

[ARIB] Association of Radio Industries and Businesses (N.d.) http://www.arib.or.jp/english/ (accessed July 2012).

[Asokan 2011] Asokan, N. (2011) Old, new, borrowed, blue: a perspective on the evolution of mobile platform security architectures. CODASPY 2011 Invited Talk Slides, http://asokan.org/asokan/research/CODASPY-keynote.pdf (accessed July 2012).

[ATIS] Alliance for Telecommunications Industry Solutions (N.d.) www.atis.org (accessed July 2012).

[Aura & Roe 2005] Aura, T. and Roe, M. (2005) Reducing reauthentication delay in wireless networks, *Proceedings of the First International Conference on Security and Privacy for Emerging Areas in Communications Networks*, IEEE Computer Society, pp. 139–148, http://portal.acm.org/citation.cfm?id=1128478 (accessed July 2012).

[Barkan *et al*. 2003] Barkan, E., Biham, E. and Keller, N. (2003) Instant ciphertext-only cryptanalysis of GSM encrypted communication, *Proceedings of Crypto 2003*, LNCS, Vol. **2729**, Springer-Verlag, Santa Barbara, CA, pp. 600–616.

[Barker *et al*. 2007] Barker, E., Barker, W., Burr, W., *et al*. (2007) Recommendation for Key Management http://csrc.nist.gov/publications/nistpubs/800-57/sp800-57-Part1-revised2_Mar08-2007.pdf (accessed July 2012).

[BBF] Broadband Forum (BBF) (N.d.) www.broadband-forum.org (accessed July 2012).

[BBF TR-069] Broadband Forum (2007) CPE WAN Management Protocol v1.1. Issue 1 Amendment 2. BBF TR-069, December, Broadband Forum, http://www.broadband-forum.org/technical/download/TR-069_Amendment-2.pdf (accessed July 2012).

[BBF TR-098] Broadband Forum (2008) Internet Gateway Device Data Model for TR-069. Issue 1 Amendment 2. BBF TR-098, September, Broadband Forum, http://www.broadband-forum.org/technical/download/TR-098_Amendment-2.pdf (accessed July 2012).

[BBF TR-196] Broadband Forum (2009) Femto Access Point Service Data Model. Issue 1. BBF TR-196, March, Broadband Forum, http://www.broadband-forum.org/technical/download/TR-196.pdf (accessed July 2012).

[Bierbrauer et al. 1993] Bierbrauer, J., Johannson, T., Kabatianskii, G. et al. (1993) On families of hash functions via geometric codes and concatenation, *Proceedings of Crypto '93*, LNCS, Vol. **773**, Springer-Verlag, Santa Barbara, CA, pp. 331–342.

[Biryukov et al. 2010] Biryukov, A., Priemuth-Schmid, D. and Zhang, B. (2010) Multiset collision attacks on reduced-round SNOW 3G and SNOW 3G [+], *Proceedings of 8th Conference on Applied Cryptography and Network Security (ACNS) 2010*, LNCS, Vol. **6123**, Springer-Verlag, Santa Barbara, CA, pp. 139–153.

[Bluetooth] Bluetooth Special Interest Group (N.d.) https://www.bluetooth.org (accessed July 2012).

[Brumley et al. 2010] Brumley, B., Hakala, R.M., Nyberg, K. et al. (2010) Consecutive S-box lookups: a timing attack on SNOW 3G, *Proceedings of 12th International Conference on Information and Communications Security (ICICS)*, LNCS, Vol. **6476**, Springer-Verlag, Santa Barbara, CA, pp. 171–185.

[C.S0024-A v2.0] 3GPP2 (2000) C.S0024-A v2.0. *cdma2000 High Rate Packet Data Air Interface Specification*, October, http://www.3gpp2.org/public_html/specs/index.cfm (accessed July 2012).

[Camarillo and García-Martín 2008] Camarillo, G. and García-Martín, M. (2008) *The 3G IP Multimedia Subsystem (IMS)*, 3rd edn, John Wiley & Sons, Ltd, Chichester.

[Carter and Wegman 1979] Carter, J.L. and Wegman, M.N. (1976) Universal classes of hash functions. *Journal of Computer and System Sciences*, **18**, 143–154.

[CCSA] China Communications Standards Association (N.d.) http://www.ccsa.org.cn/english/ (accessed July 2012).

[Debraize and Corbella 2009] Debraize, B. and Corbella, I. (2009) Fault analysis of the stream cipher snow 3G. Proceedings of Fault Diagnosis and Tolerance in Cryptography (FDTC), pp. 103–110.

[Diffie and Hellman 1976] Diffie, W. and Hellman, M. (1976) New directions in cryptography. *IEEE Transactions on Information Theory*, **22** (6), 644–654.

[draft-cakulev-emu-eap-ibake] Cakulev, V. and Broustis, I. (2012) An EAP Authentication Method Based on Identity-Based Authenticated Key Exchange, IETF. http://www.ietf.org/id/draft-cakulev-emu-eap-ibake-02.txt (accessed July 2012).

[draft-ietf-hokey-preauth-ps-09] Ohba, H., Wu, Q. and Zorn, G. (2009) Extensible Authentication Protocol (EAP) Early Authentication Problem Statement, July, http://tools.ietf.org/html/draft-ietf-hokey-preauth-ps-09 (accessed July 2012).

[draft-ietf-pana-preauth-07] Ohba, Y. and Yegin, A. (2007) Pre-authentication Support for PANA, April, http://tools.ietf.org/html/draft-ietf-pana-preauth-07 (accessed July 2012).

[draft-ietf-pkix-cmp-transport-protocols] Kause, T. and Peylo, M. (2012) Internet X.509 Public Key Infrastructure – HTTP Transport for CMP, IETF, July, http://tools.ietf.org/html/draft-ietf-pkix-cmp-transport-protocols-20 (accessed July 2012).

[draft-irtf-aaaarch-handoff-04] Arbaugh, W.A. (2003) Handoff Extension to RADIUS, Internet Engineering Task Force, October, http://www.watersprings.org/pub/id/draft-irtf-aaaarch-handoff-04.txt (accessed July 2012).

[Dunkelmann and Keller 2008] Dunkelmann, O. and Keller, N. (2008) An improved impossible differential attack on MISTY1, *Proceedings of ASIACRYPT 2008*, LNCS, Vol. **5350**, Springer-Verlag, Santa Barbara, CA, pp. 441–454.

[Dunkelmann et al. 2010] Dunkelmann, O., Keller, N. and Shamir, A. (2010) A practical-time attack on the A5/3 cryptosystem used in third generation GSM telephony, *Proceedings of CRYPTO 2010*, LNCS, Vol. **6223**, Springer-Verlag, Santa Barbara, CA, pp. 393–410, http://eprint.iacr.org/2010/013 (accessed July 2012).

[Ekdahl and Johansson 2002] Ekdahl, P. and Johansson, T. (2002) A new version of the stream cipher SNOW, *Proceedings of SAC 2002*, LNCS, Vol. **2595**, Springer-Verlag, Santa Barbara, CA, pp. 47–61.

[ETSI] European Telecommunications Standards Institute (N.d.) www.etsi.org (accessed July 2012).

[ETSI ES 282 004] ETSI (2010) ES 282 004 V3.4.1. *Telecommunications and Internet Converged Services and Protocols for Advanced Networking (TISPAN); NGN Functional Architecture; Network Attachment Sub-System (NASS)*, March.

[ETSI ES 283 035] ETSI (2008) ES 283 035 V2.5.1. *Telecommunications and Internet Converged Services and Protocols for Advanced Networking (TISPAN); Network Attachment Sub-system (NASS); e2 Interface Based on the DIAMETER Protocol*, August.

[ETSI TS 102 221] ETSI (2010) TS 102 221 V9.2.0. *Smart Cards; UICC-Terminal Interface; Physical and Logical Characteristics*, October.

[ETSI TS 102 484] ETSI (2011) TS 102 484 V10.0.0. *Smart Cards; Secure Channel between a UICC and an End-Point Terminal*, January.

[ETSI TS 102 689] ETSI (2010) TS 102 689 V1.1.1. *Machine-to-Machine Communications (M2M); M2M Service Requirements*, September.

[ETSI TS 102 690] ETSI (2012) TS 102 690 V2.0.2. *Machine-to-Machine Communications (M2M); M2M Functional Architecture*, February.

[ETSI TS 187 003] ETSI (2010) TS 187 003 V3.4.0. *Telecommunications and Internet Converged Services and Protocols for Advanced Networking (TISPAN); NGN Security; Security Architecture*, December.

[EUROSMART] EUROSMART (N.d.) The Association Representing the Smart Security Industry, www.eurosmart.com (accessed July 2012).

[FF] Femto Forum (FF) (N.d.) www.femtoforum.org (accessed July 2012) (see also [SCF]).

[FIPS 140-2] NIST (2001a) FIPS 140-2. *Security Requirements for Cryptographic Modules*, May, http://csrc.nist.gov/publications/fips/fips140-2/fips1402.pdf (accessed July 2012).

[FIPS 180-2] NIST (2002) FIPS 180-2. *Secure Hash Standard*, August, http://csrc.nist.gov/publications/fips/fips180-2/fips180-2.pdf (accessed July 2012).

[FIPS 197] NIST (2001b) FIPS 197. *Advanced Encryption Standard (AES)*, November, http://csrc.nist.gov/publications/fips/fips197/fips-197.pdf (accessed July 2012).

[Forsberg 2007] Forsberg, D. (2007) Protected session keys context for distributed session key management. *Wireless Personal Communications*, **43** (2), 665–676.

[Forsberg 2010] Forsberg, D. (2010) LTE key management analysis with session keys context. *Computer Communications*, doi: 10.1016/j.comcom.2010.07.002, http://dx.doi.org/10.1016/j.comcom.2010.07.002 (accessed July 2012).

[GP] GlobalPlatform (N.d.) www.globalplatform.org (accessed July 2012).

[GSMA] GSM Association (N.d.) http://www.gsma.com/home (accessed July 2012).

[GSMA 2011] GSMA (2011) Embedded SIM Task Force Requirements and Use Cases 1.0, GSMA whitepaper, 21 February, attachment to the 3GPP temporary document, http://www.3gpp.org/ftp/tsg_sa/tsg_sa/tsgs_53/docs/SP-110438.zip (accessed July 2012).

[GSMA 2012] GSM Association (GSMA) (2012) IR.92. *IMS Profile for Voice and SMS*, http://www.gsma.com/rcs/wp-content/uploads/2012/03/rcsrel4endgsmair92v12.pdf (accessed July 2012).

[Hillebrand 2001] Hillebrand, F. (ed.) (2001) *GSM and UMTS. The Creation of Global Mobile Communication*, John Wiley & Sons, Ltd, Chichester.

[Holtmanns *et al*. 2008] Holtmanns, S., Niemi, V., Ginzboorg, P. *et al*. (2008) *Cellular Authentication for Mobile and Internet Services – Overview and Application of the Generic Bootstrapping Architecture*, John Wiley & Sons, Ltd, Chichester.

[Horn and Howard 2000] Horn, G. and Howard, P. (2000) Review of third generation mobile system security architecture. Information Security Solutions Europe (ISSE2000), Barcelona, September 2000.

[IEEE 802.11] IEEE (2007) 802.11. *IEEE Standard for Information Technology: Telecommunications and Information Exchange between Systems, Local and Metropolitan Area Networks, Specific Requirements. Part 11: Wireless LAN Medium Access Control (MAC) and Physical Layer (PHY) Specifications*, March.

[IEEE 802.11F] IEEE (2003) 802.11F. *IEEE Trial-Use Recommended Practice for Multi-Vendor Access Point Interoperability via an Inter-Access Point Protocol across Distribution Systems Supporting IEEE 802.11TM Operation*, July.

[IEEE 802.11i] IEEE (2004) 802.11i. *IEEE Standard for Information Technology: Telecommunications and Information Exchange between Systems, Local and Metropolitan Area Networks, Specific Requirements. Part 11: Wireless LAN Medium Access Control (MAC) and Physical Layer (PHY) Specifications Amendment 6: Medium Access Control (MAC) Security Enhancements*, July.

[IEEE 802.16] IEEE (2004) 802.16. *IEEE Standard for Local and Metropolitan Area Networks. Part 16: Air Interface for Fixed Broadband Wireless Access Systems*, June.

[IEEE 802.1X] IEEE (2004) 802.1X. *IEEE Standard for Local and Metropolitan Area Networks: Port-Based Network Access Control*.

[IEEE Std 1003.1] IEEE/The Open Group (2008) Std 1003.1. *Portable Operating System Interface (POSIX) Base Specifications, Issue 7*, http://www.opengroup.org/onlinepubs/9699919799/toc.htm (accessed July 2012).

[IETF] Internet Engineering Task Force (N.d.) www.ietf.org (accessed July 2012).

[ISO 7498-2] International Organization for Standardization (ISO) (1989) ISO 7498-2. *Information Processing Systems, Open Systems Interconnection, Basic Reference Model. Part 2: Security Architecture*, January.

[ISO/IEC 19790] International Organization for Standardization (ISO) (2006) ISO/IEC 19790. *Information Technology, Security Techniques, Security Requirements for Cryptographic Modules*, http://www.iso.org/iso/iso_catalogue/ catalogue_tc/catalogue_detail.htm?csnumber=33928 (accessed July 2012).

[ITU] International Telecommunication Union (N.d.) www.itu.int (accessed July 2012).

[ITU X.509] ITU-T (2008) ITU X.509. *Information Technology, Open Systems Interconnection, the Directory: Public-Key and Attribute Certificate Frameworks*, http://www.itu.int/rec/T-REC-X.509-200811-I/en (accessed July 2012).

[ITU 2005] ITU (2005) The Internet of Things, ITU report, http://www.itu.int/osg/spu/publications/internetofthings /InternetofThings_summary.pdf (accessed July 2012).

[Jia *et al.* 2011] Jia, K., Yu, H. and Wang, X. (2011) A Meet-in-the-Middle Attack on the Full KASUMI, http://eprint.iacr.org/2011/466.pdf (accessed July 2012).

[Kaaranen *et al.* 2005] Kaaranen, H., Ahtiainen, A., Laitinen, L. *et al.* (2005) *UMTS Networks*, John Wiley & Sons, Ltd, Chichester.

[Kassab *et al.* 2005] Kassab, M., Belghith, A., Bonnin, J. *et al.* (2005) Fast pre-authentication based on proactive key distribution for 802.11 infrastructure networks. Proceedings of the 1st ACM Workshop on Wireless Multimedia Networking and Performance Modeling, ACM, Montreal, Quebec, Canada, pp. 46–53, http://portal.acm.org /citation.cfm?id=1089737.1089746 (accessed July 2012).

[Komarova and Riguidel 2007] Komarova, M. and Riguidel, M. (2007) Optimized ticket distribution scheme for fast re-authentication protocol (fap). Proceedings of the 3rd ACM Workshop on QoS and Security for Wireless and Mobile Networks, ACM, Chania, Crete Island, Greece, pp. 71–77, http://portal.acm.org/citation .cfm?id=1298239.1298253 (accessed July 2012).

[Kostiainen *et al.* 2011] Kostiainen, K., Reshetova, E., Ekberg, J-E. *et al.* (2011) Old, new, borrowed, blue: a perspective on the evolution of mobile platform security architectures. Proceedings of the first ACM Conference on Data and Application Security and Privacy CODASPY 2011, http://dl.acm.org/citation.cfm?doid =1943513.1943517 (accessed July 2012).

[Kühn 2001] Kühn, U. (2001) Cryptanalysis of reduced round MISTY, *Proceedings of EUROCRYPT 2001*, LNCS, Vol. **2045**, Springer-Verlag, Innsbruck, Austria, pp. 325–339.

[Matsui 1997] Matsui, M. (1997) Block encryption algorithm MISTY. Proceedings of Fast Software Encryption (FSE97), pp. 64–74.

[McGrew and Viega 2004] McGrew, D. and Viega, J. (2004) The Security and Performance of the Galois/Counter Mode of Operation. IACR eprint 2004/193, http://eprint.iacr.org/2004/193.pdf (accessed July 2012).

[Menezes *et al.* 1996] Menezes, A., Oorschot, P.V. and Vanstone, S. (1996) *Handbook of Applied Cryptography*, CRC Press, Boca Raton, FL.

[Meyer and Wetzel 2004a] Meyer, U. and Wetzel, S. (2004a) A man-in-the-middle attack on UMTS. Proceedings of ACM Workshop on Wireless Security (WiSe 2004), ACM.

[Meyer and Wetzel 2004b] Meyer, U. and Wetzel, S. (2004b) On the impact of GSM encryption and man-in-the-middle attacks on the security of interoperating GSM/UMTS networks. Proceedings of IEEE International Symposium on Personal, Indoor and Mobile Radio Communications (PIMRC2004), IEEE.

[Miller *et al.* 1987] Miller, S.P., Neuman, B.C., Schiller, J.I. *et al.* (1987) Kerberos Authentication and Authorization System, http://web.mit.edu/Saltzer/www/publications/athenaplan/e.2.1.pdf (accessed July 2012).

[Mishra *et al.* 2003] Mishra, A., Shin, M., Arbaugh, W. *et al.* (2003) Proactive Key Distribution to Support Fast and Secure Roaming, http://www.ieee802.org/11/Documents/DocumentHolder (accessed July 2012).

[Mishra *et al.* 2004] Mishra, A., Shin, M., Arbaugh, W. *et al.* (2004) Proactive key distribution using neighbor graphs. *IEEE Wireless Communications*, **11** (1), 26–36.

[Neuman and Ts'o 1994] Neuman, B. and Ts'o, T. (1994) Kerberos: an authentication service for computer networks. *IEEE Communications Magazine*, **32** (9), 33–38.

[Niemi and Nyberg 2003] Niemi, V. and Nyberg, K. (2003) *UMTS Security*, John Wiley & Sons, Ltd, Chichester.

[NIST] National Institute of Science and Technology; Information Technology Laboratory (N.d.) Computer Security Resource Center, http://csrc.nist.gov (accessed July 2012).

[NIST800-38A, 2001] NIST (2001a) 800-38A. *Recommendations for Block Cipher Modes of Operation: Methods and Techniques*, http://csrc.nist.gov/publications/PubsSPs.html (accessed July 2012).

[NIST800-38B, 2005] NIST (2001b) 800-38B. *Recommendations for Block Cipher Modes of Operation: The CMAC Mode for Authentication*, http://csrc.nist.gov/publications/PubsSPs.html (accessed July 2012).

[Nohl and Menette 2011] Nohl, K. and Menette, L. (2011) GPRS intercept: wardriving your country. Chaos Communication Camp, http://events.ccc.de/camp/2011/Fahrplan/attachments/1868_110810.SRLabs-Camp-GRPS _Intercept.pdf (accessed July 2012).

[Nohl and Paget 2009] Nohl, K. and Paget, C. (2011) GSM: SRSLY?, 26th Chaos Communication Congress, http:// events.ccc.de/congress/2009/Fahrplan/attachments/1519_26C3.Karsten.Nohl.GSM.pdf (accessed July 2012).

[Ohba *et al*. 2007] Ohba, Y., Das, S. and Dutta, A. (2007) Kerberized handover keying: a media-independent handover key management architecture. Proceedings of 2nd ACM/IEEE International Workshop on Mobility in the Evolving Internet Architecture, ACM, Kyoto, Japan, pp. 1–7, http://portal.acm.org/citation.cfm?id=1366932 (accessed July 2012).

[OMA] Open Mobile Alliance (N.d.) www.openmobilealliance.org (accessed July 2012).

[oneM2M] Global Organization for Machine-to-Machine Communications standardization (2012), URL: http://onem2m.org/ (accessed July 2012).

[Pack and Choi 2002a] Pack, S. and Choi, Y. (2002a) Fast inter-AP handoff using predictive authentication scheme in a public wireless LAN. Proceedings of IEEE Networks Conference (Confunction of IEEE ICN and IEEE ICWLHN), http://citeseerx.ist.psu.edu/viewdoc/summary?doi=10.1.1.20.138 (accessed July 2012).

[Pack and Choi 2002b] Pack, S. and Choi, Y. (2002a) Pre-authenticated fast handoff in a public Wireless LAN based on IEEE 802.1x model. IFIP TC6 Personal Wireless Communications, pp. 175–182.

[Poikselkä and Mayer 2009] Poikselkä, M. and Mayer, G. (2009) *The IMS. IP Multimedia Concepts and Services*, 3rd edn, John Wiley & Sons, Ltd, Chichester.

[RCS50] Rich Communication Suite 5.0 (2012) RCS50. *Advanced Communications, Services and Client Specification*, http://www.gsma.com/rcs/ (accessed July 2012).

[S.S0109-0] 3GPP2 (2006) S.S0109-0 V1.0. *Generic Bootstrapping Architecture (GBA) Framework*, March, http://www.3gpp2.org/public_html/specs/S.S0109-0_v1.0_060331.pdf (accessed July 2012).

[SCF] Small Cell Forum (N.d.) www.smallcellforum.org (accessed July 2012).

[Sklavos *et al*. 2007] Sklavos, N., Denazis, S. and Koufopavlou, O. (2007) AAA and mobile networks: security aspects and architectural efficiency, *Proceedings of the 3rd International Conference on Mobile Multimedia Communications*, Institute for Computer Sciences, Social-Informatics and Telecommunications Engineering (ICST), Nafpaktos, Greece, pp. 1–4, http://portal.acm.org/citation.cfm?id=1385343 (accessed July 2012).

[Smart 2009] Smart, N. (ed.) (2009) ECRYPT2 Yearly Report on Algorithms and Keysizes (2008–2009), http://www.ecrypt.eu.org/documents/D.SPA.7.pdf (accessed July 2012).

[Smetters *et al*. 2002] Smetters, D.B., Stewart, P. and Wong, H.C. (2007) Talking to strangers: authentication in ad-hoc wireless networks. Proceedings of Network and Distributed System Security Symposium NDSS'02, San Diego, http://www.isoc.org/isoc/conferences/ndss/02/papers/balfan.pdf (accessed July 2012).

[Stinson 1992] Stinson, D. (2007) Universal hashing and authentication codes, *Proceedings of Crypto '91*, LNCS, Vol. **576**, Springer-Verlag, Santa Barbara, CA, pp. 74–85.

[Sun *et al*. 2010] Sun, B., Tang, X. and Li, C. (2010) Preliminary cryptanalysis results of ZUC. First International Workshop on ZUC Algorithm 2010.

[TCG Mobile Phone Work Group 2008] TCG Mobile Phone Work Group (2008) TCG Mobile Trusted Module Specification 1st edn, Version 1 rev. 1.0, http://www.trustedcomputinggroup.org/files/resource_files/87852F33-1D09-3519-AD0C0F141CC6B10D/Revision_6-tcg-mobile-trusted-module-1_0.pdf (accessed July 2012).

[TIA] Telecommunications Industry Association (N.d.) www.tiaonline.org (accessed July 2012).

[TTA] Telecommunications Technology Association (N.d.) http://www.tta.or.kr/English/ (accessed July 2012).

[TTC] Telecommunication Technology Committee (N.d.) http://www.ttc.or.jp/e/ (accessed July 2012).

[Vedder 2010] Vedder, K. (2010) The UICC: recent work of SCP and related security aspects. 5th ETSI Security Workshop, 20–22 January 2010, http://docbox.etsi.org/Workshop/2010/201001_securityworkshop/04internationalstandardization/Vedder_GandD_UICC.pdf (accessed July 2012).

[Vedder 2011] Vedder, K. (2011) SCP Activity Report 2011, http://portal.etsi.org/scp/ActivityReport2011.asp (accessed July 2012).

[Walker 2011] Walker, M. (2011) Embedded SIMs and M2M Communications. ETSI Security Workshop 2011, http://docbox.etsi.org/workshop/2011/201101_securityworkshop/s4_mobiile_wireless_security/walker_embedded sims.pdf (accessed July 2012).

[Wassenaar] Wassenaar Arrangement (2012) www.wassenaar.org (accessed July 2012).

[WiMAX] Worldwide Interoperability for Microwave Access (N.d.) www.wimaxforum.org (accessed July 2012).

[Wu 2010] Wu, H. (2010) Cryptanalysis of the Stream Cipher ZUC in the 3GPP Confidentiality and Integrity Algorithms 128-EEA3 and 128-EIA3, rump session of ASIACRYPT 2010.

[X.S0042-0 v1.0] 3GPP2 (2007) X.S0042-0 v1.0. *Voice Call Continuity between IMS and Circuit Switched System*, October, http://www.3gpp2.org/public_html/specs/index.cfm (accessed July 2012).

[Zhang and Fang 2005] Zhang, M. and Fang, Y. (2005) Security analysis and enhancements of 3GPP authentication and key agreement protocol. *IEEE Transactions on Wireless Communications*, **4** (2), 734–742.